ENCYCLOPÉDIE AGRICOLE

Publiée sous la direction de G. WERY

Gaston Coupan

MACHINES DE CULTURE

ENCYCLOPÉDIE AGRICOLE

40 volumes in-18 de chacun 400 à 500 pages, illustrés de nombreuses figures.
Chaque volume : broché, **5** fr. ; cartonné, **6** fr.

I. — CULTURE ET AMÉLIORATION DU SOL

Agriculture générale, 2 vol. :
  1. *Le sol et les labours*.....
  2. *Les semailles et les récoltes*.
M. P. Diffloth, professeur spécial d'agriculture.

Engrais.................... M. Garola, prof. départ. d'agricult. d'Eure-et-Loir.

II. — PRODUCTION ET CULTURE DES PLANTES

Botanique agricole............ MM. Schribaux et Nanot.

Céréales.................... M. Garola, professeur départemental d'agriculture
Plantes fourragères............ d'Eure-et-Loir.

Plantes industrielles............ M. Hitier, propriétaire agriculteur, maître de conf. à l'Institut agronomique.

Culture potagère........ M. Léon Bussard, s.-directeur de la station d'essais de semences à l'Institut agronomique.
Arboriculture fruitière........... MM. Léon Bussard et G. Duval.

Sylviculture.................... M. Fron, inspecteur adjoint des eaux et forêts.
Viticulture.................... M. Pacottet, propriétaire viticulteur, répétiteur l'Institut agronomique.

Cultures méridionales............ MM. Rivière, directeur du jardin d'essais, à Alger, et Lecq, propr. agric., insp. de l'agric.

II. — ZOOLOGIE, PRODUCTION ET ÉLEVAGE DES ANIMAUX, CHASSE ET PÊCHE

Zoologie agricole....................
Entomologie et Parasitologie agric.
M. G. Guénaux, répétiteur à l'Institut agronomique.

Zootechnie générale...............
Zootechnie du Cheval............
Zootechnie des Bovidés............
Zootechnie : Moutons, Chèvres, Porcs.
M. P. Diffloth, professeur spécial d'agriculture.

Alimentation des Animaux....... M. Goux, propriétaire agriculteur, ing. agronome.

Aquiculture..................... M. Deloncle, inspecteur général de la pisciculture. M. G. Guénaux.

Apiculture.................... M. Hommell, professeur régional d'apiculture.
Aviculture.................... M. Voitellier, prof. spécial d'agriculture à Meaux.
Sériciculture.................... M. Viel, ancien sous-directeur du Rousset.
Chasse, Élevage, Piégeage........ M. A. de Lesse, ing. agronome, propriétaire agric.

IV. — TECHNOLOGIE AGRICOLE

Technologie agricole (Sucrerie, Meunerie, Boulangerie, Féculerie, Amidonnerie, Glucoserie)... M. Saillard, professeur à l'École des industries agricoles de Douai.

Industries agric. de fermentation, Brasserie.................... M. Boullanger, chef de Laboratoire à l'Institut Pasteur de Lille.

Vinification.................... M. Pacottet, propr. viticulteur, répétiteur à l'Institut agronomique.

Laiterie.................... M. Ch. Martin, ancien directeur de Mamirolle.
Microbiologie agricole........... M. Kayser, maître de conf. à l'Inst. agronomique.

V. — GÉNIE RURAL

Machines agricoles, 2 vol........
Moteurs agricoles...............
M. Coupan, répétiteur à l'Institut agronomique.

Constructions rurales........... M. Danguy, direct. des études à l'École de Grignon.
Arpentage et Nivellement....... M. Murer, professeur à l'Institut agronomique.

Drainage et Irrigations.......... M. Risler, directeur hon. de l'Institut agronomique. M. Wery, s.-directeur de l'Institut agronomique.

Électricité agricole.............. MM. H.-P. Martin et Petit, ingénieurs électriciens.

VI. — ÉCONOMIE ET LÉGISLATION RURALES

Économie rurale.................
Législation rurale...............
M. Jouzier, professeur à l'École d'agriculture de Rennes.

Comptabilité agricole........... M. Convert, professeur à l'Institut agronomique.

Associations agricoles (Syndicats et Coopératives)............... M. Tardy, répétiteur à l'Institut agronomique.

Hygiène de la ferme............ M. le Dr Regnard, dir. de l'Inst. agronomique. M. le Dr Portier, répétiteur à l'Inst. agronomique.

Le Livre de la Fermière......... Mme O. Bussard.

Le Livre agricole des Instituteurs. M. Charles Seltensperger.

ENCYCLOPÉDIE AGRICOLE

Publiée par une réunion d'Ingénieurs agronomes

SOUS LA DIRECTION DE G. WERY

MACHINES DE CULTURE

PRÉPARATION DES TERRES
ÉPANDAGE DES ENGRAIS ET DES SEMENCES
ENTRETIEN DES CULTURES

PAR

Gaston COUPAN

INGÉNIEUR AGRONOME

RÉPÉTITEUR-PRÉPARATEUR A L'INSTITUT NATIONAL AGRONOMIQUE

Introduction par le Dr P. REGNARD

DIRECTEUR DE L'INSTITUT NATIONAL AGRONOMIQUE

Avec 279 figures et 27 tableaux intercalés dans le texte.

PARIS

LIBRAIRIE J.-B. BAILLIÈRE ET FILS

19, rue Hautefeuille, près du boulevard Saint-Germain

1907

Tous droits réservés.

INTRODUCTION

Si les choses se passaient en toute justice, ce n'est pas moi qui devrais signer cette préface.

L'honneur en reviendrait bien plus naturellement à l'un de mes deux éminents prédécesseurs :

A Eugène TISSERAND, que nous devons considérer comme le véritable créateur en France de l'enseignement supérieur de l'agriculture : n'est-ce pas lui qui, pendant de longues années, a pesé de toute sa valeur scientifique sur nos gouvernements et obtenu qu'il fût créé à Paris un Institut agronomique comparable à ceux dont nos voisins se montraient fiers depuis déjà longtemps ?

Eugène RISLER, lui aussi, aurait dû, plutôt que moi, présenter au public agricole ses anciens élèves devenus des maîtres. Près de douze cents ingénieurs agronomes, répandus sur le territoire français, ont été façonnés par lui : il est aujourd'hui notre vénéré doyen, et je me souviens toujours avec une douce reconnaissance du jour où j'ai débuté sous ses ordres et de celui, proche encore, où il m'a désigné pour être son successeur (1).

Mais, puisque les éditeurs de cette collection ont voulu que ce fût le directeur en exercice de l'Institut agronomique qui présentât aux lecteurs la nouvelle *Encyclopédie*, je vais tâcher de dire brièvement dans quel esprit elle a été conçue.

Des Ingénieurs agronomes, presque tous professeurs d'agriculture, tous anciens élèves de l'Institut national agronomique, se sont donné la mission de résumer, dans une série de volumes, les connaissances pratiques absolument nécessaires aujourd'hui pour la culture rationnelle du sol. Ils ont choisi pour distribuer, régler et diriger la besogne de chacun, Georges WERY, que j'ai le plaisir et la chance d'avoir pour collaborateur et pour ami.

L'idée directrice de l'œuvre commune a été celle-ci : extraire de notre enseignement supérieur la partie immédiatement utilisable par l'exploitant du domaine rural et faire connaître du même coup à celui-ci les données scientifiques définitivement acquises sur lesquelles la pratique actuelle est basée.

Ce ne sont donc pas de simples Manuels, des Formulaires irraisonnés que nous offrons aux cultivateurs ; ce sont de brefs Traités, dans lesquels les résultats incontestables sont mis en évidence, à côté des bases scientifiques qui ont permis de les assurer.

Je voudrais qu'on puisse dire qu'ils représentent le véritable esprit de notre Institut, avec cette restriction qu'ils ne doivent ni ne peuvent contenir les discus-

(1) Depuis que ces lignes ont été écrites, nous avons eu la douleur de perdre notre éminent maître, M. Risler, décédé, le 6 août 1905, à Calèves (Suisse). Nous tenons à exprimer ici les regrets profonds que nous cause cette perte. M. Eugène Risler laisse dans la science agronomique une œuvre impérissable.

sions, les erreurs de route, les rectifications qui ont fini par établir la vérité telle qu'elle est, toutes choses que l'on développe longuement dans notre enseignement, puisque nous ne devons pas seulement faire des praticiens, mais former aussi des intelligences élevées, capables de faire avancer la science au laboratoire et sur le domaine.

Je conseille donc la lecture de ces petits volumes à nos anciens élèves, qui y retrouveront la trace de leur première éducation agricole.

Je la conseille aussi à leurs jeunes camarades actuels, qui trouveront là, condensées en un court espace, bien des notions qui pourront leur servir dans leurs études.

J'imagine que les élèves de nos Écoles nationales d'agriculture pourront y trouver quelque profit, et que ceux des Écoles pratiques devront aussi les consulter utilement.

Enfin, c'est au grand public agricole, aux cultivateurs, que je les offre avec confiance. Ils nous diront, après les avoir parcourus, si, comme on l'a quelquefois prétendu, l'enseignement supérieur agronomique est exclusif de tout esprit pratique. Cette critique, usée, disparaîtra définitivement, je l'espère. Elle n'a d'ailleurs jamais été accueillie par nos rivaux d'Allemagne et d'Angleterre, qui ont si magnifiquement développé chez eux l'enseignement supérieur de l'agriculture.

Successivement, nous mettons sous les yeux du lecteur des volumes qui traitent du sol et des façons qu'il doit subir, de sa nature chimique, de la manière de la corriger ou de la compléter, des plantes comestibles ou industrielles qu'on peut lui faire produire, des animaux qu'il peut nourrir, de ceux qui lui nuisent.

Nous étudions les manipulations et les transformations que subissent, par notre industrie, les produits de la terre : la vinification, la distillerie, la panification, la fabrication des sucres, des beurres, des fromages.

Nous terminons en nous occupant des lois sociales qui régissent la possession et l'exploitation de la propriété rurale.

Nous avons le ferme espoir que les agriculteurs feront un bon accueil à l'œuvre que nous leur offrons.

Dr PAUL REGNARD,

Membre de la Société nationale
d'Agriculture de France,

Directeur de l'Institut national
agronomique.

PRÉFACE

Il suffit d'avoir visité, même très rapidement, une exposition agricole pour se rendre compte du nombre considérable de types divers qui, dans chaque catégorie de Machines, sont offerts à l'acheteur : il y en a de toutes les formes, de toutes les dimensions et de tous les prix possibles. Or l'agriculteur qui se propose d'acquérir ou de renouveler son matériel doit choisir en connaissance de cause parmi les modèles qui lui sont présentés. Il est bien évident que ces machines si dissemblables ne sont pas équivalentes entre elles ; en laissant même de côté la qualité des matériaux qui ont servi à les établir, qualité qui ne peut pas toujours être appréciée autrement qu'à l'usage, l'acquéreur doit porter son attention sur un certain nombre de points très importants, dont des principes résultant d'expériences longtemps poursuivies ou de recherches d'ordre scientifique lui permettent d'aborder l'examen avec profit. Personne n'ignore que l'agriculture, comme l'industrie, du reste, ne peut plus être rémunératrice qu'à la condition de réduire au strict nécessaire les frais de production ; le personnel des exploitations devenant de plus en plus difficile à recruter et de plus en plus exigeant, il faut s'efforcer d'en tirer le meilleur parti possible et d'utiliser au maximum le bétail moteur. Une charrue bien construite et pourvue d'organes propres à lui donner une grande stabilité exige un effort de traction beaucoup plus faible et fatigue beaucoup moins le laboureur qu'une autre, mal établie et dépourvue de stabilité ; à effet cultural égal, la première machine, avec le même personnel et les mêmes animaux, permet de labourer en un jour une plus grande superficie que la seconde, sans que la journée de travail coûte un centime de plus, en salaire ou en aliments. La même constatation peut être faite pour tous les autres genres de machines agricoles. On conçoit donc qu'une erreur dans le choix des machines puisse se traduire, pour leur propriétaire, par une augmentation des frais de production ; il n'est même pas invraisemblable de supposer que, pour un certain nombre d'exploitations, le remplacement des instruments jusqu'à présent en usage par du matériel rationnellement choisi permettrait de réduire le bétail moteur et même le personnel chargé de le conduire et de le soigner.

C'est pour rappeler au public agricole les plus importants des principes en question que nous avons écrit le présent ouvrage. Sous le titre de MACHINES DE CULTURE, nous lui présentons une étude des principaux instruments qui sont employés depuis le moment où on commence à ameublir le sol jusqu'à celui où la plante a rendu ce qu'on attendait d'elle, c'est-à-dire jusqu'à la récolte exclusivement.

NOS MACHINES DE CULTURE sont divisées en trois parties :

La première est consacrée aux *Machines pour la préparation des terres*; nous y étudions à la fois les *labours* proprement dits, les façons ameublissantes superficielles, ou *pseudo-labours*, et les *travaux d'émiettement et de tassement superficiels* qui sont nécessaires pour que les graines soient placées dans une terre bien divisée, mais raffermie. Nous y passons en revue les instruments pour labours à bras (bêche, houe), les machines pour labourer à l'aide d'attelages ou de tracteurs mécaniques (charrues de tous genres, fouilleuses et sous-soleuses), les machines pour travaux spéciaux, tels que le déboisement, le tracé des fossés, etc. ; les scarificateurs, cultivateurs, extirpateurs forment, avec les herses, les machines appropriées aux pseudo-labours ; nous étudions ensuite les rouleaux plombeurs, brise-mottes, etc., et enfin les machines pour des travaux très particuliers, comme l'extraction des souches, l'enlèvement des gazons, le nivellement du sol, etc.

La deuxième partie a trait aux *Machines pour l'épandage des engrais et des semences*. Le matériel nécessaire à l'épandage de l'engrais de ferme, solide ou liquide, des engrais complémentaires fournis par l'industrie, les semoirs de tous genres (à la volée, en lignes, en poquets), les plantoirs, y sont successivement examinés avec un certain développement.

Enfin, dans une troisième et dernière partie, nous abordons l'étude des *Machines pour l'entretien des cultures*; les unes, comme les houes à cheval, servent à détruire la végétation adventice; d'autres, comme les démarieuses, les écimeuses, etc., ont pour but de supprimer tout ou partie des plantes en développement. Nous trouvons, dans la même catégorie, le matériel employé dans la lutte contre les maladies cryptogamiques (poudreuses, pulvérisateurs) ou pour protéger, dans la mesure du possible, les cultures contre les phénomènes météoriques.

Cet ordre n'est autre, au fond, que celui dans lequel se succèdent les travaux de culture; c'est également celui qu'a adopté, depuis longtemps, M. Ringelmann pour son enseignement : il a l'avantage d'être simple, clair, et de ne prêter à aucune confusion. Nous avons, au début de chacune des trois parties principales de notre ouvrage, rappelé en quelques lignes toutes les opérations que l'agriculteur peut avoir à effectuer; c'est une simple précaution didactique, destinée à rendre l'exposé plus méthodique, mais cela ne veut pas dire qu'elles soient toutes indispensables, ni même qu'elles doivent être accomplies partout, en toutes circonstances et dans l'ordre indiqué; nous avons dû nous placer à un point de vue très général, et nos lecteurs ne s'y tromperont pas.

Ce livre n'est pas un traité descriptif, du moins au sens propre du mot : la description détaillée d'un grand nombre de machines constituerait un travail de longue haleine, exigerait plusieurs volumes, et ne présenterait d'intérêt que pour quelques spécialistes; l'ouvrage serait d'ailleurs démodé avant d'être achevé. M. Max. Ringelmann, Membre de la Société nationale d'Agriculture, Directeur de la Station d'Essais de Machines et Professeur de Génie rural à l'Institut national agronomique, a, depuis longtemps, renoncé, dans son enseignement, à employer un semblable procédé. On ne reprochera certainement pas à son ancien Élève, devenu son collaborateur, d'avoir imité un pareil maître. Nous nous sommes donc borné à étudier successivement, dans chaque catégorie d'instruments, les organes spéciaux qui, par leur réunion, forment les diverses machines; nous avons soigneusement indiqué, pour chacun d'eux, les motifs qui doivent faire préférer ou rejeter *a priori* tel ou tel dispositif. Comme nous avons donné sous forme de tableaux, à la fin de chacun des chapitres, les résultats d'essais dynamométriques précis, faits dans des conditions aussi variées qu'il a été possible de les exécuter jusqu'à ce jour, nous avons l'espoir que notre travail sera utile aux Agriculteurs, et qu'ils y trouveront les éléments d'un examen rationnel des machines qu'ils auront à acquérir.

L'étude des moteurs proprement dits, si intimement liée à celle des machines, a déjà fait l'objet d'un volume spécial, intitulé Moteurs agricoles, que nous avons publié dans l'*Encyclopédie agricole* ; c'est à cet ouvrage que nous renvoyons le lecteur pour l'étude des mécanismes types que comportent presque toutes les machines, ainsi que pour l'emploi des moteurs — homme, animaux, moteurs à vapeur, à explosions, hydrauliques et éoliens — dans les exploitations agricoles. Nous y avons traité, en particulier, de l'application des moteurs à la culture mécanique et aux transports.

Dans un troisième ouvrage, qui aura pour titre Machines de récolte, nous examinerons tout ce qui a trait aux travaux de récolte, à la conservation et à la préparation des récoltes en vue de la vente ou de la consommation sur place ; certains chapitres en seront consacrés aux machines pour l'élévation des eaux, ainsi qu'aux appareils de sécurité.

Nous avons déjà exposé, dans la préface de nos Moteurs agricoles, tout ce que nous devons à M. Ringelmann, qui a toujours été pour nous un maître aussi affectueux qu'éclairé. Nous n'osons exprimer ici, de peur de froisser sa modestie, les sentiments qu'éprouvent, pour l'homme et pour son œuvre ceux qui, comme nous, ont pu travailler pendant dix ans à ses côtés. Qu'il nous soit, cependant, permis de lui adresser nos vifs et sincères remercîments, non seulement pour nous avoir aidé de ses conseils, mais aussi pour nous avoir autorisé à nous servir des résultats des nombreuses recherches scientifiques auxquelles il s'est livré. C'est grâce à sa bienveillance que nous avons pu reproduire ou dresser les tableaux insérés dans le cours de l'ouvrage.

Gaston Coupan.

MACHINES DE CULTURE

INTRODUCTION GÉNÉRALE

Utilité des machines. — Suivant une opinion encore très courante, l'introduction des machines aurait eu pour résultat, aussi bien dans l'agriculture que dans l'industrie, de rendre inutiles la plupart des ouvriers jusqu'alors indispensables ; on croit volontiers que, plus les machines se multiplient, plus le nombre des ouvriers réduits au chômage devient considérable, de sorte que, selon l'expression populaire, *la machine casse les bras des ouvriers*. — Rien n'est cependant plus inexact, et, si l'on examine avec un peu de soin les circonstances qui ont le plus influé sur le développement du machinisme, on est forcé de reconnaître que, loin d'être la cause de l'élimination des ouvriers, l'expansion des machines a été surtout déterminée par la raréfaction de la main-d'œuvre.

On peut citer, à l'appui de cette assertion, et simplement en ce qui concerne les machines agricoles, des exemples typiques. Ainsi, en Angleterre, on avait proposé, au cours du XVIIIe siècle, des machines capables d'effectuer la moisson ; elles étaient presque entièrement construites en bois et revenaient à un prix très élevé, tout en ne pouvant rendre que des services assez faibles. Les ouvriers agricoles, presque tous irlandais, étaient nombreux et se contentaient d'un minime salaire ; les moissonneuses mécaniques ne présentaient donc aucun intérêt, et leurs inventeurs, pour les faire connaître du public, furent obligés de les exhiber sur les scènes des théâtres, pendant les entr'actes. Survient la maladie de la pomme de terre : les Irlandais meurent de faim, ou émigrent par milliers ; la main-d'œuvre devient rare et chère. Aussitôt, on demande des machines à moissonner, et les clubs organisent des concours avec récompenses. Aux États-Unis, la vente des moisonneuses fut à peu près nulle jusqu'à la guerre de Sécession ; l'abolition de l'esclavage ayant eu pour conséquence la disparition d'une main-d'œuvre économique et abondante, les usines regorgèrent de commandes.

En France, la population de certaines communes est insuffisante pour assurer le travail du sol. Le tableau n° 1, relatif à deux communes du département de Seine-et-Marne, en donne un exemple assez curieux :

Tableau n° 1. — *Main-d'œuvre en Seine-et-Marne.*

INDICATIONS.	COMMUNE DE	
	RÉAU (25 mai 1898).	LARCHANT (7 déc. 1898).
Superficie totale (hectares)............	»	3 039
Superficie cultivée (hectares).........	1 245	1 760
Nombre d'habitants....................	450	642
Nombre d'électeurs (8 mai 1898).....	117	490
Nombre d'agriculteurs (propriétaires, journaliers, tâcherons)...............	36	87
Nombre de jeunes ouvriers de quinze à vingt ans.....................	14	»
Nombre d'hectares par agriculteur...	25	20

Ces deux communes sont dans l'obligation absolue d'avoir recours soit à de la main-d'œuvre étrangère, soit à des machines, pour que les travaux de culture puissent y être effectués.

Le travail produit par une machine est incontestablement inférieur, comme qualité, au travail exécuté directement par l'homme. Ainsi le labour à la charrue ne vaut pas le labour à bras, avec la bêche ou la houe. Mais il a l'énorme avantage de coûter moins cher. Le revenu ayant baissé considérablement pendant que les salaires augmentaient, il a fallu recourir à des moteurs moins onéreux que l'homme, ce dernier n'ayant plus, pour ainsi dire, qu'à diriger les machines. C'est par ce seul moyen que les agriculteurs ont pu lutter

contre l'augmentation du prix de la main-d'œuvre rurale.
D'ailleurs, à mesure que les machines se perfectionnent, le
travail qu'elles effectuent diffère de moins en moins de celui
de l'homme : leur rendement augmente graduellement, et leur
prix d'achat baisse progressivement, sous l'effet de la concur-
rence.

Voici, d'après M. Ringelmann, les prix de revient du travail
suivant les moteurs qui le fournissent (Tableau n° 2) :

**Tableau n° 2. — *Prix de revient des 100 000 kilogram-
mètres* (M. RINGELMANN).**

NATURE DU MOTEUR.		PRIX DES 100 000 KGM.	
Homme......	à la journée (3 fr.).	1fr,40 à 1fr,85	
	à la tâche (4 fr. 50).	1fr,30 à 1fr,66	
Attelages di-rects.......	1 cheval............	0fr,400	
	2 chevaux..........	0fr,322	
	3 —	0fr,294	
	2 bœufs...........	0fr,241	
	3 —	0fr,216	
Manèges.....	1 cheval,........	0fr,708	
	2 chevaux..........	0fr,571	
	3 —	0fr,522	
		D'après la puissance totale.	D'après la puissance pratiquement utilisable.
Moteur à va-peur de...	6 chevaux-vapeur..	0fr,153	0fr,208
	10 — ...	0fr,120	0fr,163
	30 — ...	0fr,084	0fr,114
Moteur à pé-trole de...	4 chevaux-vapeur..	0fr,175	0fr,237
	6 — ...	0fr,141	0fr,197
	10 — ...	0fr,106	0fr,143
	15 — ...	0fr,094	0fr,128
Moteur hy-draulique de.	6 chevaux-vapeur..	0fr,086	0fr,117
	10 — ...	0fr,067	0fr,091
	30 — ...	0fr,039	0fr,053

Ce tableau montre qu'on a avantage à diminuer, toutes les
fois que cela est possible, le travail de l'homme et à augmenter

le travail des animaux et des moteurs. Les Américains du Nord ont reconnu de plus que, même en employant des machines, il y avait intérêt à réduire au minimum la fatigue qu'éprouvent les ouvriers. C'est pour cela qu'ils munissent leurs charrues, et beaucoup d'autres instruments' agricoles, de sièges sur lesquels les laboureurs prennent place, au lieu de marcher à pied derrière la machine, comme en Europe. D'après les documents publiés par le *Board of Agriculture* des États-Unis, on peut se faire une idée de l'influence considérable qu'a eue dans ce pays l'adoption de plus en plus générale des machines agricoles.

Aux États-Unis, en 1890 :

La superficie cultivée était de 252 000 000 hectares ;

La valeur du matériel, 26 390 000 000 de francs ;

Soit, par hectare, un matériel d'une valeur de 105 fr. 20.

Le tableau n° 3 indique les prix de revient d'un même produit à quarante années d'intervalle.

Tableau n° 3. — *Influence de l'emploi des machines sur le prix de revient des produits (U. S. A).*

POUR OBTENIR 36.4 HL. DE MAÏS, IL FALLAIT :	EN 1855.	EN 1895.
Nombre d'heures { d'ouvriers	455	68
{ d'animaux	135	120
Charrues	ordinaires.	à siège.
Moisson, égrenage	à bras.	mécaniques.
Prix total du travail, *par hectolitre*	16. 50	6,50
Chiffres relatifs. { Temps de { Hommes.	100	15
{ travail. { Animaux.	100	90
{ Prix total du travail.	100	40

Pour la période décennale 1885-1895, la diminution du prix de revient des produits, causée par l'emploi des machines, a été encore très sensible (Tableau n° 4).

**Tableau nº 4. — *Diminution des frais de culture
par suite de l'emploi des machines (U. S. A.).***

PRIX DU TRAVAIL DE L'HOMME ET DES ATTELAGES.	EN 1885.	EN 1895.
Par hectolitre de. Blé	3^{fr},15	1^{fr},15
Avoine	1^{fr},90	1^{fr},45
Riz	3^{fr},25	2^{fr},75
Orge	2^{fr},10	0^{fr},55
Pommes de terre..	0^{fr},95	0^{fr},40

Ces exemples, qu'on pourrait multiplier à volonté, suffisent pour expliquer le développement qu'ont pris les machines agricoles.

Différences entre les machines industrielles et les machines agricoles. — Il existe entre les machines industrielles et les machines agricoles des différences profondes, qui sont justifiées par des raisons d'ordre économique. Dans l'industrie, les machines fonctionnent dix ou douze heures par jour et trois cent soixante jours par an ; certaines même sont en marche jour et nuit, et l'arrêt d'une seule machine peut suspendre le travail dans toute l'usine. Aussi l'indutriel ne néglige-t-il rien pour que, dans ses machines, se trouvent réunies toutes les conditions possibles de bon fonctionnement : se répartissant sur un très grand nombre d'heures de travail, le capital machines peut être très élevé.

On pourrait presque dire, au contraire, que les machines agricoles ne fonctionnent qu'exceptionnellement ; beaucoup ne servent que huit ou dix jours par an, certaines même que quelques heures par hectare et par an. Les ouvriers agricoles, quelles que soient leurs aptitudes, ne peuvent évidemment pas acquérir, dans de pareilles conditions, une habileté professionnelle comparable à celle des ouvriers industriels, lesquels finissent, suivant une formule vulgaire, mais expressive, par faire corps avec leurs machines. Aussi la machine agricole doit-elle être, avant tout, simple, rustique et peu coûteuse ; elle aura à fonctionner dans des conditions généralement peu favorables, quelquefois même très mauvaises, que l'on ne rencontre jamais dans l'industrie.

Tableau n° 5. — *Statistique agricole de la France.*

QUANTITÉS.	NATURE.	MACHINES EMPLOYÉES.
Millions d'hectares.		
25,7	Terres labourées.	Charrues, scarificateurs, cultivateurs, extirpateurs, herses, rouleaux, pulvériseurs, distributeurs d'engrais.
15,1	Céréales et grains.	Semoirs, moissonneuses, moissonneuses-lieuses.
9,4	Fourrages (prairies naturelles et artificielles, herbages)	Faucheuses, faneuses, râteaux à cheval, chargeurs et ramasseurs.
2,6	Racines et tubercules	Semoirs et plantoirs. — Houes. — Arracheurs.
1,8	Vignes	Charrues et houes vigneronnes. — Pulvérisateurs.
4,2	Terres incultes : landes	Treuils et machines de défoncement. Arracheurs de souches, rigoleuses.
Millions de quintaux.		
518,0	Gerbes	Batteuses, égreneuses.
188,0	Grains	Tarares, trieurs, aplatisseurs, concasseurs, moulins à farine.
330,0	Paille	Botteleuses. Presses à fourrages, hache-paille, broyeurs divers.
310,0	Foin	
640,0	Fourrage	
300,0	Racines et tubercules fourragers.	Laveurs, coupe-racines, dépulpeurs, appareils à cuire, broyeurs de tubercules.
1,1	Tourteaux	Brise-tourteaux.

Importance et répartition des machines agricoles en France. — D'après les dernières statistiques du ministère de l'Agriculture, la superficie du territoire agricole de la France est d'environ 51 millions d'hectares ; la valeur des machines et instruments agricoles est de 3 milliards et demi de francs. Ces mêmes statistiques nous permettent de nous faire une idée de l'importance relative des diverses catégories de machines, d'après les étendues consacrées aux différents genres de cultures et les quantités de produits qu'elles ont à travailler. Elles ont servi à dresser le tableau n° 5.

Voici, maintenant, comment les machines agricoles sont réparties en France (Tableau n° 6).

Tableau n° 6. — *Répartition générale des principales machines agricoles en France.*

MACHINES.	AFFECTATION.	1882.		1892.	
		Nombre de machines par 100 hectares.	Nombre d'hectares par machine.	Nombre de machines par 100 hectares.	Nombre d'hectares par machine.
Charrues......	Terres labourables..........	12,5	8,0	14,4	6,9
Semoirs.......	Céréales et racines........	0,17	588,0	0,3	333,0
Houes.........	Racines et tubercules........	10,3	9,7	11,0	9,1
Faucheuses....	Prairies, naturelles et artificielles, non pâturées	0,23	434,0	0,46	217,0
Moissonneuses.	Céréales........	0,10	1000,0	0,16	555,0
Batteuses......	Céréales (y compris maïs)....	1,45	69,0	1,63	61,0

Ce tableau montre que l'agriculture française est bien outillée en charrues, en houes et même en batteuses. Par contre, elle ne possède qu'un nombre insuffisant de semoirs, de faucheuses et de moissonneuses ; et, quoique les chiffres fournis par la statistique de 1892 n'aient certainement plus une grande valeur pour l'époque actuelle, ces différentes machines ne sont pas encore assez répandues chez nous.

I

PRÉPARATION DU SOL

Propriétés des terres au point de vue du fonctionnement des machines. — Il serait extrêmement utile de connaître l'influence des diverses propriétés des terres sur la façon dont ces terres se comportent sous l'effort des machines. Les praticiens qualifient les terres de *légères* ou de *lourdes* d'après la résistance qu'elles offrent au passage des charrues et autres instruments de culture. Depuis longtemps, les agronomes et les chimistes se sont préoccupés des moyens de déterminer la *cohésion*, la *ténacité* et autres qualités des sols ; malheureusement, les résultats qu'ils ont obtenus ne sont d'aucune utilité pour les mécaniciens, qui n'en peuvent tirer aucune conclusion relativement à la résistance que les instruments rencontrent dans des terres données. L'*adhérence* elle-même, qui exerce une action telle, sur les pièces travaillantes des charrues, qu'elle détermine parfois le choix de la matière constitutive de ces organes, n'est connue que d'une façon très imparfaite. Il semble seulement que les lois qui la régissent participent à la fois des lois du frottement des solides et de celles du frottement des liquides ; ainsi l'adhérence paraît augmenter avec l'étendue de contact et être indépendante de la pression.

Plusieurs savants mécaniciens ou agronomes ont pensé que la connaissance de la *ténacité* d'une terre pourrait servir à déterminer d'avance la résistance que cette terre offrirait au passage des instruments aratoires ; ils ont cherché à la mesurer par l'enfoncement, dans certaines conditions, d'un outil tranchant. Ce fut Coulomb qui eut le premier cette idée ; Poncelet la reprit et imagina la *bêche dynamométrique*, dont le comte de Gasparin se servit constamment dans ses recherches. Cette bêche a un fer de dimensions et de poids rigoureusement déterminés, et on la laisse tomber verticalement d'une hauteur de 1 mètre ; on apprécie en millimètres la quantité dont elle s'enfonce. Cet instrument ne peut donner aucun renseignement sérieux, car, dans le même champ, sur une étendue inférieure à 1 mètre carré, et à quelques minutes d'intervalle, les enfoncements de la bêche varient du simple au triple.

D'ailleurs, la détermination exacte de la ténacité ainsi définie ne présenterait qu'un faible intérêt ; la même terre n'offre pas la même résistance aux instruments à toute époque de l'année, ni après toutes les récoltes, et tous les praticiens savent que les labours d'automne, effectués lorsque la terre est tassée par la pluie, le passage des ouvriers, des voitures, etc., sont plus pénibles que ceux de printemps.

En définitive, les expériences effectuées jusqu'à ce jour montrent que la résistance offerte par une terre à un instrument déterminé varie en même temps que le *poids* de l'unité de volume de cette terre. Il est malheureusement très difficile de déterminer ce poids, car il est à peu près impossible de découper dans le sol une masse de forme géométrique sans modifier en rien sa structure intérieure primitive. De plus, ce poids varie avec le degré de tassement, d'humidité, etc., de la terre ; l'incertitude est encore plus grande, si l'on veut opérer après avoir travaillé la terre, car celle-ci a foisonné. Le plus simple est de procéder comme les physiciens quand ils déterminent une densité par la méthode du flacon ; on prend un flacon, ou un vase quelconque, d'une contenance légèrement supérieure à 2 litres, et on y marque, par des traits de repère, les niveaux correspondant à 1 litre et à 2 litres. On met de l'eau jusqu'au premier trait, soit 1 litre, et l'on pèse ; puis on verse peu à peu la terre, jusqu'à ce que le niveau s'élève dans le vase jusqu'au deuxième trait ; on pèse à nouveau le flacon, et la différence des deux pesées donne le poids du décimètre cube de terre. Si l'on rapporte ce poids à celui du même volume d'eau, on obtient la *densité* de la terre ; le chiffre trouvé dépend de la nature du sol, de l'humidité, etc., et caractérise

1.

réellement la terre au moment où l'expérience a lieu. Cette densité varie peu d'un sol à l'autre; les écarts sont compris en effet, entre 1,8 et 2,3. On constate que le même instrument exige un effort de traction d'autant plus grand que les sols où il travaille ont une densité plus élevée, toutes les autres conditions restant invariables.

Les considérations précédentes prouvent que c'est à tort que les expérimentateurs rapportaient autrefois au volume ou au poids de terre remuée la résistance que cette terre oppose aux instruments : ce volume et ce poids sont trop variables pour être pris comme termes de comparaison. M. Ringelmann rapporte les résultats fournis par le dynamomètre à la section travaillée ; cette méthode est justifiée par les faits expérimentaux suivants.

Après certaines récoltes, la partie superficielle du sol est garnie d'une multitude de racines, enchevêtrées en tous sens et formant une sorte de feutrage dans lequel les pièces travaillantes des instruments de culture rencontrent une résistance considérable. La couche feutrée ne dépasse pas, en général, la profondeur de 10 centimètres. En dessous, la résistance est moindre; mais elle augmente très rapidement dès qu'on atteint la région ordinairement respectée par les instruments, c'est-à-dire le sous-sol. Quand on a dépassé la couche feutrée, si elle existe, et à condition de ne pas atteindre le sous-sol, on constate que l'effort de traction exigé par une machine quelconque est sensiblement proportionnel à la section travaillée. Il est donc logique, pour comparer les machines entre elles, de rapporter les résultats des expériences à l'unité de section. C'est ce qui a été fait lors de l'établissement des tableaux qu'on trouvera plus loin : tous les efforts de traction y sont relatifs à une section de labour de 1 décimètre carré de superficie.

Opérations nécessaires pour la préparation du sol. — Pour que les plantes qu'on lui confie puissent se développer normalement et donner de bonnes récoltes, il faut que la terre soit ameublie sur une certaine profondeur. La première opération à lui faire subir est le *labour*, qu'on effectue à bras ou à l'aide d'instruments attelés. La couche travaillée a une épaisseur variant de 8 centimètres environ à 25 ou 30 centimètres, selon qu'on se propose d'exécuter un labour léger, moyen ou profond ; au delà de 35 centimètres de profondeur, le labour devient un *défoncement*. La partie superficielle, principalement, doit être ameublie avec soin, être à la fois très divisée et un peu tassée, afin que les graines y trouvent réunies les circonstances nécessaires à leur germination, qu'elles y soient surtout placées toutes dans des conditions suffisamment uniformes pour qu'elles se développent et arrivent à maturité toutes en même temps. Le labour seul ne constitue pas une préparation suffisante du sol ; il faut le compléter par des façons plus superficielles, qui sont, successivement : les *pseudo-labours* (*scarifiage*, etc., *hersage*) et le *roulage*.

On a édifié beaucoup de théories relatives aux façons culturales : pour le labour, notamment, on a pensé tout d'abord qu'il importait d'exposer aux agents atmosphériques une surface aussi grande que possible. Cette hypothèse admise, on arrivait facilement à en déduire que le meilleur labour, c'est-à-dire celui dans lequel la surface extérieure est maxima, est réalisé avec des bandes de terre à section rectangulaire inclinées à 45° par rapport au sol ; les deux côtés du rectangle de section (largeur et profondeur du labour) ne sont d'ailleurs pas quelconques, la largeur devant être égale à 1,41 fois la profondeur. Mais, si on examine un labour que les praticiens considèrent comme bon, on ne trouve jamais que les conditions déduites de l'hypothèse précédente soient remplies ; bien plus, dans le labour à la bêche, qui, de l'aveu de tous, est le labour parfait, la terre n'est jamais renversée à 45°, et la surface exposée à l'air est très réduite. Il n'y a donc pas lieu de tenir compte de ces théories fantaisiste ; nous verrons du reste plus tard qu'il est impossible de s'y conformer.

Plus récemment, M. Dehérain, se basant sur de tout autres considérations, a été amené à penser que, mieux le sol est préparé, plus l'action et la diffusion des microorganismes de la nitrification sont intenses et rapides ; il allait jusqu'à estimer qu'on pourrait, sinon supprimer, du moins notablement diminuer les dépenses considérables qu'occasionnent les engrais azotés, en divisant mieux le sol, en le pulvérisant même, d'une façon plus complète que le font les charrues et autres instruments actuellement usités. Avant d'adopter définitivement cette opinion, il serait nécessaire de la sanctionner par des résultats de grande culture ; notons cependant qu'elle donne une consécration scientifique incontestable à l'utilité des façons culturales soignées. Pour le reste, c'est aux agronomes qu'appartient la parole ; s'ils peuvent fixer avec un peu de précision les conditions que doivent remplir les façons culturales, les mécaniciens ne tarderont pas à leur fournir des machines propres à en assurer la réalisation.

PREMIÈRE SECTION. — LABOURS

I. — LABOURS A BRAS.

Les deux principaux instruments employés pour exécuter les labours à bras sont la *bêche* et la *houe*.

Bêche.

La bêche est un instrument composé d'une pièce métallique, plate ou légèrement bombée, appelée *fer* ou *palette*, et assemblée avec un *manche* en bois.

Fers de bêches. — Les dimensions et les formes des fers de bêches sont extrêmement variables ; elles dépendent des habitudes locales et aussi de la nature du sol. D'une façon générale, les fers sont longs et larges dans les pays septentrionaux, plus étroits et plus courts dans les pays méridionaux. Cela tient aux différences de conformation et de tempérament des hommes qui se servent de ces outils. Dans le Nord, les hommes sont grands, vigoureux et lymphatiques ; ils développent des efforts élevés, mais peu fréquemment. Dans le Midi, au contraire, les hommes sont plus petits, moins vigoureux, mais plus agiles ; ils n'exercent pas des efforts aussi considérables, mais ils les répètent plus souvent. Somme toute, les superficies qu'un homme peut travailler en un temps déterminé sont à peu près les mêmes dans le Nord et dans le Midi, soit de 1ᵃ,5 à 2ᵃ,5 par jour, à une profondeur de 0ᵐ,25, dans un sol où les cailloux ne sont pas très abondants.

A l'aide de la bêche, l'ouvrier découpe une motte de terre, qu'il soulève pour la renverser ensuite : c'est cette élévation de la motte de terre à une certaine hauteur qui constitue la partie la plus pénible du travail à la bêche. Il y a donc intérêt à réduire autant que possible le poids du fer, pour ne pas augmenter inutilement l'effort que l'ouvrier est obligé de développer. On y parvient en *emboutissant* le fer et en lui donnant un profil

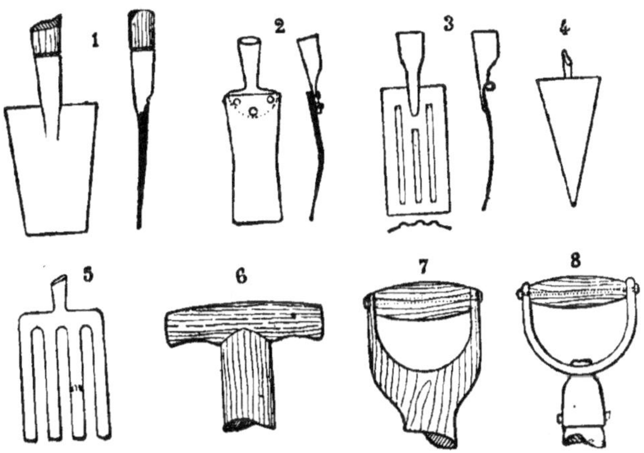

Fig. 1. — Formes diverses de fers et de manches de bêches.

légèrement incurvé tant en longueur qu'en largeur ; l'emboutissage augmente considérablement, à poids égal, la rigidité. On trouve même (fig. 1, n° 3) des bêches dont le fer est une simple tôle d'acier, emboutie et munie de nervures dans le sens de la longueur, la partie supérieure étant repliée pour qu'on puisse y appuyer le pied ; elles sont d'une très grande rigidité, mais ne sont guère employées que dans les travaux publics.

La largeur du tranchant de la bêche dépend de la nature du sol ; si celui-ci est peu caillouteux, les bêches peuvent avoir un large tranchant (fig. 1, nᵒˢ 1, 2 et 3). Par contre, si les cailloux sont abondants, on risquera d'autant moins d'en rencontrer sous la bêche que le tranchant en sera plus étroit ;

aussi trouve-t-on des tranchants arrondis, ou même pointus (Italie) (fig. 1, n° 4), des fers évidés à deux, trois ou quatre dents (fig. 1, n° 5) ; ces derniers instruments s'appellent parfois *fourches à bêcher*. Enfin, dans les terrains humides, il faut un fer très long ; pour éviter d'en augmenter le poids, on le munit d'une *hausse* sur laquelle l'ouvrier peut placer son pied.

Manches de bêches. — Le manche de la bêche est en bois. Il s'assemble avec le fer au moyen d'une douille ordinaire ou d'un enfourchement venus de forge d'une seule pièce avec le fer (fig. 1, n° 1), ou encore au moyen d'une douille prolongée par une contre-plaque rivée sur le fer (fig. 1, n° 2).

Le manche doit avoir de 3 centimètres et demi à 4 centimètres de diamètre, pour que l'homme puisse le serrer fortement dans la main sans éprouver de difficultés. Plus gros ou plus petit, il serait mal en main.

En France, le manche est généralement long (de 1^m,40 à 1^m,60) (fig. 2), et l'ouvrier doit le serrer très fortement pour que sa main ne glisse pas. En Angleterre et en Belgique, le manche est court et terminé par une traverse, perpendiculaire au manche, au moyen de laquelle l'ouvrier exerce son effort dans la direction du manche sans avoir à craindre que sa main vienne à glisser. Quand la traverse termine simplement le manche, celui-ci est dit *à béquille* (fig. 1, n° 6) ; cette disposition est assez mauvaise, parce que le manche force l'ouvrier à écarter le deuxième et le troisième doigt pour tenir la béquille. Il vaut mieux employer les *manches à poignée*, dans lesquels la traverse est maintenue à ses deux extrémités par une fourche solidaire du manche. Les manches à poignée entièrement en bois et d'une seule pièce manquent de solidité, à cause de la mauvaise disposition des fibres dans la fourche et dans la traverse ; on peut les améliorer légèrement en rapportant la traverse et en la maintenant à l'aide d'une broche métallique rivée à ses deux extrémités (fig. 1, n° 7). Par contre, les traverses en bois montées sur une fourche métallique, assemblée à douille sur le manche, constituent une excellente poignée, solide et bien en main (fig. 1, n° 8).

Quoi qu'il en soit, il convient de ne pas imposer aux ouvriers des outils différant trop de ceux auxquels ils sont accoutumés depuis leur enfance, car ils sont alors obligés de faire un nouvel apprentissage, et ils exécutent, pendant ce temps, une bien moindre quantité de travail qu'avec leurs anciens outils. Si l'on veut modifier la forme, il ne faut le faire que progres-

Fig. 2. — Labours en billons à l'aide de bêches à long manche (île de Noirmoutier) (Photographie de l'auteur).

sivement, en tenant compte non seulement des habitudes locales, mais encore de la vigueur et du tempérament des gens qu'on emploie.

Houe à bras.

La houe à bras est composée d'un fer, plat ou légèrement bombé, raccordé, par une queue métallique plus ou moins courbe, à une douille où vient s'ajuster le manche. On retrouve, pour les fers de houes, les mêmes variétés de formes que pour les fers de bêches; les raisons qui déterminent ces formes sont les mêmes dans les deux cas.

Contrairement à ce que nous avons dit pour les bêches, il n'y a aucun intérêt à diminuer le poids du fer. La houe est un instrument qui pénètre dans le sol par percussion ; une lame lourde s'enfonce donc plus facilement qu'une lame légère.

Fig. 3. — Houe à bras (Vernette).

Le manche de la houe est droit, ou légèrement courbe, et assez long. L'angle qu'il fait avec le fer est d'au plus 90° et généralement moindre ; quelquefois même le manche est presque parallèle au fer. Les raisons qui ont fait adopter, suivant les régions, un angle de raccordement plus ou moins grand sont totalement inconnues. Les cultivateurs eux-mêmes ne peuvent invoquer, à l'appui de leurs préférences, que des motifs de peu de valeur : ainsi certains prétendent qu'avec des houes à manche presque parallèle au fer on est obligé de se pencher beaucoup vers le sol et qu'on voit mieux ce que l'on a à faire. Cette explication est puérile. Il semble qu'il vaille mieux conseiller l'emploi de houes dans lesquelles l'angle de raccordement du fer et du manche soit égal ou supérieur à 60°, car avec un angle plus faible la position du travailleur est fatigante et finit par provoquer des déviations de la colonne vertébrale. C'est dans les pays où les houes à angle de raccordement faible sont en usage qu'on rencontre le plus de vieillards des deux sexes *cassés en deux.*

Pour ameublir le sol, à la bêche ou à la houe, l'ouvrier commence par ouvrir une *jauge*, ou *raie*, à la profondeur désirée ; cette jauge est limitée par une paroi à peu près verticale, qu'on appelle *muraille*; la partie du champ non encore travaillée est le *guéret.*

Le prisme découpé chaque fois est arraché du fond de la

jauge, puis retourné de façon qu'après le travail la zone d'arrachement se trouve à l'air libre et que la partie superficielle du guéret soit rejetée au fond. Un ouvrier labourant à la houe fait, journellement, un peu plus de travail qu'avec la bêche, c'est-à-dire, suivant la nature du sol, de 2 à 3 ares par jour, en moyenne, à 0ᵐ,25. Mais le labour est moins bien exécuté à la houe qu'à la bêche ; on remarquera que, dans le premier cas, l'ouvrier piétine la partie déjà labourée, tandis que, s'il emploie la bêche, il se tient continuellement sur le guéret.

Instruments dérivés des bêches et des houes.

L'exécution de travaux très spéciaux, comme les terrassements pour drainages, exige des bêches à fer long et étroit, qu'on appelle *louchets* ; les louchets ont des fers de plus en plus étroits à mesure qu'ils servent à approfondir davantage la tranchée. On fixe souvent sur leur manche une pédale, sorte d'ergot métallique terminé par une douille qu'on solidarise au manche, à la hauteur voulue, au moyen d'un coin ; on peut ainsi se servir à la fois du pied et de la main pour enfoncer le louchet dans le sol. On finit également le fond de la tranchée avec des houes dont le fer a une section demi-circulaire et est relié à un manche très long.

La *pelle-bêche* est une bêche à fer très large destinée à l'enlèvement des matériaux déposés sur le sol, quand on veut, par exemple, les charger dans des tombereaux. Le manche et son assemblage avec le fer ne présentent rien de particulier. La pelle-bêche est un très mauvais outil, dont la manœuvre est pénible, par la raison que, pour s'en servir, il faut placer le manche presque sur le sol, afin que le fer pénètre sous les matériaux à enlever. La *pelle* de terrassier, au contraire, est pourvue d'un manche cintré, qui permet de placer le fer horizontalement, sans que l'ouvrier soit obligé de se courber.

Les *pelles à charbon*, dont les mécaniciens se servent pour alimenter en combustible les machines à vapeur, ont un fer assez large, embouti de façon à présenter un rebord de plusieurs centimètres de saillie sur trois côtés ; la douille est également emboutie, légèrement recourbée et se raccorde avec un manche à poignée. Ces pelles peuvent être avantageusement employées pour le pelletage des grains.

Pour les sols très résistants, et surtout pour les sols rocheux, on fait usage de *pics*, qu'on peut considérer comme des houes à fer très massif et pointu ; la *pioche* est l'assemblage, en un seul outil, d'un pic et d'une houe à fer assez étroit. La pioche est très employée, non seulement en agriculture, mais aussi en travaux publics ; dans ce dernier cas, on la désigne sous le nom de *tournée*.

II. — LABOURS A L'AIDE DE MACHINES ATTELÉES.

Le modèle le plus anciennement employé par l'homme consistait en une sorte de crochet, taillé dans une branche fourchue,

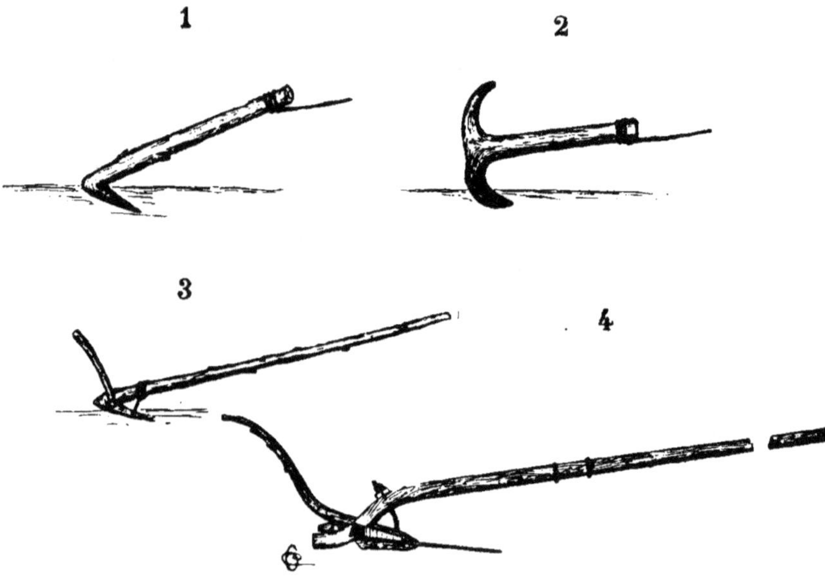

Fig. 4. — Charrues anciennes (n°ˢ 1, 2 et 3). — Ariau du Languedoc (n° 4).

dont le manche était relié à l'attelage au moyen de traits en cuir, et dont la pointe, durcie au feu, ne s'enfonçait que de quelques centimètres dans le sol (fig. 4, n°ˢ 1 et 2). Ce type rudimentaire n'a subi, pendant longtemps, que de très légères modifications ; on en a, tout d'abord, allongé la flèche pour pouvoir la fixer directement au joug des bœufs ; puis on l'a muni, à l'arrière, d'une tige permettant de mieux diriger l'appareil (n° 3), et on a substitué le fer au bois dans les parties les plus exposées à une usure rapide.

Pour augmenter l'effet utile de l'instrument, les Romains y ont adapté une planche fixée à l'arrière de la pointe et qui, s'en écartant obliquement comme une longue oreille, fit désigner la charrue sous le nom de *aurita* ; cet appendice servait à rejeter sur le côté du sillon la terre soulevée par le fer du crochet : c'est là l'origine du versoir des charrues modernes. Bientôt après, les Espagnols ont muni l'appareil d'une seconde palette, symétrique de la première, et la double *aurita* ainsi constituée s'est conservée, sans modification sensible, jusqu'à nos jours : c'est l'*araire*, l'*arer*, l'*arau* ou *ariau* du Poitou, de l'Auvergne, etc., la *queue d'ajace* du Berry, la charrue des peuplades riveraines de la Méditerrannée (1).

La pratique du labour à l'aide d'instruments attelés semble remonter à la plus haute antiquité. D'après les livres sacrés, ce serait Chin-Noung, empereur de Chine, qui aurait inventé la charrue, 3 200 ans avant notre ère, et aurait appris aux hommes à cultiver les champs (2). Chaque année, et de nos jours encore, l'empereur et toute sa cour labourent le champ impérial ; la charrue employée est celle qui sert communément à la culture du riz. Les pièces travaillantes sont en bois dur, les pièces de soutien en bois tendre ; aucune partie métallique ne protège ces organes, qui fouillent une terre continuellement détrempée. D'après une étude publiée par M. Chevalier dans le *Génie civil*, les Chinois et les Japonais se serviraient même d'outils, intermédiaires entre les houes à bras et les charrues proprement dites, qui permettent à un homme seul de labourer sans employer d'aide, ni d'animal. Ces outils, dont l'un a tout à fait l'aspect d'une houe, et dont l'autre ressemble beaucoup à un ariau, se manœuvrent à deux mains ; mais le

---

(1) Frédéric Mistral cite une vieille chanson provençale avec laquelle un fin laboureur émoustille son attelage. Il donne d'un des couplets la traduction suivante : « L'araire est composé — de trente et une pièces : — celui qui l'inventa — devait en savoir long ! — Pour sûr, c'est quelque monsieur! » (F. MISTRAL, *Mes origines*, Plon-Nourrit, éditeur.)

(2) Chin-Noung signifie « laboureur divin ».

laboureur se passe, en outre, autour du corps, une corde attachée au manche, près de la douille ou des étançons ; il trace son sillon à reculons (fig. 5).

Sous nos climats, les perfectionnements apportés aux charrues primitives ont surtout affecté, pendant de longs siècles, les parties secondaires de l'instrument, sans en modifier les organes essentiels. Dans certains pays, par exemple, le cheval étant employé, à la place du bœuf, comme animal de trait, l'araire romain ne pouvait servir tel quel : on

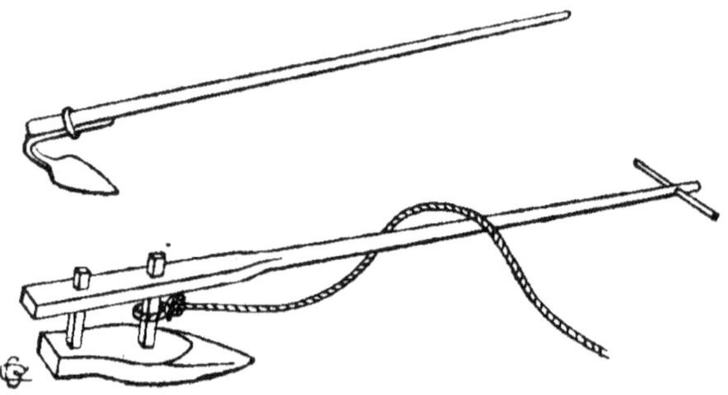

Fig. 5. — Charrues chinoises à main.

l'a complété par un support ou par un avant-train, mais les pièces principales sont restées les mêmes. Chaque pays a adopté et conservé un type particulier de charrue, dont la forme spéciale et le mode de construction ont été déterminés par des causes très diverses, parmi lesquelles des motifs religieux, le respect, parfois irréfléchi, des traditions locales, occupent probablement une large place, mais qui comprennent également la situation économique de la région et la constitution géologique du sol.

Quarante ans après la fondation de la Société d'Agriculture de la Généralité de Paris, qui est devenue, après la Révolution, la Société d'Agriculture du département de la Seine, et est actuellement la Société nationale d'Agriculture, François de Neufchâteau, frappé de l'extrême diversité des modèles de charrue employés en France, proposa à la Société, dont il était membre, d'ouvrir un grand concours auquel toutes les charrues de France devaient prendre part. Ce vaste projet avait pour but de mettre en évidence celle qui était à la fois la plus simple et la meilleure. Chaptal, alors ministre de l'Agriculture, accorda une somme de 10 000 francs comme prix à décerner. Le concours devait avoir lieu en 1801 ; des considérations d'ordre politique le firent retarder, puis réduire aux régions avoisinant Paris. Les concours de la Varenne et de Viroflay ne donnèrent pas immédiatement de grands résultats, du moins au point de vue du but qu'on poursuivait ; cela tient à ce qu'il n'y a pas et qu'il ne peut pas y avoir, dans l'état actuel de la mécanique agricole appliquée, une charrue type pouvant fonctionner également bien dans toutes les terres et répondre à toutes les exigences locales. Mais ces concours eurent néanmoins pour effet d'aiguiller les fabricants de charrues dans la voie du progrès ; Guillaume et quelques autres fabricants modifièrent les formes alors adoptées et substituèrent la fonte au bois dans la construction des versoirs, suivant l'exemple donné par les Anglais et les Américains du Nord.

Quelques années plus tard, Mathieu de Dombasle, après avoir fondé l'École de Roville, imagina la charrue qui est universellement connue sous le nom de *charrue de Dombasle*, et qui est le véritable prototype des charrues actuelles.

1° ORGANES CONSTITUTIFS DES CHARRUES.

Qu'elles soient munies, ou non, d'un support ou d'un avant-train, les charrues se rapprochent toujours plus ou moins d'un type général, dont la figure 6 représente le dispositif schématique. On y remarque une sorte de châssis, composé d'un *âge a*, sur lequel sont montés deux *étançons e, e'*, réunis à leur partie inférieure par le *sep s*, terminé par un *talon t*. L'âge supporte le *coutre c*, chargé d'entailler verticalement le sol et fixé dans la *coutrière c'* ; les étançons maintiennent le *soc S*, qui fend le sol horizontalement, et le *versoir v*, qui soulève, tord, rejette latéralement et désagrège la bande de terre découpée par le coutre et le versoir. Les *pièces travaillantes* proprement dites sont donc le coutre, le soc et le versoir ; l'âge, les étançons et le sep ne sont que des *pièces de soutien*. L'effort de traction est généralement transmis à la charrue par l'intermédiaire d'un organe *r*, appelé *régulateur*, qui sert à déterminer les dimensions du labour. Enfin le

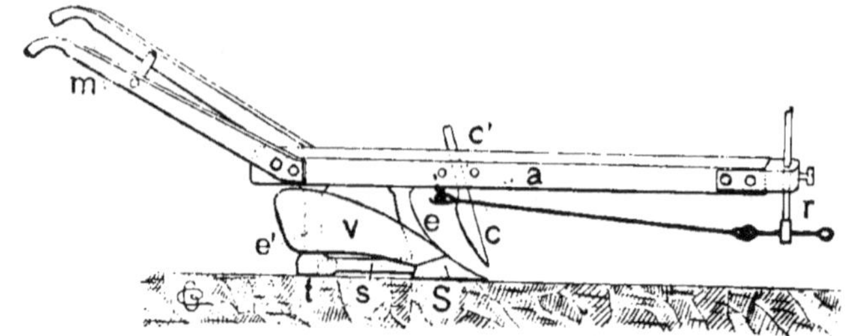

Fig. 6. — Schéma montrant les différents organes constitutifs d'une charrue.

laboureur a à sa disposition, pour diriger sa charrue, des pièces *m*, dites *mancherons*.

Examinons successivement, en détail, ces différentes pièces.

Pièces travaillantes.

Coutre.

Le coutre est une pièce en forme de couteau, dont le tranchant est disposé de façon à découper verticalement la bande de terre que la charrue doit travailler ; la partie réellement active du coutre, celle qui pénètre dans le sol, est ordinairement raccordée à un manche, de section rectangulaire ou parfois circulaire, qui sert à fixer le coutre sur l'âge.

Quelle position doit-on donner au coutre par rapport à l'âge ? On a voulu démontrer qu'il faut l'incliner la pointe en avant, de façon que, s'il rencontre un obstacle O, tel qu'un caillou, la résistance R opposée par cet obstacle se décompose en deux forces, l'une, *f*, parallèle au tranchant, qui tend à faire sortir l'obstacle, l'autre, *n*, perpendiculaire au tranchant, ayant pour effet de faire enfoncer le coutre et de maintenir par conséquent la charrue en équilibre (fig. 7, à gauche). Si, au contraire, le coutre était incliné la pointe en arrière, la charrue tendrait à enfoncer les obstacles et à sortir elle-même de terre (fig. 7, à droite).

En réalité, cette influence de l'inclinaison du coutre est bien faible ; les charrues sont d'ailleurs souvent munies, surtout à l'heure actuelle, d'organes de support qui en assurent la stabilité. En outre, pour que les obstacles soient expulsés du sol, il faut qu'ils ne se trouvent pas à plus de 4 ou 5 centimètres de profondeur, et que le coutre vienne agir dans le plan vertical qui contient leur centre de gravité, sans quoi ils sont simplement déviés. Enfin les charrues améri-

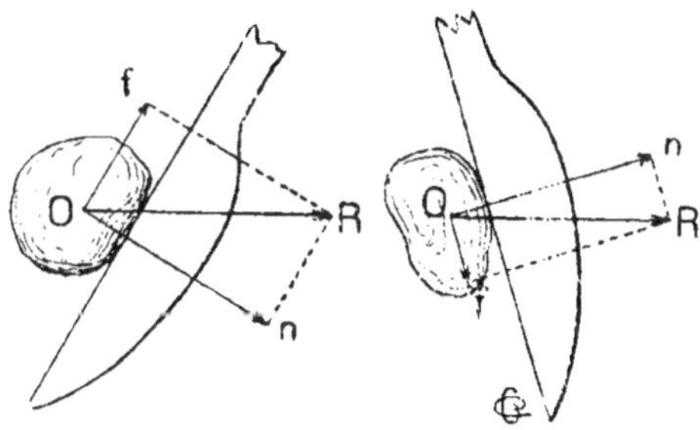

Fig. 7. — Influence de l'inclinaison du coutre.

caines pourvues de coutres circulaires sont tout aussi stables que les nôtres, et pourtant les coutres circulaires agissent à la façon de coutres inclinés en arrière.

Il n'y a donc pas lieu de s'arrêter plus longtemps sur ces considérations. On incline ordinairement le coutre en avant, parce que c'est la position qui facilite le plus son montage. En effet, le coutre doit agir avant le soc. Il y a intérêt, d'autre part, à rapprocher autant que possible les points d'application, sur l'âge, de la puissance et des résistances ; on fixe donc le coutre près de l'étançon d'avant et du crochet auquel est reporté, par l'intermédiaire du régulateur, l'effort de l'attelage. On est, par suite, à peu près obligé de l'incliner la pointe en avant.

Diverses formes de coutres. — Pendant longtemps, les coutres dont on munissait les charrues françaises étaient longs et très pointus (fig. 8, A) ; c'étaient donc des pièces qui, par suite de négligence ou de malveillance, pouvaient occasionner de graves accidents. C'est pour cela que l'article 471 du Code pénal punit d'une amende de 1 à 5 francs ceux qui ont laissé dans les rues, chemins, places, lieux publics ou dans les champs, des coutres de charrues. Si on abandonne les charrues, la nuit, dans les champs, il faut en retirer les coutres, dont les maraudeurs pourraient s'emparer et se servir non seulement comme arme, mais aussi comme outil d'effraction. Le grand inconvénient de ces coutres pointus, au point de vue cultural, est de s'user très vite à l'extrémité et de diminuer rapidement de longueur.

Le même reproche s'applique aux coutres en forme de solides d'égale résistance, qu'on a proposés autrefois. Si l'on admet que l'action du sol sur le coutre, est la même dans toute la région travaillée par cette pièce, on peut le considérer

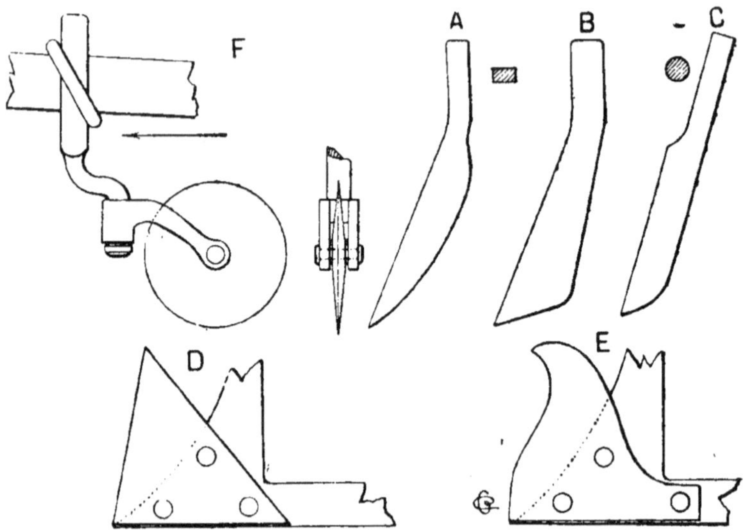

Fig. 8. — Principales formes de coutres.

comme un solide encastré par une extrémité et supportant une charge uniformément répartie; la forme la plus avantageuse à lui donner, dans ces conditions, est la forme parabolique. Mais le coutre ainsi profilé est trop pointu et s'use vite; cette conception d'une charge uniformément répartie est, en outre, purement hypothétique, car la résistance opposée par le sol n'est pas uniforme dans toute la profondeur travaillée, ainsi que nous l'avons précédemment montré.

Les coutres couramment usités en Angleterre sont plus rationnels; le tranchant est reporté sensiblement en avant du manche, et toute la partie travaillante a à peu près la même largeur sur toute sa longueur; l'usure à la pointe est ainsi moins rapide (fig. 8, C).

Actuellement, on donne aux coutres, dans la bonne construction française et étrangère, une forme nettement élargie vers l'extrémité (fig. 8, B) ; l'usure est répartie sur une surface beaucoup plus grande, et l'on a moins souvent besoin de faire rebattre la pièce.

En section, le coutre a une forme triangulaire ; la base du triangle, qui constitue le dos du coutre, a une largeur déterminée par la qualité du métal employé. Si le coutre agissait à la façon d'un coin, il y aurait avantage à rendre l'angle opposé à la base aussi aigu que possible ; mais la terre est une substance tellement peu homogène que cela n'influe pas sur l'effort de traction exigée par le coutre. M. Ringelmann a trouvé, dans ses essais, que la largeur et la profondeur travaillées par le coutre agissaient seules sur cet effort ; la base étant donnée, peu importe que l'angle soit plus ou moins aigu. Il vaut cependant mieux qu'il le soit assez pour que le tranchant, qui s'émousse par l'usure, n'acquière pas trop vite une largeur excessive.

La pointe du coutre, en travail normal, est à quelques centimètres au-dessus du plan d'action du soc ; en d'autres termes, elle n'atteint pas le fond de la raie. On a pensé, à un certain moment, qu'il y avait intérêt à ce que la muraille fût découpée sur toute sa hauteur, et l'on a fait usage de coutres en tôle mince fixés sur les étançons à l'aide de boulons à tête fraisée ; les tranchants de ces coutres étaient de formes très variées (fig. 8, D et E). Les *coutres fixes* sont à rejeter, car, si, en raison de leur peu d'épaisseur, ils n'exigent qu'un faible effort de traction, le laboureur est dans l'impossibilité absolue de les régler ; en outre, la moindre avarie les met hors de service. Il n'est d'ailleurs pas utile de découper la terre sur toute la hauteur de la muraille.

Les Américains et les Canadiens emploient quelquefois des coutres descendant jusqu'au fond de la raie ; mais c'est uniquement pour les travaux très pénibles, comme les défrichements, et pour soulager la coutrière. Le coutre s'appuie, par son extrémité, contre le soc, dont la pointe pénètre dans un évidement pratiqué au dos du coutre (fig. 19).

En travail, le coutre ne doit pas être placé symétriquement par rapport à la direction du labour. Cela tient à ce que les pressions exercées par la terre sur les deux ailes ne sont pas égales; celle qui provient de la bande en voie de retournement est bien plus faible que celle qui provient de la muraille, c'est-à-dire de toute la masse non encore labourée. Aussi doit-on dévier le tranchant vers la muraille, pour contre-balancer la tendance qu'aurait, sans cela, la charrue à sortir de la raie. Dans les charrues anglaises, le coutre a souvent un manche cylindrique, au moyen duquel on peut donner facilement la déviation nécessaire. En France, le manche est à section rectangulaire, et la déviation est faite une fois pour toutes par le constructeur, lors du forgeage de la pièce; mais il faut veiller à ce que, lors du rebattage, le maréchal ne change pas cette déviation.

Pour diminuer le frottement des étançons sur la muraille, il convient de reporter le coutre de 8 à 10 millimètres en dehors du plan des étançons, du côté de la muraille.

Coutres circulaires. — A la fin du xviiie siècle, on pensa qu'il y aurait avantage à découper la muraille avec un instrument analogue aux roulettes à dégazonner; on construisit des coutres ayant la forme d'un disque circulaire à bord tranchant, pouvant tourner autour d'un axe central monté sur une fourche qui terminait le manche au moyen duquel on fixait la pièce sur l'âge. Les résultats ne confirmèrent pas ces espérances : l'effort de traction exigé par ces coutres était très élevé, parce que les oscillations de l'attelage les amenaient constamment à se mettre plus ou moins en travers par rapport à la direction du labour, et tout se passait comme s'ils avaient été très larges. Aussi ces coutres circulaires à monture rigide ont-ils été rapidement abandonnés. On en trouve encore quelquefois sur des charrues modernes d'excellente construction et de grande stabilité latérale; il ne nous semble cependant pas qu'il y ait lieu de les préférer au type courant.

Imaginés en France, les coutres circulaires ont été modifiés d'une façon très originale par les Américains du

Nord, qui nous les envoient maintenant sous le nom de *coutres roulants* (*rolling culters*). Le disque tranchant est monté sur une fourche, terminée par une douille, au moyen de laquelle elle est reliée à un axe vertical (fig. 8, F). Le disque peut ainsi tourner autour de cet axe à la façon d'une roulette de fauteuil ; il se place de lui-même en arrière de l'axe, est insensible aux oscillations et se dévie latéralement lorsqu'il rencontre des obstacles trop gros. D'après M. Ringelmann, ces coutres n'exigeraient, à conditions égales, que le quart de l'effort de traction correspondant aux meilleurs coutres ordinaires.

Le coutre n'est pas une pièce indispensable ; on peut le supprimer, mais alors l'étançon d'avant et la partie antérieure du versoir s'usent beaucoup.

Coutrières.

La coutrière est l'appareil qui sert à fixer le coutre sur l'âge. Primitivement, on se bornait à percer une mortaise dans l'âge et à y maintenir le coutre à l'aide de coins ; c'est évidemment la disposition la plus simple, mais elle présente l'inconvénient d'affaiblir l'âge dans la partie qui est soumise aux efforts les plus intenses. Mathieu de Dombasle se servit d'une coutrière en fonte, maintenue par des boulons b sur une des faces latérales de l'âge A (fig. 9) ; c'est dans la pièce de fonte B que la mortaise m est pratiquée, et le coutre c y est maintenu en position à l'aide d'une vis de pression v,

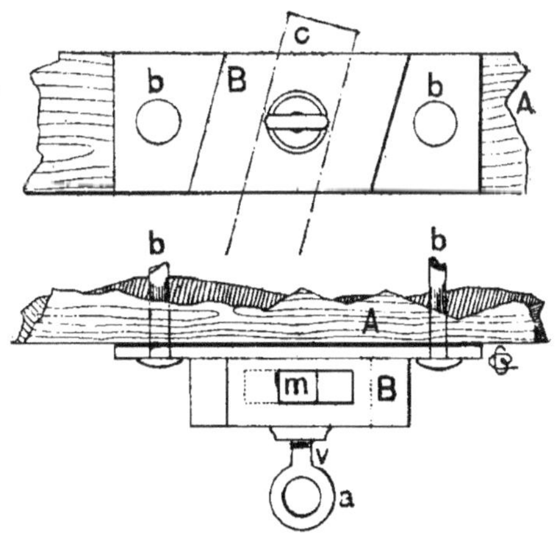

Fig. 9. — Coutrière de Mathieu de Dombasle.

terminée par un anneau a ou par une tête à pans. Mais les trous de boulons diminuent aussi la résistance de l'âge ; de plus, les ouvriers agricoles s'imaginent qu'il est nécessaire de serrer énergiquement la vis, tandis qu'une pression légère est parfaitement suffisante pour maintenir le coutre; c'est ainsi qu'ils emploient des clés, ou tout autre engin qui, introduit dans l'anneau *a*, peut servir de levier pour bloquer la vis, et qu'ils finissent toujours par la casser au ras de l'écrou. Il faut, ensuite, pour remplacer la vis brisée, forer dans son axe le noyau de cette vis, et quelquefois tarauder à nouveau l'écrou, de sorte que la réparation est coûteuse. Comme les ouvriers agricoles ne sont pas et ne peuvent pas être des mécaniciens, il faut rejeter *a priori* tous les systèmes de fixation à vis de pression.

Vers 1815, Jefferson, président de la République des États-Unis, imagina une coutrière à laquelle on donne aujourd'hui le nom d'*étrier américain* et qui est d'une remarquable simplicité. Le coutre, appliqué contre une des faces latérales de l'âge, a tendance à basculer sous l'influence de la résistance du sol, de manière que sa pointe soit portée d'avant en arrière. Il suffit donc, pour rendre ce mouvement de bascule impossible, de placer deux obstacles de part et d'autre du manche du coutre, l'un en avant, à la face supérieure de l'âge, l'autre en arrière, à la face inférieure de l'âge. Ces deux obstacles sont constitués par les branches d'un étrier en forme d'U, que l'on place à cheval sur l'âge et

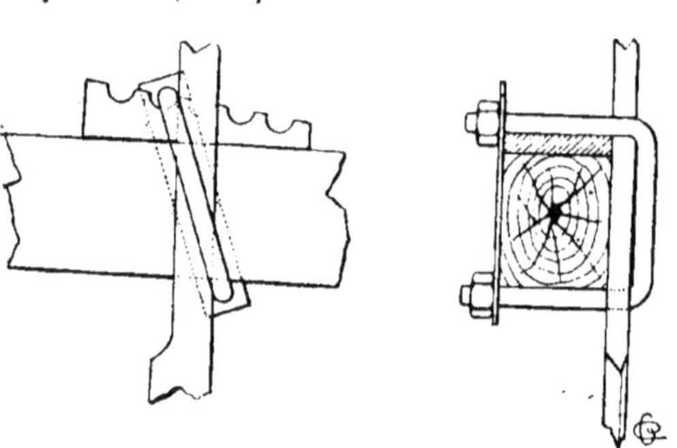

Fig. 10. — Étrier américain muni d'un coin de réglage.

sur le coutre (fig. 10); les deux branches sont filetées à leurs extrémités, ce qui permet de fixer l'étrier sur l'âge à l'aide d'une contre-plaque et d'écrous. On voit qu'en s'opposant au basculement du coutre l'étrier comprime l'âge et en resserre les fibres, ce qui augmente la résistance des âges en bois.

Rien n'est plus facile que de régler l'inclinaison du coutre lorsqu'il est maintenu par un étrier : il suffit, pour cela, que l'écartement des deux branches de l'étrier soit plus grand que l'épaisseur de l'âge et permette d'introduire, entre la face supérieure de l'âge et la branche correspondante de l'étrier, un coin métallique dont la face inclinée est munie de rainures transversales dans lesquelles peut se loger la branche de l'étrier. Celui-ci se redresse, en inclinant le coutre, d'autant plus qu'on engage sa branche supérieure dans une rainure de niveau plus élevé. On peut, d'ailleurs, utilement employer deux plaques semblables placées l'une à la face supérieure, l'autre à la face inférieure de l'âge. C'est là un procédé de fixation simple et rationnel. On trouve cependant encore des plaques dont la face cannelée est parallèle à la face supérieure de l'âge : elles ne présentent aucun intérêt, et il faut les abandonner. Seules, des plaques de réglage en forme de plan incliné peuvent avoir un effet utile.

Lorsque le coutre s'appuie, en même temps, sur la pointe du soc, on inverse la position de l'étrier, c'est-à-dire que la branche supérieure est passée en arrière et la branche inférieure en avant du coutre. La figure 19 montre une charrue de défrichement dont le coutre est monté de cette manière.

Certaines grandes maisons anglaises ont obtenu, lors de l'Exposition Univer-

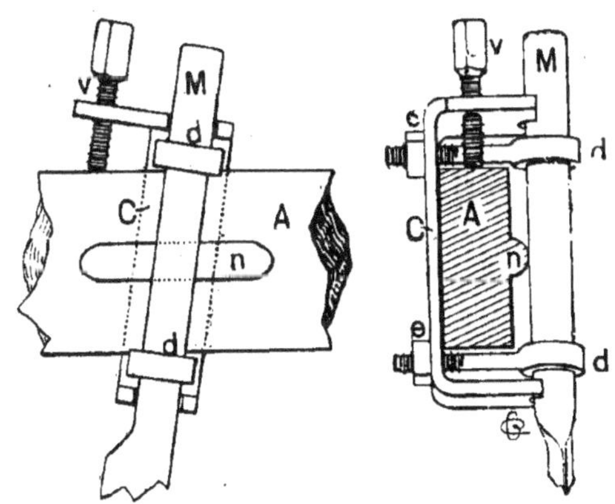

Fig. 11. — Coutrière de Howard.

selle de 1855, un succès considérable en présentant des coutrières qui permettaient de régler de toutes manières la position du coutre. Telle est la coutrière représentée par la figure 11. Le manche M du coutre, qui est cylindrique comme dans la plupart des modèles anglais, est pris dans deux douilles *d* montées sur des tiges filetées qui passent au-dessus et en dessous de l'âge A. Cet âge est métallique et présente une nervure *n* à l'endroit où doit être fixé le coutre. On maintient l'ensemble sur l'âge en serrant contre ce dernier une contre-plaque C, à l'aide d'écrous *e* vissés sur les tiges à douilles ; la contre-plaque est repliée a sa partie supérieure et munie d'un prolongement sur lequel est placée une vis *v*, à tête carrée, dont la pointe s'appuie sur l'âge. Avec ce dispositif, on peut : 1° faire tourner le coutre autour de l'axe du manche, pour lui donner plus ou moins de tendance à prendre de la raie ; 2° écarter ou rapprocher la pointe du coutre du plan des étançons, en serrant l'écrou de l'une des tiges à douilles et en desserrant l'autre ; 3° incliner plus ou moins le coutre, en avant ou en arrière, en serrant ou en desserrant la vis à tête carrée de la contre-plaque ; 4° monter ou descendre le coutre en faisant coulisser le manche dans les douilles *d*.

Les autres machines anglaises comportent des coutrières analogues. Ces appareils sont très ingénieux, mais complètement inutiles ; on ne s'en sert jamais, et les laboureurs se gardent bien de toucher au réglage fait à l'usine, comme peut en témoigner l'intégrité de la peinture qui recouvre ces pièces.

On rencontre, en outre, de nombreux systèmes de coutrières qui ne sont, en général, que des modifications plus ou moins heureuses de la coutrière Dombasle ou de l'étrier américain.

Soc.

Le soc a été, pendant longtemps, la pièce principale de la charrue ; c'est, en tout cas, la première pièce qu'on ait construite en métal. Dans les types anciens de charrues, le soc est une palette en forme de fer de lance ou de feuille de laurier, prolongée en arrière par une queue fixée elle-même, à l'aide d'une bague, sur le sep, qui est en bois comme tout le reste de l'instrument. Parfois même ce soc est réduit à une pointe qui dépasse de quelques centimètres le bec du sep ; mais, pour éviter d'avoir à la changer trop souvent, cette pointe n'est que la partie débordante d'une longue tige de fer à section carrée, maintenue par des coins dans des rainures convenablement disposées.

Actuellement, on demande au soc de découper horizontalement la terre à une certaine profondeur. Il doit donc avoir un tranchant disposé dans le plan du fond de la raie.

La forme du soc est fréquemment celle d'un triangle-rectangle, ou à peu près. On l'incline de façon que l'hypoténuse, ou tranchant, porte seule sur le fond de la raie ; cette inclinaison empêche la pièce de bourrer et permet de raccorder plus facilement le soc avec le versoir.

En Angleterre, les socs sont souvent établis en fonte, aciérée ou trempée à la face supérieure au moment de la coulée; ils sont pourvus d'une douille au moyen de laquelle on les assemble sur le sep. Parfois même cet assemblage est complété par une articulation à pivot, et deux tringles, agissant dans deux plans perpendiculaires l'un à l'autre, permettent de dévier la pointe du soc à gauche ou à droite, en haut ou en bas. Ces systèmes compliqués sont à rejeter, non pas comme mauvais, mais comme inutiles.

Aux États-Unis, on se sert soit de socs triangulaires en fonte d'acier, soit de socs en forme de trapèze isocèle, découpés dans une tôle d'acier et qu'on fixe, à l'aide de boulons à tête fraisée, sur une pièce solidaire du sep et des étançons ; quand la pointe est usée, il est loisible, grâce à leur forme symétrique, de retourner ces socs bout pour bout. En pratique, on ne les retourne pas ; mais les socs trapéziques sont d'une fabrication facile ; ils sont appliqués surtout aux charrues du type cylindrique.

On a beaucoup discuté sur la forme qu'il convient de donner au tranchant du soc, les uns prônant la forme rectiligne, les autres des tranchants courbes, concaves ou convexes ; toutes ces formes sont identiques au point de vue du résultat, mais, comme l'usure finit toujours par rendre le tranchant à peu près rectiligne, il est plus simple d'adopter la forme rectiligne dès le début.

Les socs étant exposés à s'user assez rapidement, on

ménage d'ordinaire, lors de leur fabrication, une surépaisseur de métal au voisinage du tranchant; cela permet au forgeron, lorsqu'il rebat la pièce, de la ramener à sa dimension primitive sans l'amincir. En Allemagne, on a adopté un procédé de fabrication qui peut intéresser indirectement les agriculteurs, en réduisant notablement le prix de revient du soc. Comme la charrue est du type cylindrique, le soc est trapézique; il est pourvu, en outre, d'un épaississement permettant le rebattage ultérieur. Mais, au lieu de fabriquer les socs pièce à pièce, on se fait livrer, par de grandes forges, des bandes d'acier de plusieurs mètres de longueur, laminées au profil voulu, qu'on n'a plus qu'à découper à la dimension nécessaire.

Pour les sols très résistants, on renforce habituellement la pointe, qui, sans cette précaution, s'userait beaucoup trop vite; souvent même on rend la pointe complètement indépendante du soc, et on la constitue par une barre d'acier à section carrée, qui vient se loger dans une échancrure pratiquée à l'extrémité du soc dont elle remplace la pointe. Cette *pointe mobile*, ou *carrelet*, qu'on aperçoit nettement sur la figure 33, est maintenue contre les étançons, en arrière du soc, au moyen de coins ou de vis de pression ; lorsque la fixation a lieu par coins, il faut exiger que, pour les serrer, on soit obligé de les chasser en sens inverse du mouvement de la charrue, c'est-à-dire d'avant en arrière, sans quoi la barre se desserrerait à chaque instant sous l'action de la résistance que le sol lui oppose. La pointe mobile, comme la pointe renforcée, creuse une petite rigole dans le fond de la raie, à l'angle de la muraille et de la jauge ; l'effort de traction est un peu plus élevé qu'avec les socs ordinaires, mais la durée des pièces est bien plus considérable.

D'une façon générale, les socs de construction française sont beaucoup plus larges que les socs fabriqués dans les autres pays ; leur aile atteint presque la largeur totale du labour. Il semble que les constructeurs français aient cherché, sur la demande des agriculteurs, à découper presque entièrement la bande de terre, dans le but de diminuer autant que possible la petite butte, ou *saumon*, qui se produit au fond de la raie lors de l'arrachement de la bande ; cette butte s'opposerait, paraît-il, à l'écoulement des eaux. Si cette assertion est exacte, il n'y aurait lieu d'en tenir compte que pour des terrains très humides, qu'on aurait grand avantage à drainer ; en tout cas, l'augmentation de la largeur du soc est accompagnée d'un très notable accroissement de l'effort de traction, et il conviendrait, au moins pour les terres saines, d'employer des socs dont la largeur ne dépasse pas la moitié de celle de la raie, dimension la plus généralement adoptée en Angleterre.

Versoir.

Le versoir agit après le coutre et le soc ; il a pour mission de tordre la bande de terre sur elle-même et de la rejeter latéralement, après l'avoir retournée de telle façon que les particules qui se trouvaient à la surface du champ soient, après le passage de la charrue, à la partie la plus profonde du labour. On comprend sans peine que, pour en produire le retournement, le versoir ne doit pas trouver la bande de terre complètement découpée à l'avance par les deux autres pièces travaillantes ; s'il en était autrement, le versoir, quelle que fût sa forme, se bornerait à déplacer la bande latéralement sans la retourner. Il faut, au contraire, que cette bande adhère au fond de la raie, sur une certaine longueur, du côté opposé à la muraille.

On a plusieurs fois tenté de déterminer géométriquement la forme rationnelle qu'il conviendrait de donner au versoir. En prenant pour base les conditions que doit remplir un labour parfait, conditions que nous avons exposées précédemment et qui ne sont d'ailleurs jamais réalisées, on a admis que la charrue découpait dans le sol une bande prismatique dont la section droite est un rectangle de base et de hauteur déterminées ; le versoir doit redresser cette bande, puis l'incliner à 45°, en la faisant pivoter successivement autour des deux arêtes limitant la muraille *m* tracée lors de l'exécution de la raie précédente. Examinant ensuite les diverses positions occupées par le côté du rectangle de section primitivement appliqué sur le fond de la raie, on voit que ces positions correspondent aux génératrices successives de deux portions raccordées d'hélicoïdes développables. On en a déduit que le versoir devait être formé de deux portions d'hélicoïdes ; des considérations analogues ont fait proposer également d'autres surfaces géométriques pour donner aux versoirs des formes rationnelles (1).

Nous n'insisterons pas plus longuement sur ces soi-disant *théories*, qui ont été établies en partant d'une hypothèse fausse ; on suppose toujours, en effet, que la bande de terre est indéformable, et que les côtés du rectangle de section conservent leur rectitude. Or, si l'on jette un simple, coup d'œil sur une charrue au fonctionnement, on s'aperçoit que, même avant l'entrée en action du versoir, la bande de terre est déformée par le coutre et surtout par le soc (fig. 12) ; à mesure que le retournement s'opère, la déformation s'accentue davantage, surtout dans les terres légères. C'est ce que prouve surabondamment l'examen des profils réels des bandes de terre pendant le retournement (2) (fig. 13, nᵒˢ 2 et 3).

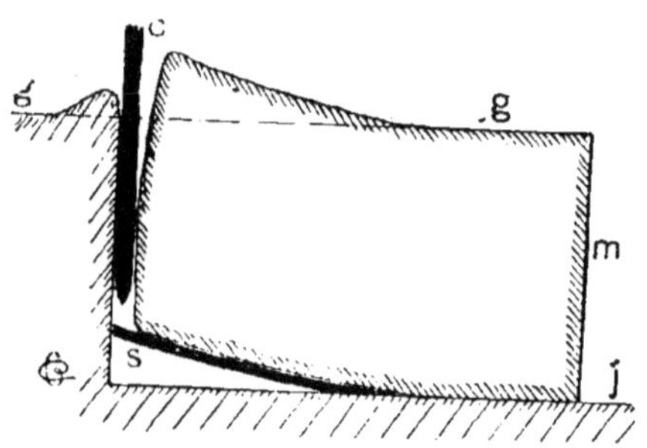

Fig. 12. — Déformation de la bande de terre par le coutre *c* et le soc *s*.

m, muraille ; *g*, guéret ; *j*, jauge.

Le profil nᵒ 2 a été relevé dans une terre argileuse forte de Seine-et-Marne ; le profil nᵒ 3 dans la terre légère et sableuse de l'ancienne ferme de l'Institut agronomique, à Joinville-le-Pont. Ils ne ressemblent évidemment en rien au profil hypothétique que nous avons reproduit en 1, afin de permettre la comparaison. Dès lors, quel degré de confiance accorder à des théories basées sur une hypothèse aussi peu conforme à la

(1) Jefferson proposa une surface réglée en forme de paraboloïde hyperbolique ; Bella, deux paraboloïdes hyperboliques séparés. Ridolphi, l'abbé Lambruschini ont préconisé, au contraire, le tracé hélicoïdal.

(2) Ces profils ont été relevés en 1900 par M. Drouard, ingénieur agronome, alors stagiaire de troisième année à la Station d'essais de Machines.

réalité des faits ? Les essais dynamométriques démontrent, du reste, que les charrues dont les versoirs sont construits d'après ces principes sont aussi celles qui exigent l'effort de traction le plus élevé ; cela n'est pas étonnant, puisque, la bande étant déformée avant que le versoir agisse, il faut la déformer à

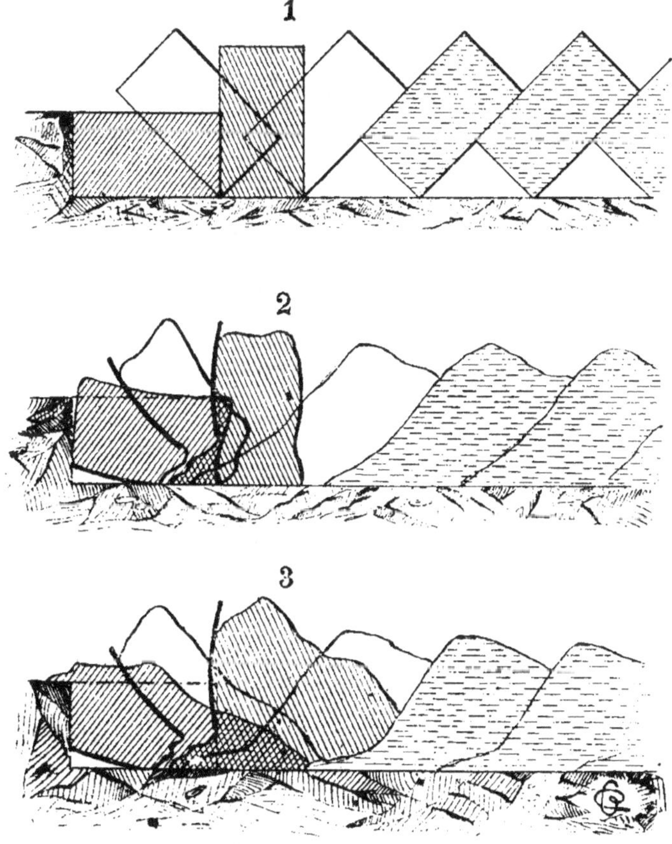

Fig. 13. — Profils de labours.

nouveau pour lui faire reprendre un profil se rapprochant un peu plus du profil hypothétique.

En réalité, les meilleurs versoirs sont ceux dont la forme a été déterminée expérimentalement, par tâtonnements successifs, pour des natures données de sols.

Configuration des versoirs. — Pour étudier la configuration des versoirs, M. Ringelmann a établi un appareil qu'il a dénommé *profilographe*, et qui est un perfectionnement du parallélogramme articulé de Slight et Burn. Cet appareil consiste en un cadre, composé de deux parallélogrammes *abdc*, *cdfe*, ayant le côté *cd* commun, et dont les sommets sont articulés (fig. 14). Les articulations *a* et *b* sont fixes ; par conséquent, le côté *ef* se déplace en restant toujours parallèle à *ab* ; il est d'ailleurs prolongé par une longue pointe *p* et est muni, entre

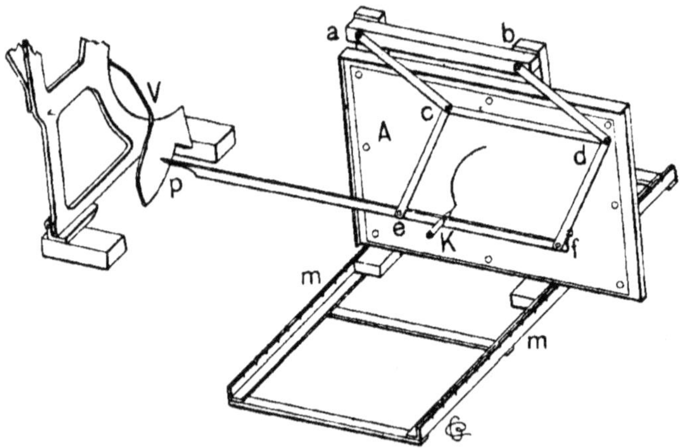

Fig. 14. — Profilographe Ringelmann.

e et *f*, d'un porte-crayon K. Le double parallélogramme est monté sur un plateau rigide A, qui peut coulisser, perpendiculairement à son plan, dans les glissières *mm*. Pour se servir de cet appareil, on le place à proximité du versoir, de façon que le plateau A soit bien perpendiculaire à l'âge ; puis on fixe sur ce plateau, à l'aide de punaises, une feuille de papier à dessin. Soutenant ensuite le côté *ef*, on le déplace, en le maintenant toujours dans le plan du plateau A, de façon que sa pointe soit constamment appuyée sur le versoir à étudier V. Cette pointe décrit donc une courbe qui n'est autre chose que la ligne d'intersection de la surface du versoir et d'un plan perpendiculaire à la direction que suit la charrue. Le crayon placé en K reproduit cette ligne, en vraie grandeur, sur le papier à dessin. On déplace, après chaque opération, le plateau A d'une certaine quantité (2 centimètres) dans ses glissières, et on continue ainsi dans toute l'étendue du versoir. La figure 15 donne l'aspect des profils relevés avec cet appareil (1).

Si l'on classe les versoirs d'après la forme des relevés au profilographe, on trouve trois catégories principales, suivant que les lignes représentant les sections par des plans verticaux

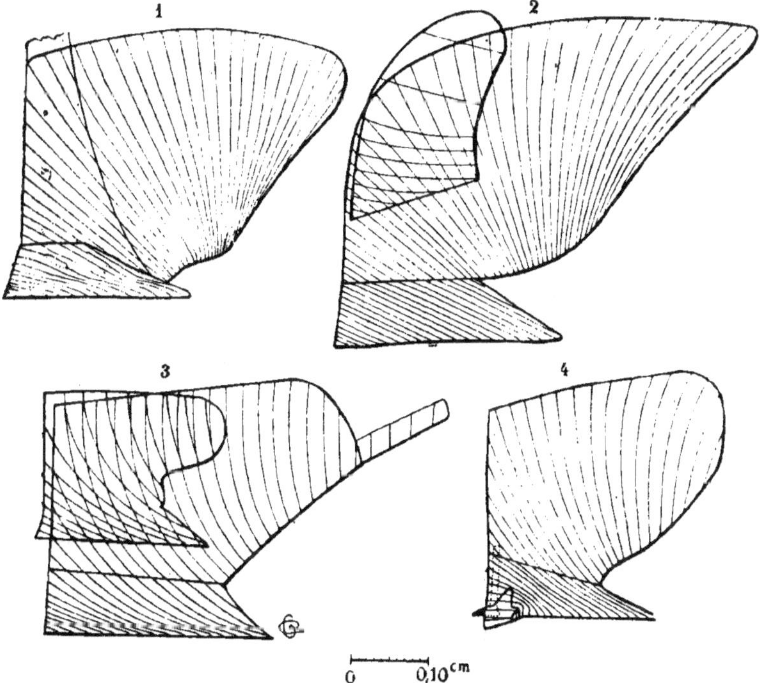

Fig. 15. — Profils relevés au profilographe : type hélicoïdal mal tracé (1) et bien tracé (2) ; type cylindrique allemand (3) : type cylindrique américain (4). Les profils (2) et (3) indiquent en outre le tracé de la *rasette* (2) et de l'avant-corps (3)

équidistants sont convexes ou concaves par rapport à l'intersection de la muraille et de la jauge.

Les *versoirs convexes* ont été très en faveur en Angleterre, sous prétexte qu'en raison de leur forme la terre ne s'appliquerait sur le versoir que par une surface de très faible étendue.

(1) Cf. M. RINGELMANN, Rapport sur les Essais de Plessis (*Bulletin de la Société d'Agriculture de l'Indre*, 1901).

et que l'adhérence s'en trouverait notablement diminuée. En réalité, l'intervalle entre le versoir et la bande se remplit de terre qui *bourre* sur le versoir ; on a donc remplacé le frottement de terre sur fer par le frottement de terre sur terre, qui est beaucoup plus élevé. Les versoirs convexes sont à rejeter, car ils provoquent un trop grand effort de traction.

Les *versoirs concaves* sont les plus répandus : ils exigent un effort de traction sensiblement moins élevé que les précédents.

Les versoirs *d'abord concaves, puis convexes* sont les plus mauvais de tous ; c'est à eux que correspondent les efforts de traction les plus considérables.

Parmi les versoirs concaves, nous trouvons trois types principaux, que nous pouvons appeler *type hélicoïdal, type cylindrique* et *type sphérique*, à la condition de ne pas attacher à ces qualificatifs une signification aussi rigoureuse qu'en géométrie ; nous entendrons simplement par là des versoirs dont la surface travaillante se rapproche d'un hélicoïde développable, d'un cylindre ou d'une sphère.

Le *type hélicoïdal* est dérivé des considérations théoriques que nous avons sommairement exposées ; mais les versoirs de ce type ne sont pas des hélicoïdes parfaits. Ce sont ces versoirs hélicoïdaux qu'on rencontre presque exclusivement dans la construction française, et en majorité dans la construction anglaise.

Le *type cylindrique* prédomine, au contraire, en Allemagne, en Autriche, et surtout aux États-Unis. Les versoirs de cette forme sont coulés ou emboutis à peu près comme si on les avait découpés dans un cylindre creux (1).

Dans les deux cas, le contour du versoir doit être tel que les particules de terre qui s'éboulent dans le fond de la raie ne soient pas comprimées pendant le déplacement de la charrue, car l'effort de traction serait augmenté et le sol serait moins bien ameubli. Aussi le versoir est-il, à son origine, toujours

____

(1) Certains versoirs cylindriques construits en France et en Allemagne peuvent être considérés comme engendrés par une droite parallèle au tranchant du soc, qui se déplace en restant parallèle à elle-même le long d'une courbe du genre parabole, dont le plan est perpendiculaire à la direction de la droite.

moins large que le tranchant du soc ; son bord inférieur se relève assez rapidement pour offrir un dégagement facile à la terre éboulée.

Aucune des soi-disant théories dont nous avons fait mention précédemment ne tient compte de la longueur du versoir ; si on examine les types de charrues en usage dans les différents pays, on constate que cette longueur est extrêmement variable. Cela revient à dire que le temps employé à effectuer le retournement, pour une vitesse donnée de l'attelage, ou encore que l'*angle d'action du versoir* sur la bande de terre peuvent prendre des valeurs très diverses. On remarque que, d'une façon générale, les versoirs employés dans les régions méridionales et sèches sont courts et agissent très brusquement sur le sol, de façon à l'émietter ; au contraire, dans les pays septentrionaux, dont les terres sont fortes et humides, les versoirs sont longs et n'agissent que lentement : ils effectuent le retournement d'une manière presque parfaite. Ainsi les versoirs des charrues anglaises, qui se rapportent au type hélicoïdal, sont beaucoup plus longs que les nôtres. surtout dans les anciens modèles ; il se peut du reste fort bien que, pour les sols humides, très exposés à être envahis par les herbes, il y ait intérêt à retourner la terre sans la briser, pour mieux détruire cette végétation adventice. Au contraire, dans la vallée du Danube, où le sol est léger, on emploie une charrue très simple, dite *Ruchadlo*, dont le versoir est formé d'une simple tôle repliée, appartient au type cylindrique et n'a qu'une faible longueur suivant les génératrices (fig. 16). Le ruchadlo est une charrue qui n'exige qu'un très faible effort de traction.

Dans les pays où le sol est argileux et humide, on emploie fréquemment des charrues, d'ailleurs assez grossières, pourvues de versoirs en bois ; lorsque le bois est mouillé, la terre argileuse glisse assez facilement sur lui, et cette disposition n'est par conséquent pas mauvaise. Certains constructeurs ont pensé faciliter le glissement sur les surfaces métalliques en mouillant le versoir pendant le fonctionnement de la charrue ; à cet effet, ils logent, entre les étançons, un réservoir à eau qui communique avec une lumière rectangulaire pratiquée dans le versoir, au niveau de son raccordement avec le soc; la lumière est recouverte par une petite bande de cuir ou de caoutchouc qui évite qu'elle s'engorge. Ces charrues sont assez peu répandues; la dépense d'eau paraît être, en moyenne, de

Fig. 16. — Ruchadlo.

2 mètres cubes par hectare; aucune expérience dynamométrique officielle n'a permis de mesurer la diminution de traction qui résulte de ce dispositif.

Fig. 17. — Versoirs évidés montés sur une charrue brabant double (A. Bajac).

Pour les mêmes terres, on propose, depuis quelque années, des *versoirs évidés*; ces versoirs (fig. 17) ont été établis dans le but de réduire la surface métallique en contact avec la terre, pour diminuer l'adhérence (1). Pour les fabriquer, on découpe avec une poinçonneuse des lumières dans la surface du versoir, après emboutissage à la forme définitive ; ou bien on débouche ces ouvertures au marteau-pilon avant l'emboutissage. L'idée est déjà assez ancienne, mais elle avait été abandonnée, parce que, les premiers modèles ayant été mal construits, les résultats n'avaient pas été satisfaisants. Les lumières doivent être tracées suivant les trajectoires que suivent effectivement les particules de terre, et non pas dans une direction quelconque ; on peut donc se rendre compte de la forme à leur donner en examinant les rayures que laissent, sur les versoirs pleins de même forme, les cailloux ou autres parties dures du sol. En outre, elles doivent être complètement ouvertes à l'arrière, et il est même nécessaire que la largeur des lumières augmente peu à peu de l'origine à l'extrémité du versoir, afin que, si une pierre s'introduisait dans une lumière, elle puisse s'en dégager d'elle-même ; faute de cela, la pierre formerait obstacle au mouvement de la terre et l'effort de traction en serait notablement accru.

On avait songé, un moment, à substituer au frottement de glissement de la terre sur le versoir un frottement de roulement, en constituant le versoir par un cadre métallique plus ou moins gauche, sur les deux grands côtés duquel étaient montés les pivots de cylindres ou de cônes, lisses ou cannelés, que la réaction de la terre devait forcer de tourner ; on pensait pouvoir réduire ainsi la résistance opposée à la traction. Mais la terre ne tardait pas à s'introduire dans les colliers des pivots et à provoquer le grippement de ces organes. On proposa alors de remplacer ces pièces roulantes multiples par un cône unique, au sommet duquel était monté un pivot, s'engageant dans un trou cylindrique percé à la partie inférieure de l'étançon d'avant ; bien qu'un peu mieux protégée, cette articulation s'engorgeait rapidement. On essaya ensuite de commander mécaniquement ce cône, au moyen de chaînes ou d'engrenages mus par les roues du support ; la complication du système le fit rejeter.

(1) Les lois de l'adhérence sont assez mal connues ; il semble cependant bien que l'adhérence soit proportionnelle à l'étendue des surfaces en contact.

Enfin, vers 1868, un constructeur du nord de la France proposa une charrue dans laquelle le versoir était remplacé par un cône de très grand angle, qui, placéobliquement, un peu en arrière du soc, devait tourner dans le sens du déplacement de la charrue et remonter la terre qu'une raclette détachait.

Cette machine ne donna pas de meilleurs résultats que les précédentes, mais l'idée première en a été reprise aux États-Unis, et les constructeurs américains l'ont appliquée à leurs *charrues à disques*, très employées dans ce pays pour les terres fortes. Ces charrues ont été introduites en France en 1899, mais n'y sont pas encore répandues.

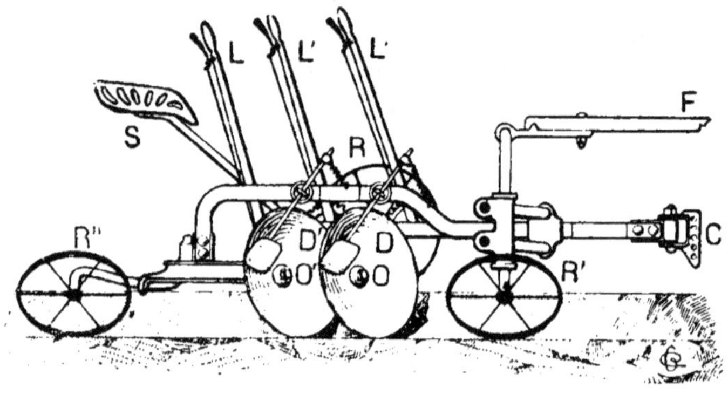

Fig. 18. — Charrue américaine à disques.

La pièce dénommée « disque » par les Américains est, en réalité, une calotte sphérique ou ellipsoïdale, en acier embouti, à bord tranchant (fig. 18); les disques D, D' peuvent tourner autour de pivots O, O', qui coïncident avec l'axe de révolution des pièces et qui servent à les fixer sur les supports-étançons; leur partie concave se présente obliquement par rapport à la verticale et à la direction du labour. Le disque tient lieu à la fois de coutre, de soc et de versoir; il découpe une bande de terre, dont la section est un parallélogramme mixtiligne, ayant pour petits côtés des arcs d'ellipse; la concavité du disque est nettoyée par une raclette qui en détache la terre. Ces charrues, très curieuses, semblent fonctionner fort bien, mais n'ont pas été assez employées en France pour qu'il nous soit possible de formuler à leur égard une opinion décisive.

On a fait beaucoup de bruit, il y a quelques années, au sujet de charrues d'origine américaine, d'ailleurs fort bien construites, dont la facilité de traction fut attribuée à la composition spéciale du métal (*fonte manganésée*) employé pour la fabrication de leur versoir : le poli particulier qu'acquièrent ces versoirs fit penser que la terre ne pouvait plus exercer sur eux qu'un frottement très faible, ce qui devait réduire considérablement la résistance à la traction. En réalité, lorsque le poli a atteint un certain degré, on ne peut plus, en l'augmentant, diminuer beaucoup le frottement ; il est donc probable que ces charrues sont recommandables plutôt en raison de la forme rationnelle de leurs pièces travaillantes qu'à cause de la nature du métal qui les compose.

Il est certain, cependant, qu'il y a intérêt à employer, pour constituer le versoir, un métal dur, susceptible d'acquérir un assez beau poli ; les fontes américaines, qui peuvent être durcies superficiellement au moment de la coulée, sont assez remarquables sous ce rapport. En Europe, on a pensé à employer des aciers devenant très durs à la trempe, et on en possède, même en France, d'aussi bons qu'aux États-Unis ; mais les pièces ainsi fabriquées se déforment au moment de la trempe, et cela d'une façon si irrégulière qu'il n'est pas possible de prévoir cette déformation à l'avance et, par conséquent, de la corriger. On a tourné la difficulté, en Allemagne tout d'abord et, plus récemment, en France, en associant des aciers de dureté différente qu'on soude et qu'on étire au aminoir. On double, par exemple, une lame d'acier dur d'une lame d'acier doux, ou bien on place une lame d'acier doux entre deux lames d'acier dur ; on constitue, en définitive, une sorte d'acier *compound* analogue, toutes proportions gardées, à celui qu'on a proposé pour les cuirasses des navires de guerre, avant l'application du procédé Harvey. Ces métaux spéciaux sont excellents, mais d'une fabrication plus difficile et plus coûteuse ; ils permettent toutefois d'obtenir des versoirs indéformables à la trempe et qui peuvent acquérir un très beau poli. L'augmentation de durée de la pièce justifiera probablement l'élévation de prix résultant de l'emploi de ces métaux, qu'on désigne maintenant en France sous le nom de *métal français duplex*, ou *triplex*, suivant le nombre de mises laminées ensemble. En tout cas, bien qu'à notre avis les constructeurs doivent avant tout se préoccuper d'améliorer les formes de leurs pièces de charrues, ces nouveaux aciers nous paraissent dignes d'attirer l'attention, quoique les maréchaux de campagne ne puissent que difficilement réparer les pièces établies avec de tels matériaux.

Le raccordement du soc et du versoir doit être fait avec un grand soin, pour que les parties frottantes des deux pièces ne forment qu'une seule et même surface ; dans les charrues très bien construites, le profilographe ne signale pas de changement dans l'allure des courbes. Tout défaut de raccord, comme d'ailleurs toute forme mauvaise du versoir, se traduit par une accumulation de terre qu'on appelle communément *bourrage* ; une charrue qui bourre oppose une résistance exagérée à l'attelage, puisque le frottement de terre sur terre est bien plus élevé que le frottement de terre sur métal. Une bonne charrue ne bourre pas.

Pièces de soutien.

Age.

L'*âge*, qu'on appelle également *flèche, perche, haye, suivant*, etc., est la pièce sur laquelle est fixé le coutre et qui soutient également, par l'intermédiaire des étançons, le soc et le versoir. Il est le plus souvent en bois ; mais, dans les charrues modernes, on tend à remplacer le bois par du métal ; comme l'effort de traction est oblique, l'âge travaille à la fois par flexion et par extension, et l'on est conduit à lui donner, lorsqu'il est en bois, d'assez grandes dimensions transversales.

La forme rectiligne est la plus recommandable, surtout quand l'âge est construit en bois ; on peut cependant employer des âges légèrement courbes, bien que cette courbure ne présente d'autre intérêt que de donner à la charrue un aspect plus élégant, à la condition que le constructeur ait fait usage de bois naturellement courbes ou courbés à chaud, et qu'il n'ait pas débité l'âge à la scie dans une pièce droite, car alors le bois ne pourrait pas être coupé parallèlement aux fibres et la pièce ne serait pas solide.

Aux États-Unis et au Canada, on munit souvent d'âges en bois les charrues destinées à opérer les défrichements, parce que, s'ils cassent, il est facile de les remplacer avec les matériaux qu'on trouve dans la région. Comme ces âges doivent être très solides, on leur donne une large section au niveau de l'assemblage du coutre et des étançons, et on les amincit vers les deux extrémités, ce qui rapproche, en somme, leur forme de celle d'un solide d'égale résistance (fig. 19).

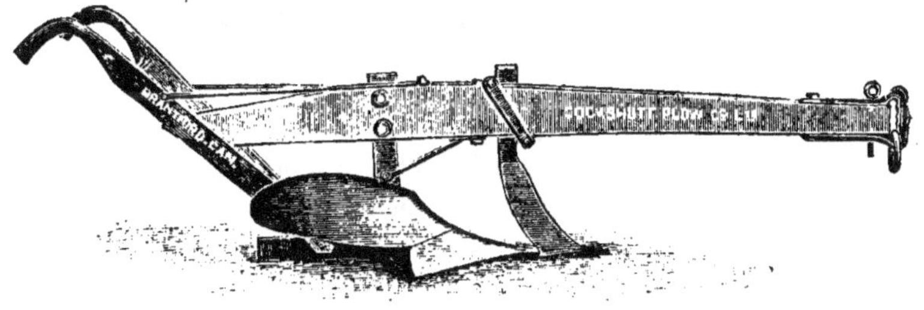

Fig. 19. — Araire canadien pour défrichement, pourvu d'un âge en bois en forme de solide d'égale résistance (Cockshutt).

Lorsque l'âge est métallique, on lui fait prendre, surtout dans la construction anglaise, une courbure très prononcée, dans le but de l'éloigner du sol au niveau du coutre ; on prétend ainsi rendre impossible le bourrage du coutre, c'est-à-dire l'accumulation d'herbe, de fumier, etc., entre le coutre et l'âge; mais, comme un pareil âge serait très mal disposé pour recevoir l'effort de traction et qu'il se déformerait bientôt, on le munit d'une tringle ou d'une chaîne qui, partant du régulateur, vient s'attacher à l'âge le plus près possible de l'étançon d'avant, de sorte que le bourrage se produit alors entre le coutre et la tringle. Il n'y a donc aucun intérêt à employer ces âges courbes, qu'on désigne généralement sous le nom d'âges *en col de cygne*.

On rencontre parfois des âges en acier moulé, affectant la forme de solides d'égale résistance (fig. 20) ; mais on utilise de plus en plus, pour la fabrication de ces pièces, les fers profilés, à section rectangulaire ou en I ; dans certaines

3.

charrues destinées à la culture mécanique, l'âge est une
sorte de poutre en caisson, formée de quatre fers plats
assemblés au moyen de cornières et de rivets (fig. 21). Enfin
dans le but d'en diminuer le poids tout en lui conservant une

Fig. 20. — Charrue canadienne à âge en acier moulé (Cockshutt).

grande solidité, on forme parfois l'âge de deux pièces métalliques parallèles et placées à une faible distance l'une de
l'autre ; ce dispositif, très solide, facilite beaucoup le montage
du coutre et des étançons, puisqu'il n'est plus besoin de
percer dans l'âge des trous qui affaiblissent
toujours un peu cette pièce. Ce procédé de
fabrication se rencontre plus particulièrement
dans les charrues allemandes ; on prend un
fer en U et, à l'aide d'une poinçonneuse, on
découpe de vastes lumières dans l'âme du fer
(boucle de l'U), de façon à n'en laisser subsister que ce qui est nécessaire pour empêcher
les deux parties de se déplacer l'une par
rapport à l'autre ; on soude ensuite les
deux parties près de l'extrémité antérieure

Fig. 21. — Section
transversale d'un
âge en caisson.

de l'âge, pour en faciliter l'assemblage avec l'avant-train
(fig. 47, III).

On emploie aussi, en construction métallique, des âges en
deux parties, articulées l'une sur l'autre comme l'indique la
figure 22. Ces deux parties peuvent ainsi faire entre elles
un angle variable, qu'on détermine à l'aide d'un secteur
d'encliquetage et d'un loquet. Ce dispositif permet de modifier la profondeur du labour sans toucher au régulateur.

La longueur de l'âge varie beaucoup suivant le type de

charrue auquel il s'applique. Ainsi, les vieilles charrues ro-
maines, qu'on retrouve dans le Plateau Central, le Languedoc, etc., ont un âge très long qui s'attache directement au joug
des bœufs ; c'est ce que nous appellerons l'*âge long*. Au contraire, les charrues du type le plus répandu actuellement,
auxquelles les animaux sont attelés par l'intermédiaire de
cordes ou de chaînes, sont des charrues à *âge court*. On
trouve en France, principalement dans les régions viticoles,
des charrues dont l'âge, en métal, est très court (fig. 34) ; bien
qu'on les appelle charrues à âge court, ce sont, en réalité, des

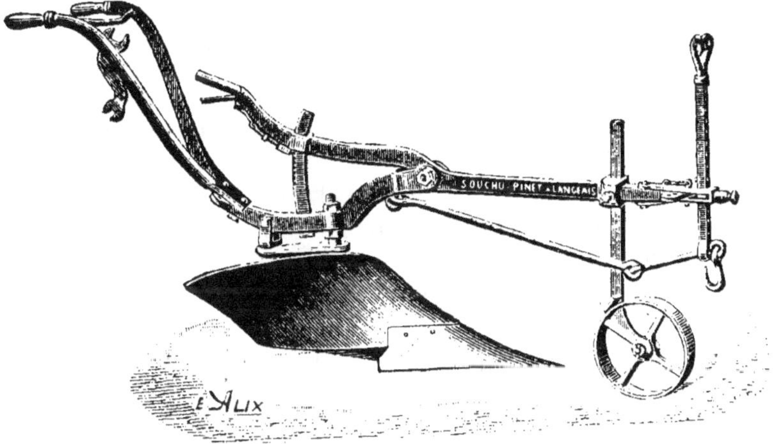

Fig. 22. — Age formé de deux pièces articulées (Souchu-Pinet).

charrues à âge long, parce qu'on leur adapte une longue
flèche de bois qui s'assemble, à l'aide d'une douille et d'une
broche, sur l'âge métallique ; deux vis placées de chaque
côté de la douille, au-dessus et en dessous, permettent de
régler la position de la flèche d'après la taille des animaux.

Étançons.

Les étançons forment la liaison entre l'âge et les deux
pièces travaillantes principales, c'est-à-dire le soc et le versoir. Ils sont le plus souvent au nombre de deux et construits
parfois en bois, mais le plus souvent en métal ; dans beaucoup

de charrues belges, les étançons sont en bois, bien que ces charrues soient réellement perfectionnées. L'assemblage des étançons avec l'âge a été très longtemps obtenu par tenon et mortaise ; comme la mortaise diminue la résistance de l'âge, on a fréquemment recours, maintenant, aux étriers dont nous avons parlé à propos des coutrières.

Il faut éviter de placer les étançons parallèlement l'un à l'autre, parce qu'alors ils forment, avec l'âge et le sep, une figure voisine d'un rectangle ou d'un parallélogramme, qui se déforme facilement. L'étançon d'arrière est ordinairement vertical ; celui d'avant est oblique dirigé de haut en bas et d'arrière en avant, pour offrir un support commode au soc et au versoir.

Dans la charrue de Dombasle, les étançons sont en fonte ; ils sont pourvus, à leur partie supérieure, d'une embase et d'une tige filetée au moyen desquelles on les boulonne solidement sur l'âge. L'étançon d'arrière est à section rectangulaire ; l'étançon d'avant forme latéralement la *gorge*, ou partie antérieure du versoir.

Beaucoup de charrues, principalement dans la construction américaine, n'ont qu'un seul étançon : c'est alors une pièce en fonte à large embase qui est boulonnée sur un âge en bois ; ou bien c'est l'extrémité de l'âge lui-même, lorsque ce dernier est métallique, à laquelle on fait jouer le rôle d'étançon après lui avoir donné à la forge la courbure convenable. En Angleterre, les deux étançons sont souvent réunis en une seule pièce, qui est obtenue de fonte, et dont on diminue le poids au maximum au moyen d'évidements ; des nervures convenablement ménagées assurent la solidité de la pièce.

Pour les brabants doubles, les étançons doivent être deux par deux au-dessus les uns des autres. Au début, les quatre étançons étaient fabriqués séparément, puis rivés ou boulonnés sur l'âge ; on a ensuite soudé sur l'âge, à la forge, les deux étançons antérieurs. Enfin, actuellement, les deux étançons d'avant et une portion de l'âge sont étirés au marteau-pilon dans le même lingot d'acier ; les étançons d'arrière sont toujours rapportés.

Sep.

Le sep relie les extrémités inférieures des étançons, dont il assure la rigidité ; il contribue, en outre, à donner de la stabilité à la charrue. L'extrémité postérieure du sep s'appelle *talon*.

Autrefois, le sep était très long, pour que la charrue fût très stable, et il portait sur le sol par toute sa longueur ; on lui donnait généralement la forme d'une cornière à angle droit, en fer ou en fonte, dont l'arête était même souvent pourvue d'une nervure qui, pénétrant d'une certaine quantité dans la muraille, augmentait la stabilité et contribuait aussi, en lissant cette muraille, à donner un bon aspect au travail fourni par la charrue. Le principal défaut de ce sep très long était de s'user surtout à ses deux extrémités, de sorte qu'au bout de quelque temps de fonctionnement le sep, primitivement rectiligne, avait pris une forme courbe qui nuisait beaucoup à la stabilité. Aussi, actuellement, le sep *s* est-il surélevé de quelques centimètres au-dessus du fond de la raie, sur lequel la charrue repose par le soc et par un talon amovible *t*, boulonné à l'extrémité postérieure du sep (fig. 23).

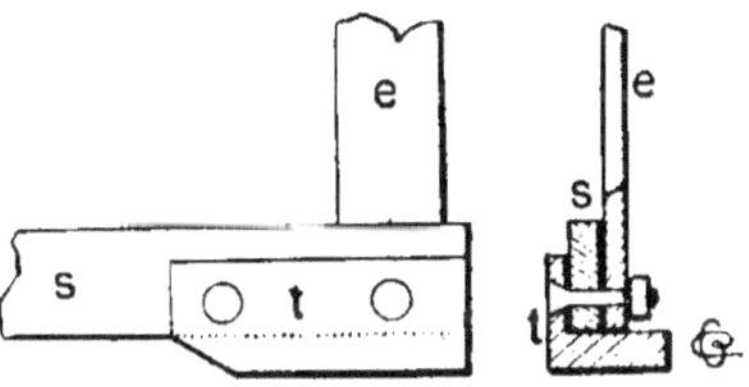

Fig. 23. — Talon amovible.

Ce talon, rapporté sur le sep et sur l'étançon *e*, s'use assez vite, mais peut être remplacé très facilement et à peu de frais ; il a la forme d'une cornière, et la face qui appuie sur le sol doit être taillée en biseau du côté avant pour ne pas affouiller la raie.

En vue de diminuer la résistance à la traction, on a imaginé en Angleterre de substituer une roulette au talon qui, dans les modèles ordinaires, glisse sur le fond de la raie, et on a donné à cette roulette, qui remplit, en somme, l'office de talon, le nom de *talon roulant*. Tout d'abord on le constitua par une roue de faible diamètre placée verticalement ; l'économie de traction fut à peu près nulle, parce que la jante de la roue, trop étroite, creusait une ornière dans la raie et que cette même roue, montée sur un axe situé en dessous du niveau du guéret, ne tardait pas à être bloquée par les particules de terre qui s'introduisaient entre la fusée et le moyeu. Un peu plus tard, on facilita le montage en obliquant la roue à 45° environ et en la faisant rouler dans l'angle de la muraille et de la jauge; mais les mêmes défauts subsistaient, quoique avec une intensité un peu moindre. Les Américains ont perfectionné ce système en adoptant résolument des roues de grand diamètre, montées obliquement, à 45°, et dont la jante a une section triangulaire ou demi-circulaire pour éviter de dégrader l'angle de la muraille et de la jauge, dégradation qui entraîne toujours une dépense d'énergie tout à fait inutile (fig. 42). Dans les charrues à siège, même, le sep n'existe pas; c'est un talon roulant qui soutient l'appareil à l'arrière et dont le support coudé constitue l'étançon postérieur. La roue R″, dans la figure 18, n'est autre chose qu'un talon roulant.

Les talons roulants obliques, qui s'appliquent à l'angle de la muraille et de la jauge, contribuent à augmenter la stabilité de la charrue; cet avantage ne se retrouve pas dans les talons roulants verticaux.

Pièces de direction.

Mancherons.

Lorsque les charrues sont dépourvues d'un support, le laboureur doit maintenir sa machine dans la position convenable; pour arriver à ce résultat, il agit sur deux *mancherons* fixés à la partie postérieure de l'âge et terminés par des poignées : généralement ces mancherons sont consolidés au moyen d'une ou de deux entretoises. Quand les charrues sont munies de supports, on supprime l'un des mancherons, et même les deux, suivant le degré de stabilité que le support assure à la machine.

Supposons qu'on ait affaire à une charrue sans aucun support, c'est-à-dire à un *araire*. Si l'on appuie sur les mancherons, on tend à soulever l'extrémité de l'âge en faisant pivoter la charrue autour de son talon ; la pointe du soc se relève, et la machine tend à sortir de terre ; en soulevant les mancherons, le phénomène inverse se produit : la charrue pivote autour de la pointe du soc, et ce dernier, s'inclinant en bas, tend à pénétrer plus profondément dans le sol. Si, d'autre part, on agit sur les mancherons de façon à incliner le plan des étançons sans modifier la profondeur du labour, en le faisant tourner autour du sep comme charnière, on donne à la charrue une tendance à découper une raie plus large, ou une raie moins large, suivant qu'on a incliné ce plan du côté du guéret ou, au contraire, du côté opposé.

Le laboureur détermine dès le début, au moyen du régulateur, la largeur et la profondeur de la raie ; mais, comme sa charrue n'a aucune stabilité, il est continuellement obligé de corriger les déviations produites par les obstacles contenus dans le sol, ou par l'attelage lui-même. Il y parvient en agissant sur les mancherons, comme nous l'avons expliqué au paragraphe précédent ; mais on conçoit que la direction d'un araire exige un laboureur très expérimenté, et il est de plus en plus difficile d'en trouver de pareils.

Les mancherons sont construits en bois ou en métal : dans ce dernier cas, ils doivent être terminés par des poignées en bois, parce que le contact des pièces métalliques cause une sensation désagréable, et même douloureuse, par les temps froids ; l'ouvrier est obligé de s'arrêter fréquemment pour se réchauffer les mains, ce qui diminue la superficie labourée dans le courant de la journée. Il faut également refuser les machines pourvues de mancherons inclinés d'une même quantité sur l'âge, parce qu'ils obligent le laboureur à avoir un pied dans la jauge et un pied sur le guéret, ou encore à marcher obliquement en s'appuyant sur sa charrue ; ces allures sont extrèmement fatigantes. Aussi faut-il prendre des charrues dans lesquelles les mancherons sont nettement déviés, de préférence vers le labour, de façon que le laboureur puisse marcher aussi commodément que possible. On ne doit conserver les mancherons symétriques par rapport à l'âge que si la charrue est disposée de façon à verser la terre alternativement à gauche et à droite ; encore vaudrait-il mieux que les mancherons pussent être déplacés en même temps que le versoir.

Il y aurait même intérêt à employer des mancherons articulés autour d'un axe vertical, de façon à amener les poignées à la hauteur qui convient le mieux à chaque ouvrier. Les fabricants français livrent presque toujours leurs charrues avec des mancherons fixes, sans se préoccuper de la taille des ouvriers qui les emploieront ; or il est bien évident que telle charrue

Fig. 24. — Mancherons réglables en hauteur (R. Sack-Faul).

qui est bien en mains pour un homme de taille moyenne sera trop basse pour un homme grand et trop haute pour un homme petit. A l'étranger, on trouve des charrues avec mancherons réglables ; on les boulonne à la position convenable au moyen d'un secteur métallique fixé sur l'âge (fig. 24). Un secteur à trois ou quatre trous est parfaitement suffisant : on voit, du reste, un dispositif semblable sur la charrue française représentée par la figure 58.

La longueur des mancherons est très variable. Elle est, en général, d'autant plus grande que le sep est lui-même plus long ; les mancherons fonctionnent, en effet, comme des leviers, tant pour diriger la charrue que pour la soulever aux extrémités du champ.

Lorsque les charrues sont pourvues d'un support maintenant l'âge à une hauteur constante au-dessus du sol, il n'y a pas besoin d'appuyer sur les mancherons ou de les soulever pour modifier la profondeur du labour. Le laboureur n'a plus qu'à incliner le plan des étançons du côté du guéret ou en sens opposé; un seul mancheron suffit pour cela : le laboureur le tient d'une main à l'aide d'une poignée et marche sur le guéret. Ce mancheron unique se retrouve dans les charrues à patin dites *brabançonnes*, ou sur les machines analogues (fig. 35), et dans les charrues à âge long (fig. 34).

Enfin, quand la stabilité est assurée tant en hauteur qu'en largeur, on supprime les deux mancherons.

Régulateur.

Principe du régulateur. — C'est un organe qui a pour but d'obtenir, avec la même charrue, des labours de largeur et de profondeur différentes. On arrive à ce résultat en déplaçant le point d'attache des traits. Examinons, en premier lieu, l'influence du régulateur sur la profondeur du labour.

Supposons tout d'abord que nous ayons affaire à un araire, et

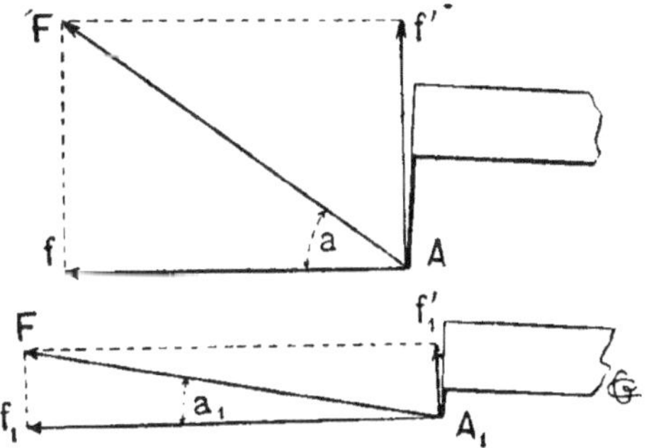

Fig. 25. — Principe des régulateurs.

soit A (fig. 25) le point d'attache des traits; ces derniers seront inclinés par rapport à un plan horizontal (ou parallèle au sol) d'une quantité qui dépendra de leur longueur, de la taille des animaux et de la hauteur du point A au-dessus du sol. Si la longueur des traits est invariable, leur inclinaison ne dépendra plus, pour des animaux d'une taille donnée, que de la position du point A ; en d'autres termes, l'angle *a*, formé par les traits avec l'horizontale, sera d'autant plus grand que le point A sera plus près du sol.

D'autre part, la direction de l'effort F déployé par l'attelage se confond avec celle des traits, et cet effort est appliqué en A. Nous pouvons décomposer F en deux forces, Af, horizontale, et Af', verticale. La force Af provoque le déplacement de la charrue ; quant à Af', elle a pour effet de soulever l'extrémité antérieure de l'âge et de donner au corps de charrue une tendance à pivoter, dans un plan vertical, autour du talon. Or, si on remonte A en A_1 (fig. 24 en bas), l'angle prend une valeur a'_1 plus petite que a, et la composante $A_1f'_1$ est plus petite que Af' ; l'avant de l'âge est moins soulevé que précédemment, et la charrue agit, par suite, à une plus grande profondeur ; le contraire se produit si l'on augmente l'angle a en abaissant le point A.

Ainsi donc, lorsqu'il s'agit, avec les araires, d'augmenter la profondeur du labour, ou *embéchage,* on rapproche le point d'attache des traits de l'extrémité de l'âge ; on l'éloigne, au contraire, pour diminuer cette profondeur.

Il faut remarquer aussi que, pour un attelage donné, on peut faire varier l'angle a sans déplacer le point A. Il suffit, pour cela, de modifier la longueur des traits ; ainsi, en les allongeant, on diminue a et, inversement, en les diminuant, on augmente cet angle. Les laboureurs se servent fréquemment de ce procédé de réglage.

Lorsque la charrue est à support, on règle la hauteur de l'âge au-dessus du sol à l'aide de ce support même, qui sert, par suite, de régulateur de profondeur ; mais on déplace en même temps le point d'attache des traits, afin d'éviter que l'avant de la charrue soit soulevé, ou que le support exerce une pression exagérée sur le sol. Si l'on veut labourer plus profondément, on abaisse l'extrémité de l'âge, ce qui revient à remonter le support ; pour diminuer l'embéchage, on relève l'âge en abaissant le support.

Quand les charrues comportent un avant-train, on modifie la profondeur travaillée soit en soulevant ou en abaissant la sellette qui supporte l'âge, soit en rapprochant ou en éloignant l'avant-train du corps de charrue ; comme l'âge est toujours oblique et incliné de bas en haut en allant du corps de charrue vers l'avant-train, ces deux procédés sont, au fond, complètement identiques.

Pour modifier la largeur de la bande découpée par la charrue, on déplace le point d'attache des traits dans un sens perpendiculaire à celui qui fait varier la profondeur, c'est-à-dire latéralement. L'explication que nous avons donnée plus haut est à reproduire intégralement à propos des régulateurs de largeur. On peut également se rendre compte de leur action par les considérations ci-après. Représentons schématiquement (fig. 26) une charrue vue en plan. Soient A le point

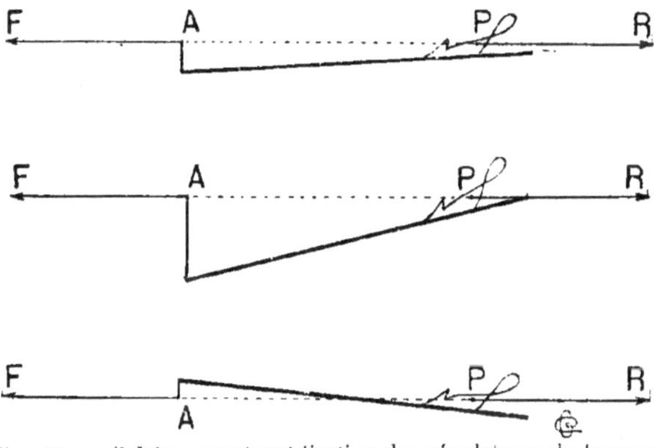

Fig. 26. — Schéma montrant l'action des régulateurs de largeur.

d'attache des traits et P le point d'application de la résistance R (résultante des réactions opposées par le sol) ; la charrue se place obligatoirement de façon que la résistance R soit opposée à l'effort F, c'est-à-dire que PR soit le prolongement de FA. Il en résulte que, plus le point A est éloigné de l'âge, plus l'angle que fait le plan des étançons avec la direction du labour est grand. Lorsque A est du même côté que le versoir, c'est-à-dire vers la partie déjà labourée, l'inclinaison du plan des étançons est telle que la charrue tende à pénétrer dans le guéret ; si A, au contraire, est du côté du guéret, la charrue tend à sortir de raie ; de sorte que les régulateurs de largeur doivent être disposés du même côté que le versoir (1).

(1) On les étend, cependant, de l'autre côté de l'âge, mais cette partie n'est utilisée que dans des cas très spéciaux, comme lorsqu'on attelle trois animaux de front :

Ce que nous venons de dire laisse supposer qu'on peut, à l'aide des régulateurs, faire varier beaucoup la largeur et la profondeur du labour ; il n'en est rien, cependant. Le soc et, principalement, le versoir sont construits pour travailler dans des conditions de largeur et de profondeur bien déterminées ; il n'est pas possible de modifier les dimensions du labour de plus de 2 ou 3 centimètres, en plus ou en moins des dimensions normales, sans détruire la stabilité de la charrue et sans augmenter beaucoup la résistance à la traction. Il est plus économique, au point de vue de l'utilisation de l'effort moteur, d'avoir plusieurs types de charrues que de se servir de la même charrue pour exécuter des labours différents. Le régulateur sera donc, pour nous, un organe destiné simplement à placer la charrue dans la position correspondant à la plus grande stabilité, en même temps qu'à l'effort minimum à développer par l'attelage et par le conducteur.

Il existe un nombre considérable de systèmes de régulateurs. Pour en faire une étude succincte et néanmoins complète, nous remarquerons que les procédés qui servent à déplacer le point d'attache des traits suivant une verticale pourront servir également à le déplacer suivant une horizontale, à la condition de monter alors l'organe perpendiculairement à sa position précédente. Cela nous dispensera d'examiner séparément les régulateurs de profondeur et les régulateurs de largeur.

On divise ordinairement les régulateurs en deux groupes, savoir : les régulateurs *continus*, qui permettent de donner au point d'attache des traits toutes les positions possibles et de modifier, par conséquent, les dimensions du labour de quantités aussi faibles qu'on le désire ; les régulateurs *discontinus*, avec lesquels on ne peut donner à ce point d'attache qu'un certain nombre de positions déterminées d'avance par le fabricant.

Régulateurs continus. — Les types les plus simples de régulateurs continus sont composés d'une barre métallique, de section circulaire, carrée, rectangulaire, etc., qui coulisse dans un fourreau ou une glissière de forme appropriée et qui

---

deux d'entre eux marchent alors sur le guéret et, en raison de la direction de l'effort de traction, il faut diminuer la tendance au *rivottage*.

est maintenue dans la position convenable à l'aide d'une vis de
pression : cette vis agit tantôt directement sur la barre régulatrice, tantôt sur un étrier qui embrasse la barre de part et
d'autre de son guide, pour l'appliquer énergiquement sur ce
dernier (fig. 27, nᵒˢ 1, 2 et 3). Lorsqu'on emploie l'étrier, on peut,
en le montant sur une glissière horizontale, constituer en
même temps le régulateur de profondeur et le régulateur de
largeur (fig. 27, nᵒ 3).

On préfère souvent aux régulateurs précédents des

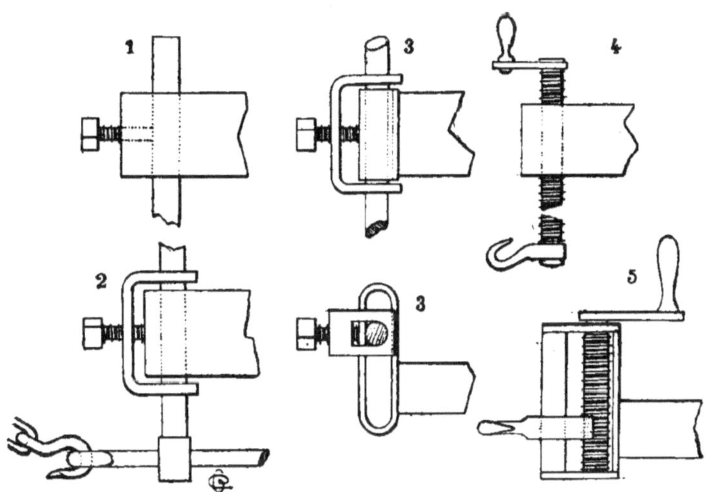

Fig. 27. — Types divers de régulateurs continus.

systèmes à vis, qui sont d'un maniement plus commode
et grâce auxquels il n'est plus besoin d'employer la vis de
pression pour fixer la pièce mobile. Ces régulateurs appartiennent à deux types principaux, qui se distinguent d'après
les mouvements que peuvent prendre, l'une par rapport
à l'autre, une vis et un écrou. Dans un premier type
(fig. 27, nᵒ 5), la vis est fixe, tandis que l'écrou est mobile, ce
qui signifie que la vis est prolongée par une partie cylindrique
non filetée, engagée dans une douille et maintenue par deux
épaulements : elle peut donc tourner autour de son axe,
mais tout déplacement parallèle à l'axe est impossible ; l'écrou,
au contraire, est guidé par un ou deux montants, parallèles à

la vis, qui s'opposent à sa rotation autour de cette vis, de sorte que, si cette dernière tourne, il est obligé de se déplacer le long des montants, en entraînant le crochet d'attelage. D'autres fois, c'est l'écrou auquel tout déplacement suivant son axe est interdit ; la vis, maintenue par un système de guidage quelconque, est entraînée par l'écrou et se déplace longitudinalement suivant son axe (fig. 27, n° 4). Ces deux systèmes à vis sont équivalents ; mais il faut veiller à ce que la vis ne serve réellement qu'à déplacer l'organe qui supporte le crochet d'attelage et non pas à transmettre l'effort de traction à l'ensemble de la charrue, car elle serait faussée au bout d'un temps très court et deviendrait, dès lors, inutilisable. C'est ainsi qu'on doit rejeter les régulateurs composés d'une vis passant dans un écrou solidaire de l'âge et supportant à sa partie inférieure le crochet d'attelage (n° 4), et qu'on peut employer, au contraire, un dispositif tel que celui représenté par le n° 5 de la figure 27.

Régulateurs discontinus. — Les régulateurs discontinus sont composés de barres à section généralement rectangulaire, pourvues de crans ou percées de trous à égale distance les uns des autres. On en trouve encore un grand nombre de modèles divers ; mais, si on les examine attentivement, on voit qu'ils se rapportent tous à deux types principaux. Dans l'un de ces types, le régulateur proprement dit est fixe, et l'on déplace le crochet d'attelage en l'engageant dans tel ou tel cran ou trou, ou encore en le maintenant par une ou deux goupilles enfoncées dans un trou ou deux trous consécutifs de régulateur (fig. 28, n°ˢ 1, 2, 3 et 6). Dans l'autre type, le crochet est solidaire du régulateur ; c'est ce dernier qui peut coulisser ou pivoter et qu'on fixe dans la position convenable, soit au moyen de goupilles (fig. 28, n° 4). soit au moyen de coins (fig. 28, n° 5).

On constitue également un régulateur discontinu très simple à l'aide d'une chaîne dont les deux extrémités sont attachées à celles d'une traverse rigide moins longue qu'elle ; on passe le crochet d'attelage dans l'un quelconque des maillons de la chaîne. On a construit plusieurs types de régulateurs dérivés de ce système, qui sont désignés sous

le nom générique de régulateurs *elliptiques*, parce que
le crochet d'attelage, en passant d'un maillon au suivant,
parcourt un arc d'ellipse ; la disposition des brins de la chaîne
est identique à celle que les jardiniers donnent à leur corde
pour tracer les corbeilles elliptiques (ellipse des jardiniers).

Il faut évidemment que chaque charrue soit munie de deux
régulateurs agissant, l'un sur la profondeur, l'autre sur la

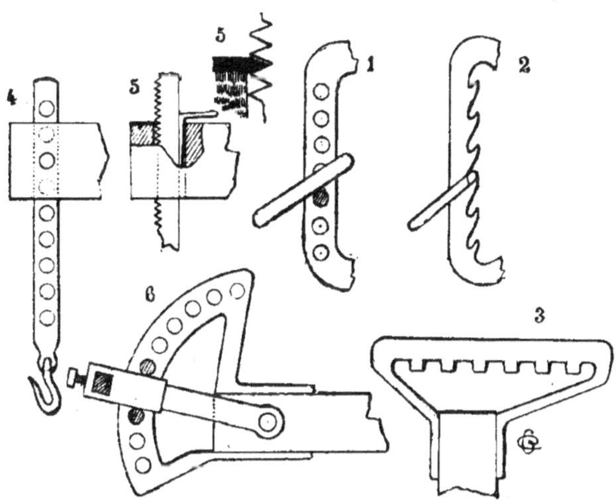

Fig. 28. — Types divers de régulateurs discontinus.

largeur de la raie. Les deux organes sont toujours réunis ; ils
peuvent d'ailleurs être du même type ou de types différents ;
cette simple considération permet de se figurer le nombre
invraisemblable de combinaisons qui ont pu être réalisées,
surtout si l'on songe qu'à une certaine époque tout agronome
se croyait moralement obligé d'imaginer un système particulier de régulateur.

Régulateurs circulaires. — On s'est préoccupé, pendant
quelque temps, de n'avoir qu'une seule tige de réglage, servant à la fois de régulateur de profondeur et de régulateur de
largeur ; cette tige pouvait coulisser, perpendiculairement à
l'âge, dans une pièce de guidage qui était montée elle-même
sur un pivot parallèle à l'axe de l'âge, et on la maintenait en
position au moyen de vis de pression, de plaques crénelées, etc.

En jetant un simple coup d'œil sur la figure 29, qui représente schématiquement un de ces régulateurs, désignés sous le nom de *régulateurs circulaires*, on voit immédiatement qu'il est difficile de modifier la largeur sans modifier en même temps la profondeur, et inversement. Nous n'insisterons donc pas sur ces systèmes, malgré la célébrité dont ils ont joui à un certain moment.

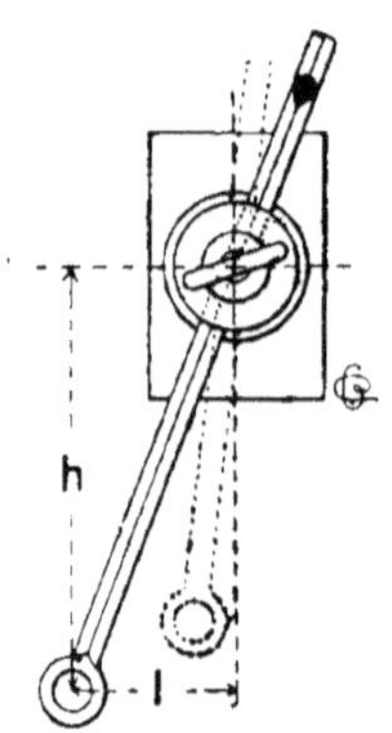

Fig. 29. — Schéma d'un régulateur circulaire.

Considérations générales. — On a cru également devoir proposer, pour éviter aux laboureurs de se transporter à l'avant de leur charrue, de placer la commande des régulateurs auprès des mancherons, en y employant des trains d'engrenages mus à l'aide de tringles, de manivelles, etc. Ce sont là des complications sans intérêt ; on ne change pas si fréquemment, en cours du travail, la position du régulateur, qu'il en résulte une fatigue supplémentaire et une perte de temps appréciables.

Dans le même but, on a voulu supprimer partiellement ou totalement le régulateur placé à l'avant, et on a rendu l'âge mobile autour d'un axe horizontal ou vertical, quelquefois même à la fois autour de deux axes, l'un vertical, l'autre horizontal ; la manœuvre se faisait à l'aide de vis, commandées par des manivelles placées à l'arrière de l'âge, à proximité des mancherons. Le temps a fait justice de pareilles inventions ; actuellement, on ne rencontre d'âges mobiles que dans certaines charrues vigneronnes, et encore ne sont-ils mobiles qu'autour d'un seul axe, horizontal ou vertical.

Si l'on compare, au point de vue du régulateur, les charrues de fabrication française avec celles d'autres pays et surtout des États-Unis, on constate que nos constructeurs donnent aux régulateurs une course bien plus considérable que leurs concurrents étrangers. D'après ce que nous avons vu précédemment, cette exagération de dimension est absolument inutile, car on n'a jamais besoin de faire effectuer au crochet d'attelage un déplacement très étendu, et, en donnant au régulateur une grande longueur, on augmente sans nécessité le poids et le prix de la machine. Il faut dire, à la décharge de nos constructeurs, que les agriculteurs français apprécient beaucoup les grands régulateurs; nous ferons simplement remarquer que, dans les charrues américaines, introduites avec tant de succès en France, les régulateurs sont à très faible course et n'ont que trois ou quatre crans ou trous, ce qui n'empêche pas ces machines de fonctionner tout aussi bien que les charrues françaises de même type. Il y aurait donc lieu d'abandonner ces grands régulateurs.

Il faut préférer, en général, les régulateurs au moyen desquels on peut modifier séparément la profondeur et la largeur du labour; ce sont, de beaucoup, les plus commodes et, d'ailleurs, les plus répandus. Peu importe que ces régulateurs soient continus ou discontinus; il ne faut pas avoir la prétention de régler une charrue comme un appareil d'horlogerie, et la *précision* qu'on recherchait autrefois dans les régulateurs est, pour nous, sans utilité pratique.

Pièces accessoires.

Rasette.

La rasette, appelée aussi *peloir* ou *avant-soc*, est un petit corps de charrue qu'on place parfois en avant du coutre, en le maintenant de la même façon que ce dernier sur l'âge. La rasette comporte un soc et un versoir, qui est ordinairement du type cylindrique (1); pourtant, dans certaines charrues américaines telles que celles représentées par les figures 20 et surtout 36, la rasette a une forme très particulière, qu'il est difficile de rapprocher d'une surface géométrique simple.

La rasette ne découpe pas la terre sur toute la largeur de la bande labourée; elle respecte toujours une portion de cette bande, du côté de l'ancienne muraille (fig. 30); ce qu'elle enlève est rejeté dans la raie précédente.

____

(1) On devrait donc dire *avant-corps* et non avant-soc.

La rasette facilite beaucoup l'enfouissement des herbes ;
aussi l'emploie-t-on pour enterrer le fumier ou pour labourer
des terres garnies de végétation,
surtout au moment des dernières
façons. Si les bandes de terre
subissaient sans se déformer l'action de la charrue, elles s'imbri-
queraient, après renversement,
comme le représente la figure 31 ;
cela n'a pas lieu en réalité, mais
cette figure permet de comprendre
pourquoi les herbes sont mieux
enfouies lorsqu'on emploie la rasette.

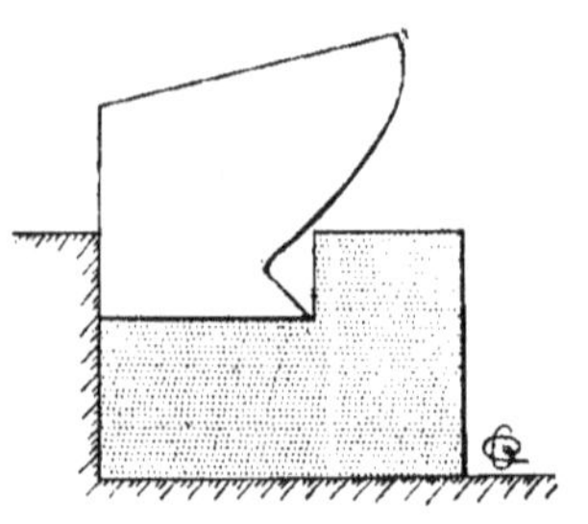

Fig. 30. — Principe de la rasette.

La partie superficielle du sol, étant ainsi dépourvue de brins
d'herbe ou de paille, se prête aisément au passage de pièces
agissant à la façon de coutres ; c'est pourquoi il est bon
de faire usage de rasettes quand on doit, ultérieurement, faire
les semis au semoir en lignes.

Cette pièce travaillante exige un effort de traction supplé-

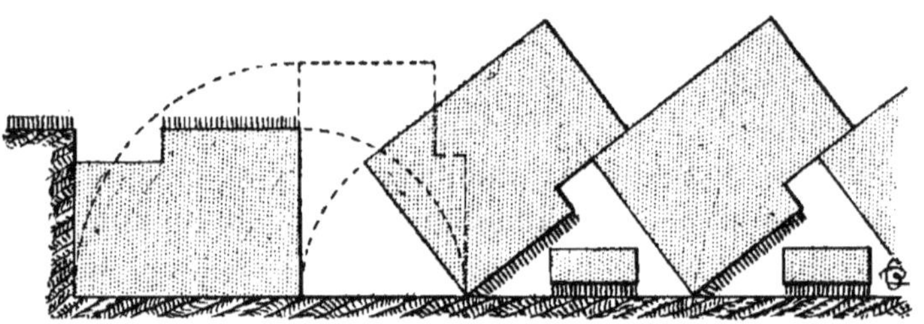

Fig. 31. — Labour hypothétique à l'aide d'une charrue munie d'une rasette.

mentaire, du reste peu élevé ; il convient d'ailleurs de se
reporter, pour cette question, aux paragraphes consacrés à la
dynamique de la charrue ; des profils de rasettes sont représentés, en même temps que ceux des versoirs, par la figure 15.

Certaines charrues construites dans l'Europe centrale, et
tout récemment en France, comportent deux corps de
charrues montés sur le même âge et agissant l'un derrière
l'autre ; le corps antérieur ne prend, en profondeur, que la

moitié de la dimension totale du labour, mais découpe, par contre, la terre à peu près sur toute la largeur de la bande (Cf. fig. 15, n° 3). Ce corps n'est donc pas une rasette. Nous reviendrons sur cette disposition particulière, quand nous nous occuperons des charrues défonceuses.

Enrayage.

Lorsqu'on veut enfouir un engrais vert ou un fumier pailleux, on constate que les bandes de terre se renversent difficilement et qu'une grande partie des plantes ou des pailles restent à l'air libre, sans être recouvertes. On améliore beaucoup le travail de la charrue en attachant à l'âge A, en avant du coutre, une chaîne c qui vient traîner dans la raie précédemment tracée; pour en assurer la tension, on fixe souvent à son extrémité libre une petite masse de fonte m, de forme ovoïde, ou, encore, une pierre ou un fagot. Cette chaîne, munie ou non de la masse m, constitue l'*enrayage* (fig. 32); étant inclinée de haut en bas et d'arrière en avant par rapport à la direction de la charrue, elle rabat les plantes ou les pailles du fumier du côté de la raie et facilite ainsi leur enfouissement.

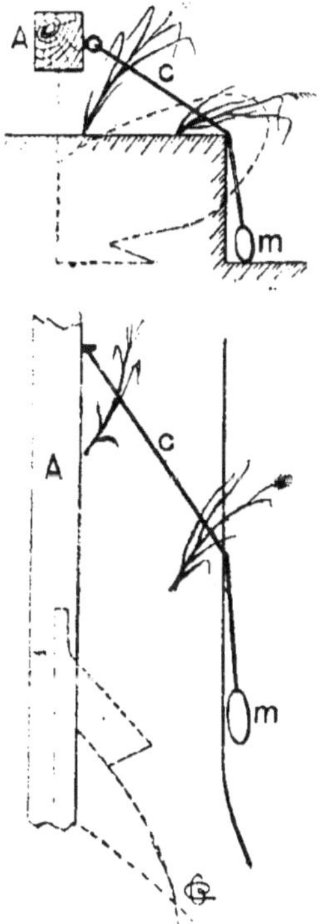

Fig. 32. — Principe de l'enrayage.

Contre-sep.

C'est une lame plane, en tôle d'acier, rapportée contre les étançons et le sep, du côté de la muraille. Cette pièce accessoire a pour but de protéger la muraille contre le frottement des étançons et de la lisser, en la comprimant un peu, de façon à donner à la raie des parois nettes et de très bel aspect. Comme on cherche, dans l'opération du labour, à ameublir le sol autant que possible, il est inutile de comprimer, même légèrement, une bande de terre qu'on ameublira au train de charrue suivant, car cela entraîne une dépense supplémentaire d'énergie. L'adjonction du contre-sep ne présente donc pas grand intérêt, sauf dans les terres absolument dépourvues de consistance, qui pourraient s'ébouler entre les étançons.

2⁰ ORGANES INFLUENÇANT L'ÉQUILIBRE DYNAMIQUE DE LA CHARRUE.

Munie simplement des pièces que nous venons de décrire, à défaut même de rasette, d'enrayage et de contre-sep, une charrue peut effectuer un labour. Il existe un très grand nombre de charrues construites sur ce type : elles font partie de la catégorie des *araires*.

Araires.

Un araire est une charrue ne comportant que des pièces travaillantes, de soutien et de direction, sans aucun organe

Fig. 33. — Charrue araire (Oliver-Pilter).

destiné à lui assurer une certaine stabilité en cours de travail (fig. 33) ; c'est donc le laboureur qui doit, à tout instant, corriger, en agissant sur les mancherons, les déviations accidentelles de l'instrument. L'araire est la charrue instable par excellence et, en même temps, la plus difficile à diriger. Il a eu longtemps la réputation d'être la charrue qui, à conditions égales, exige le moindre effort de traction ; ce n'est exact que si le conducteur est très habile, chose rare de nos jours. Ce point particulier sera d'ailleurs étudié dans la dynamique de la charrue. Mais, en négligeant même ce côté de la question, il n'en est pas moins à retenir que le conducteur se fatigue plus vite avec l'araire qu'avec un autre type quelconque de charrue ; il éprouve par suite plus fréquemment le besoin de se reposer, besoin qu'il dissimule presque toujours sous le prétexte de l'obligation de *faire souffler* l'attelage. En supprimant une partie de la fatigue de l'homme, on obtient plus de travail de la part de l'attelage ; or, c'est présisément à ce dernier qu'il convient de demander plus spécialement de fournir l'énergie, car il la livre à un prix plus faible que l'homme.

Il faut donc tendre à remplacer les araires par des charrues à support ; il y a pourtant lieu de les conserver toutes les fois que, pour des motifs particuliers, on a besoin d'obtenir que la charrue obéisse très rapidement à l'impulsion que lui donne son conducteur ; c'est pourquoi les Américains les emploient dans les défrichements, pour des labours exécutés sans que les souches aient été enlevées.

Supports.

Nous appellerons *support* tout organe propre à assurer, partiellement ou complètement, la stabilité d'une charrue, et *dont la position* par rapport à cette charrue *reste invariable* dès que le réglage est effectué (1).

Les mouvements imprimés à l'extrémité antérieure de l'âge d'un araire, lorsqu'il oscille autour de sa position normale, peuvent être décomposés suivant deux directions perpendiculaires à l'axe de l'âge, l'une verticale, l'autre

____

(1) Nous adoptons ici, pour caractériser les charrues, la classification de M. Rin gelmann, qui a le grand avantage de supprimer toute ambiguïté.

horizontale ; les déplacements se produisent soit de haut en bas ou de bas en haut, soit de gauche à droite ou de droite à gauche.

Les oscillations verticales sont corrigées par le conducteur en faisant pivoter la charrue autour du talon ou autour de la pointe du soc ; ce sont celles qui imposent le plus de fatigue à l'homme et qu'on a cherché tout d'abord à supprimer.

Dans les pays où le bœuf est l'animal exclusivement affecté aux travaux agricoles, on a, de très bonne heure, utilisé le joug de l'attelage comme support ; l'âge est de longueur suffisante pour venir reposer directement sur ce support. Une disposition analogue est également employée, quoique plus rarement, quand l'attelage est composé d'ânes et de mulets ; le support est constitué par une traverse accrochée aux colliers, ou articulée à ses deux extrémités sur des pivots verticaux solidaires des bâts (sauterelle). Les charrues dont l'âge vient ainsi s'attacher au joug ou à la traverse forment le groupe des *charrues à âge long* ; elles sont très anciennement connues, et on les rencontre encore en grand nombre dans le Plateau Central, dans les départements méridionaux, en Algérie et, en général, dans tous les pays riverains de la Méditerranée. En France, on les appelle souvent *araus*, *ariaus*, *arcrs*, et même *araires* ; sans avoir la prétention de modifier les dénominations locales, nous nous garderons de confondre les charrues à âge long avec les araires, puisque ce sont, en réalité, des charrues à support.

Le réglage en profondeur de ces charrues s'obtient ordinairement en faisant glisser l'extrémité antérieure de l'âge sur le joug-support ; on éloigne ainsi, ou l'on rapproche, le corps de charrue de l'attelage, et l'on donne à la machine tendance à talonner ou à piquer. La tête de l'âge est percée de quelques trous dans lesquels on introduit la ou les chevilles de fixation. Généralement aussi l'assemblage de l'âge et du corps travaillant est consolidé par deux ou trois coins qui permettent de modifier l'angle formé par le sep et l'âge ; dans la construction moderne, ce système à coins est remplacé ou complété par le filetage de l'étançon, qui est alors en fer rond (fig. 4, n° 4) ; un écrou à oreilles rend le réglage très

facile. Enfin, dans les charrues entièrement métalliques dites
à *âge court* (bien qu'elles soient en réalité à âge long, puisqu'on rapporte à l'extrémité du tronçon d'âge métallique une
perche ou des brancards) (fig. 34), l'assemblage des deux
parties est complété par des vis, qui agissent sur les faces
supérieure et inférieure du tronçon d'âge métallique et qui
servent ainsi au réglage de la profondeur.

On peut d'ailleurs substituer à cet âge, qui joue, en somme,
le rôle d'un limon, des brancards permettant de n'atteler

Fig. 34. — Charrue dite *à âge court*, qu'on munit, pour le travail, d'une flèche
ou de brancards formant âge long amovible et réglable (Souchu-Pinet).

qu'un seul animal; nous retrouverons cette disposition dans
beaucoup de charrues vigneronnes.

La stabilité verticale étant assurée par le support, il suffit,
pour diriger la charrue, de l'incliner vers le guéret ou vers le
labour; on n'a besoin pour cela que d'un seul mancheron,
que l'ouvrier tient d'une main, tout en marchant sur le
guéret. Les charrues primitives ne comportent qu'un mancheron; les charrues dites à âge court en ont un ou deux;
ce sont d'ailleurs les habitudes locales qui déterminent l'adoption de l'un ou de l'autre dispositif.

Dans les régions septentrionales, le cheval, plus fort et
plus lourd que sur les bords de la Méditerranée, étant

employé aux travaux des champs, le support y a été constitué
d'une autre manière. Il était inutile d'allonger beaucoup
l'âge, puisqu'on n'employait ni joug ni traverse pour atteler
les animaux; on donna donc à la pièce une longueur beaucoup plus faible que dans les régions méridionales, et l'on
plaça sous l'extrémité antérieure de l'âge une pièce qui,
reposant sur le sol, annulait les oscillations verticales.

**Supports composés d'un patin ou d'une roulette verti-
cale.** — Le premier support employé a été le *sabot* ou *patin*;
il consistait en un bloc de bois ayant à peu près la forme
extérieure d'un sabot et relié à une tige de section rectangulaire qui traversait une mortaise pratiquée dans la tête de

Fig. 35. — Charrue munie d'un support à patin (R. Sack-Faul).

l'âge; on réglait la position du sabot en le faisant coulisser
dans cette mortaise et en le fixant à l'aide de coins, de
clavettes ou de goupilles.

Au fur et à mesure des progrès de la construction, on
garnit la face frottante du sabot d'une bande de fer (fig. 35),
ou bien on fit ce sabot entièrement en métal.

Ensuite, considérant que ce sabot ou patin, en frottant sur
la surface du sol, devait absorber une quantité assez notable
d'énergie, on eut l'idée de le remplacer par une roue, dans le
but de substituer au frottement de glissement le frottement de
roulement; le réglage de cette roue s'opérait soit en faisant
coulisser sa tige de soutien dans une mortaise, comme pour
les patins, soit en articulant cette tige en un point de l'âge et
en déterminant sa position à l'aide d'une coulisse circu-

laire (fig. 36) ; on imagina d'ailleurs, à ce propos, un assez grand nombre de dispositifs différents.

Les supports à une seule roue présentent un assez grave inconvénient : la faible distance qui sépare le sol de la tête de l'âge conduit à employer des roues de diamètre réduit, qui sont plutôt des roulettes que de véritables roues, condition déjà défavorable au point de vue mécanique ; de plus, l'axe de cette roue, placé très près du sol, se garnit rapidement de poussière ou de boue, et la roue, ne pouvant plus tourner, se transforme en un mauvais organe de glissement. Aussi le sabot est-il à préférer toutes les fois que la terre est collante,

Fig. 36. — Charrue munie d'un support constitué par une roulette dont la hauteur peut être réglée au moyen d'une coulisse circulaire (Oliver-Pilter).

humide, et garnie d'herbes, parce que l'eau facilite le glissement ; il semble même que, dans les terres pierreuses ou motteuses, le sabot écarte ou brise les obstacles plus facilement que la roue. En tout cas, il convient de donner à la jante de la roue, lorsqu'on emploie ce genre de support, une largeur suffisante pour qu'elle ne creuse pas une ornière trop profonde dans le sol.

La distance verticale entre le plan du soc et du sep et le plan de glissement ou de roulement du support détermine la profondeur de la culture ; il y a lieu cependant de munir la charrue d'un régulateur de profondeur servant, non pas à modifier la dimension verticale du labour, mais à placer convenablement le point d'attache des traits. On conçoit, en effet, que, si ce point était trop bas, l'avant de la charrue serait soulevé, et que, le support n'agissant plus, la charrue serait transformée en araire, en supposant même qu'elle ne sorte pas de terre ; s'il était trop haut, la pression du support sur le sol serait exagérée, et il en résulterait un accroissement bien inutile de l'effort demandé à l'attelage. A défaut de régulateur de profondeur, il faut donc modifier en conséquence la longueur des traits.

Pour améliorer le roulement et éviter l'engorgement de l'axe des roulettes ordinaires, on a augmenté leur diamètre au point d'en faire de véritables roues ; mais, comme il était impossible de les loger exactement en dessous de l'âge, on a dû les placer en dehors de cette pièce. Malheureusement, le porte-à-faux diminue la stabilité verticale que procure le support à une roue ; cette modification ne présente par suite pas un grand intérêt. Nous n'insisterons pas davantage sur cette question, les supports à une seule roue étant de moins en moins employés.

Comme pour les charrues à âge long, et pour les mêmes motifs, un seul mancheron suffit pour assurer la direction ; il y en a pourtant très souvent deux. Le mancheron unique se rencontre le plus ordinairement dans les charrues à sabot, notamment dans celles des régions situées au nord de la France : telle est la *charrue brabançonne* ou *charrue du Brabant*, qu'il ne faut d'ailleurs pas confondre avec la *charrue brabant* (simple ou double).

Supports à deux roues verticales. — Pour conserver les avantages des roues de grand diamètre, placées obligatoirement en dehors de l'âge, et assurer néanmoins la stabilité verticale de la charrue, on a employé deux roues au lieu d'une. On les a d'abord placées très près l'une de l'autre, pour les faire rouler toutes deux sur le guéret ; puis on a reconnu qu'il y avait avantage à faire rouler l'une des roues sur le guéret et l'autre dans la jauge, à condition que cette dernière roue fût de diamètre assez grand pour que son axe ne risquât pas de s'engorger. C'est ce qui a conduit à établir des supports composés de deux roues verticales de diamètres différents ; il n'y a pas besoin, en effet, de donner à la roue qui porte sur le guéret un diamètre aussi grand qu'à l'autre roue (fig. 37).

Les positions occupées par les deux roues, l'une par rapport
à l'autre, doivent pouvoir être modifiées de façon à proportionner le support aux dimensions du labour ; il est bon, en
effet, que la plus grande roue porte, dans la jauge, sur la
portion plane découpée par le soc et non pas sur le labour
lui-même. Aussi ces roues sont-elles montées sur des traverses
qui coulissent dans des mortaises de l'âge ou dans des
glissières rapportées sur celui-ci ; on peut ainsi régler l'écartement transversal des roues, qu'il y a, cependant, intérêt à ne
pas exagérer, puisqu'elles sont montées en porte-à-faux.

Fig. 37. — Charrue à support formé de deux roues verticales et de diamètre
inégal (Garnier et Cie).

L'écartement vertical des roues, ou, mieux, l'écartement des
deux plans de roulement de ces roues, est déterminé par la
profondeur du labour. Il faut donc que les roues soient
mobiles suivant la verticale ; aussi l'assemblage des barres
porteuses avec les traverses est-il non pas rigide, mais
réglable. Le plus ordinairement, les barres coulissent,
comme les traverses, dans des étriers pourvus de vis de
pression ; d'autres fois (fig. 37), une vis actionnée par
une manivelle sert à effectuer le réglage, dispositif plus
coûteux, mais de manœuvre plus commode. On a même
établi des charrues, qui furent déclarées très perfectionnées,
dans lesquelles ces vis pouvaient être mises en mouvement
depuis les mancherons, à l'aide d'une tringle qui comman-
dait une paire d'engrenages coniques ; nous n'avons pas

besoin d'insister sur l'inutilité d'un pareil perfectionnement.

Pour le transport sur route, les deux roues sont amenées au même niveau. Lorsqu'on veut mettre la charrue en travail, par exemple pour un labour de 25 centimètres de profondeur, on commence par s'assurer que la grande roue porte bien sur le plan du tranchant du soc et du talon ; c'est, en effet, ce plan qui coïncidera plus tard avec le plan de la jauge. On remonte ensuite la petite roue de façon à écarter de 25 centimètres son plan de roulement de celui de l'autre roue ; il est bon de coucher, au préalable, la charrue sur le versoir. Ensuite, lorsqu'on sera en période de travail, on s'apercevra que la grande roue, portant sur une terre qui est dépourvue de végétation, et qui n'a pas été exposée aux pluies ni aux autres causes de tassement, s'enfonce plus que la petite roue ; comme cette différence d'enfoncement diminuerait la profondeur du labour, on la corrige en abaissant la grande roue de la quantité nécessaire (rarement plus de 1 ou 2 centimètres).

Afin de ne pas faire la manœuvre à chaque raie, et pour faciliter les tournées, pendant lesquelles la charrue a tendance à se renverser, on lui ajoute souvent une roulette, portée par un montant fixé obliquement sur l'âge, et qui n'entre en action qu'au moment où la charrue tourne.

Les supports à deux roues, très employés dans la construction anglaise, donnent une très grande stabilité verticale aux charrues ; mais, en même temps, ils atténuent beaucoup les déplacements latéraux de l'âge. Si la trajectoire suivie par l'attelage était une ligne rigoureusement droite, la stabilité ne laisserait rien à désirer ; comme les animaux parcourent toujours une trajectoire plus ou moins sinueuse, le laboureur doit corriger, à l'aide des mancherons, les déplacements horizontaux.

C'est encore à ce type qu'il faut rapporter les supports des charrues pour labour à plat, dites *balances* ou *bascules*, que nous étudierons plus loin.

Supports formés de deux roues obliques de même diamètre. — Lorsqu'on a construit, en France et en Belgique, des charrues à support pour labour à plat, on a été obligé de

donner aux deux roues le même diamètre et d'articuler le
support autour de l'âge afin que les roues pussent rouler
l'une sur le guéret, l'autre dans la jauge. Les roues devaient
donc être obliques par rapport au sol, ce qui pouvait alors
être considéré comme un inconvénient ; on s'est aperçu rapidement que l'obliquité de l'essieu offrait, au contraire, un très
grand avantage : pour peu que l'on donnât à la charrue, au
moyen du régulateur de largeur, tendance à prendre une
raie plus large, la roue la plus basse venait s'appliquer à l'angle
de la muraille et de la jauge, et tous les déplacements latéraux
devenaient impossibles. Comme, d'autre part, le support avait
le même effet, sur les déplacements verticaux, que les supports

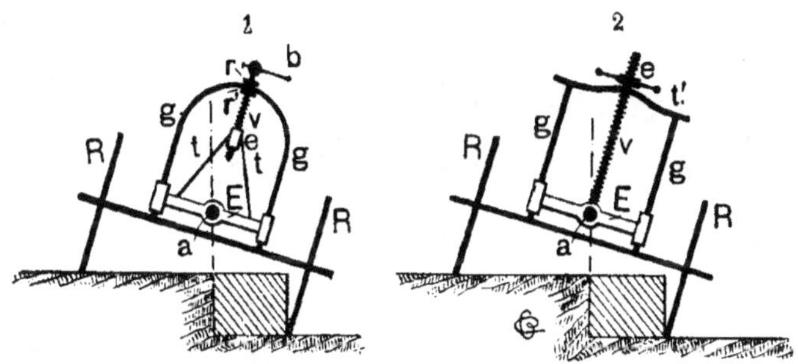

Fig. 38. — Supports de brabants.

à deux roues inégales, la stabilité était parfaite. Ces supports
particuliers sont employés dans les charrues brabants, simples
ou doubles ; comme le support doit être absolument solidaire
de la charrue, on enclenche ce support dans la position convenable à l'aide d'un système d'encliquetage que nous
décrirons à propos des charrues brabants doubles.

Le plus souvent, ce support, qu'on pourrait appeler support
français, puisqu'il semble avoir été imaginé dans le Nord de
la France (sans qu'aucun document permette, toutefois, de
l'affirmer), est constitué comme suit (fig. 38). Les deux roues R,
de même diamètre, sont montées sur l'essieu de telle façon
que leur écartement puisse être modifié suivant les besoins ;
l'essieu supporte une double glissière cylindrique, ou *chignon*,
affectant ordinairement la forme d'une arcade, qui sert de

guide à un coussinet E, appelé *sellette* ou *écamoussure*, dans lequel s'engage l'extrémité antérieure de l'âge *a*. Le déplacement de l'écamoussure le long de son arcade de guidage s'obtient à l'aide d'un système à vis et écrou qui porte le nom de *vis de terrage*. Très souvent la vis *v* est fixe, c'est-à-dire que deux rondelles goupillées *rr'*, embrassant

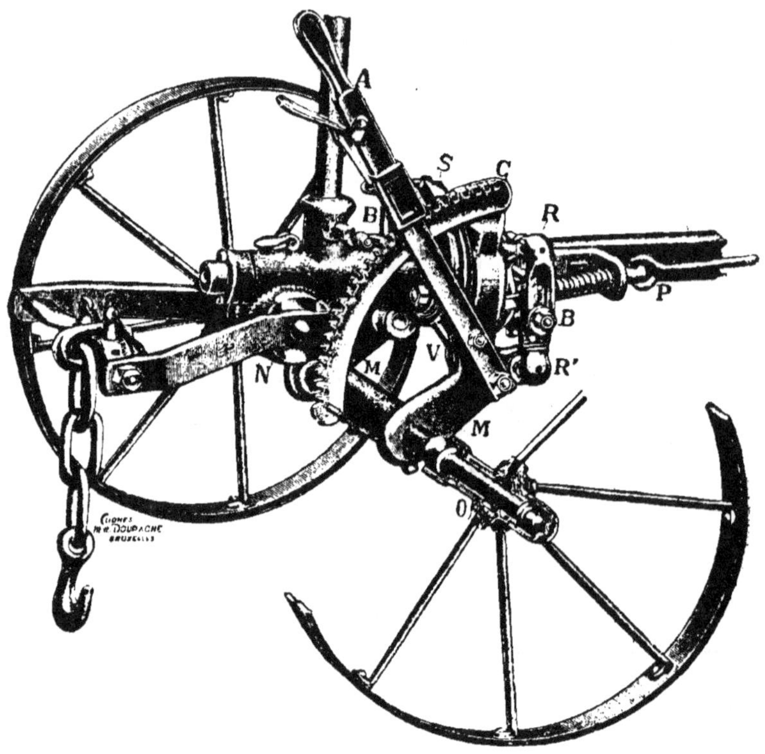

Fig. 39. — Support de brabant à réglage par levier coudé (E. Mélotte-Faul).

l'arcade, l'empêchent de se déplacer longitudinalement (fig. 38, n° 1) ; lorsqu'on la fait tourner, à l'aide de la broche *b*, elle entraîne l'écrou *e*, qui, lui, ne peut tourner autour de son axe, étant relié à l'écamoussure par les tiges *t*. Parfois, au contraire, la vis *v* est fixée, par une de ses extrémités, sur l'écamoussure (fig. 38, n° 2) ; l'écrou *e*, qui s'appuie sur la traverse fixe *t'*, la force à se déplacer longitudinalement, en entraînant l'écamoussure E.

On emploie, en Belgique, un support répondant aux mêmes conditions générales, dans lequel la vis de terrage est supprimée. L'essieu M qui supporte les roues (fig. 39) est monté à l'extrémité d'un levier coudé A, articulé sur l'écamoussure S, et au moyen duquel on peut imprimer à l'essieu un mouvement circulaire ; comme les roues reposent toujours sur le sol, en rapprochant ou en éloignant l'essieu de l'écamoussure, on abaisse ou on relève cette dernière ; on maintient le réglage au moyen d'un petit verrou pénétrant dans les crans d'un secteur denté C, fixé sur l'écamoussure. Nos constructeurs adoptent également, depuis quelques années, des supports analogues.

Étant donné que l'âge ne peut se déplacer latéralement sur l'essieu, auquel il est rélié d'une manière rigide par l'écamoussure, il faut, si l'on veut modifier les dimensions du labour, changer aussi l'écartement de l'essieu, afin que les roues portent à la fois sur le guéret et à l'angle de la muraille et de la jauge.

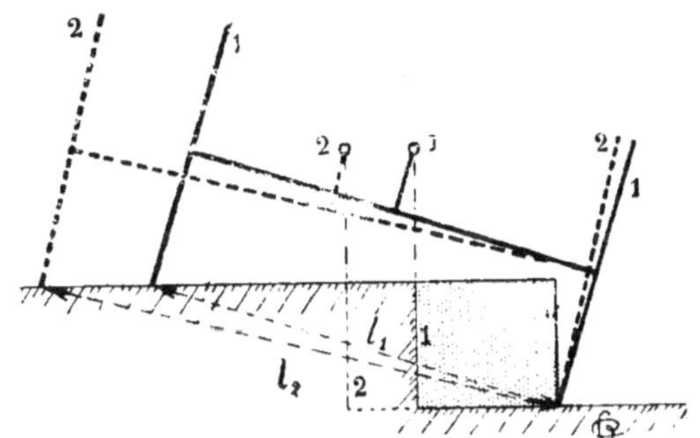

Fig. 40. — Principe du réglage de la largeur d'essieu dans les supports de brabants.

La figure 40 indique schématiquement deux positions de l'essieu correspondant à deux largeurs différentes, *1* et *2*, pour une même profondeur; on voit que, dans ces deux positions, l'écartement, l_1 et l_2, des deux roues est loin d'être le même.

Pour rendre l'essieu extensible à volonté, on monte ordinairement les roues sur des fusées beaucoup plus longues que le moyeu, et l'on interpose des bagues métalliques mobiles, appelées *rondelles* ou *flottes*, entre la portée de l'essieu et le moyeu de chacune des roues. Il y a généralement trois ou quatre rondelles par roue, et leur largeur est telle que moyeu et rondelles occupent toute la longueur utilisable de la fusée, l'ensemble étant maintenu par une clavette enfoncée dans l'essieu ; on place les rondelles d'un côté du moyeu ou de l'autre, suivant le réglage qu'on veut obtenir et, de cette façon, la roue ne peut prendre aucun jeu latéral.

Pour donner plus de précision à ce procédé de réglage, on fait le moyeu dissymétrique par rapport au plan de la roue, et l'on retourne au besoin cette dernière, qui se trouve ainsi plus ou moins éloignée de la portée de l'essieu ; cela permet, par exemple, de régler l'écartement à une demi-rondelle près.

Le réglage qu'on obtient ainsi est parfaitement suffisant pour les travaux courants. Néanmoins, le système à rondelles présente un certain nombre d'inconvénients, tenant à la fois à la forte saillie des fusées et aux clavettes qui s'y trouvent fixées. Il arrive souvent, en effet, que, lorsqu'on veut enfouir un fumier pailleux, les pailles se prennent dans la clavette et s'enroulent autour de la fusée qu'elles engorgent ; on risque de blesser les arbres plantés dans les champs labourés, et il est, en outre, impossible de graisser les fusées, car la matière lubrifiante n'y peut séjourner.

Aussi construit-on, depuis quelques années, des supports dans lesquels les roues sont montées sur deux demi-essieux pouvant coulisser dans des colliers convenablement placés ; les deux demi-essieux sont réunis, au milieu du support, par une pièce d'assemblage et de réglage. Comme on ne déplace plus les roues sur leurs fusées, ces dernières peuvent être très courtes, et l'on peut munir les roues de boîtes à graisse améliorant le roulement et augmentant la durée de l'organe (1).

Le dispositif le plus simple consiste en deux demi-essieux, qui coulissent dans des colliers fixés à la partie inférieure du chignon ou du levier de terrage ; ils sont engagés dans un manchon en acier coulé et maintenus chacun par une vis de pression.

La figure 41 représente un type dans lequel l'un des demi-essieux coulisse à l'intérieur de l'autre, qui est en forme de fourreau. Mais on construit également en France un appareil

(1) Cf., pour la description de ces boîtes d'essieux, dite *demi-patent*, les *Moteurs agricoles*, p. 175 (ENCYCLOPÉDIE AGRICOLE).

dans lequel les extrémités intérieures des demi-essieux sont
filetées en sens inverse et engagées dans un manchon taraudé,
qu'il suffit de faire tourner autour de son axe pour écarter ou
rapprocher les roues. Ce système, qui ressemble beaucoup aux
tendeurs d'attelage employés dans les chemins de fer, permet

Fig. 41. — Support de brabant à essieu dont les deux moitiés coulissent l'une dans
l'autre (Darley-Renault).

évidemment de régler l'essieu avec une grande précision ; il
offre en outre l'avantage de déplacer les deux roues d'une
même quantité. Il est, malheureusement, un peu compliqué.

Il semble, au premier abord, que ces essieux en deux parties
soient plus fragiles que les essieux d'une seule pièce ; ils
sont cependant employés depuis longtemps en Belgique, où
personne ne se plaint qu'ils manquent de solidité.

Lorsque les charrues ne doivent verser la terre que d'un seul côté, on peut, sans diminuer la stabilité, rendre verticale la roue qui porte sur le guéret et même lui donner un diamètre plus petit que celui de l'autre roue; cela ne va pas, cependant, sans compliquer légèrement le mécanisme de réglage.

Avec de pareils supports, qui donnent à la charrue une stabilité complète dès qu'elle est convenablement réglée, les mancherons sont absolument inutiles; il suffit d'une ou deux poignées pour faciliter les manœuvres au début et à la fin de la raie.

Nous avons vu que le support à deux roues égales est incliné lorsque la charrue est en travail; quand on commence le labour, on ne dispose pas d'une raie déjà tracée pour y faire passer l'une des roues du support; ce dernier se trouve donc parallèle au sol, et il convient de manœuvrer la vis de terrage de façon à abaisser l'extrémité de l'âge, puisque tout se passe comme si on avait soulevé la roue de la jauge pour l'amener au niveau de l'autre. Cela se fait très rarement en pratique culturale ; les deux premières raies sont mal tracées, mais, généralement, la troisième est presque correcte. On profite d'ailleurs, quand on le peut, de la dérayure provenant des labours précédents, et la charrue se trouve ainsi, du premier coup, dans une position à peu près normale.

Charrues à siège. — Nous citerons encore, parmi les supports donnant aux charrues une stabilité parfaite ou presque parfaite, ceux des charrues à siège. Ce type de machines fut imaginé en Angleterre, puis abandonné; mais l'idée principale, qui consiste à faire supporter intégralement le poids de la charrue et de son conducteur par des organes de roulement, fut reprise aux États-Unis.

Le défaut des machines anglaises était de n'avoir que des roues verticales, d'où résultait une instabilité latérale qui ne pouvait pas être compensée par l'action du laboureur, puisque celui-ci était porté par la charrue. Les Américains ont appliqué le principe des supports à roues obliques et ont établi ainsi des charrues à siège d'un très bon fonctionnement.

Il existe actuellement deux types principaux de charrues à

siège : le *tricycle* et le *tilbury* (fig. 42). Le support des charrues
tricycles est formé par un cadre sur lequel sont montées trois
roues (fig. 42, n° 1); l'une d'elles (R), qui est verticale, roule
sur le guéret ; les deux autres (R' et R") sont obliques et portent

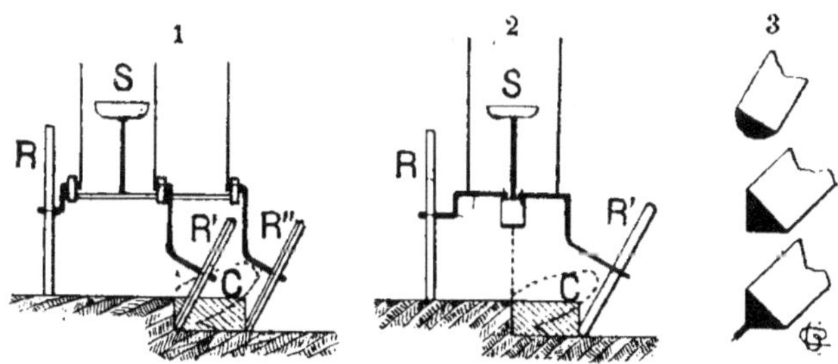

Fig. 42. — Schéma des supports de charrues à siège.

1, charrue tricycle; 2, charrue tilbury ; 3, profils de jantes des roues du support.

au fond de la raie, à l'angle de la muraille et de la jauge. Bien
entendu, la roue oblique qui se trouve le plus en avant sur le
cadre (R") roule dans la raie précédemment ouverte ; l'autre (R')
se trouve derrière le corps de charrue et repose, à la façon

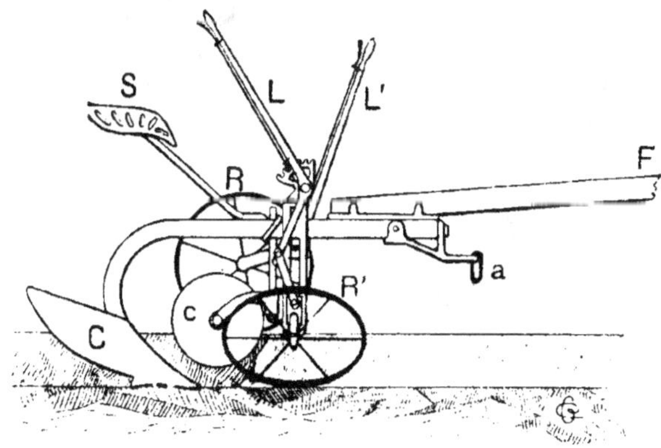

Fig. 43. — Charrue tilbury (élévation).

d'un talon roulant, dans la raie qu'on est en train de tracer.
Il est bon de donner aux jantes de ces deux roues une section
demi-circulaire ou triangulaire, de façon à faciliter leur roulement le long de l'arête formée par la muraille et la jauge

(fig. 42, n° 3). Le réglage des différentes roues se fait toujours à l'aide d'essieux coudés, actionnés par des leviers à la portée du conducteur assis sur le siège S.

Dans les charrues tilburys (fig. 42, n° 1, et 43), le support ne comporte plus que deux roues, l'une verticale (R), l'autre oblique (R'), montées, à l'aide d'essieux coudés, manœuvrés par les leviers L et L', sur une flèche d'attelage qui soutient 'e corps

Fig. 44. — Charrue tricycle vue de l'avant (Syracuse-Duncan).

de charrue C, le coutre c et le siège S. Les animaux sont attelés à ces charrues comme aux faucheuses ; la flèche F est, en effet, munie, à son extrémité antérieure, d'un petit palonnier, au moyen duquel on la suspend aux colliers des chevaux. Ces charrues pourraient donc être classées dans la catégorie des charrues à âge long : leur stabilité est moins grande que celle des tricycles, puisque la flèche suit toutes les oscillations de l'attelage. Elles sont, néanmoins, très employées.

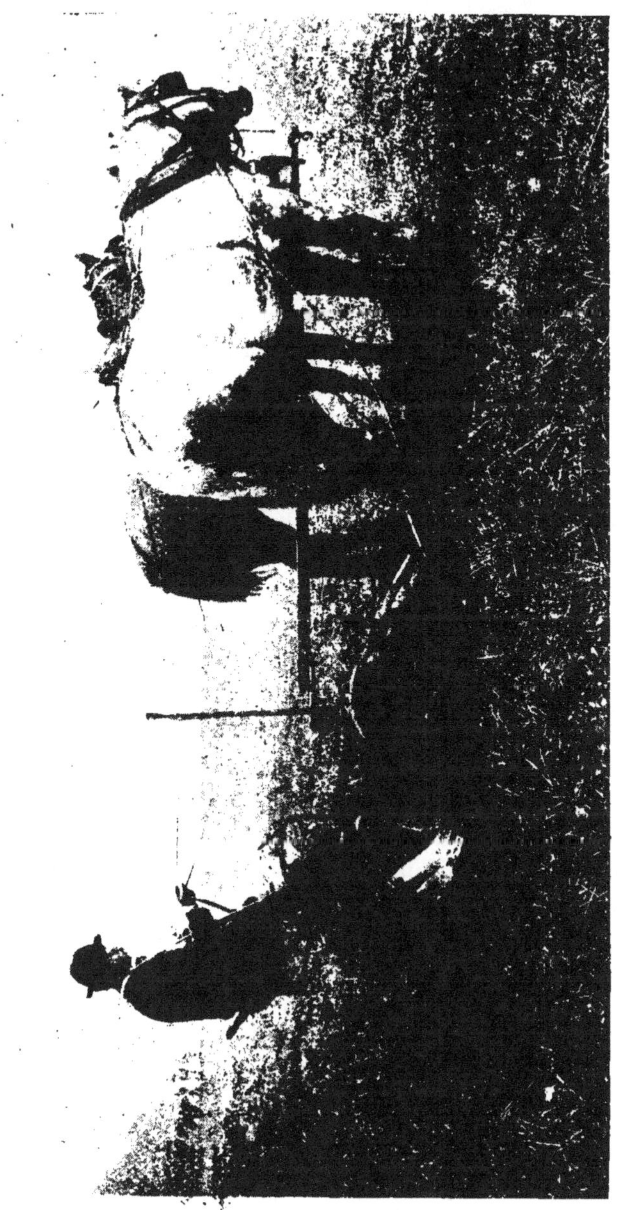

Fig. 45. — Charrue tricycle à siège attelée (Duncan) (Phot. de l'auteur).

Les figures 42, 43, 44, ainsi que la figure 18, montrent l'aspect de ces charrues tricycles et tilburys.

Avant-trains.

Les avant-trains sont des organes de stabilité presque complètement indépendants des charrues auxquelles on les adjoint. L'âge, qui, dans les charrues à support, est solidarisé d'une façon complète avec le support, repose simplement sur l'avant-train ; l'effort de traction, appliqué sur l'avant-train, est transmis, à l'aide d'une chaîne, à la charrue : c'est la seule liaison établie entre l'avant-train et la charrue.

L'avant-train conservant, dans ces conditions, une grande mobilité, ne peut assurer aux charrues une stabilité aussi complète que le support à deux roues : bien qu'il soit normalement incliné, il ne donne guère de stabilité latérale. Aussi considère-t-on volontiers les charrues à avant-train comme des machines barbares et caractéristiques des pays arriérés. Elles ont cependant de très grands avantages : elles permettent en particulier de dresser les jeunes chevaux, dont les mouvements désordonnés rendent très difficiles, sinon impossibles, les labours à l'aide d'araires ou de charrues à support, car l'avant-train, pouvant être volumineux et lourd, constitue un excellent modérateur pour les animaux trop ardents ; elles sont, d'autre part, indispensables pour l'exécution des labours en billons. Ce sont donc des machines tout à fait appropriées aux régions humides, à sol peu profond, ainsi qu'aux régions où l'on élève le cheval ; il vaut mieux chercher à améliorer la forme et le mode de construction des pièces qu'à leur substituer d'autres types de machines.

D'une façon générale, un avant-train se compose d'un essieu à deux roues R de même diamètre (fig. 46), supportant une *sellette* S, très souvent garnie de chevilles *c′c′*. L'âge A repose sur la sellette entre deux chevilles quelconques ; un timon *t* très court, dit *timonnet*, reçoit l'effort de traction et le transmet à l'âge par l'intermédiaire de la chaîne C ; souvent une deuxième chaîne *c* relie le timonnet à l'extrémité antérieure de l'âge, pour empêcher l'avant-train de basculer lors-

que les animaux ne tirent pas et pour éviter le déterrage de la
charrue.

Les avant-trains sont fréquemment d'une construction rudimentaire ; ils n'en présentent pas moins un réel intérêt à
cause de leur simplicité et de l'ingéniosité de certains organes.

L'emploi d'une sellette bombée, garnie de chevilles ou
pourvue de crans, permet au laboureur, lorsqu'il a fini une
raie, de faire passer l'âge d'un cran à l'autre ou d'un intervalle
de chevilles à un autre, en appuyant sur les mancherons ;
cette manœuvre se renouvelant très souvent, il y a avantage
à ce que le laboureur n'ait pas besoin de se déplacer pour

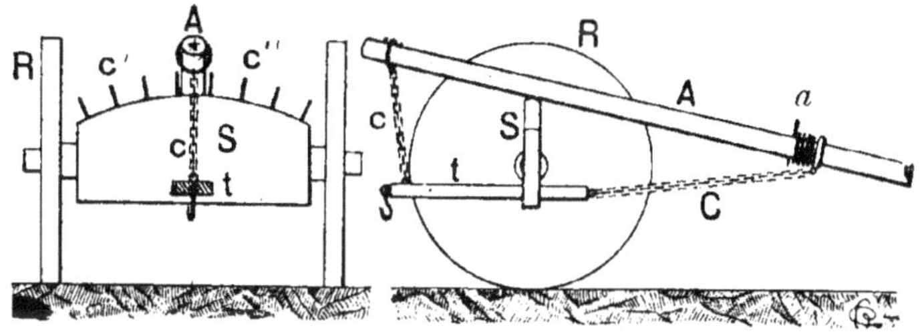

Fig. 46. — Dénomination des différentes pièces constituant un avant train.

l'exécuter. Le réglage en largeur est ainsi assuré d'une façon
simple et rapide.

Le réglage en profondeur s'effectue en approchant ou en
éloignant l'avant-train du corps de charrue. Comme l'âge est
oblique, le rapprochement de l'avant-train soulève l'âge
et diminue la profondeur ; son éloignement augmente la
profondeur. Pour obtenir ces différents résultats, on peut
modifier la longueur de la chaîne C (fig. 46) ; généralement
on se borne à déplacer l'anneau a le long de l'âge. Dans
certains types de charrues, l'âge est percé de trous où l'on
introduit les chevilles qui maintiennent l'anneau (fig. 47) ;
pour régler dans l'intervalle de deux trous, on interpose
entre la cheville et l'anneau un plus ou moins grand nombre
de rondelles (fig. 46) ; aux environs de Paris, de même qu'en
Normandie, on met ainsi sur l'âge un très grand nombre de
rondelles métalliques, qui augmentent sensiblement le poids

de la charrue. Le réglage par la cheville elle-même est plus simple ; on donne alors à cette cheville une forme particulière, complètement dissymétrique, qui permet, suivant les

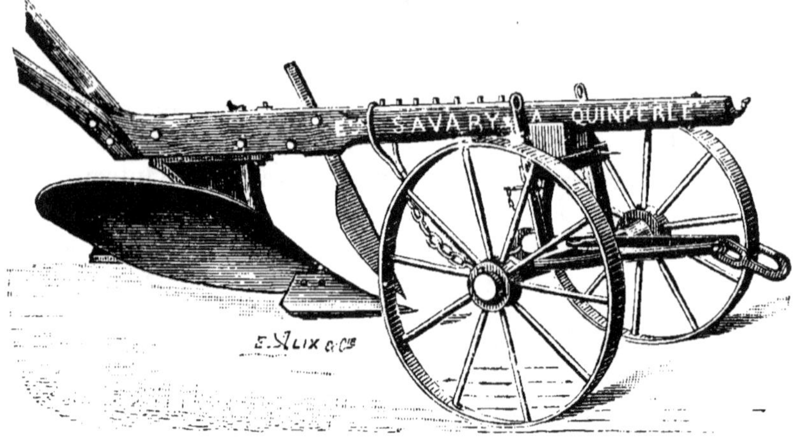

Fig. 47. — Charrue à avant-train (Gautier et Cⁱᵉ).

positions qu'on lui fait prendre, d'obtenir des points d'appui différents pour l'anneau. La figure 48 représente en C un type de cheville réglante ; elle affecte à peu près la forme d'un y, dont la queue est engagée dans un des trous percés sur l'âge.

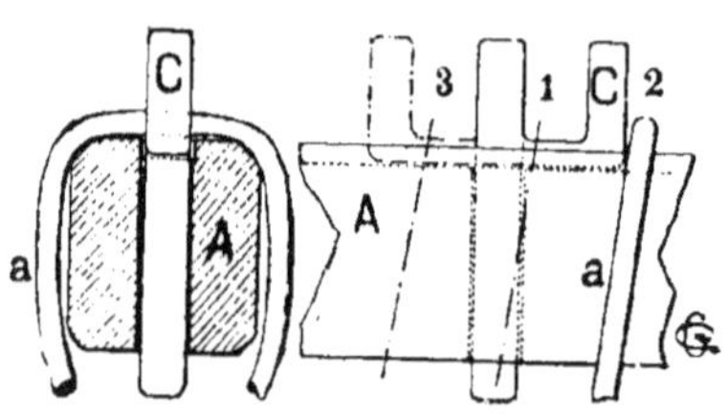

Fig. 48. — Principe de la cheville de réglage dans les charrues à avant-train.

L'anneau a peut être engagé : 1° dans le creux de la cheville (*1*) ; 2° en arrière de la queue (*2*) ; 3° dans le creux, après avoir retourné la cheville (*3*) ; on dispose ainsi de trois positions intermédiaires par trou percé dans l'âge A. Pour éviter que la cheville se retourne d'elle-même, on pratique, à la partie supérieure de l'âge, une rainure contre les bords de laquelle s'appuient les joues de la cheville.

Lorsque l'avant-train est muni d'une chaîne évitant le déterrage (*c*, fig. 46), on change la longueur de cette chaîne en même temps qu'on déplace l'avant-train par rapport à l'âge ;

certaines charrues sont pourvues, dans ce but, d'un organe de
réglage semblable aux crémaillères des cheminées de campagne.

Dans un très grand nombre de machines modernes, la sellette est mobile verticalement et latéralement, ou dans le
sens vertical seulement ; les dispositifs varient à l'infini, le
déplacement de la sellette pouvant s'opérer d'une façon continue ou discontinue. Ainsi, certaines charrues allemandes
comportent un essieu qui est coudé pour que les roues soient
verticales ; il supporte une arcade analogue au chignon des brabants, mais percée de trous dans lesquels passent les chevilles

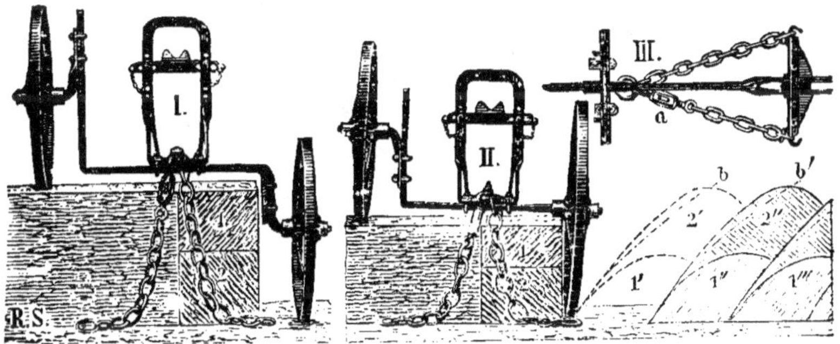

Fig. 49. — Avant-trains métalliques réglables (I et II). Jonction de l'avant-train et de
la charrue par un système de traverse et de chaîne à tendeur (III). (R. Sack-Faul).

fixant la sellette dans la position voulue (fig. 49). La sellette
peut prendre deux mouvements, l'un vertical, l'autre latéral,
ce qui assure le réglage en profondeur et le réglage en largeur.
Cet avant-train est complètement métallique, comme tout le
reste de la charrue.

Les charrues à avant-train sont très en faveur dans l'Europe centrale et, notamment, en Allemagne, où il existe
plusieurs types de très bonne fabrication. Les constructeurs
ont cherché à améliorer la stabilité en diminuant l'indépen-
dance de l'avant-train. C'est ainsi qu'ils ont fixé sur l'âge une
traverse aux deux extrémités de laquelle viennent s'attacher
deux chaînes reliant la charrue à son avant-train ; l'une des
deux chaînes est de longueur constante, l'autre est, au contraire, munie d'un petit tendeur, a, qui permet de l'allonger
ou de la raccourcir (fig. 49, III).

Dans un autre système, également employé en Allemagne, la sellette est remplacée par un manchon relié à l'extrémité antérieure au moyen d'une double articulation, formant une sorte de joint de Cardan, et coulissant sur une tige cylindrique portée par l'avant-train; le réglage en profondeur s'effectue en fixant ce manchon à la hauteur voulue à l'aide d'une vis de pression. La charrue comporte également une traverse et deux chaînes de traction, dont une à tendeur (fig. 50).

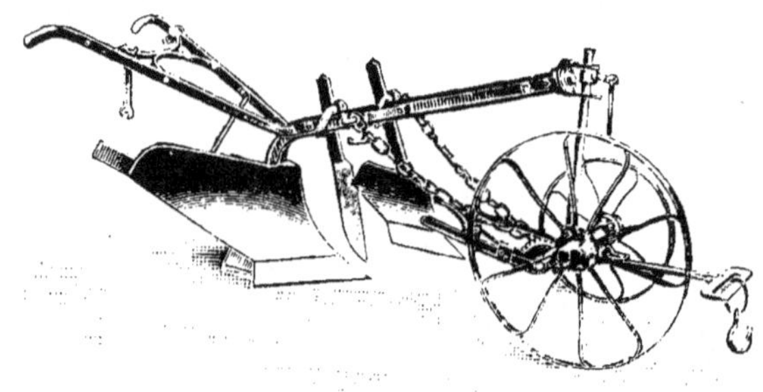

Fig. 50. — Assemblage de l'avant-train et de l'âge par joint articulé (H.-F. Eckert).

Ces avant-trains sont toujours pourvus de roues dont l'une, au moins, peut être déplacée, grâce à des coulisses ou à un levier coudé, pour qu'on puisse maintenir la sellette horizontale, quelle que soit la profondeur du labour.

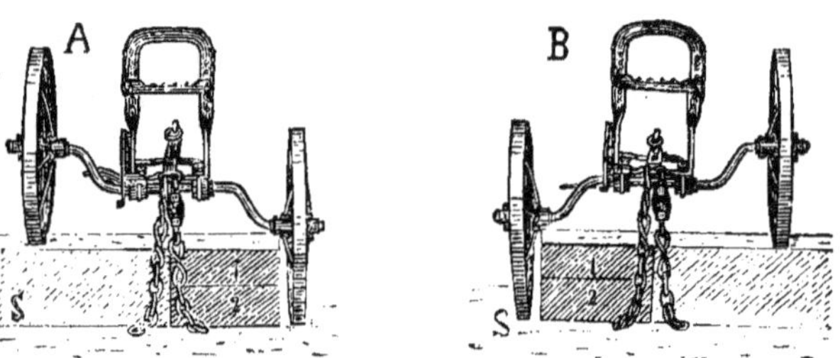

Fig. 51. — Avant-train pour charrue double type brabant ; en A, la terre est versée à droite ; en B, elle est versée à gauche (R. Sack-Faul).

Les constructeurs allemands ont, en somme, cherché à conserver le principe de l'avant-train, que la clientèle exige, tout en modifiant cet organe de façon à le rapprocher d'un support. Les avant-trains, ainsi perfectionnés, pourraient donc former un groupe spécial intermédiaire entre les supports et les avant-trains proprement dits. Tout en donnant plus de stabilité à la charrue, ils sont inférieurs aux supports type brabant et conviennent uniquement pour les charrues ordinaires, ne versant que d'un seul côté. On les a cependant appliqués à des charrues type brabant double (fig. 50) ; mais les machines ainsi constituées ne semblent pas avoir eu un grand succès, probablement à cause de leur stabilité insuffisante.

On a également construit des charrues à avant-train avec âge double ; le réglage en profondeur s'opère en obliquant plus ou moins l'âge inférieur, qui supporte le corps de charrue, par rapport à l'autre. Ces systèmes compliqués ont à peu près disparu.

3° TYPES DE CHARRUES CORRESPONDANT AUX DIFFÉRENTS PROCÉDÉS DE LABOUR.

Pocédés de labour.

Labour en billons. — Le labour en billons est employé dans les régions où le sol est très humide et peu profond, c'est-à-dire toutes les fois qu'il y a intérêt à augmenter artificiellement l'épaisseur de terre offerte aux racines. Les billons sont confectionnés quelquefois à la bêche (fig. 2), mais, le plus souvent, avec des charrues. La largeur des billons est variable. Les billons de trois raies s'obtiennent par trois trains de charrue en ayant soin de renverser la terre, lors du deuxième et du troisième train, sur celle qui a été retournée au premier ; leur largeur est d'environ 1 mètre. On trouve également des billons plus larges ; certains se rapprochent même beaucoup des planches. Les charrues les plus propres à l'exécution des labours en billons sont les charrues à avant-train et, surtout celles dont la sellette est pourvue [de chevilles ou de crans.

Labour en planches. — Les labours en planches se font avec des charrues versant d'un seul côté, à gauche ou à droite, suivant les habitudes locales. On divise le champ à labourer en un certain nombre de parties égales, ou planches, qu'on laboure successivement ; les planches sont séparées les unes des autres par des sortes de rigoles appelées *dérayures*.

Le labour en planches s'exécute soit *en adossant*, soit *en refendant* ; nous expliquerons sommairement ces deux procé-

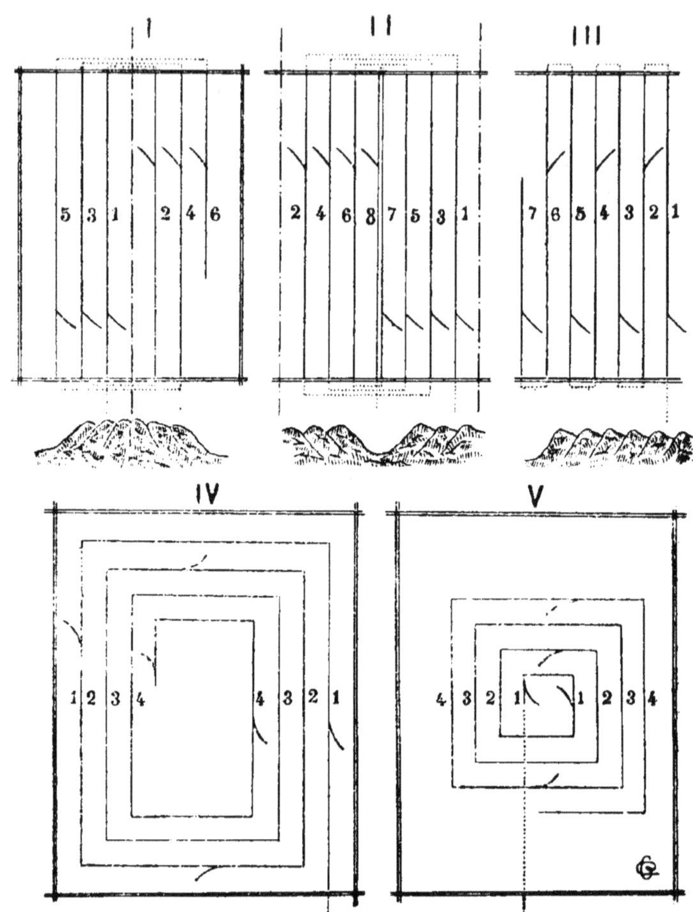

Fig. 52. — Principaux types de labours.

I. en adossant ; II, en refendant ; III, à plat ; IV et V, à la Fellenberg.

dés en admettant que la charrue verse à droite et en supposant toujours, pour déterminer les sens, l'observateur placé comme l'ouvrier qui tient les mancherons.

Dans le *labour en adossant*, on ouvre une première raie un

peu à gauche de l'axe de la planche (fig. 52, n° 1); puis on revient en sens inverse en ouvrant une deuxième raie de l'autre côté de l'axe ; on adosse ainsi les deux premières bandes de terre renversées, ce qui justifie le nom donné au procédé de labour. La troisième raie se fait à gauche de la première, la quatrième à gauche de la seconde, et ainsi de suite, en s'éloignant de plus en plus de l'axe. Arrivé aux bords extrêmes de la planche, on attaque la planche suivante de la même façon, par la partie médiane.

Dans le *labour en refendant*, on attaque simultanément les moitiés de deux planches voisines (fig. 52, n° II); on ouvre la raie *1* à gauche de l'axe de la planche de droite, puis la raie *2* à gauche de celui de la planche de gauche, la raie *3* à gauche de *1*, *4* à gauche de *2*, etc., en se rapprochant de plus en plus de la dérayure de séparation. On labourera ensuite à la fois la première moitié de la planche 3 et la deuxième moitié de la planche 2, et ainsi de suite.

Les labours en planches n'exigent aucun type particulier de charrue ; on peut les exécuter avec des araires, des charrues à support et des charrues à avant-train. On a, cependant, intérêt à employer des charrues aussi stables que possible.

Labour à plat. — Le labour à plat a pour but de supprimer les dérayures qui rendent difficile l'emploi des machines de récolte ; il n'est possible que si la terre est suffisamment saine et profonde. On laboure à plat également dans les pays accidentés, en vue de *remonter les terres* ; on fait en sorte qu'à chaque sillon la terre soit versée du côté de l'amont, ce qui permet de remédier à l'entraînement des particules terreuses vers l'aval, sous l'influence des pluies.

On exécute les labours à plat de deux manières différentes.

Labour à plat à la Fellenberg. — Ce procédé a l'avantage de ne nécessiter aucune charrue spéciale ; il s'opère en tournant continuellement autour du champ à labourer et en commençant soit par le centre, soit par la périphérie (fig. 52, n°s IV et V). Le labour à la Fellenberg a été abandonné en France, et même en Europe, à cause des difficultés et des pertes de temps qu'exige l'exécution des raies de faible longueur dans la région centrale du champ. Aux États-Unis, au contraire, où les champs sont d'une étendue considérable, ces inconvénients sont moins graves qu'en Europe, et le labour à la Fellenberg est très employé. On y procède principalement à l'aide de charrues à siège; pour faciliter les tournées, les deux roues obliques des tricycles sont rendues mobiles autour d'axes verticaux, de sorte que la machine vire, pour ainsi dire, sur place; avec les tilburys, les tournées n'offrent aucune difficulté.

Labour à plat ordinaire. — Ce genre de labour, très employé aujourd'hui en Europe, exige des charrues qui puissent verser alternativement à droite et à gauche. On commence le labour sur un des côtés du champ, par exemple sur le côté droit (fig. 52, n° III); après avoir ouvert la raie *1* en versant à droite, on revient en sens contraire et on ouvre la raie *2* à côté de la première, en versant à gauche, puis la raie *3* en versant à droite, et ainsi de suite.

Charrues pour labours à plat.

Généralités. — *Premiers systèmes proposés.* — Dès le début, on a pu sans difficulté approprier les charrues à l'exécution des labours à plat; les machines alors en usage étaient plus ou moins dérivées de la charrue romaine et pourvues soit d'un avant-train, soit d'un support constitué par un âge long. Au lieu de fixer, sur l'un des côtés du sep, la planche en bois faisant office de versoir, on l'a rendue mobile, afin que le laboureur puisse la placer d'un côté ou de l'autre; le mode d'attache consistait généralement en un crochet métallique à l'avant de la planche, une petite tige de bois, fixée à cette planche et engagée dans une mortaise pratiquée sur le sep ou sur le mancheron, suffisant à donner à la pièce l'écartement et l'inclinaison nécessaires.

Plus tard, lorsqu'on substitua le fer au bois dans la construction des charrues, ou tout au moins de certaines pièces travaillantes, on donna au versoir une forme contournée lui permettant de renverser la terre; comme on conserva le principe de la planche mobile, on fut obligé, pour ne pas avoir deux versoirs distincts, de faire un versoir de grande amplitude, symétrique par rapport à un plan perpendiculaire à sa plus grande dimension, et qu'on retournait bout pour bout lorsqu'on le changeait de côté ; on le maintenait en place à l'aide de crochets. Ces sortes de charrues, quoique très mal construites, sont encore assez nombreuses dans le Plateau Central. Elles comportent généralement un soc triangulaire, prolongé en arrière par une tige cylindrique qui s'engage dans une douille solidaire du sep ; on fait tourner le soc dans cette douille de façon à placer le tranchant du même côté que le versoir.

Ces deux types pourraient être désignés sous le nom de charrues *change-oreille*.

Pour les terres faciles à travailler, on a employé deux versoirs distincts, articulés à l'avant autour d'un même axe à peu près vertical, de façon que l'un des versoirs soit presque complètement effacé pendant que l'autre est en position de travail (charrue Wasse et systèmes dérivés). Ce dispositif a l'inconvénient de tasser la terre du côté de la muraille, ce qui exige une dépense supplémentaire et inutile d'énergie ; nous avons vu, en outre, que les pièces articulées placées dans le sol fonctionnent toujours mal. Aussi a-t-on cherché, surtout en Angleterre, à articuler les versoirs de telle sorte que l'un d'eux soit hors de terre pendant que l'autre est en action.

Un des inconvénients de ces charrues est le grand nombre de manœuvres qu'il faut exécuter à chaque raie : retournement du soc, changement de versoir, déviation du coutre vers le guéret et réglage de la largeur.

On a construit des appareils avec lesquels les trois premières opérations s'effectuent simultanément, l'ouvrier n'ayant qu'à tourner une manivelle ; mais cela entraînait une telle complication de mécanisme qu'on n'a pas tardé à y renoncer.

Les charrues *dos à dos*, appelées également *navettes*, forment un autre groupe de machines pour labours à plat qui ont joui d'une assez grande faveur pendant quelque temps, mais que l'on n'emploie plus actuellement, tout au moins sans les avoir profondément modifiées. En principe, les dos à dos sont composées (fig. 53) de deux corps distincts, versant l'un à droite, l'autre à gauche, et montés sur un même âge, de façon que les

extrémités postérieures des deux versoirs soient en contact;
les deux seps ne forment généralement qu'une seule pièce. Aux
deux extrémités de l'âge se trouvent un régulateur et souvent
une paire de poignées de direction ou de véritables mancherons;
la charrue n'est pas tournée à l'extrémité des raies, mais fait
la navette dans le champ; on la dévie simplement, à chaque
fin de raie, d'une quantité correspondant à la largeur du
labour, et on repart en sens inverse. Dans les premiers modèles,
le laboureur, arrivé sur la fourrière du champ, dételait ses
animaux et accrochait les traits à l'autre extrémité de l'âge;
pour éviter cette manœuvre, on a réuni les deux régulateurs
par une tringle, le long de laquelle glisse automatiquement
le crochet d'attelage, lorsque les animaux tournent.

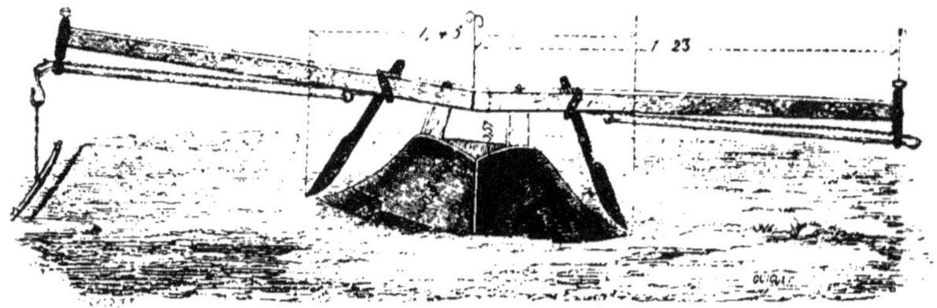

Fig. 53. — Charrue dos à dos (Delanney).

Ces charrues étaient montées en araires; elles étaient
coûteuses, encombrantes et très difficiles à diriger, à cause
de la grande dimension du sep. Afin d'en diminuer le prix et
de les rendre plus maniables, on a coupé les deux versoirs à
l'endroit où les génératrices sont sensiblement verticales, et
on les a accollés par ces génératrices, ce qui a permis de
réduire notablement la longueur du sep; les parties complémentaires des versoirs étaient réunies en une pièce unique,
affectant à peu près la forme d'un V et articulée sur un axe
vertical coïncidant avec les génératrices communes. Puis,
pour faciliter la direction, on a coudé à la fois l'âge et le sep,
de sorte qu'une moitié seulement de ce dernier repose sur le
fond de la raie. Enfin, en vue de réduire la longueur de l'âge
et de supprimer une paire de mancherons, ainsi que la tige
reliant les deux régulateurs, on a articulé l'âge sur un tou-

rillon vertical, afin qu'il puisse tourner en même temps que l'attelage ; un encliquetage à verrou solidarisait l'âge et le corps de charrue dans les positions voulues.

Malgré les efforts des constructeurs, ces charrues dos à dos étaient trop compliquées et trop sujettes à se détériorer, à cause des nombreuses articulations qu'elles comportent, pour pouvoir rendre des services durables. On les a donc abandonnées ; nous en retrouverons néanmoins le principe dans une charrue-bascule particulière.

Nous nous bornons à mentionner simplement ces différents systèmes, qui ne présentent plus qu'un intérêt rétrospectif, nous réservant d'étudier un peu plus en détail les charrues actuellement employées.

Les charrues *tourne-sous sep*, très en faveur dans les pays accidentés de nature granitique, sont aussi appelées *tourne-oreilles américains*, dénomination impropre, puisque le terme de tourne-oreille pourrait s'appliquer à toutes les charrues à versoirs mobiles. Dans ces machines, les deux versoirs sont d'une seule pièce, B, disposée symétriquement par rapport à un plan incliné à 45°, bissecteur, par conséquent, de l'angle dièdre formé par la muraille et par la jauge (fig. 54). Les deux versoirs sont armés d'une pièce tranchante, S*b*, S*a*, qui joue alternativement le rôle de coutre et de soc ; l'ensemble peut tourner autour d'un axe horizontal qui coïncide à peu près avec le sep, et on le maintient en position, à droite ou à gauche, à l'aide d'un crochet C. On voit qu'après rotation la pièce S*b*, qui jouait le rôle d'un soc, est venue en S*b'* et fonctionne comme un coutre ; de même S*a* est venue en S*a'*.

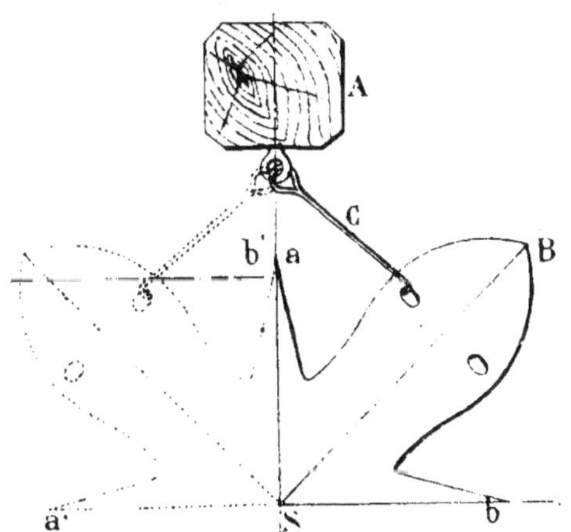

Fig. 54. — Schéma montrant le principe d'une charrue tourne-sous-sep.

Le plus souvent, la rotation est de trois quarts de circonférence et s'effectue en dessous du sep, comme l'indique la figure 54. On a construit cependant des machines où la rotation n'est que d'un quart de circonférence et s'opère au-dessus du sep : il conviendrait de les appeler charrues *tourne-par-dessus-*

Fig. 55. — Charrue tourne-sous-sep américaine (Syracuse-Duncan).

sep, mais elles sont si peu appliquées qu'il est sans intérêt de leur donner un nom spécial.

Ces charrues sont montées quelquefois en araires, mais, le plus ordinairement, en charrues à support, ce dernier étant constitué par une roulette (fig. 55) ou par un âge long. C'est surtout leur faible prix d'achat qui les fait apprécier, car leurs versoirs sont, en général, très mal tracés, avec des génératrices d'abord concaves, puis convexes. Aujourd'hui,

Fig. 56. — Charrue tourne-sous-âge à avant-train (Mayfarth).

cependant, on en rencontre quelques modèles mieux construits, avec des génératrices toutes concaves (fig. 55). Malgré cela, l'articulation est toujours au niveau du sep, et elle est exposée à s'engorger rapidement de terre.

Les modèles construits dans l'Europe centrale sont, sous ce rapport, préférables (fig. 56). Le pivot d'articulation ne coïncide plus avec le sep, mais est surélevé au-dessus du fond de la raie ; il est, de plus, protégé, dans une certaine mesure, par le soc et le versoir. Il serait plus exact de les appeler *tourne-sous-âge*.

Le coutre fait souvent défaut dans les tourne-sous-sep ; quand il y en a un, on le monte parfois dans une mortaise coutrière permettant un certain jeu, et son manche est engagé dans une fourchette qui, chaque fois qu'on retourne la charrue, dévie le coutre et le place dans la position nécessaire au bon fonctionnement de la machine.

Dans la vallée du Danube, on fait usage d'une charrue dite *Ruchadlo*, que nous avons déjà signalée à propos de son versoir, formé d'une tôle légèrement cintrée suivant un profil cylindrique ; en articulant ce versoir, par sa partie médiane, autour d'un axe vertical, et en l'amenant dans deux positions symétriques par rapport au plan vertical qui contient l'axe de l'âge, on constitue une charrue pour labours à plat. La manœuvre s'en fait à l'aide de leviers articulés visibles sur la figure 16.

Brabants doubles.

Les charrues dites *brabants doubles* sont caractérisées par la superposition des deux corps, placés l'un au-dessus de l'autre et symétriquement par rapport à un plan horizontal passant par l'âge (ou par une articulation parallèle à l'âge) ; les seps et les étançons sont dans un même plan.

Les brabants doubles ont, tout d'abord, été montés en araires (fig. 57) ; les étançons étaient pourvus de pivots ou de douilles permettant la rotation autour d'un axe parallèle à l'âge, et situé plus ou moins loin de lui, suivant les modèles. Ils ont été peu employés sous cette forme, parce qu'ils étaient très difficiles à diriger ; leur poids était assez considérable, et le corps de charrue situé au-dessus du corps en travail avait tendance à faire basculer la machine. Aussi les brabants doubles ne se sont-ils répandus qu'après avoir été pourvus d'un support très stable ; c'est pour eux qu'on a imaginé le support à deux roues égales, dont nous avons parlé précédemment, et qui donne une stabilité telle que la charrue peut être complètement dépourvue de mancherons.

Actuellement, certains constructeurs français et étrangers

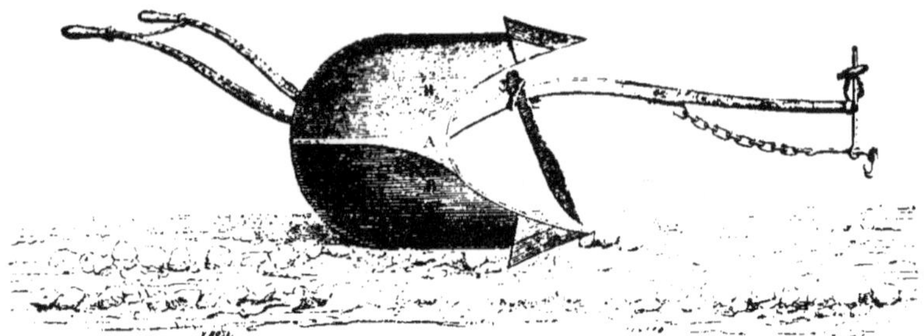

Fig. 57. — Brabant double monté en araire (Roland).

fabriquent des charrues pour labours à plat qu'on peut considérer comme dérivées à la fois des anciens brabants doubles et des tourne-sous-sep; elles sont destinées aux labours légers, comme ceux qu'on exécute dans les pays montagneux et dans les colonies, et sont montées soit en araires, soit, de préférence, avec support à une roue ou avec avant-train. La figure 58 représente une machine de ce type, de construction française; c'est, en réalité, un brabant double simplifié à l'usage des indigènes et colons de l'Algérie, qui ne possèdent pas de puissants attelages. Les deux versoirs sont d'une seule pièce, comme dans les tourne-sous-sep, mais du type cylindrique;

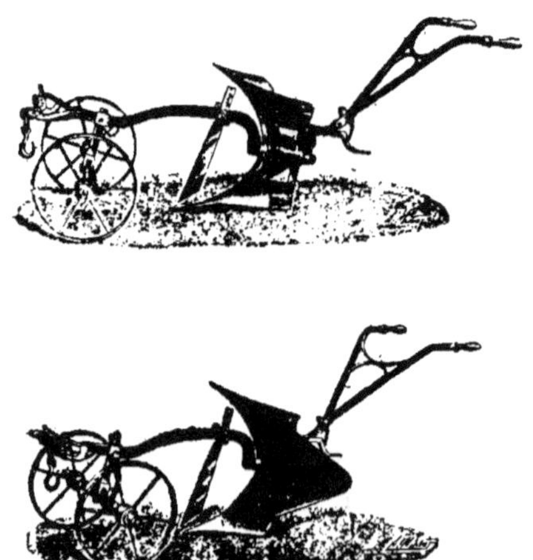

Fig. 58. — Brabant double simplifié, vu dans ses deux positions de travail (H. Amiot).

le corps double tourne autour d'un axe horizontal qui forme la partie postérieure de l'âge, et il est maintenu en position de travail par un verrou qui enclenche les étançons d'arrière. Un essieu à deux roues égales, à la partie médiane duquel est articulée une tige, constitue l'avant-train ; la direction est assurée par deux mancherons. Cette machine est préférable, même pour nos régions, aux tourne-sous-sep, le versoir étant beaucoup mieux tracé et l'articulation se trouvant au-dessus du sol.

Les brabants doubles proprement dits sont tous, aujourd'hui, pourvus d'un support à deux roues égales, qui se place obliquement pendant le travail et qui est solidarisé avec les corps de charrue au moyen d'un verrou d'encliquetage. Il existe deux types de brabants doubles : dans l'un, les corps de charrues sont fixés à l'âge, lequel est mobile dans l'écamoussure, et tournent en même temps que lui ; dans l'autre type, les corps tournent autour de la partie postérieure de l'âge, et ce dernier est solidaire de l'écamoussure.

Brabants doubles à âge tournant. — Les machines du premier type sont appelées *brabants doubles à âge tournant* ; ce sont les plus employées et les plus recommandables. Dans beaucoup de modèles français, les deux étançons d'avant et l'âge sont d'une seule pièce, les étançons étant rapportés sur l'âge et soudés à la forge ; quelquefois, — ce qui est plus économique comme fabrication, — l'ensemble de l'âge et des deux étançons d'avant est étiré à la forge dans un même lingot de métal. Les étançons d'arrière sont rapportés. Afin d'en rendre la fabrication plus facile, l'âge est forgé en deux fois ; la partie postérieure, qui comprend les étançons, est soudée à chaud avec la partie antérieure, dont une extrémité a été tournée. D'autres fois, les étançons sont simplement rapportés sur un côté de l'âge à l'aide de pièces semblables à des coutrières, dispositif moins coûteux que le précédent, mais moins solide.

Les autres pièces travaillantes des brabants doubles ne diffèrent en rien des pièces analogues des charrues ordinaires. L'extrémité antérieure de l'âge est tournée sur quelques centimètres de longueur et est engagée dans l'écamoussure ; c'est cette partie tournée qui sert de pivot à l'ensemble des corps de charrue lorsqu'on effectue le renversement à chaque fin de raie.

COUPAN. – Machines de culture. 6

Encliquetage des brabants doubles à âge tournant. — L'organe d'encliquetage est destiné, comme nous l'avons dit, à solidariser la charrue avec son support dans la position de travail. Il comporte deux pièces distinctes, reliées l'une au support, l'autre à l'âge.

La pièce reliée au support est ordinairement appelée *cliquet* ou *clichet* ; elle repose sur une portée cylindrique dont l'axe coïncide avec celui du coussinet d'écamoussure et affecte grossièremement la forme d'une oreille humaine, d'où le nom *d'oreillette* qui lui est parfois donné ; elle est un peu cintrée, de façon à s'appliquer entièrement, par une de ses faces, sur la portée cylindrique. Le cliquet est percé, dans le sens de sa plus grande dimension, d'une lumière (fig. 59), où est engagée la tige d'un boulon dont la tête est noyée dans

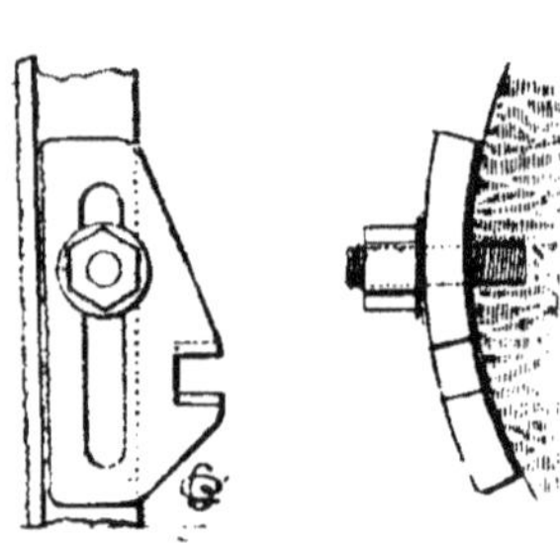

Fig. 59. — Cliquet de brabant double.

la portée ; on peut donc faire glisser le cliquet sur la portée et, pour le maintenir en place, il suffit de serrer l'écrou du boulon. L'un des bords du cliquet est nettement courbe et présente une encoche dans laquelle peut pénétrer un verrou qui assurera l'enclenchement du support et de la charrue.

Le verrou est de formes différentes suivant les constructeurs ; en principe, il est composé d'un loquet mobile dans un plan passant par l'âge et perpendiculaire au plan des étançons ; ce loquet est articulé sur une pièce solidaire de l'âge, ou coulisse dans cette pièce. Il peut être déplacé à l'aide d'une tringle qui le relie à un levier placé à l'arrière de la charrue ; un ressort ramène automatiquement le loquet en avant, lorsqu'on cesse d'agir sur le levier. C'est ce loquet qui pénètre dans l'encoche du cliquet pour enclencher la charrue et son support ; on distingue nettement le cliquet et le loquet sur la figure 60, entre le bord supérieur de la roue de droite et le montant droit du chignon.

Bien entendu, l'enclenchement ne peut être réalisé que si l'encoche se trouve en face du loquet ; or ce dernier doit être

toujours parallèle au sol, puisqu'il est perpendiculaire au plan
des étançons, qui est lui-même perpendiculaire au sol quand
le brabant est bien réglé. En d'autres termes, si le sol est
horizontal, les étançons sont verticaux et le loquet est
horizontal. L'axe de
l'encoche doit donc
être dans le même
plan horizontal que
le loquet ; comme
le cliquet est soli-
daire de l'écamous-
sure et, par suite,
de l'essieu, ce der-
nier étant lui-
même plus ou
moins incliné sui-
vant les dimensions

Fig. 60. — Partie antérieure d'une charrue brabant
double montrant l'encliquetage (A. Bajac).

du labour, il faut pouvoir déplacer le cliquet de façon à amener l'encoche dans le plan du loquet. C'est dans ce but que
le cliquet est pourvu d'une
lumière ; la longueur de
cette lumière doit correspondre aux positions ex-
trêmes du cliquet, pour la
plus grande et la plus petite inclinaison de l'essieu.

Lorsqu'il s'agit d'une
charrue brabant simple,
destinée aux labours en
planches, un seul cliquet
suffit ; dans les brabants

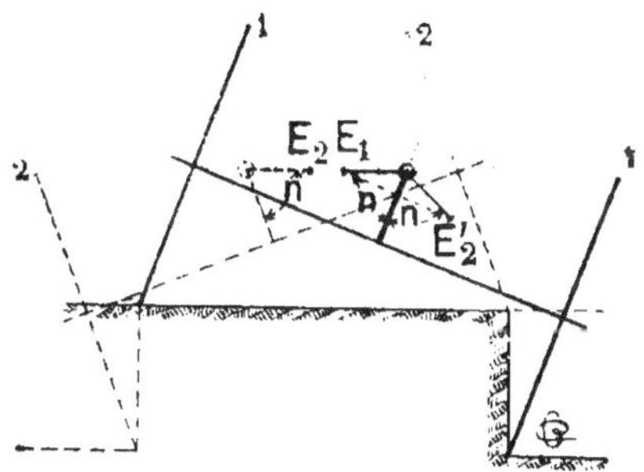

Fig. 61. — Schéma montrant le réglage
des cliquets.

doubles, il en faut deux, placés de chaque côté de l'âge. On
règle séparément les deux cliquets E_1 et E_2. Il est d'ailleurs à
remarquer qu'après le réglage les deux encoches E_1, E'_2 sont
symétriques par rapport à un plan mené perpendiculairement
à l'essieu par l'axe du coussinet d'écamoussure (fig. 61) ; les
angles n sont, en effet, égaux. E'_2 n'est du reste, sur la figure,
que la position occupée par l'encoche E_2 sur le brabant, quand

c'est E_1 qui fonctionne. Pratiquement, on règle les cliquets en amenant les encoches à des distances égales du bord supérieur de l'écamoussure.

Le brabant dont la figure 39 représente le support est pourvu d'un mécanisme disposant automatiquement les cliquets comme l'exige la profondeur du labour. Le levier de terrage A et le cliquet portent chacun une rotule, R' et R, réunies par la bielle B; cette dernière est formée de deux pièces assemblées par un boulon, et on lui donne ainsi facilement la longueur nécessaire. On conçoit que tout mouvement du levier A entraîne le déplacement du cliquet. Ce mécanisme, qui est simple ou double en même temps que la charrue, peut avoir une certaine utilité dans les régions où les brabants sont peu connus et où, par suite, les ouvriers ne sont pas habitués au réglage des cliquets.

Pour tourner le brabant double, à fin de raie, on commence par déclencher le support, en agissant sur le levier de façon à dégager le loquet de l'encoche E; puis on couche la charrue sur les versoirs, pendant que l'attelage tourne; on redresse ensuite la charrue, sans s'occuper du loquet qui, rencontrant les bords inclinés du cliquet, cède d'abord en comprimant le ressort R et pénètre dans l'encoche dès qu'elle se présente en face de lui.

On se sert, pour cette manœuvre, de poignées ou faux mancherons placés en arrière des corps de charrues; l'une d'elles est fixée sur les versoirs, l'autre est articulée sur l'âge, pour pouvoir être relevée ou abaissée et se trouver ainsi mieux en main; sur cette poignée articulée est monté le levier de déclenchement du support.

Avec un peu d'habitude, l'opération du retournement se fait sans difficultés, mais il faut avoir soin de toujours faire basculer la charrue du côté des versoirs; si on la couchait sur les étançons, la manœuvre serait des plus pénibles et deviendrait même impossible quand le brabant est muni d'une tige de traction arrivant jusqu'aux étançons. Cette tige, en effet, est toujours placée, par rapport à l'âge, du même côté que les pièces travaillantes; si on voulait faire pivoter l'appareil du côté des étançons, les coutres, les étançons des rasettes viendraient butter contre la tige et s'opposeraient au mouvement.

Brabants doubles à âge fixe. — Les brabants doubles à âge fixe, qui appartiennent au second type, diffèrent des précédents par le fait que l'âge fait corps, dans sa partie antérieure, avec l'écamoussure, et qu'il ne peut tourner ; il est tantôt rectiligne, tantôt plus ou moins courbe, mais sa partie postérieure est toujours cylindrique ou conique et sert de pivot aux corps des charrues. Ceux-ci sont montés sur un âge distinct du précédent, auquel il est relié par des colliers. L'encliquetage est placé à la partie postérieure de l'âge ; les

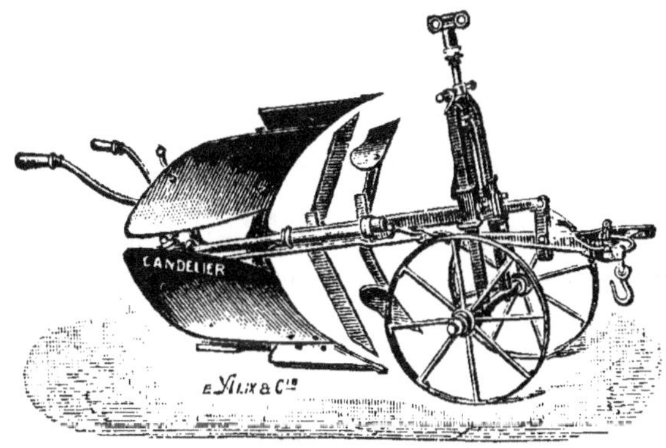

Fig. 62. — Brabant double à âge fixe (Candelier).

cliquets sont adaptés aux étançons d'arrière, et le loquet est articulé sur un montant fixé à l'extrémité de l'âge. Comme les colliers qui réunissent les corps à l'âge sont soumis à des efforts considérables, on les soulage à l'aide d'une chaîne de traction.

En général, les brabants à âge fixe sont pourvus de mancherons, parce que ces organes facilitent l'adaptation du verrou d'encliquetage ; d'ailleurs, les cultivateurs de certaines régions du nord de la France, où l'on n'emploie guère que ce type de brabants, exigent toujours les mancherons, peut-être parce que ceux-ci donnent à la charrue un aspect plus voisin de celui des charrues ordinaires. Nous avons déjà fait comprendre que ces organes de direction ne servent à rien, puisqu'en raison de son support particulier la charrue est parfaitement stable. Leur adjonction à la machine occasionne donc une dépense inutile; elle augmente sans raison le poids de la charrue et, par suite, l'effort demandé à l'attelage. De plus, les ouvriers sont toujours tentés de s'appuyer sur ces mancherons et exagèrent, avec le talonnage, la résistance éprouvée par la machine.

Enfin, malgré les chaînes ou tiges de traction, les colliers prennent du jeu, et le brabant perd assez rapidement la rigidité qui doit caractériser ce genre d'appareils ; aussi y a-t-il lieu de préférer les brabants à âge tournant.

Réparation des brabants doubles. — Les brabants doubles ne fonctionnent bien qu'à la condition de découper, dans les deux sens de marche, des bandes de dimensions sensiblement égales. Il peut arriver que, sous l'influence de chocs produits par la rencontre de pierres ou de grosses racines, l'âge ou les étançons viennent à se fausser; il faut alors faire réparer le brabant. Mais il est rare que les forgerons de campagne soient suffisamment habiles et convenablement outillés pour en effectuer le redressage ; on leur facilite un peu le travail en leur fournissant un gabarit de l'âge et des étançons, qu'on a relevé sur une planche ou sur une feuille de tôle, avant que le brabant ait servi ; mais on est parfois forcé de renvoyer la machine chez le fabricant. C'est le plus grave inconvénient des brabants doubles, et les constructeurs qui se servent d'aciers un peu doux sont conduits à augmenter, pour y parer, les dimensions transversales de l'âge.

Systèmes divers pour labours à plat. — *Charrues doubles à siège.* — Les brabants doubles ne sont pas les seuls types actuels de charrues pour labours à plat. On emploie aux États-Unis, quoique peu fréquemment, il est vrai, des charrues à siège pourvues de deux corps montés sur deux âges distincts (fig. 63); lorsqu'on abaisse un des corps, pour le faire travailler, on déterre l'autre, manœuvre qui s'effectue ordinairement par le jeu d'un seul levier ; on agit également sur les essieux coudés des roues-supports, afin d'engager dans la raie celle qui portait auparavant sur le guéret, et on déplace le point d'attache des traits.

Charrues-balances. — Les charrues dites *bascules* ou

balances sont également destinées aux labours à plat : on peut
les considérer comme formées de deux charrues complètes,
avec leurs mancherons, réunies par les extrémités antérieures
de leurs âges. Les corps de charrues sont tournés l'un vers
l'autre et disposés tous deux d'un même côté de l'âge ; ce
dernier n'est pas rectiligne, mais est, au contraire, coudé en
forme de V très ouvert, pour qu'un corps soit au-dessus du sol
pendant que l'autre travaille. Au milieu de l'âge est un support, formé de roues verticales de grandes dimensions et à
large jante, commun aux deux corps ; c'est par son intermédiaire que s'exerce l'effort de traction. La charrue peut

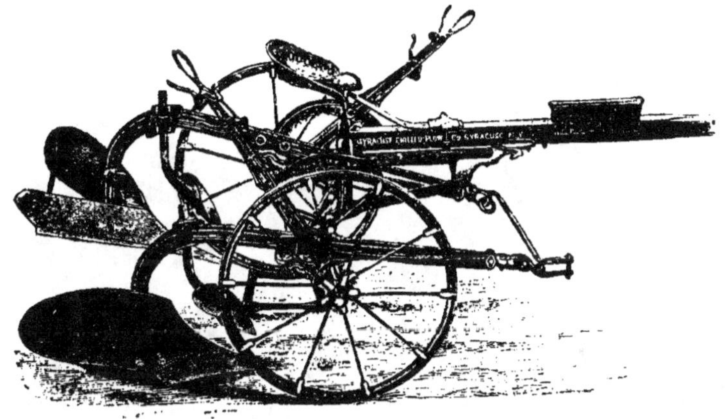

Fig. 63. — Charrue double tilbury, à siège, pour labours à plat (Syracuse-Duncan).

osciller autour de l'axe de son support, à la façon d'un fléau
de balance ; on profite de cette propriété pour changer, à fin
de raie, le corps en service. La manœuvre n'est pas pénible,
puisque le corps soulevé fait presque exactement équilibre au
corps en travail ; mais, par suite, ce dernier ne talonne que
très faiblement, et l'ouvrier doit constamment appuyer sur les
mancherons pour l'empêcher de sortir de terre.

Pour diminuer la fatigue que cette obligation impose à
l'ouvrier, on place souvent sur l'âge, près des mancherons,
une masse pesante qui force la charrue à talonner. Il est
beaucoup plus simple de disposer un siège sur l'âge et d'y
faire asseoir le conducteur, qui peut diriger sa machine à

l'aide d'un levier ou de tout autre mécanisme permettant d'obliquer plus ou moins le support par rapport à l'âge (fig. 64). La charrue-balance est ainsi transformée en une charrue à siège et peut présenter un certain intérêt. Autrement, son manque de stabilité et son prix assez élevé lui font préférer,

Fig. 64. — Charrue-balance à siège (R. Sack-Faul).

pour les labours de dimensions ordinaires, les charrues brabants doubles (1).

On construit en France (fig. 65) un type de charrue-balance dans lequel les deux corps E sont placés près des deux grandes roues H et H' et disposés dos à dos; aux deux extrémités de l'âge coudé A, sont adaptés des supports supplémentaires B, à roues obliques, analogues à ceux des brabants.

(1) Certains constructeurs, notamment en Angleterre, donnent à l'angle des deux parties de l'âge une ouverture très voisine de 90°, et même, parfois, inférieure à 90°. Dans ce dernier cas, les deux corps se trouvent situés, pendant le travail, du même essieu support.

Les deux roues verticales, qu'on règle à l'aide de la vis **K**, fonctionnent donc comme un talon roulant. La traction est appliquée alternativement aux deux extrémités de l'âge, par l'intermédiaire de régulateurs C reliés entre eux à l'aide

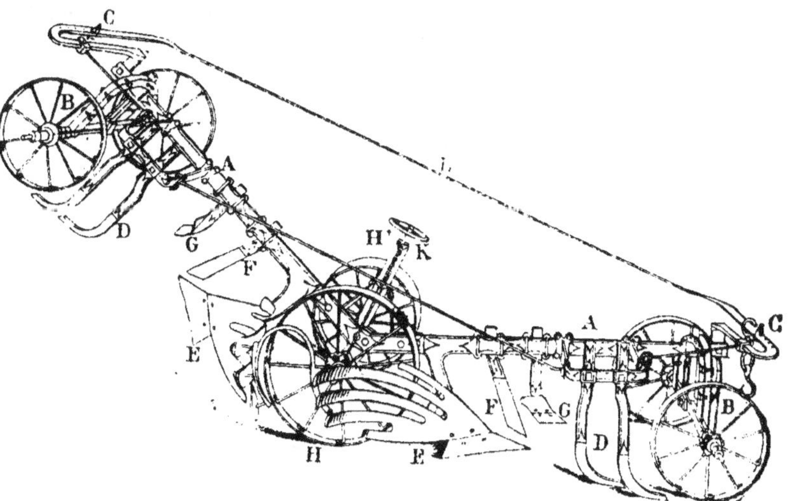

Fig. 63. — Charrue brabant-balance dos à dos (A. Bajac).

F, coutres; G, rasettes; D, griffes fouilleuses.

d'une tringle L, comme pour les anciennes charrues dos à dos.

Exécution rapide des labours.

CHARRUES MULTIPLES.

Lorsque l'on veut effectuer rapidement les labours, on fait usage de *charrues multiples*, qui sont formées d'un plus ou moins grand nombre de corps identiques entre eux et réunis sur un même bâti. On appelle ordinairement ces charrues des polysocs, dénomination tout à fait impropre, puisqu'il y a non seulement plusieurs socs, mais aussi plusieurs versoirs, etc. Les *déchaumeuses* sont des charrues multiples dont les corps sont disposés de façon à effectuer des labours superficiels.

Charrues multiples pour labours ordinaires et légers. — Constitution du bâti. — Bien qu'imaginées depuis fort longtemps, les charrues multiples n'ont été employées qu'assez récemment. On a tout d'abord monté les corps sur un âge unique, formé d'une barre de fer plusieurs fois repliée, de manière à déjeter chaque corps, par rapport au précédent, d'une quantité égale à la largeur du labour : malgré ses fortes dimensions transversales, cet âge se faussait sous l'influence des résistances accidentelles, et la charrue ne pouvait plus fonctionner. On a également construit des charrues multiples comportant des âges distincts, articulés sur un même sup-

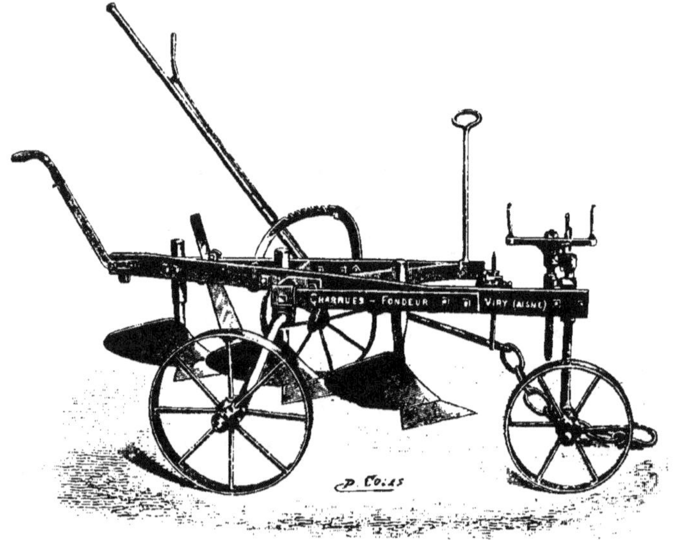

Fig. 66. — Charrue multiple (Letrotenr).

port, en nombre égal à celui des corps ; mais elles présentaient cet inconvénient que, chaque corps travaillant isolément, l'ensemble ne pouvait offrir aucune stabilité. Ces modèles ont été notablement améliorés par la solidarisation des différents âges entre eux.

Les Américains du Nord ont perfectionné les charrues multiples en employant un bâti rigide, en forme de triangle rectangle, sur l'hypoténuse duquel sont montés les différents corps ; c'est d'après ce principe que sont construits la plupart de ces instruments. L'ensemble est supporté par deux roues verticales de même diamètre, dont les fusées sont fixées aux extrémités d'un arbre, deux fois recourbé, qui peut tourner dans des paliers solidaires du bâti. Cet arbre peut être actionné à l'aide d'un levier ; il est maintenu dans une position quelconque par un verrou, articulé sur le levier, qui peut s'engager dans l'un des crans d'un secteur denté (fig. 66). A l'avant de la machine, se trouve une roue-support, verticale ou, de préférence, oblique, qui se déplace dans la dernière raie ouverte au train précédent. L'effort de traction est appliqué au bâti par l'intermédiaire d'un régulateur de largeur.

Réglage des corps. — Pour bien fonctionner, les charrues multiples nécessitent un réglage très soigné, avant la mise en travail. Il est indispensable, en effet, que les différents corps découpent des bandes de même profondeur et de même largeur ; les tranchants des socs doivent donc tous se trouver au même niveau, et les plans des étançons être tous rigoureusement parallèles et équidistants. Si cette double condition n'est pas remplie, la charrue oscille autour du corps qui éprouve la plus grande résistance, ce qui lui retire toute stabilité. Le meilleur procédé de réglage consiste à placer la charrue multiple sur un plancher, ou, tout au moins, sur un sol dur et bien plat (dans la cour de ferme, par exemple), et à abaisser progressivement le châssis jusqu'à ce que les tranchants de socs viennent au contact du plancher ou du sol ; ils doivent tous y arriver en même temps, et l'on agit, au besoin, sur les montures pour obtenir ce résultat. Pour vérifier le parallélisme et l'équidistance des plans d'étançons, on s'assure, à l'aide d'un mètre, que chaque corps est, individuellement, parallèle à l'un des côtés du bâti et à la distance voulue du suivant. Dans certains types de construction récente, le montage est fait de façon à éviter l'une de ces deux vérifications ; quelquefois même les étançons sont complètement fixes, et le réglage est fait, une fois pour toutes, à l'usine ; mais il suffit qu'une de ces pièces soit faussée pour que la charrue ne fonctionne plus normalement.

Réglage du labour. Enterrage et déterrage des corps. — Le réglage en largeur s'effectue à l'aide du régulateur approprié ; pour le réglage en profondeur, on se sert à la fois de la roue-support et de l'essieu coudé; ce dernier permet de modifier le niveau du plan de roulement des roues par rapport au plan des tranchants des socs.

Une fois arrivé aux extrémités des champs, on ne peut laisser les corps enterrés pour tourner la machine, car ils seraient bientôt faussés. Il faut, au contraire, soulever les corps au-dessus du sol avant de faire virer l'attelage ; cette manœuvre s'accomplit très aisément au moyen d'un levier qui agit sur l'essieu coudé. Si on actionne le levier L dans le sens de la flèche 1 (fig. 67 en haut), celui-ci tend à faire tourner les roues R dans le sens de la flèche 2 ; mais : roues rencontrent le sol et ne peuvent s'y enfoncer, de sorte que le mouvement suivant la flèche 2 cesse aussitôt. Lorsqu'on continue à agir sur L dans le même sens, les fusées f des roues R deviennent axes de rotation, et c'est, en réalité, l'essieu qui se soulève suivant la flèche 3, en entraînant le bâti B, auquel il est relié par les paliers p. Au lieu d'occuper la position $L_2\ p\ f_2$, ces deux organes viennent en $L_1\ p_1\ f$; le bâti B est amené en B_1 et le soc s est soulevé en s_1, hors de terre.

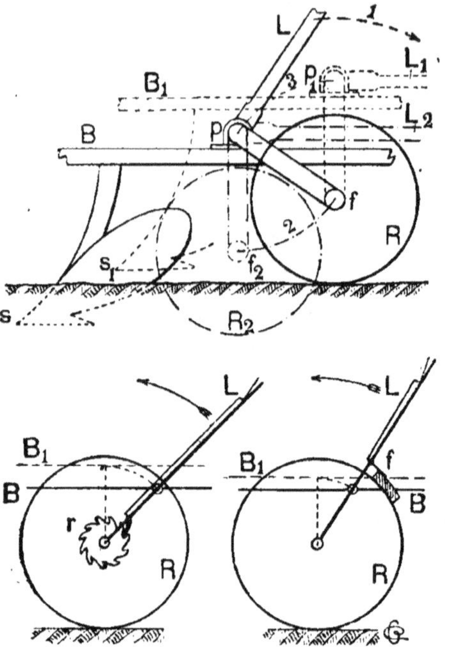

Fig. 67. — Déterrage d'une charrue multiple par levier coudé (en haut), par rochet (en bas, à gauche) et par frein (en bas, à droite).

L'essieu coudé et le levier L doivent être disposés de façon que le relevage du bâti s'opère par déplacement du levier en sens inverse du mouvement de l'attelage; l'ouvrier n'a dès lors qu'à s'arrêter, après avoir saisi le levier et dégagé le verrou de fixation, comme s'il voulait retenir la machine. S'il devait agir dans le sens même du mouvement des animaux, l'ouvrier serait obligé de se mouvoir lui-même avec une vitesse supérieure à celle de l'attelage; il aurait ainsi à exercer un effort considérable dans des conditions trop pénibles pour qu'il ne fût pas tenté de s'en dispenser au détriment de la machine.

Lorsque la charrue est lourde, il devient difficile au conducteur de la sortir de terre; le levier de manœuvre ne sert alors qu'à solidariser, par un rochet r (fig. 67, en bas et à gau-

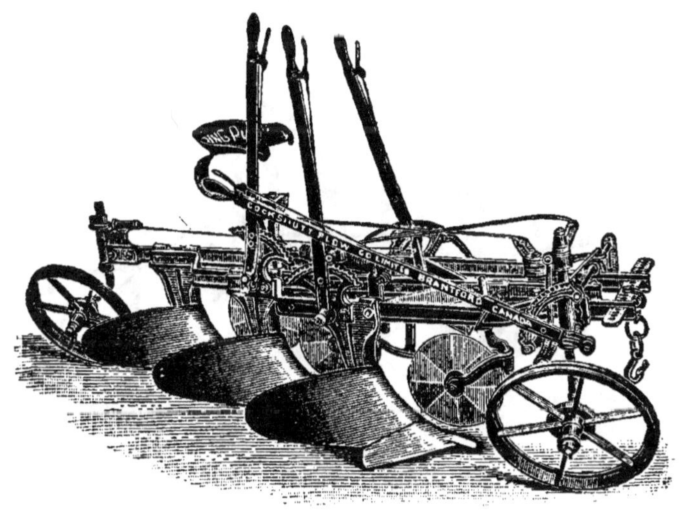

Fig. 68. — Charrue multiple canadienne, à siège (Cockshutt).

che) ou par un frein f (fig. 67 en bas et à droite), l'essieu coudé avec l'une des roues R; celle-ci, en tournant, entraîne l'essieu et soulève le bâti B en B_1. Avec ces dispositifs, le levier se déplace obligatoirement dans le même sens que l'attelage; mais cela ne présente pas d'inconvénients, puisque c'est l'attelage, et non plus l'homme, qui fournit l'effort nécessaire au relevage.

Les Américains construisent également des charrues multiples à siège (fig. 68). La figure 18 montre aussi une charrue à disques, pour deux raies, dont le bâti supporte un siège S; on y voit la roue verticale R, les deux roues obliques R′ et R″, le régulateur d'attelage C, la flèche F et les trois leviers de réglage L, L' et L".

Charrues multiples pour labours à plat. — Les charrues multiples dont nous venons de parler ne conviennent que pour les labours en planches, puisque les corps ne peuvent verser que d'un seul côté. Il existe également des charrues multiples pour labours à plat.

Certaines d'entre elles sont disposées en brabants doubles à âge tournant ; après avoir traversé l'écamoussure, l'âge se subdivise en deux ou en plusieurs branches parallèles, solide-

Fig. 69. — Brabant double à deux raies (Vve J. Bariat).

ment entretoisées pour éviter, autant que possible, les déformations ; sur chacune de ces branches sont montés des corps de brabants doubles, qui ne diffèrent en rien de ceux déjà décrits (fig. 68). La manœuvre des brabants doubles à plusieurs raies est la même que celle des brabants ordinaires ; le réglage des différents corps s'effectue comme pour les charrues simples.

Les brabants doubles à plusieurs raies, qu'on appelle à tort brabants polysocs, sont malheureusement lourds et ne peuvent être retournés qu'avec beaucoup de difficultés lorsque les corps sont nombreux ou de grandes dimensions ; au delà de trois raies, pour les labours ordinaires, et de quatre raies pour les déchaumages, la manœuvre devient tellement longue et pénible qu'il n'y a plus intérèt à employer ces machines exécutant le travail à plat.

Lorsqu'on veut ouvrir un plus grand nombre de raies à la fois et labourer néanmoins à plat, on emploie des *charrues multiples à retournement* ou, de préférence, des *charrues multiples du type balance*, qu'il est toujours facile de faire basculer (fig. 70). Mais l'inconvénient des charrues-balances à une seule raie, c'est-à-dire le manque de stabilité par talonnage insuffisant, est considérablement aggravé dans les charrues multiples, dont le poids est très élevé; de sorte que, même en faisant asseoir le conducteur au-dessus de la partie en travail, on ne corrige pas complètement la tendance qu'ont les corps à sortir du sol.

Fig. 70. — Charrue balance multiple (Fowler-Pilter).

Les constructeurs français et étrangers obligent les charrues multiples à talonner en déplaçant l'essieu de façon que le centre de gravité de la machine soit reporté franchement, par rapport à l'essieu, du côté des corps en travail. Ils réalisent ainsi des systèmes dits *antibalances*. Nous décrirons plus loin ces dispositifs, de même que les appareils de direction, à propos des charrues de défoncement.

Les charrues-balances multiples sont trop pesantes pour pouvoir être tirées par des attelages ; on ne les utilise qu'en culture mécanique.

Pour les travaux courants, les charrues multiples, bien réglées, sont d'un emploi avantageux ; la résistance qu'elles opposent est beaucoup plus constante que celle offerte par les charrues simples ; cela tient à ce que les résistances éprouvées par les différents corps ne varient pas de la même façon au même moment. Comme, d'autre part, le poids d'une charrue multiple est, proportionnellement, plus faible que celui d'une charrue simple, l'effort exigé par une machine à trois raies, par exemple, n'est pas le triple de l'effort qu'exigerait un des corps monté en charrue simple ; il est, au contraire, moins élevé.

Labours de défoncement.

Les labours de défoncement sont ceux dans lesquels on dépasse la profondeur atteinte par les labours simplement dits « profonds » ; il est difficile d'en donner une définition précise, mais, en règle générale, on pourra considérer comme des défoncements les labours de plus de 35 centimètres de profondeur ; on atteint fréquemment 50 ou 60 centimètres ; pour des plantations de vignes, on aurait, paraît-il, défoncé à plus de 80 centimètres ; mais ce chiffre semble un peu exagéré.

Pour défoncer un sol, on peut procéder de trois façons différentes : 1° faire passer une charrue de grandes dimensions, qui effectue l'opération d'un seul coup, en ramenant le sous-sol à la surface et en le mélangeant plus ou moins au sol ; — 2° commencer par donner un labour ordinaire, qu'on approfondit à l'aide d'une charrue, de forme un peu particulière, découpant le sous-sol et le ramenant au-dessus du sol ; — 3° donner un labour ordinaire, comme précédemment, et ameublir le sous-sol, au moyen de pièces spéciales, mais en le laissant en place, sans le ramener au niveau du sol.

Charrues effectuant le défoncement en une seule fois.

On peut les considérer, au point de vue de la classification, comme dérivées de la charrue de Vallerand ; nous les diviserons, pour plus de clarté, en *défonceuses ordinaires*, capables de labourer depuis 35 jusqu'à 45 centimètres, environ, de profondeur, et en *grandes défonceuses*, pouvant atteindre une profondeur supérieure.

Défonceuses ordinaires. — Parmi les défonceuses ordinaires, il convient de citer tout d'abord la machine imaginée

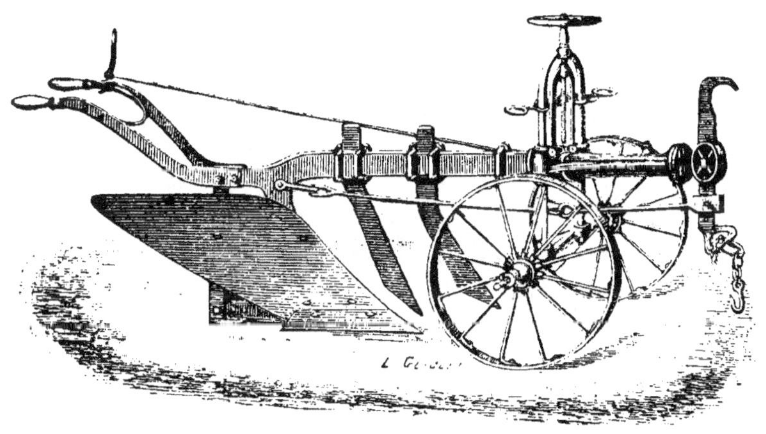

Fig. 71. — Brabant simple défonceur (A. Bajac).

par Vallerand en 1852 ; l'inventeur lui donna le nom de *Révolution*, dénomination qui a servi, pendant un certain temps, à caractériser les charrues construites d'après les mêmes principes. La défonceuse de Vallerand ne présentait, au fond, rien de bien particulier en dehors de ses grandes dimensions ; comme il fallait diminuer autant que possible l'effort de traction, Vallerand avait cherché à réduire au

minimum la largeur de la bande découpée et avait été conduit
à adopter une largeur égale à 1,3 fois, seulement, la profondeur; la forme du versoir se rapprochait du paraboloïde
hyperbolique préconisé par Jefferson. Enfin, pour donner à sa

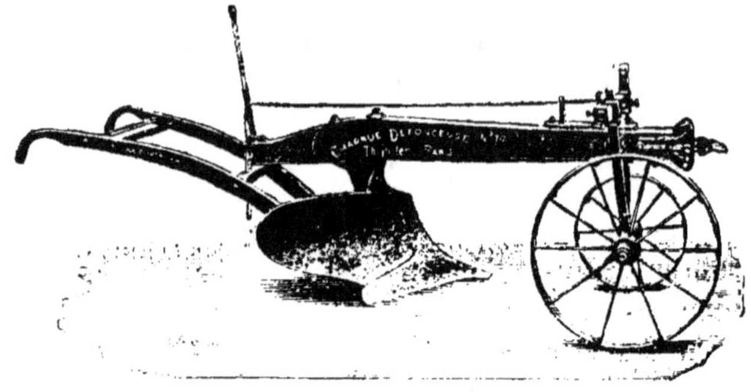

Fig. 72. — Défonceuse américaine (Oliver-Pilter).

charrue une grande stabilité, Vallerand l'avait montée en
brabant double. Avec douze bœufs et trois hommes, on défonçait
1 hectare par jour à 35 centimètres de profondeur. On
construit maintenant des défonceuses du même genre, mais
à un seul corps. On les monte en brabant simple (fig. 71),

Fig. 73. — Défonceuse à avant-train (Vernette).

avec support américain analogue à celui du brabant (fig. 72),
ou même avec avant-train ; dans ce dernier cas, l'âge est
quelquefois en deux pièces, avec raccord à douille analogue à
celui des charrues dites à âge court (fig. 73). Ajoutons que ces
défonceuses sont souvent pourvues d'un soc à pointe mobile et

de plusieurs coutres ; le versoir est, ordinairement, du type cylindrique.

Grandes défonceuses. — Les grandes défonceuses sont toutes, à l'heure actuelle, du type Vallerand ; elles sont mises en mouvement par des treuils à manège ou à moteur. Leurs versoirs ont très généralement la forme cylindrique, d'une fabrication plus facile et avantageuse, d'ailleurs, au point de vue de la résistance à la traction ; les socs sont fréquemment à pointe mobile. Les mancherons sont supprimés, un homme étant impuissant à diriger, par leur intermédiaire, de pareils instruments. On rapporte à l'arrière de l'âge un siège pour le conducteur, et ce dernier a à sa portée un volant ou un levier de direction. Les autres pièces travaillantes et les pièces de soutien ne présentent guère de particularités dignes d'être signalées ; elles sont simplement appropriées à l'intensité des efforts qu'elles ont à supporter.

Les grandes défonceuses sont montées tantôt en charrues simples, tantôt en charrues pour labours à plat.

Dans le premier cas, le type le plus généralement adopté est le brabant simple ; le support est à deux roues de diamètres inégaux, ce qui n'a pas d'inconvénient, puisque la charrue ne verse que d'un seul côté. L'âge peut être d'une seule pièce, ou formé de deux parties raccordées par une articulation ; le réglage en profondeur s'opère, dans le premier cas, à l'aide d'une vis de terrage et, dans le second cas, l'écamoussure étant fixe, en obliquant plus ou moins l'une des parties de l'âge par rapport à l'autre.

La direction de ces charrues s'obtient de deux façons différentes. Dans un premier groupe, le support de brabant comporte une cheville ouvrière au moyen de laquelle on peut obliquer à volonté l'essieu par rapport à l'âge ; le câble de traction est alors attaché directement à la charrue. Le conducteur, placé sur le siège, modifie la position de l'essieu soit à l'aide d'un levier rigide qui y est fixé par une de ses extrémités, soit à l'aide d'un volant qui commande une vis sans fin agissant sur un secteur denté solidaire de l'essieu (fig. 74) ; comme, dans ce dernier cas, la tige sur laquelle est monté le volant est oblique par rapport à l'axe de la vis, la transmission de mouvement a lieu par l'intermédiaire d'un joint de Cardan.

Fig. 74. — Défonceuse dirigeable par l'essieu de support (Vernette).

Dans un deuxième groupe de défonceuses, le câble est fixé à

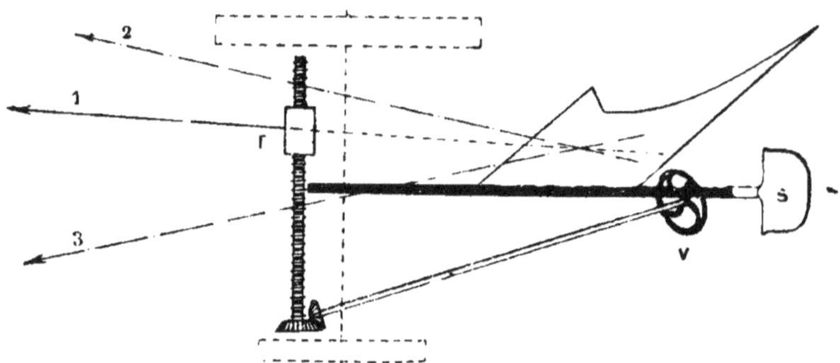

Fig. 75. — Principe de la direction d'une charrue défonceuse par déplacement
du crochet d'attelage.

s, siège ; v, volant de direction ; r, régulateur. — 1, 2, 3, diverses directions de
l'effort moteur.

un crochet dépendant d'un régulateur de largeur ; le volant

de direction actionne une vis qui déplace le crochet et modifie, par conséquent, le rivottage de la charrue (fig. 75 et 76).

Certains systèmes de défonceuses sont pourvus d'un support à deux roues verticales, comme les charrues-balances ; les roues peuvent être montées ou abaissées à l'aide de vis, de façon à prendre une position en rapport avec les dimensions du labour. La direction est assurée tantôt en obliquant l'essieu

Fig. 76. — Charrue de défoncement dirigeable par déplacement du crochet
d'attelage (H. Amiot).

tout entier à l'aide d'un levier ou d'un volant, tantôt en obliquant simplement les roues par rapport à l'essieu, qui reste fixe. Dans ce dernier cas, les fusées des roues sont guidées par des coulisses qui permettent d'opérer le réglage en profondeur en les déplaçant verticalement ; pour diriger la charrue, on fait pivoter les coulisses autour d'axes verticaux. A cet effet, chaque coulisse est munie d'une manivelle horizontale, et une bielle d'accouplement réunit les extrémités des deux manivelles, de sorte que, si l'on oblique l'une des roues vers la muraille ou en sens inverse, l'autre roue reçoit le même mouvement et reste parallèle à la première ; ce dispositif de direction est analogue à celui qui est employé, d'une manière courante, sur les voitures automobiles.

Le mécanisme de commande est toujours simple; il peut consister, par exemple, en un pignon actionné par le volant de direction et déplaçant une crémaillère solidaire de la bielle d'accouplement, ou bien encore en un secteur denté calé sur la pièce à coulisse et mû par une vis sans fin.

Lorsque les défonceuses ne versent que d'un seul côté, on se borne à les déterrer au bout de chaque raie, et on les ramène à vide vers l'autre extrémité du champ ; c'est généralement un animal âgé qui est utilisé pour ce travail peu pénible ; mais on peut employer aussi un câble de faible section, enroulé sur un tambour secondaire du treuil.

Fig. 77. — Charrue de défoncement à flèche (A. Bajac).

Comme la charrue est très lourde, il faut un mécanisme spécial pour effectuer ce déterrage. C'est ainsi qu'on adapte à l'étançon d'arrière un cric pourvu d'une roulette; une fois la charrue soulevée à l'aide du cric, la roulette facilite le transport jusqu'à l'origine de la raie suivante. On peut encore munir la charrue d'un système de relevage consistant en une roue montée sur la petite branche d'un levier coudé ; on attelle l'animal à l'extrémité de la grande branche, et, lorsqu'il tire, il déterre la charrue, le système fonctionnant de la même façon que celui décrit précédemment pour les charrues multiples. Enfin, dans certains modèles (fig. 77), une flèche terminée par un crochet est fixée obliquement à l'extrémité antérieure de l'âge ; à fin de raie, on débraye le treuil et on dévide quelques mètres de câble pour le faire passer dans le crochet de la flèche ; on embraye à nouveau le treuil, et, lorsque l'animal tire pour ramener la charrue en arrière, le câble, en se tendant, force le charrue à basculer et, par conséquent, à se déterrer; on abaisse alors une petite roue support qui la maintient soulevée (1). On peut aussi faire coulisser sur la flèche une lourde masse en fonte, qui, parvenue à l'extrémité de la flèche, équilibre, après déterrage, le poids du corps de charrue et maintient ce dernier au-dessus du sol pendant le retour à vide.

Défoncement à plat. Mécanismes antibalances. — Les grandes défonceuses pour labours à plat sont montées en charrues-balances. L'inconvénient que nous avons déjà signalé, c'est-à-dire le talonnement insuffisant, n'est pas entièrement compensé par la présence de l'ouvrier conducteur assis sur le siège qui correspond au corps en travail; on est obligé, dans bien des cas, de faire asseoir à l'arrière de la charrue un deuxième ouvrier, dont le poids s'ajoute à celui du conducteur et contribue à améliorer l'équilibre; cet ouvrier supplémentaire n'est d'ailleurs pas inutile, car il aide, tout au moins, à faire basculer la charrue à fin de raie. Certains constructeurs, cependant, ont employé des systèmes de montage très spéciaux, dans le but de supprimer l'ouvrier supplémentaire; ces systèmes sont appelés *antibalances.*

Ils sont destinés, en principe, à donner à l'âge et à l'essieu, l'un par rapport à l'autre, une certaine mobilité, de façon qu'en cours de travail le centre de gravité du système formé par l'âge coudé et les deux corps soit placé entre l'axe de l'essieu et le corps enrayé.

En Angleterre, l'essieu de la charrue est solidaire d'un cadre vertical dont la traverse inférieure est engagée dans une coulisse en forme de V, de même angle que l'âge coudé, mais placé la pointe en haut (fig. 78). La traction est appliquée par l'intermédiaire d'une double manivelle *mm'*, folle sur la traverse; en *m* sont attachés les deux câbles (*pulling rope* et *slack rope*), tandis qu'en *m'* viennent se terminer les tiges de traction. La double manivelle pivote de 180° autour de la traverse quand le câble inerte (*slack rope*) devient tracteur, et inversement; on voit qu'en même temps les chaines de

<hr>

(1) Au lieu de faire passer le câble sur la flèche, on se contente ordinairement de le soulever à l'aide d'une chaîne fixée au crochet de la flèche. On fait aussi, parfois, exercer directement l'action du treuil sur l'extrémité de la flèche.

traction deviennent alternativement lâches et tendues. Un pignon, fixé sur la manivelle et engrenant avec une crémail-

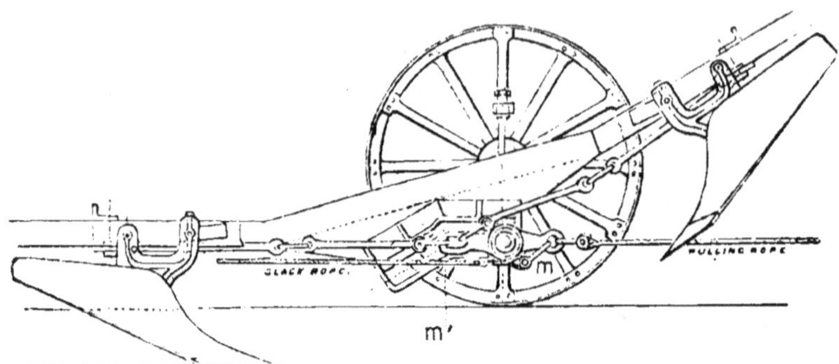

Fig. 78. — Mécanisme antibalance pour charrue-bascule (Fowler-Pilter).

lère dépendant de la coulisse (non figurés sur le dessin), force la traverse et, par suite, le cadre et les roues, à se déplacer, jusqu'à l'extrémité opposée de la coulisse, quand la manivelle tourne.

On a adopté, en France, un dispositif différent (fig. 79).

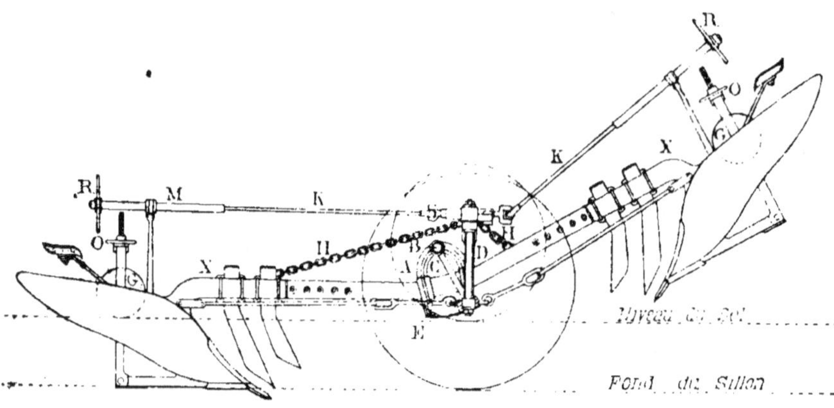

Fig. 79. — Mécanisme antibalance pour charrue de défoncement à plat (A. Bajac).

L'âge coudé **X** est suspendu, par l'intermédiaire d'arcades **A**, à un axe d'oscillation, **B**, reposant sur l'extrémité des bielles **C**, qui sont elles-mêmes mobiles sur des tourillons placés à la partie inférieure d'une chaise **D**, dont dépendent les roues. Des butées **E** limitent, par leur rencontre avec la chaise **D**, la

course des bielles C ; les deux chaînes H, dont l'une se trouve
toujours tendue par le mouvement de bascule, empêchent la
chaise D de tomber en avant, en même temps que les
butées E la maintiennent en arrière ; la verticalité de la chaise
se trouve ainsi assurée. On voit, en outre, sur la figure, les
tringles de direction K, actionnées par les volants R et coulissant dans les manchons M lors du mouvement de bascule ;
en G sont les galets assurant la régularité de la profondeur
et réglables au moyen des vis O.

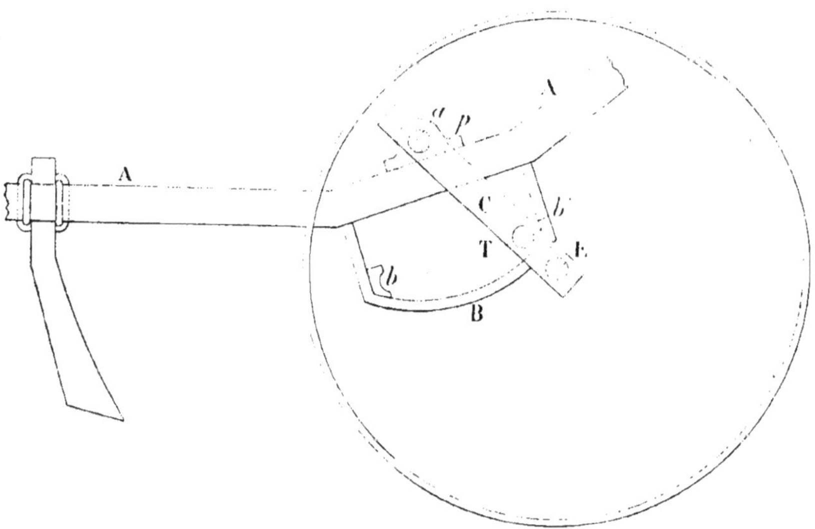

Fig. 80. — Mécanisme antibalance simplifié (A. Bajac).

Ce système d'antibalance est employé surtout pour les
défonceuses de très grandes dimensions ; dans les modèles un
peu plus petits, on fait simplement pivoter la traverse supérieure *a* de la chaise C (fig. 80) dans des paliers *p* fixés à
l'âge A de la charrue ; les butées *b* et *b'*, sur lesquelles s'appuie
la traverse T, fixée également sur la chaise C, limitent le
déplacement de l'essieu E par rapport à la machine. La
chaise C est donc oblique en travail ; pour rendre plus facile
le transport sur routes, on transforme la charrue en bascule
ordinaire, en fixant la traverse T au milieu de l'arc B, avec
une bride et deux boulons.

Charrues effectuant le défoncement en deux fois.

Principe. — Types Bonnet et Morton. — Un maître-valet des environs d'Aix en Provence, nommé Bonnet, eut l'idée, pour exécuter les labours profonds qu'exigeait la culture de la garance, d'approfondir simplement la raie ouverte par une charrue ordinaire, au lieu de défoncer d'un seul coup à l'aide d'une charrue du type Vallerand ; cette dernière ne

Fig. 81. — Charrue défonceuse de Bonnet.

pouvait, en effet, fonctionner qu'avec un attelage très puissant, souvent difficile à conduire, ou même à se procurer. La charrue Bonnet (fig. 81), qui a été employée pour la création des vignobles, soulève d'abord la bande secondaire jusqu'au niveau de l'ancienne jauge, puis la rejette sur la bande primaire déjà renversée.

Aussi la partie antérieure du versoir, qui se raccorde avec le soc, est-elle à peu de chose près un plan incliné ; la partie postérieure sert seule au retournement. Cette charrue a joui d'une grande vogue.

Elle présentait cependant plusieurs inconvénients : la conduite en était assez pénible ; de plus, la défonceuse proprement dite ne pouvait approfondir que la moitié, environ, de la superficie travaillée, dans le même temps, par la charrue ordinaire, bien que son attelage fût plus puissant.

On songea alors à réunir les deux charrues, ordinaire et défonceuse, sur le même âge, disposition que l'Anglais Morton avait déjà employée, au début du xixe siècle, pour l'exécution des labours profonds (0[m],30 environ). Telle fut la défonceuse de Bella, qui ne se répandit pas à cause d'une grande difficulté de conduite, résultant de son montage en araire.

Charrues dérivées du type Morton. — Les défonceuses

Fig. 82. — Charrue dérivée du type Morton, montée à avant-train (R. Sack-Faul).

du type Bonnet, et surtout du type Morton, n'ont eu qu'un succès éphémère. Le principe sur lequel elles reposaient a été repris, cependant, dans l'Europe centrale, et même, tout récemment, en France ; on l'a appliqué aux charrues pour labours ordinaires. Ces charrues, montées sur avant-train (fig. 82) ou en brabants doubles (fig. 83), sont du type Morton et exécutent la raie en deux fois, à l'aide d'un pre-

Fig. 83. — Charrue dérivée du type Morton, montée en brabant double (Belbéoc'h).

mier corps (appellé quelquefois, mais à tort, rasette), qui découpe une raie dont la largeur est celle du labour définitif, mais dont la profondeur est moitié moindre. Le deuxième corps achève le labour. Les deux corps sont à versoirs cylindriques. Le soc du deuxième corps est plus large que celui du premier; il a, en effet, à découper entièrement la bande, puisque celle-ci doit être soulevée au niveau de la première avant d'être renversée. On se rend compte du montage des deux corps en examinant le profil 3 de la figure 15.

Cette disposition particulière offre, dans certains cas, un réel avantage : elle permet de réaliser une économie de travail mécanique. M. Ringelmann, admettant, avec le professeur Resek (de Vienne), que la charrue travaille à la façon d'un rabot et enlève des copeaux de terre, explique cette économie par ce fait que la bande de terre subit un effort de flexion; or la résistance à la flexion varie comme le carré de l'épaisseur. Si, par suite, on considère deux raies de mêmes dimensions, ouvertes, dans un même sol, l'une en deux fois, l'autre en une fois, les résistances occasionnées par le travail de flexion seront :

$$\text{dans le 1}^{\text{er}}\text{ cas : } m\,\frac{h^2}{4} + m\,\frac{h^2}{4} = m\,\frac{h^2}{2}$$

$$\text{dans le 2}^{\text{me}}\text{ cas : } mh^2.$$

La résistance, de ce chef, serait donc deux fois plus faible avec deux corps de charrues qu'avec un seul. On constate réellement une diminution de résistance dans les terres fortes, et surtout lorsqu'on dépasse la profondeur des labours ordinaires. Les constructeurs devraient donc appliquer le principe Bonnet-Morton aux grandes défonceuses qu'ils continuent, probablement à tort, à fabriquer d'après le type Vallerand. Cette modification serait même d'autant plus intéressante qu'elle permettrait de réduire la largeur du labour de défoncement, puisque, les deux demi-bandes ayant une épaisseur de moitié plus faible que l'épaisseur totale, la largeur commune correspondant à un bon renversement peut être bien plus faible que si la bande avait l'épaisseur totale. En adoptant les proportions minima indiquées par M. Ringelmann :

$$l = 0,75\,p \qquad \text{ou} \qquad p = 1,33\,l,$$

on voit que, pour un défoncement à 0^{m},60, il faudrait une largeur de 0^{m},78 avec une charrue Vallerand et de 0^{m},45, seulement, avec une charrue du type Bonnet-Morton. En réduisant ainsi la section travaillée, on pourrait diminuer de près de moitié l'effort de traction nécessaire.

Charrues dérivées du type Bonnet. — Nous pouvons rapprocher des charrues Bonnet certains types de brabants doubles, qualifiés de *défonceurs*, dans lesquels l'un des corps est de forme et de dimensions ordinaires, l'autre corps étant spécialement destiné à approfondir, au retour, la raie tracée à l'aller par le premier corps (fig. 84). Le versoir du corps

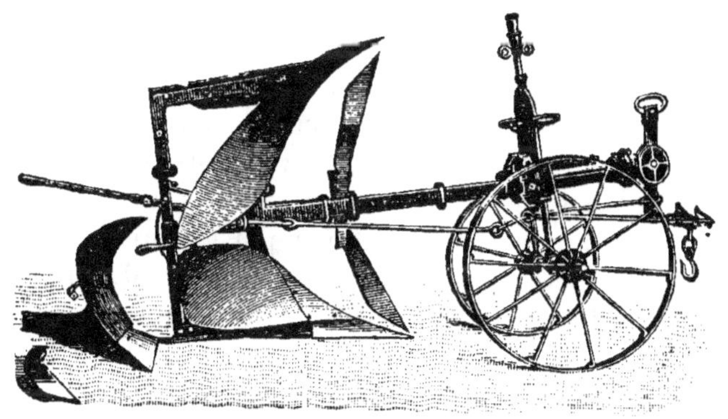

Fig. 84. — Brabant défonceur (A. Bajac).

défonceur dérive de celui de Bonnet ; le support est le même que celui des brabants déjà décrits, sauf que ses roues sont d'inégal diamètre, disposition justifiée par la différence de profondeur des jauges sur lesquelles elles doivent appuyer, à l'aller et au retour.

Ameublissement du sous-sol en place.

SOUS-SOLEUSES ET FOUILLEUSES.

Cette façon culturale est obtenue au moyen de pièces métalliques de formes variables, ayant pour effet d'ameublir le sous-sol en le fendillant et en le soulevant un peu, mais sans le ramener à la surface et sans le retourner. Les pièces travaillantes de sous-soleuses et de fouilleuses ont généralement une forme dérivée de celle des socs des charrues primitives, en fer de lance ou en feuille de laurier ; elles sont alors supportées par des étançons robustes. Mais on trouve aussi des pièces construites dans le même but et formées soit par l'étançon lui-même, plus ou moins recourbé à sa base, soit par des sortes de griffes métalliques.

Ces pièces ne travaillent que dans une raie préalablement ouverte par la charrue. Lorsqu'elles sont montées sur un bâti spécial, indépendant de la charrue, la machine est une fouilleuse ou une sous-soleuse proprement dite ; si elles sont adaptées aux pièces de soutien de la charrue, celle-ci prend le nom de charrue sous-soleuse ou *charrue fouilleuse*.

On peut ameublir le sous-sol soit avec une seule pièce, de dimensions suffisantes pour exécuter le travail désiré sur toute la largeur de la raie, soit avec plusieurs pièces plus petites, séparées les unes des autres par un intervalle de quelques centimètres. Pour donner plus de précision à notre exposé, nous adopterons la classification de M. Ringelmann et nous appellerons *sous-soleuses* les machines qui ne comportent qu'*une seule* pièce ; les *fouilleuses* seront, par contre, les machines composées de plusieurs pièces.

Sous-soleuses. — Les sous-soleuses sont employées, de préférence, dans les terrains pierreux ; on les appelle encore quelquefois *charrues-taupes*, par analogie avec les anciennes charrues-taupes qui ont joui, autrefois, d'une certaine célébrité (fig. 85). Aujourd'hui, les sous-soleuses peuvent être considérées comme des charrues sans versoirs (fig. 86) ; la pièce travaillante, plus ou moins large et bombée suivant la nature du sol, est fixée à l'extrémité du sep. Dans certaines machines, cette pièce est munie d'une pointe mobile, identique à celle que nous avons décrite à propos des socs de charrue (fig. 86) ; c'est une bonne disposition, car l'usure est rapide, et il faut pouvoir y remédier facilement. La pièce travaillante est reliée à l'âge par un ou deux étançons ; ce mode de montage doit être très solide, pour qu'il puisse résister efficacement aux efforts très élevés supportés par la machine. Mais il faut éviter, cependant, de donner aux étançons une grande largeur, car, lors des oscillations latérales provoquées par les déviations de l'attelage, la pièce aurait les mêmes défauts que si elle était très épaisse (Voy. *Coutres circulaires à montage rigide*). La tranche antérieure de l'étançon doit être taillée en biseau, pour faciliter le dégorgement latéral de la terre ; cette disposition est d'autant plus avantageuse que l'étançon est plus épais.

Fig. 85. — Charrue-taupe (sous-soleuse).

Fouilleuses. — Les fouilleuses comportent ordinairement trois pièces montées sur un âge ordinaire ou sur un bâti en forme de V ou d'U allongé ; on répartit ces pièces sur le bâti de façon à écarter le plus possible celles qui doivent tracer

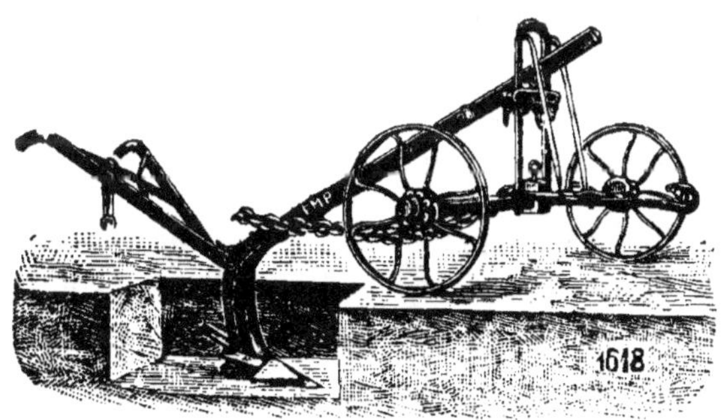

Fig. 86. — Sous-soleuse pourvue d'un avant-train (Eckert).

deux raies voisines, afin de laisser aux obstacles un espace suffisant pour se dérober à l'action des dents. Il faut préférer les machines dans lesquelles les pièces travaillantes proprement dites sont simplement rapportées à l'extrémité d'un manche-étançon, parce que les réparations sont bien plus faciles, en particulier celle qui consiste à remplacer une pointe hors d'usage ; si, au contraire, la pointe et le manche sont d'un seul morceau, il faut mettre le tout au rebut quand l'extrémité est usée.

Supports de sous-soleuses et de fouilleuses. — Les sous-soleuses et les fouilleuses sont des machines dont la conduite n'est pas exempte de difficultés. Cela tient à ce que l'effort de traction ne peut pas être dirigé suivant l'âge ou suivant l'axe du bâti, ni, par conséquent, opposé à la résistance ; la machine tend donc constamment à tourner, et le conducteur

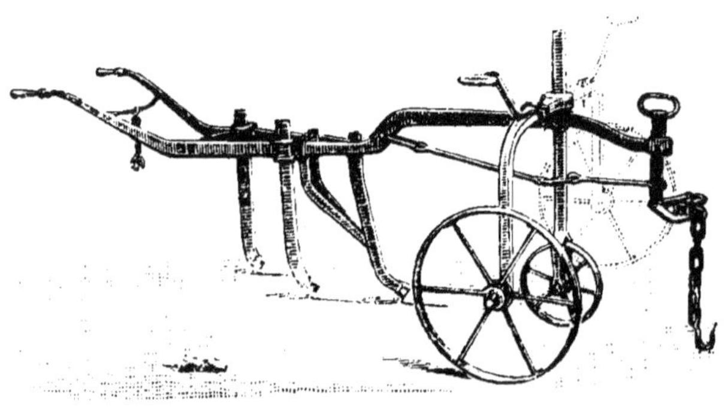

Fig. 87. — Fouilleuse pourvue d'un support tournant (A. Bajac).

doit, pour l'en empêcher, exercer un effort assez considérable. Aussi les fouilleuses et les sous-soleuses doivent-elles être pourvues d'un support qui leur assure, tout au moins, une grande stabilité verticale. Ce support est ordinairement composé d'une ou de deux roues verticales de petit diamètre. Avec une seule roue, la stabilité est insuffisante ; avec deux roues, elle est meilleure, mais il faut encore que ces deux roues soient suffisamment écartées. Il serait donc bon d'employer des supports à deux roues, dont l'une porterait sur le guéret et dont l'autre roulerait dans le fond de la raie, de préférence obliquement. Lorsque la machine doit suivre une charrue pour labourer à plat, la difficulté d'établissement du support augmente. Un constructeur français a résolu cette difficulté par l'emploi d'un support à deux roues dans lequel la grande

roue peut pivoter autour d'un axe vertical et être placée
alternativement à droite et à gauche de l'âge ; un encliquetage
la maintient dans chacune de ces deux positions (fig. 87).

*Montage des pièces de sous-soleuses ou de fouilleuses
sur les charrues ordinaires.* — On désigne sous les noms
de *charrues sous-soleuses* et *charrues fouilleuses* des charrues
auxquelles on adjoint une ou plusieurs pièces destinées à
ameublir le sous-sol de la raie qui vient d'être ouverte ; les
machines peuvent ainsi être remorquées par un seul attelage
et dirigées par un seul conducteur, disposition avantageuse

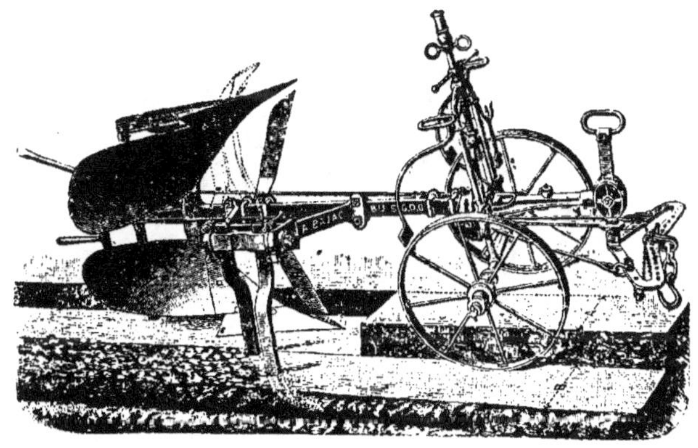

Fig. 88. — Brabant double pourvu de griffes fouilleuses montées en avant des corps
de charrue (A. Bajac).

pour la petite et la moyenne culture. L'adjonction se fait sur
tous les types de charrues, pour les labours en planches
comme pour les labours à plat.

Les pièces sous-soleuses ou fouilleuses sont placées, soit en
avant (fig. 88), soit en arrière du versoir (fig. 89) ; elles sont
reliées à la charrue tantôt par un montage rigide, tantôt par
une articulation. L'inconvénient du montage rigide est
d'obliger le laboureur à soulever beaucoup la charrue pour
déterrer les pièces fouilleuses, à fin de raie, surtout lorsqu'elles
sont en avant du versoir ; cette manœuvre est assez pénible
lorsqu'il s'agit de brabants doubles, dont le poids est toujours
élevé. C'est d'ailleurs pour éviter cette fatigue à l'homme
qu'on a songé à articuler les pièces fouilleuses. L'ouvrier peut

alors déterrer les griffes avant de sortir la charrue de raie ; mais, comme ces pièces sont soumises à des efforts considérables, les articulations sont très vite disloquées, et ce dispositif, séduisant à première vue, doit être abandonné.

Les pièces sous-soleuses ou fouilleuses peuvent être disposées de façon à ameublir soit la raie en cours d'exécution, soit la raie précédemment tracée. Dans le premier cas, elles sont placées en arrière du versoir, et, dans le second, elles sont placées en avant ; on comprend aisément que, s'il en était

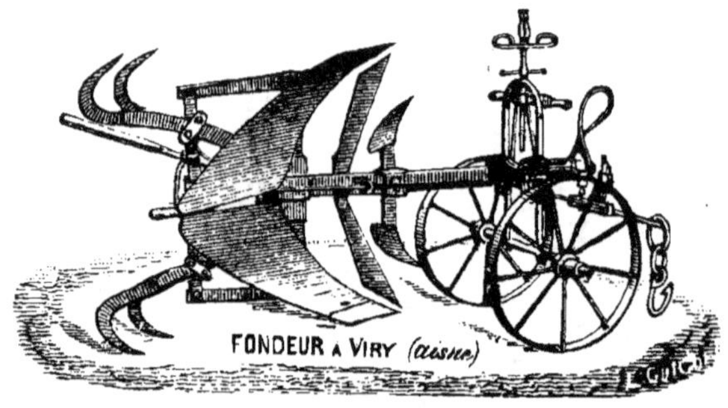

Fig. 89. — Brabant double pourvu de griffes fouilleuses montées à l'arrière des corps de charrue (Letroteur).

autrement, les étançons devraient traverser toute la masse de terre rabattue par le versoir.

Lorsque les griffes sont placées à l'arrière de la charrue, l'un des animaux, au cours de l'exécution de la raie suivante, piétine le sous-sol qu'on vient de fouiller. C'est pour éviter cet inconvénient qu'on fixe les pièces à l'avant du corps, de façon qu'elles agissent dans la raie précédemment ouverte. La résistance qu'elles éprouvent étant considérable, on ne peut donner à l'assemblage des griffes sur l'âge la rigidité nécessaire qu'en employant des fers de fort échantillon, ce qui alourdit la machine. L'inconvénient signalé ci-dessus n'est, du reste, pas aussi grave qu'on le croit communément, le piétinement par l'animal ne tasse pas, en effet, le sous-sol d'une manière suffisante pour diminuer l'efficacité de la façon culturale.

On donne plus spécialement le nom de *brabants fouilleurs* à des machines, montées en brabants doubles, dans lesquelles un des corps est remplacé par des griffes fouilleuses fixées sur étançons (fig. 90) ; on fouille ainsi, au retour, la raie qu'on a ouverte à l'aller. L'étendue travaillée journellement n'est que la moitié de celle qu'on labourerait avec un brabant ordinaire ; mais on peut exécuter le défoncement sans augmenter le

Fig. 90. — Brabant fouilleur (H. Amiot).

nombre d'animaux, à la condition de régler l'entrure du corps fouilleur de façon que l'effort de traction soit le même que pour le corps de charrue. Ces machines sont donc, comme les brabants défonceurs, intéressantes pour la petite culture. D'une façon générale, d'ailleurs, s'il faut plus d'animaux pour effectuer les sous-solages ou fouillages que pour accomplir les labours, il vaut mieux renoncer à ameublir le sous-sol à l'aide d'une machine ordinaire, car l'opération ne serait plus économique.

Labourage des plantations arbustives.

CHARRUES VIGNERONNES.

Les vignobles, les pépinières, diverses cultures d'oasis, etc., doivent recevoir, à des époques déterminées, des façons cultu-

rales spéciales ; certaines d'entre elles, comme le *déchaussement*
et le *rechaussement*, peuvent être exécutées à l'aide de charrues
particulières qu'on englobe dans la dénomination générale de
charrues vigneronnes.

Lors du déchaussement, on fait passer la charrue aussi
près que possible de la ligne d'arbustes, en évitant, néanmoins, de détériorer les plants ; il reste ainsi une *banquette*
ou *cavaillon*, de 40 centimètres de largeur environ, qu'on travaille à main (1). Le plan des étançons doit donc passer à
20 centimètres de la ligne des plants ; l'animal tracteur ne

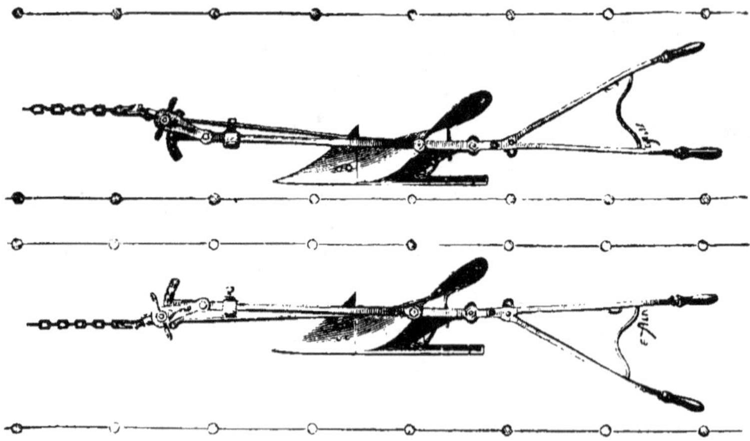

Fig. 91. — Vue en plan d'une charrue vigneronne disposée, en haut pour déchausser, en bas pour rechausser.

pouvant pas marcher à une aussi faible distance des arbustes,
la charrue a toujours tendance à dévier en s'en éloignant, et
le conducteur doit agir sur les mancherons pour la maintenir
en direction. Les charrues vigneronnes sont donc, comme les
fouilleuses, et pour une raison analogue, des machines dont
l'équilibre est défectueux et dont la conduite est relativement pénible ; il convient cependant d'ajouter que l'instabilité

____

(1) On construit des charrues dites *décavaillonneuses* pour ameublir la banquette ; nous ne pensons pas pouvoir en recommander l'emploi, parce qu'il nous
paraît bien difficile de ne pas abîmer les racines en travaillant le cavaillon autrement qu'à la main.

est moins grande quand la machine est disposée pour le rechaussement.

On employait autrefois deux corps de charrue distincts pour effectuer le déchaussement et le rechaussement ; on les adaptait à un âge plus ou moins cintré, appelé, dans certaines régions, *cabat*, *courbe*, etc. Ce genre d'appareils est encore en usage, mais on préfère aujourd'hui n'avoir qu'un seul corps de charrue ; les étançons et le manche du coutre (quand ce dernier existe) sont courbés, de façon à reporter le plan de la muraille en dehors de l'âge, pour pouvoir passer plus près des plants (fig. 91). Les mancherons sont mobiles et peuvent être obliqués du côté du versoir, pour le déchaussement, ou du côté des étançons, pour le rechaussement ; les poignées des mancherons doivent toujours être pourvues de gardes protégeant les mains du conducteur contre le frottement des branches.

Certains types de charrues vigneronnes ont le corps relié à l'âge par des boulons engagés dans des coulisses, de sorte qu'on peut déplacer le corps de charrue par rapport à l'âge et disposer facilement la machine pour déchausser ou pour rechausser ; c'est de tous points recommandable.

Fig. 92. — Araire vigneron vu de l'avant (Southbend-Duncan).

Les charrues vigneronnes sont montées en araires (fig. 92), ou en charrues à support ; il vaut mieux employer un support, puisque la machine est peu stable par elle-même. Ce support est constitué tantôt par un âge long (flèche ou brancard) (fig. 93 et 94), tantôt par une roue verticale ; la roue devrait pouvoir être reportée franchement à droite ou à gauche de l'âge, comme cela a d'ailleurs été fait dans certaines machines, pour compenser en partie le défaut d'équilibre de la charrue. Quelle que soit, d'ailleurs, la position, la roulette est insuffisante pour assurer à elle seule le réglage en profondeur ; il n'y a donc pas lieu de supprimer, comme on le fait si souvent, le régulateur de traction, car alors on n'obtient un

Fig. 93. — Charrue vigneronne à brancards de l'Agenais. On aperçoit à gauche, contre le mancheron, la canne-crochet sur laquelle s'appuie le laboureur (Phot. de M. H. Hitier).

réglage suffisant à l'aide de la roulette qu'au prix d'une augmentation notable de la résistance opposée par la machine.

Labours de buttage.

BUTTOIRS.

Cette façon culturale s'exécute au moyen de charrues spéciales, appelées *buttoirs*. Ce sont des machines symétriques, c'est-à-dire qu'au soc, dont la forme se rapproche du fer de lance des anciennes charrues, sont raccordés deux versoirs placés symétriquement de chaque côté de l'âge; le coutre manque généralement. Les versoirs sont à expansion et peuvent être plus ou moins écartés de l'âge (fig. 95 et 96), pour faire varier la largeur du sillon ouvert, dispositif qui, sans être recommandable, présente moins d'inconvénients que dans les charrues ordinaires, car le buttoir ne fonctionne que dans des sols préalablement ameublis. Ces machines travaillent entre deux rangées de plantes et rejettent la terre à

Fig. 94. — Charrue vigneronne, composée d'un corps métallique à âge court relié
à des brancards. Ces brancards sont pourvus de plusieurs trous d'assemblage permettant de disposer la charrue pour déchausser, rechausser ou pour effectuer un
labour ordinaire (Phot. de M. Hitier).

droite et à gauche, de sorte qu'on ne butte entièrement une
ligne qu'en deux fois.

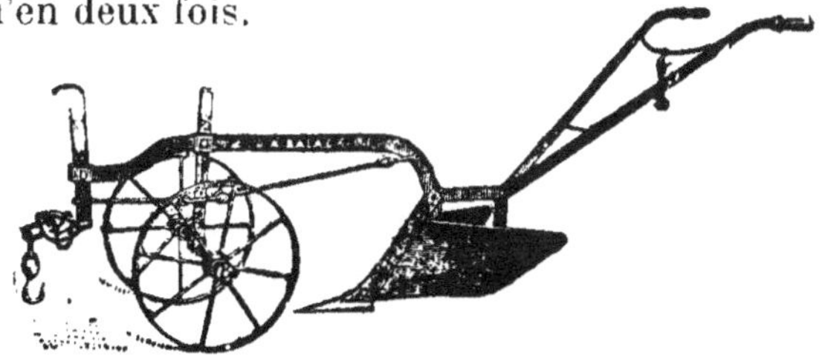

Fig. 95. — Buttoir (A. Bajac).

Les buttoirs étaient très employés lorsqu'on cultivait
les betteraves sur billons; on construisait alors des buttoirs

multiples formés de plusieurs corps montés, à l'intervalle
nécessaire, sur une même traverse. Dans le but de travailler
chaque rang de plantes d'un seul coup, on a proposé des
buttoirs formés de deux corps de charrue ordinaires reliés à
l'âge par des étançons courbes, de façon que les deux versoirs rejetassent la terre du côté de l'âge. Ce procédé de
fabrication n'aurait vraisemblablement d'intérêt que dans le
cas où il faudrait deux animaux pour effectuer l'opération ; on

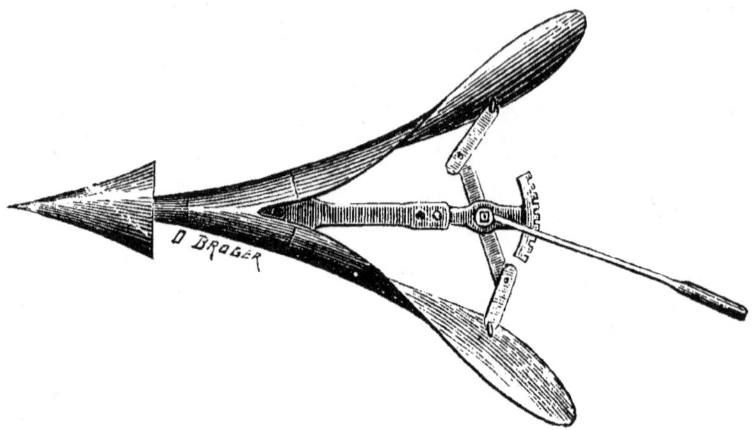

Fig. 96. — Vue en plan d'un corps de buttoir à expansion (Souchu-Pinet).

pourrait les faire marcher chacun entre deux lignes sans
risquer de détériorer les plants.

Pour le travail courant, on ne fait pas usage du régulateur
de largeur ; ce régulateur ne sert que lorsqu'on veut faire
marcher le buttoir en biais, par exemple lorsque l'écartement
des lignes est un peu trop grand par rapport à la largeur
maxima que peut travailler la machine. Beaucoup de buttoirs en sont dépourvus.

Exécution des rigoles d'assainissement
et d'irrigation.

On peut évacuer les eaux superficielles surabondantes en
traçant des rigoles d'assainissement avec une charrue ordinaire ou avec un buttoir. Il y a lieu d'éparpiller la terre
rejetée latéralement par l'instrument. et qui, sans cette

précaution, formerait une petite digue empêchant l'eau d'arriver jusqu'à la rigole. Lorsqu'on se sert d'un buttoir, il est bon de lui adjoindre un *rabot de raie*, simple cadre triangulaire en bois attaché à l'arrière du buttoir, dont les deux côtés latéraux nivellent les bords de la rigole (fig. 97).

Il faut plus de soins pour tracer les rigoles d'irrigation, dont

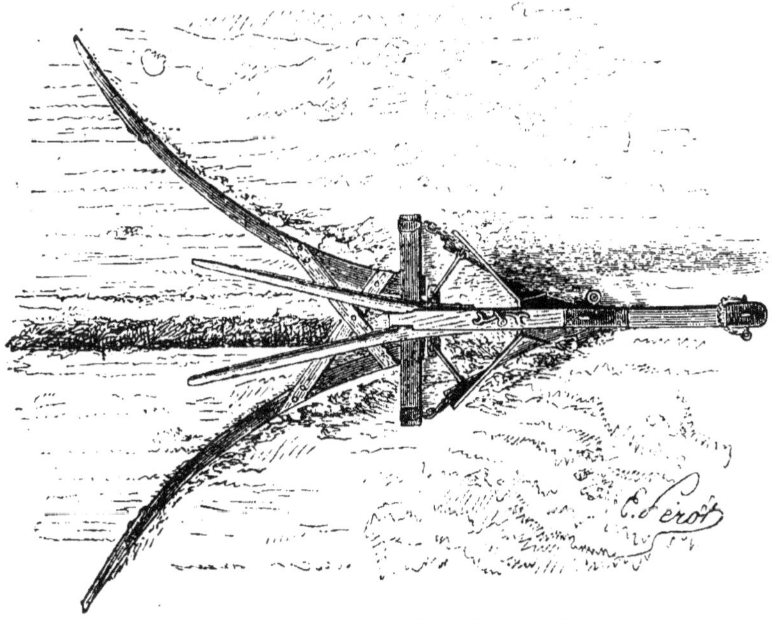

Fig. 97. — Buttoir suivi d'un rabot de raie.

la section doit être très régulière; on fait alors usage de charrues spéciales, dites *rigoleuses*. Ces charrues ont généralement deux coutres, écartés de la quantité convenable, et dont les manches sont plus ou moins courbés, de façon à donner aux parois latérales de la rigole l'inclinaison désirée. Dans les rigoleuses les plus simples, on n'adjoint à ces coutres qu'un soc, qui sectionne horizontalement le sol; on doit donc enlever le déblai à la houe. Si l'on veut exécuter le travail entièrement avec la charrue, on ajoute un versoir dont la forme rappelle un peu celle du versoir de la défonceuse Bonnet, c'est-à-dire d'abord à peu près plan dans sa partie antérieure, pour soulever la terre au-dessus du niveau du sol, puis courbé pour rejeter latéralement le déblai (fig. 98). Un versoir ordinaire ne conviendrait pas pour ce travail spécial, car il dégraderait les parois. On a construit en Angleterre et en France des rigoleuses à socs cylindriques, donnant à la rigole un profil circulaire ou elliptique; la terre était généralement rejetée

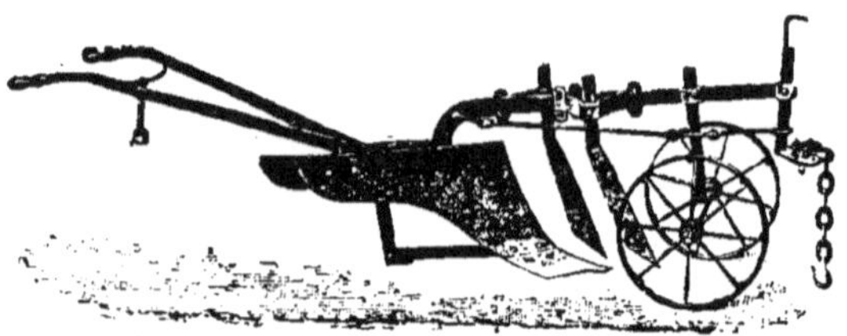

Fig. 98. — Charrue rigoleuse (A. Bajac).

des deux côtés au moyen de deux versoirs, de sorte que ces machines avaient l'aspect de buttoirs.

Les rigoles doivent suivre une direction bien déterminée, qui dépend de la configuration du sol; il faut donc que la charrue rigoleuse obéisse très facilement à l'ouvrier chargé de la diriger. Aussi y a-t-il avantage à la pourvoir d'un avant-train ou d'un support du même genre que celui de certaines défonceuses, c'est-à-dire à cheville ouvrière et gouvernail.

Travaux spéciaux.

On a construit quelques types de charrues destinées à effectuer des travaux de nature particulière.

Fig. 99. — Principe d'une déboiseuse (Amiot).

Déboisement. — Ainsi, pour les défrichements de bois, on a employé de fortes charrues, dites *déboiseuses* (fig. 99), qui ne diffèrent des charrues ordinaires que par l'addition d'un

Fig. 100. — Charrue fossoyeuse (Fowler-Pilter).

grand nombre de coutres pénétrant successivement à des profondeurs croissantes. On espérait qu'en rencontrant les souches ces coutres pourraient les entailler peu à peu et les couper complètement ; cela n'a pas lieu en pratique.

Exécution des fossés. — Pour creuser des fossés, on fait usage des *fossoyeuses* ou rigoleuses de grandes dimensions, à deux versoirs, montées comme des fortes défonceuses et actionnées, comme elles, par un treuil (fig. 100).

Machines diverses. — On a construit également des charrues *draineuses* pour l'exécution des tranchées et la pose des drains ; des charrues *sulfureuses*, pour le traitement par le sulfure de carbone ; des charrues pour la pose des fils ou câbles télégraphiques enterrés, etc.

Étude dynamique des charrues.

Nous reproduisons ci-dessous un certain nombre des résultats obtenus par M. Ringelmann dans ses expériences sur les charrues (1). Ils permettent de se rendre compte de l'influence des différents facteurs qui font varier l'effort nécessaire pour actionner les différents instruments que nous venons d'étudier.

Nous citerons, en premier lieu, les essais effectués au Plessis, près Châteauroux, à l'occasion du centenaire de la Société d'Agriculture de l'Indre (1901) ; ces essais sont, en effet, extrêmement intéressants en raison du grand nombre des machines sur lesquelles ils ont porté et qui ont fonctionné dans des conditions comparables.

Le domaine du Plessis est situé en Brenne. Le sol, appartenant au miocène, est constitué, en grande partie, par de la silice (86,0 à 92,6 p. 100), mélangée à de l'argile en faible porportion (2,9 à 10,7 p. 100). Les densités, mesurées par la méthode du flacon, sont respectivement, pour les deux natures de terre dans lesquelles chaque machine a fonctionné, de 2,038 et 1,990.

Le tableau n° 7 (Voy. p. 142 et 143) résume les principales expériences effectuées au Plessis.

(1) Tous les renseignements que nous donnons dans cette étude dynamique des charrues sont tirés soit des ouvrages et rapports de M. Ringelmann (notamment : *Travaux et machines pour la mise en culture des terres*, et *Rapport sur les essais du Plessis*, à l'occasion du centenaire de la Société d'agriculture de l'Indre, 1901), soit encore des tableaux d'enseignement du Cours de Génie Rural professé à l'Institut national agronomique par M. Ringelmann.

Si nous e
et si, d'autre
cement i
plusieurs

Tout d'a
figurant dai
on voit que
décimet

ces résultats à différents points de vue,
s les rapprochons de résulats antérieu-
M. Ringelmann, nous pouvons faire
intéressantes
n compare les trois premières charrues
au avec une bonne machine actuelle,
s mêmes conditions, la traction par
vail nécessite les efforts suivants :

TRACTION

	absolue. kilogr.	relative. kilogr.
	48.16	1,00
Charr	59,36	1,23
V	104,18	2,12
	165,20	3,43

Il faut
de trois fo
a un siècl
forme me

L'influen
d'un grand
même temp
tableau n

En résum
des densité
100 à 116,
Plessis .

Le poid
de traction
gnés dans
également

Des essai
qu'une aut
moyenne,
tation de tr

Le tableau
forme des p

er, pour la traction d'une charrue, près
e moins d'énergie aujourd'hui qu'il y
conomie est principalement due à la
ièces travaillantes.
ensité de la terre ressort manifestement
d'essais : l'effort de traction croît en
la densité, comme le prouve le
143.
rts de traction passent de 100 à 125 pour
de 1,99 à 2,00 (Grand-Jouan) et de
es densités variant de 1,99 à 2,03 (Le

arrue influe beaucoup aussi sur l'effort
n témoignent les résultats d'essais consi-
n° 9 (Voy. p. 144) et comme on l'a vérifié,
du Plessis.
Grand-Jouan à la même époque montrent
n de poids de 10 p. 100 produit, en
êmes pièces travaillantes, une augmen-
2,35 p. 100.
oy. p. 145) fait ressortir l'influence de la
aillantes.

Tableau n° 7. — *Étude dynamique des charrues. Essais du Plessis (1901)*
(M. RINGELMANN).

NUMÉROS.	CHARRUES.	POIDS kil.	PROFONDEUR en centimètres. Variations.	Moyenne.	LARGEUR en centimètres. Variations.	Moyenne.	SECTION en dmq.	TRACTION totale (kil.).	TRACTION moyenne par dmq. de terre de densité : 2,03	1,99
	A une raie :									
1	Très vieille charrue (queue d'ajace)	21	»	11,0	»	22,0	1,21	200	165,20	»
2	Très vieille charrue (ariau)	42	17 à 18	17,7	30 à 34	32,0	3,72	387,6 369,0	104,18	99,18
3	Charrue de la Châtre	113	19,5 à 22,5	21,2	27 à 36	32,1	6,81	404,3 373,0	59,36	54,84
4	Fraudet	127	19 à 21	20,2	30 à 24	27,0	5,45	325,0 303,7	59,65	55,72
5	Letroteur	127	19 à 22	20,0	29 à 26	27,3	5,46	328,3 294,4	60,13	53,91
6	Duncan	84,5	17,5 à 22,3 16 à 19 22 à 23,7	19,5 17,5 22,4	23 à 28,5 26 à 29,5 26 à 29	26,4 27,7 27,7	5,15 4,85 6,20	297,0 287,7 305,7	54,36	49,30
7	Faul (8 S N)	103	14 à 22,3 16,2 à 21,4 » »	18,22 18,96 18,22 18,96	28 à 31 31,5 à 29,5 » »	30,3 30,0 30,3 30,0	5,52 5,69 5,52 5,69	286,4 288,4 245,7 230,4	51,28	42,50
8	Faul (8 M N)	99	17,2 à 21 16,5 à 22,8 » »	19,1 19,4 19,1 19,4	26,2 à 31 28 à 34 » »	29,4 28,9 29,4 28,9	5,62 5,60 5,62 5,60	270,4 269,7 207,8 213,1	48,16	37,54

9	Faul (8 K N)	99.5	17 à 20,2	18,2	26 à 30	28,5	5,19	328,3	61,16	
			14,5 à 19,2	17,1	26 à 30	28,4	4,86	287,0		
			»	18,2	»	28,5	5,19	225,1		44,30
			»	17,1	»	28,4	4,86	219,8		
	A deux raies :									
10	Duncan	155	19 à 23	21,2	41 à 49	45,2	9,58	464,0	46,27	
			20 à 22	21,2	42 à 47	45,4	9,62	425,0		
			»	21,2	»	45,2	9,58	402,0		40,79
			»	21,2	»	45,4	9,62	381,0		
11	Faul	140	15 à 22	19,4	48 à 59	53,5	10,38	371,0	34,16	
			19 à 22	20,6	53 à 59	57,6	11,87	387,0		
			»	19,4	»	53,5	10,38	315,7		29,45
			»	20,6	»	57,6	11,87	338,0		
	Pour labours à plat :									
12	Viaud n° 3(Brabant double).	146	15 à 23	19,1	23 à 29	26,0	4,97	336,3	67,74	
			15 à 24,5	18,1	24 à 29	26,0	4,91	333,0		
			»	19,1	»	26,0	4,97	239,7		51,79
			»	18,1	»	26,0	4,91	271,7		
13	Viaud n° 5 (*id.*)	204	20 à 24,5	22,8	27 à 32,5	29,45	6,71	498,8	73,55	
			21,7 à 24,8	24,1	28 à 33,5	30,4	7,33	533,4		
			»	24,1	»	30,4	7,33	459,5		62,69
14	Letroteur n° 36 (*id.*) (Soc de la rasette à 0m,10 au-dessus du fond de la raie).	124	17 à 20	19	25 à 29	26,3	5,00	303,7	60,74	
			»	19	»	26,3	5,00	267,7		53,54
15	Letroteur n° 38 (*id.*) (Soc de la rasette à 0m,14 au-dessus du fond de la raie).	144	16 à 21	17,6	30 à 34	32,6	5,74	315,0	54,88	
			»	17,6	»	32,6	5,74	263,7		45,94
16	Duncan (à siège)	253	15,5 à 24	19,8	46 à 30,5	37,3	8,39	451,0	55,84	
			20 à 25	22,5	47 à 32	38,3	8,62	500,0		
			»	19,8	»	37,3	8,39	401,0		47,22
			»	22,5	»	38,3	8,62	402,0		

Tableau n° 8. — *Influence de la densité de la terre sur la résistance opposée aux charrues* (M. Ringelmann).

TYPES DE CHARRUES.	ESSAIS DE	DENSITÉ du sol.	TRACTION par dmq. de travail.
Araires............	Grand-Jouan (1884).....	1,844 1,904	33 kg. 35,5
Charrues à support.	Grand-Jouan (1884).....	1,844 1,904 2,004	30 kg. 34 — 42,5
Charrues à avant-train	Le Plessis (1901) (Moy. des n°s 3 et 4)....... Id. (Moy. des n°s 6, 7, 8.)	1,99 2,03 1,99 2,03	55,3 kg. 59,5 43,1 51,2
Charrues pour labours à plat (brabants doubles et charrues à siège).	Grand-Jouan (1884)..... Le Plessis (1901) (Moy. des n°s 12, 13)....... Id.(Moy.des n°s 14,15,16)	2,004 1,99 2,03 1,99 2,03	55,0 kg. 57,3 70,6 48,9 57,2
Charrues à deux raies. { Simple. Id. Double.	Grand-Jouan (1884).... Le Plessis (1901) (Moy. des n°s 10, 11)........ Grand-Jouan 1884)......	1,904 1,99 2,03 1,904	28,4 kg. 35,1 40,2 32,8

Tableau n° 9. — *Influence du poids de la charrue Grand-Jouan, 1883-1884* (M. Ringelmann).

MACHINE.	POIDS.	TRACTION par dmq. de travail.
Charrue simple à deux raies.........	122 kg.	28kg,4
Brabant double à deux raies.........	185 —	32kg,8
Augmentation absolue......	63 —	4kg,4
— — p. 100........ .	51,6 p. 100	15 p. 100
Araire Dombasle....................	85 kg.	35kg,5
— surchargé.....	150 —	40kg,8
Augmentation absolue...............	65 —	5kg,3
— — p. 100....	76 p. 100	15 p. 100

Tableau n° 10. — *Influence de la forme des pièces travaillantes* (M. Ringelmann).

NATURE DE LA PIÈCE TRAVAILLANTE.	ESSAIS DE	DENSITÉ du sol.	PROFONDEUR du travail.	TRACTION.
Coutres.				
Ordinaire de 0^m,013 d'épaisseur.....	Grignon........	»	0,15	Kilogr. 330
Circulaire 0^m,004 d'épaisseur......	Grignon........	»	0,13	90
Versoirs.				par dmq.
Charrue Sack (cylindrique)......	Grignon (1891)..	»	0,27 à 0,30	48
Aratro-vanga n° 1 (1).........	Grignon (1891)..	»	id.	63
Brabant double(cylindrique)......	Grignon (1891)..	»	0,19 à 0,20	53,5
Aratro-vanga n° 2 (1).........	Grignon (1891)..	»	id.	60,0
Versoirs hélicoïdaux n°ˢ 3 et 4..	Le Plessis (1901).	1,99 / 2,03	» / »	55,3 / 59,5
Versoirs hélicoïdaux n° 12 et 13.	Le Plessis (1901).	1,99 / 2,03	» / »	57,3 / 70,6
Versoirs cylindriques n°ˢ 6, 7 et 8.	Le Plessis (1901).	1,99 / 2,03	» / »	43,1 / 51,2
Versoirs cylindriques n°ˢ 14, 15 et 16..........	Le Plessis (1901).	1,99 / 2,03	» / »	48,9 / 57,2

Les chiffres relatifs moyens qui découlent des essais du Plessis sont les suivants :

	$d = 1,99$	$d = 2,03$
Versoirs cylindriques..	100	100
— hélicoïdaux...	120	122

Nous retrouverons des résultats analogues pour les charrues vigneronnes.

Aux charrues à deux raies correspondent les chiffres suivants, résultant des chiffres obtenus au Plessis en 1901 et

(1) L'aratro-vanga est une charrue italienne dont le versoir est formé de deux plans inclinés.

de ceux fournis par des expériences effectuées à Grand-Jouan
de 1881 à 1887.

	Le Plessis.		Grand-Jouan.	
	$d = 1,99$	$d = 2,03$		
Énergie nécessaire 〈 Charrue à 1 raie..	100,0	100,0	100,0	100,0
par déc. carré. 〈 Charrue à 2 raies.	81,4	78,5	84,8	83,7

« On peut donc dire que, toutes choses égales d'ailleurs
(nature du sol, dimensions de la culture, genre de versoir), **la
charrue à deux raies procure une économie d'énergie
de 15 à 20 p. 100 sur la charrue à une raie**; mais comme,
d'un autre côté, le travail qu'on peut obtenir par animal d'un
attelage diminue avec le nombre d'animaux qui composent
cet attelage, les charrues à deux raies, à traction animale, **ne
peuvent être conseillées que pour les labours légers** (1). »

L'influence du montage est manifeste; les essais suivants
ont été effectués par M. Ringelmann, en 1891, sur une
charrue susceptible d'être montée à volonté en araire, ou
avec support à une roue, ou avec support à deux roues
(charrue Chavez, dite Triplex). Cette machine a été expéri-
mentée à Liancourt, dans une terre dont la densité, mesurée
par la méthode du flacon, était de 2,067.

	TRACTION par dmq.	
En araire................	48^{kg},9	
Avec support. 〈 à 1 roue..	43^{kg},9	〉 soit 10 p. 100 de moins que
〈 à 2 roues.	43^{kg},7	〉 pour le montage en araire.
Supplément occasionné par la rasette..	5,2 p. 100 en plus.	

Lorsque la charrue est pourvue d'un support, le laboureur,
n'agissant plus sur les mancherons, ne provoque pas de
résistances additionnelles.

Le tableau n° 11 est relatif aux efforts exigés par les
brabants doubles.

Les résultats des essais de charrues à siège sont consignés
dans le tableau n° 12.

(1) M. Ringelmann, Rapport sur les essais du Plessis (*Centenaire de la Société
d'agriculture de l'Indre*, 1901).

Tableau n° 11. — *Résumé des essais sur les brabants doubles* (M. Ringelmann).

ESSAIS DE :	NATURE DE LA TERRE OU DU LABOUR.		TRACTIONS par dmq. (kilogr.).
Grand-Jouan (1881-1887).	Terre argilo-siliceuse ..	forte et humide..	55
		meuble	36
Grignon (1887-1897).	Terre argilo-calcaire...	labour de déchaumage ($0^m,10$)....	52
		labour ordinaire..	53
		fort labour; défrichement à $0^m,22$ d'une luzerne de quatre ans......	87
Station d'essais de Machines (1891).	Terre de la plaine de Montrouge	légère.........	46
		forte (déchaumage)........	60
Concours de Moulins (1896).	Terre argilo-siliceuse sèche, très légère....................		de 33 à 39
Essais du Plessis (1901).	Terre argilo-siliceuse...	densité..... 1,99	de 46 à 63
		densité..... 2,03	de 55 à 74

Tableau n° 12. — *Essais de charrues à siège.*
(M. Ringelmann).

ESSAIS DE :	CHARRUES.	DIMENSIONS DU LABOUR		TRACTION par dmq. de section (kilogr.).
		Profondeur.	Largeur.	
Coupvray (1898).	South-Bend.......	0,25	0,32	40,1
	Oliver............	0,20	0,32	41,6
	Sack (à balance)..	0,22	0,37	43,6
	Brabant double (comparaison)...	0,20	0,30	52,9
Le Plessis (1901).	Syracuse pour labours à plat....	0,20 à 0,22	0,37 à 0,38	46,6 à 57,9
	Moyenne des brabants doubles...	»	»	49,7 à 57,8

Les tractions exigées par les charrues vigneronnes figurent dans le tableau n° 13 ; la charrue mentionnée en tête est à versoir cylindrique ; les autres sont à versoir hélicoïdal.

Tableau n° 13. — *Charrues vigneronnes. Concours de Bourges, 1897* (M. RINGELMANN).

CHARRUES.	POIDS.	TRACTION PAR DMQ de section (kilogr.).
Oliver......................	38	42,4
Usines d'Abilly.........	37	42,3
Fraudet	48	48,4
Candelier...............	41	51,8
Souchu-Pinet..........	51	57,1
Bajac...................	58	61,0
E. Puzenat.............	42	73,7

Les moyennes obtenues au concours de Poitiers (1887) variaient de 49 à 79 kil.

L'influence du coutre et de la rasette se manifeste dans les essais ci-dessous :

LABOUR DE $0,13 \times 0,28$:	Terre légère contenant beaucoup de gadoues de Paris.	Terre forte.
Tractions totales par dmq.		
Charrue munie d'une rasette pénétrant à 0^m,04........	166kg,8 (1)	219kg,4
Diminu- la rasette........	40kg,5	16kg,0 (soit 7,3 p. 100).
tion de traction obtenue en enle- le coutre { totale.	18kg,5	29kg,7
vant par dm de profondeur.	14kg,2	22kg,8

La diminution correspondant à l'enlèvement du coutre représente la différence entre la résistance totale éprouvée par cette pièce et le supplément de résistance dû au frottement latéral du contre-sep qui, lorsqu'il n'y a pas de coutre, frotte contre la muraille.

(1) Dans cette terre, la rasette bourre beaucoup.

Tableau nº 14. — *Charrues de défoncement.*

ESSAIS DE :	MACHINES.	DIMENSIONS DU LABOUR en centimètres.		TRACTION par dmq. (kilogr.).	NATURE DE LA TERRE.
		Profondeur.	Largeur.		
	A un seul corps.				
San Vito al Tagliamento (Italie) (1897)..........	Oliver. à support......	30	27(?)	53,8	Silico-argileuse.
Grand-Jouan (1885).........	Durand (Brab. doub.)..	30	38	54,0	Argilo-siliceuse.
Grignon (1891).........	Charrue à avant-train.	29	37	56,6	Argilo-calcaire.
Grignon (1892).........	Ancienne ch. Vallerand.	35	45	65,0	Argilo-calcaire.
Rouen (1884).........	Henry ...	33	46	68,6	
	Boitel.... { Brab. doub.	38	41	72,5	(Consistance moyenne.
	Candelier.	37	40	76,4	
Rouen (1884).........	Ancienne ch. Vallerand.	35	45	75 à 80	Terres fortes du Nord.
	A deux corps.				
Rouen (1884).........	{Sack.........	39	39	56,8	Consistance moyenne.
	{Grand brab. double....	33	46	68,6	*Id.* (essai comparatif).
Grignon (1891).........	{Sack.........	28	40	47,7	Prairie naturelle.
	{Italienne à av.-train...	30	35	67,1	*Id.* (essai comparatif).
	{Sack.........	35	32	54,8	Silico-argileuse.
San Vito al Tagliamento (Italie, 1897).........	{Bächer.........	35	37	56,4	
	{Eberhardt.........	37	33	63,3	
	{Sack.........	40	32	51,4	
	{Eckert.........	40	27	43,0	

Le tableau 14 est relatif aux charrues de défoncement, tirées par des attelages ; le tableau 15 a trait aux fouilleuses.

Tableau n° 15. — *Fouilleuses. Concours de Moulins, 1896* (M. Ringelmann).

MACHINES.	DIMENSIONS DE LA BANDE			TRACTION	
	Largeur centim.	Profondeur centim.	Section déc. car.	Totale moyenne (kilogr.).	Par déc. car. (kilogr.).
Candelier........	37,0	20,0	7,40	733,3	99,09
Veuve Henry....	32,0	13,5	4,32	434,0	100,46
Bajac...........	35,0	16,4	5,74	580,0	101,04
Souchu-Pinet	31,0	18,3	5,67	581,6	102,57
Usines d'Abilly..	27,0	16,2	4,37	524,0	119,90
Froger..........	24,0	27,5	6,60	895,0	135,60
Chambonnière...	18,0	16,0	2,88	946,6	328,67

Nous donnons enfin, dans les tableaux n°s 16 et 17, quelques renseignements sur des machines particulières et sur les quantités moyennes de travail exécuté avec les différents genres de charrues.

Tableau n° 16. — *Charrues à l'usage des indigènes de l'Algérie. Concours d'Alger, 1898* (M. Ringelmann).

DÉSIGNATION DES CHARRUES.	DIMENSIONS DU LABOUR.		TRACTION en kilogr. par déc. carré de section.
	Profondeur centim.	Largeur centim.	
I. — Charrues à âge long.			
1. A versoir fixe...........	12	22 à 29	36 à 47
2. A versoir mobile........	11	16 à 24	52 à 73
3. Buttoirs ou rayonneurs...	11	0,23	63
II. — Araires.			
1. A versoir fixe...........	15	24	42
2. A versoir mobile........	10	22	49

Le tableau n° 16 permet de remarquer que, pour les deux catégories, les machines à versoirs fixes, qui ne peuvent verser la terre que d'un seul côté, nécessitent un effort de traction moindre que celles à versoirs mobiles ; il est impossible, dans ces dernières, de tracer suffisamment bien le versoir pour éviter le bourrage.

Tableau n° 17. — *Résultats généraux concernant les charrues. Grand-Jouan, 1881 à 1887* (M. RINGELMANN).

CHARRUES.	ATTELAGES.	LABOURS.	RÉSULTATS.
			Tractions par déc. carré.
Araires..........	»	»	33 à 36 kg.
Charrues à support..........	»	»	28 à 43 —
Brabants doubles.	»	»	36 à 55 —
Charrues à support..........	»	profonds........	56 —
	»	défrichement de landes........	63 —
Fouilleuses......	»	»	70 à 80 —
Ch. à 2 raies....	»	»	28 à 32 —
			Étendues labourées pratiquement par jour.
Araire Dombasle.	2 bœufs.	0,15 de profond. (labour d'hiver).	26 ares } 29 — } moyenne 33 — } 29ª,3
Charrue à support..........	2 chevaux.	0,15 de profond. (labour de printemps).	56ª,5.
Vieux brabant double..	4 bœufs.	0,20 (labour de défoncement).	45 ares.
		0,20 (lab. de printemps en travers du labour d'hiver)........	38 ares.

DEUXIÈME SECTION. — PERFECTIONNEMENT DES LABOURS.

I. — PSEUDO-LABOURS.

La terre qui a été travaillée par la charrue n'est pas, en général, assez divisée pour qu'on puisse lui confier les semences. Les pseudo-labours ont pour effet de perfectionner les labours, d'ameublir plus complètement et de diviser plus uniformément la couche superficielle du sol, sur une profondeur qui ne dépasse guère 10 centimètres, en moyenne.

L'action des pièces travaillantes des instruments propres à effectuer les pseudo-labours diffère essentiellement de celle des pièces de charrues : la terre n'est jamais retournée par les premières, mais simplement ameublie sur place.

Elles font, en somme, pour le sol, ce que les fouilleuses font pour le sous-sol.

On peut, comme première classification, ranger dans une catégorie distincte les machines englobées sous la dénomination de *scarificateurs*, qui effectuent un travail à demi superficiel, sur une profondeur maxima de 10 centimètres environ, et dans la catégorie dite des *herses* celles dont l'action, tout à fait superficielle, ne se fait pas sentir à plus de 4 ou 5 centimètres de profondeur. Mais nous verrons que, pour certaines machines étrangères, d'importation récente, le rattachement à l'une ou à l'autre de ces catégories ne peut être fait sans difficulté.

Scarificateurs.

L'ameublissement semi-superficiel du sol s'opère à l'aide de machines composées d'un bâti, généralement rigide, mais parfois aussi subdivisé en plusieurs cadres indépendants

les uns des autres. Ce bâti, sur lequel sont fixées des pièces
travaillantes qui suivent, pendant le travail, des trajectoires
parallèles et équidistantes, est supporté par des roues.

Ces machines sont désignées sous des noms différents,
d'après la nature du travail accompli. Les pièces travaillantes
peuvent, en effet :

1° Être longues et étroites, pour ouvrir dans le sol des
sillons assez profonds, mais de faible largeur : on a alors
affaire à un *scarificateur proprement dit* (I, fig. 101);

2° Être moins longues, plus larges, fortement bombées, de
façon à déplacer latéralement la terre, tout en l'ameublissant :
la machine est alors un *cultivateur* (II, fig. 101);

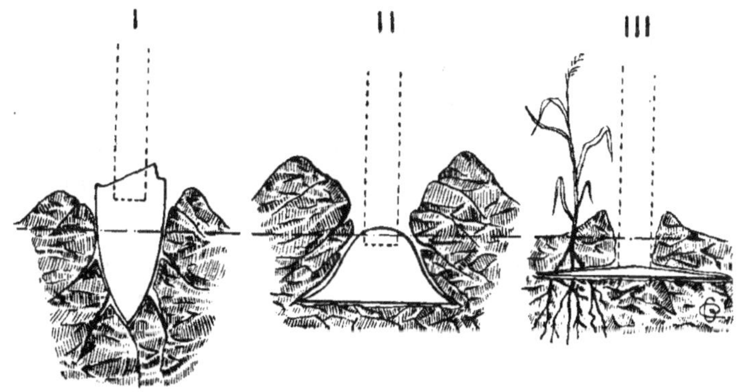

Fig. 101. — Formes caractéristiques des pièces de machines pour pseudo-labours.

3° Être très larges, mais presque plates, et présenter
deux bords tranchants pour sectionner les racines à quelques
centimètres au-dessous de la surface du sol, tout en écroû-
tant et en divisant la terre, à une moindre profondeur, cependant, que les deux machines précédentes : l'instrument est
appelé, dans ce cas, *extirpateur* (III, fig. 101).

Très nette, en apparence, cette classification, que l'on est
encore obligé de conserver, manque beaucoup de précision
en réalité; il est à peu près impossible de dire quand une
pièce cesse d'être une lame d'extirpateur pour devenir une
pièce de cultivateur; les pièces des cultivateurs américains,
ou des machines similaires construites depuis peu en Europe,
peuvent, de même, être considérées comme des pièces de

scarificateurs. Dans certains cas, enfin, les dents de scarifi-cateurs sont tellement étroites qu'elles fonctionnent à la façon de coutres; les machines qui en sont munies sont alors appelées *régénérateurs*; nous les étudierons dans la catégorie des machines d'entretien.

Ajoutons que ces instruments, qu'on appelle aussi *herses Dombasle, griffons, batailleurs, herses batailles*. etc., ne servent pas uniquement à perfectionner les labours ; on les emploie aussi pour des façons très rapides et superficielles, comme les déchaumages.

Forme et construction des pièces travaillantes. — Dans les anciens modèles de scarificateurs, la dent et l'étançon, c'est-à-dire le manche qui la reliait au bâti, étaient forgés d'une seule pièce; ce mode de fabrication n'est plus employé que très rarement, car il présente le grand inconvé-nient de forcer l'agriculteur à mettre au rebut, comme vieux fer, une quantité importante de métal ; dès que la dent est, en effet, usée de quelques centimètres à partir de sa pointe, elle ne peut plus remplir son office, et il faut remplacer non seulement la dent elle-même, mais aussi l'étançon.

Une première amélioration a consisté à rapporter la dent proprement dite à l'extrémité d'un étançon qu'on n'a plus à remplacer qu'en cas d'accident, puisqu'il est lui-même protégé contre l'usure par la dent; la fixation de cette dernière est assurée par deux boulons à tête fraisée. Les dents fabriquées dans ce but sont légèrement cintrées, suivant le sens de la longueur ; elles sont, d'ailleurs, symé-triques par rapport à un plan perpendiculaire à leur plus grande dimension ; elles ont donc deux pointes, et l'on peut les retourner lorsqu'une de leurs pointes est usée.

C'est ce mode de fabrication qui est le plus généralement employé en France; on a pourtant le tort, dans notre pays, de donner aux dents de trop grandes dimensions. car, après l'usure successive des deux pointes, le poids de métal à mettre au rebut est encore assez élevé. Les scarificateurs représentés par les figures 108, 109 et 110 sont pourvus de semblables pièces, encore très recherchées par les agricul-teurs.

Aux États-Unis, les dents des scarificateurs (ou cultivateurs)
sont très petites et très peu bombées ; après retournement, le
poids de métal à rebuter est insignifiant. Les constructeurs
américains fixent ordinairement ces pièces sur leurs manches
à l'aide de boulons à tête fraisée (fig. 102, I ; et 106). Mais
souvent, aussi, ils les munissent de joues estampées en même
temps que les dents proprement dites, et pourvues de trous
dans lesquels on engage un boulon métallique f et une
cheville de bois b (fig. 102, II) ; si la pointe rencontre un
obstacle sérieux, la cheville b se
rompt, et la dent bascule autour
du boulon f, de sorte que ni la
dent, ni l'étançon ne sont faussés.

Ce dernier dispositif est tout à
fait recommandable lorsque les
dents sont montées sur des manches rigides ; la cheville b se rem-
lace, en effet, avec la plus grande
facilité. Ajoutons d'ailleurs que,
depuis quelques années, on construit, en France et dans les autres
pays d'Europe, des dents de même
forme et de mêmes dimensions

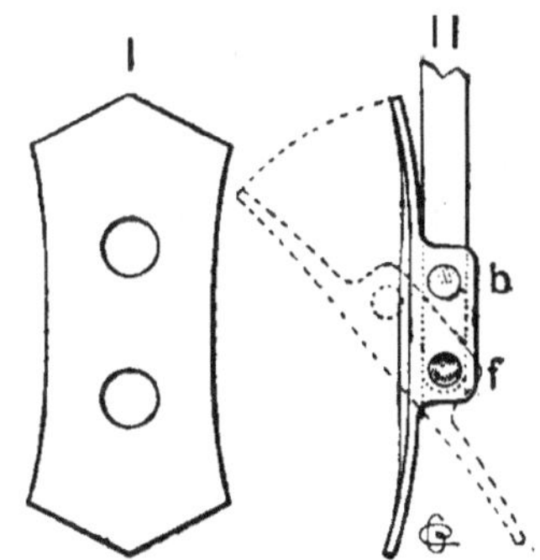

Fig. 102. — Dents de scarificateurs
américains.

que celles représentées en I par la fig. 102. Telles sont les
pièces qu'on aperçoit sur les figures 107, 112, 114, etc.

Les fortes dents employées en France sont à section
circulaire, triangulaire ou circulaire avec une nervure
médiane ; ces différentes formes n'influent pas sur la nature
du travail effectué. Il semble, cependant, que les pièces à
section circulaire soient préférables lorsque les terres sont
couvertes d'herbes, parce que ces dernières se dégagent plus
facilement d'une surface courbe que d'une arète ; la machine
est alors moins exposée à bourrer.

La pointe s'use toujours beaucoup plus vite que le reste de
la dent ; aussi cette dernière est-elle bientôt arrondie à son
extrémité. C'est pour obvier à cet inconvénient qu'on a construit
des dents de scarificateurs dont l'épaisseur est beaucoup plus
grande vers la pointe que sur les ailes ; ces pièces sont

découpées dans de longues barres laminées à un profil spécial (fig. 103), puis cintrées en arc de cercle. Les dents ainsi fabriquées ne restent évidemment pas pointues, au sens rigoureux du mot, mais elles s'émoussent moins que les autres. On peut les faire coulisser dans la monture, de façon à compenser l'usure, ou encore à modifier l'angle d'action de la dent par rapport au sol; mais on est forcé de mettre au rebut un poids important de métal lorsqu'elles sont hors de service.

Les pièces d'extirpateurs et de cultivateurs dont la forme se rapproche de celle des socs en fer de lance sont aussi boulonnés à l'extrémité de manches.

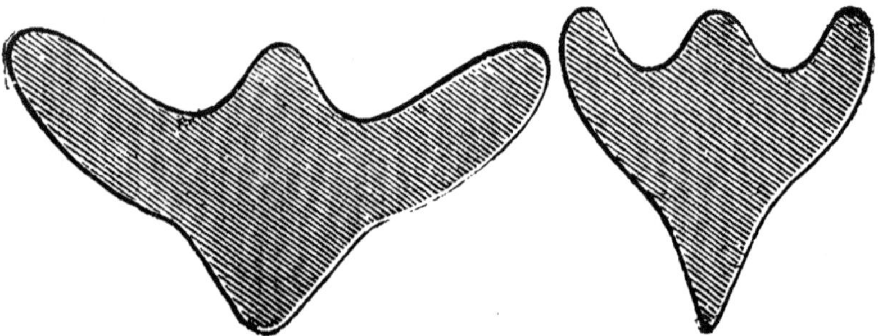

Fig. 103. — Sections de dents dites *inusables*, pour scarificateurs (A. Bajac).

En France, ces pièces sont en acier et ne se distinguent guère les unes des autres que par leur bombement plus ou moins accentué, les plus plates s'appliquant aux extirpateurs. En Angleterre, les pièces de cultivateurs, très souvent en fonte, sont assemblées, au moyen d'une douille et d'une goupille, à l'extrémité du manche ; elles sont très fortement bombées, ce qui, d'ailleurs, n'a pas d'utilité. Aux États-Unis, on n'établit pas de distinction entre les scarificateurs et les cultivateurs : les pièces travaillantes des deux machines sont identiques.

Bâtis. — ***Montage des dents sur les bâtis.*** — Considérons un scarificateur ou une machine du même groupe, dans lequel toutes les pièces sont identiques et pénètrent à la même profondeur, condition indispensable pour que la façon culturale soit uniforme : il est légitime d'admettre que si le sol est suffisamment homogène, les pièces éprouvent toutes, de la part du sol, la même résistance. Toutes les dents qui ne se trouvent pas dans le plan vertical contenant l'effort de traction tendent à faire pivoter la machine de gauche à droite, ou de droite à gauche, car il se développe, pour chacune d'elles, un couple dont le bras de levier est égal à la distance de la dent au plan de traction.

Pour que la machine ait une marche régulière, il faut que les couples tendant à la faire tourner dans un sens soient équilibrés par les couples qui l'entraîneraient en sens inverse ; autrement dit, il faut que la somme des moments des couples soit la même pour les deux groupes. Cette condition est réalisée d'une façon simple en employant des bâtis symétriques par rapport au plan de traction, avec des dents situées dans ce plan, ou qui en soient, deux à deux, équidistantes. On s'arrange, en outre, de façon que les dents qui tracent deux sillons contigus soient aussi éloignées que possible l'une de l'autre parallèlement au plan de traction ; on évite ainsi que les mottes, les pierres, les touffes d'herbes, etc., soient prises entre deux dents et traînées indéfiniment.

Les bâtis ont donc, en général, la forme d'un triangle isocèle, ou d'un rectangle augmenté d'un triangle isocèle de même base.

On les établissait, autrefois, en bois ; mais aujourd'hui, on les construit entièrement en métal. Ils sont supportés, à l'arrière, par deux roues montées sur essieu coudé, et, à l'avant, par un petit essieu à deux roues de faible diamètre peu écartées l'une de l'autre.

Le cadre, triangulaire ou pentagonal, soutient des pièces, de même nature que le cadre, qu'on appelle *longrines* ou *limons* quand elles sont fixées dans la direction de l'effort de traction, et *traverses* quand elles sont montées perpendiculairement à cette direction ; traverses et longrines servent à fixer les dents sur le bâti. Au point de vue purement mécanique, le montage sur longrines est préférable à celui sur traverses, parce que la résistance opposée à la dent ne se traduit, sur la longrine, que par un effort de flexion, auquel la longrine est bien disposée pour résister ;

sur la traverse, au contraire, elle a pour conséquence un effort de flexion et un effort de torsion simultanés dont le dernier, surtout, peut nuire à la durée de la pièce. On revendique, cependant, en faveur du montage sur traverses, la faculté laissée aux agriculteurs de modifier, à volonté, l'écartement des pièces travaillantes, et même leur nombre; il leur est donc possible de faire, avec un seul instrument, des travaux d'énergie variable, tandis que si elles sont fixées sur longrines ils ne peuvent modifier ni l'écartement ni le nombre des pièces. Il serait, en effet, inutile de placer deux dents l'une derrière l'autre sur la même longrine, puisqu'elles fraieraient toutes deux le même sillon.

Cette considération a moins d'importance, en réalité, qu'on pourrait le croire, car il est bien rare que les agriculteurs modifient l'écartement des dents : on peut s'en convaincre en examinant les traces de peinture sur des instruments en usage depuis plusieurs années. Il n'y a pas d'intérêt, d'ailleurs, à faire varier l'écartement des dents en dehors de limites comprises entre 15 centimètres au minimum et 20 centimètres au maximum; le déplacement des pièces, dans cette marge de 5 centimètres, n'a, évidemment, qu'une influence bien faible sur la qualité du travail produit. L'écartement est fixe, du reste, dans les meilleurs modèles anglais ou américains.

Quand on adopte le montage sur traverses, il faut, soit donner à ces traverses une large section, pour qu'elles résistent à la torsion, soit, si on les fait plus faibles, les consolider par des longrines qui les réunissent entre elles; mais, dans ce dernier cas, on diminue l'étendue du réglage, qui, seul, justifie l'emploi des traverses. Il y a donc lieu de préférer les bâtis pourvus de longrines, qui, à solidité égale, peuvent être plus légers et, par conséquent, moins coûteux; pour modifier l'énergie de la façon culturale, il suffit d'employer des pièces travaillantes de formes variées, ce qui est beaucoup plus efficace que de changer l'écartement de pièces d'un modèle unique.

Fixation des dents. — Les procédés de fixation des pièces sur les traverses et sur les longrines varient à l'infini.

Pour les dents montées sur manches rigides, on a, au début, muni les manches d'une embase et d'une queue filetée qui traversait une mortaise cylindrique; on maintenait le tout par un écrou fortement serré (fig. 104, I).

Ce procédé est de plus en plus délaissé, avec raison du reste, parce qu'il a l'inconvénient d'affaiblir les pièces à l'endroit où elles supportent l'effort maximum. On s'est beaucoup servi, également, de coutrières pourvues de vis

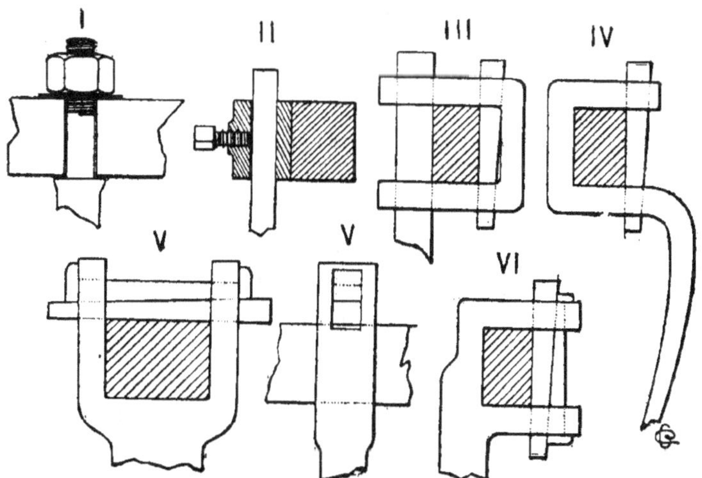

Fig. 104. — Principaux modes de fixation des dents de scarificateurs.

de pression (fig. 104, II), analogues à celles des charrues et auxquelles, par suite, on peut reprocher les mêmes défauts.

On emploie surtout, aujourd'hui, des étriers serrés par une clavette et une contre-clavette ; ces étriers sont tantôt forgés d'une seule pièce avec le manche (fig. 104, IV, V, VI), tantôt indépendants de cet organe, qu'ils maintiennent par pression contre le bâti (fig. 104, III). La contre-clavette empêche à la fois le desserrage de la clavette et l'écartement des branches de l'étrier lors du serrage de la clavette.

Quelquefois même l'étrier est prolongé par une tige qui sert à entretoiser la traverse avec la précédente (fig. 105).

Les étriers du genre Jefferson sont très peu en usage; ils sont cependant solides et simples, mais ils ne sont applicables qu'au montage sur longrines.

Dans certains modèles anglais, qui ont été longtemps en grande vogue, les manches sont articulés sur des longrines

Fig. 105. — Montage d'une dent de scarificateur au moyen d'un étrier prolongé par une entretoise qui réunit deux traverses consécutives (A. Bajac).

et sont tous reliés entre eux par des bielles d'accouplement, de sorte qu'on peut agir, à l'aide d'un seul levier, sur toutes les dents à la fois. En inclinant ainsi plus ou moins les dents par rapport au sol, on fait varier leur longueur utile et l'on modifie, par suite, l'énergie de la scarification ; on peut, en outre, déterrer les dents pour effectuer les virages aux tournants, sans être obligé de soulever le bâti ; cet avantage est amplement compensé par les inconvénients inhérents aux systèmes articulés, qui manquent de solidité et prennent rapidement du jeu.

Dents flexibles. — On a adopté assez récemment, aux États-Unis tout d'abord et, depuis, en Europe, des pièces très particulières, formées d'une dent à deux pointes, du type américain, boulonnée à l'extrémité d'une lame d'acier recourbée en S et formant ressort. On double généralement la lame principale d'une autre lame de même forme, mais beaucoup plus courte, qui a pour but de

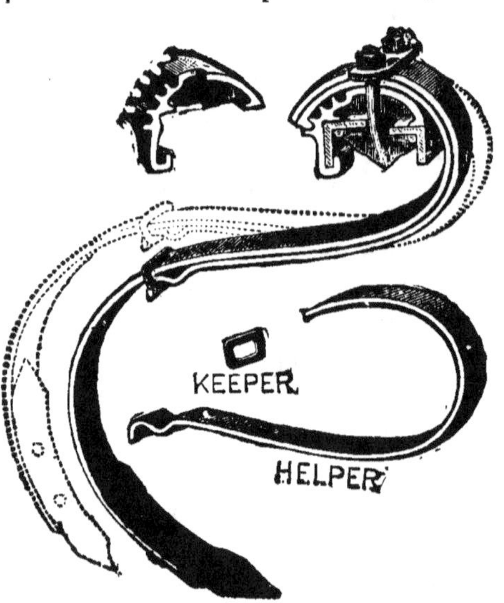

Fig. 106. — Dent flexible de cultivateur américain (*Keeper*, anneau d'assemblage) (Massey-Harris).

soulager (*Helper*) la première dans la région soumise à la

fatigue maxima, c'est-à-dire à l'encastrement (fig. 106). L'assemblage de cet étançon flexible avec le bâti ne présente aucune difficulté ; on le réalise tantôt avec un étrier serré par une clavette ou par une vis, tantôt avec un boulon qui traverse la pièce de bâti et le ressort ; dans ce dernier cas, l'écrou serre en même temps contre le manche une sorte de chapeau en fonte, pourvu d'ergots et de nervures qui empêchent le déplacement latéral de la dent. Ces dents flexibles sont très recommandables ; malgré leur faiblesse apparente, elles produisent un travail aussi énergique que les dents à manches rigides de calibre courant.

Elles cèdent devant les obstacles volumineux et ne se faussent pas comme les autres ; en outre, grâce aux petites oscillations qu'elles éprouvent en travail normal, elles se dégagent des herbes et des autres matières qui risquent de faire bourrer l'appareil. Aussi les machines à dents flexibles se répandent-elles beaucoup depuis quelques années.

Dans une machine anglaise qui a figuré, pour la première fois, au Concours général agricole de 1902, les pièces

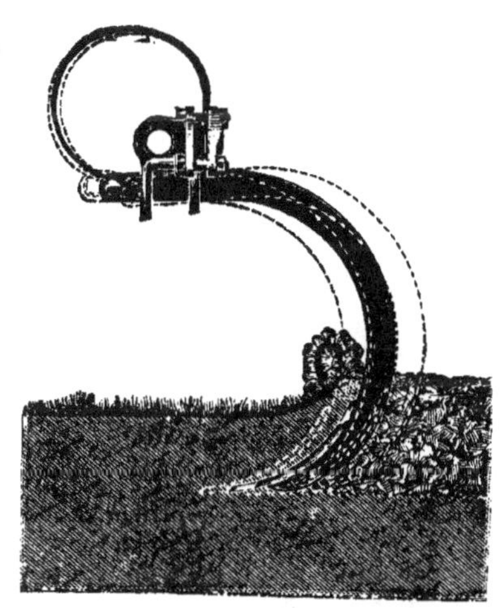

Fig. 107. — Dent rigide à montage élastique (Martin's Cultivator Cº).

travaillantes sont fixées sur des manches recourbés, rigides, mais réunis au bâti par des ressorts (fig. 107) ; ce procédé de montage présente à peu près les mêmes avantages que le montage sur étançons flexibles.

Réglage de l'entrure. — Déterrage des pièces. — Tous les scarificateurs, cultivateurs et autres machines de la même catégorie construites en France et même, à quelques exceptions près, en Europe, comportent un bâti rigide. Pour régler l'entrure des dents, on modifie la distance du bâti au sol, en agissant sur les deux essieux qui le supportent. Lors des virages, il est indispensable de déterrer les dents, sans quoi les manches seraient soumis à des efforts de torsion auxquels ils ne pourraient résister; cette précaution est nécessaire aussi bien pour les pièces à manches flexibles que pour celles à manches rigides.

On se contente souvent de soulever le bâti à l'avant ou à l'arrière, les dents d'arrière ou d'avant restant, alors, plus ou moins en terre, pendant le virage; cela n'a pas trop d'inconvénients lorsque la machine fonctionne sur un labour, mais elles peuvent être faussées quand la terre est dure ou garnie de végétation.

Il vaut donc mieux, en général, soulever le bâti tout entier parallèlement au sol. Cette manœuvre peut être effectuée en plusieurs fois ou en une seule fois.

C'est surtout lorsqu'il s'agit de machines de faible prix ou d'instruments très lourds qu'on opère en plusieurs fois. Dans le premier cas, on fait usage, le plus souvent, d'un essieu coudé, pourvu d'un levier, au moyen duquel on soulève l'arrière (1). L'essieu d'avant est solidaire d'une tige rectiligne ou courbe, percée de trous, qui coulisse dans une mortaise pratiquée à l'avant du bâti; l'ouvrier soulève cette partie de la machine à l'aide d'une poignée et la maintient dans la position convenable par une goupille. On emploie, d'ailleurs, fréquemment un système analogue pour manœuvrer l'arrière, qui est alors soulevé en deux fois. Ce dispositif, bien que très simple, n'est pourtant pas à recommander, parce que les ouvriers s'abstiennent trop souvent d'exécuter l'une des deux ou des trois manœuvres.

Aussi a-t-on imaginé des systèmes de déterrage permettant de soulever le bâti en une fois. Le levier qui commande l'essieu coudé d'arrière est pourvu d'une chaîne attachée, d'autre part, à l'extrémité de la tige verticale fixée perpendiculairement à l'essieu d'avant; entre les deux points d'attache, la chaîne passe sur une poulie de renvoi, montée sur le bâti, qui la dirige parallèlement à la tige. Lorsqu'on agit sur le levier, la chaîne soulève la poulie, qui entraîne, en même temps, l'avant du bâti.

(1) Pour l'explication du déterrage par essieu coudé, se reporter aux *charrues multiples*, p. 108.

S'il s'agit d'une machine très lourde, l'effort à exercer sur le levier devient considérable et l'on est obligé d'avoir recours à des dispositifs accessoires, pour diminuer l'effort imposé à l'ouvrier. C'est ainsi qu'on emploie, au lieu de leviers : un treuil agissant à la fois sur l'essieu et sur la chaîne de l'avant-train (fig. 109), une vis actionnée par une manivelle entraînant un écrou solidaire de l'essieu (fig. 110), ou encore un secteur, denté intérieurement ou extérieurement, qui est fixé sur l'essieu coudé et entraîné par un pignon (fig. 108 et 111) ou par une vis sans fin, etc.

Quand on ne fait pas usage de systèmes multiplicateurs, il faut déterrer le scarificateur en deux ou, même, en trois fois ; on soulève l'arrière avec

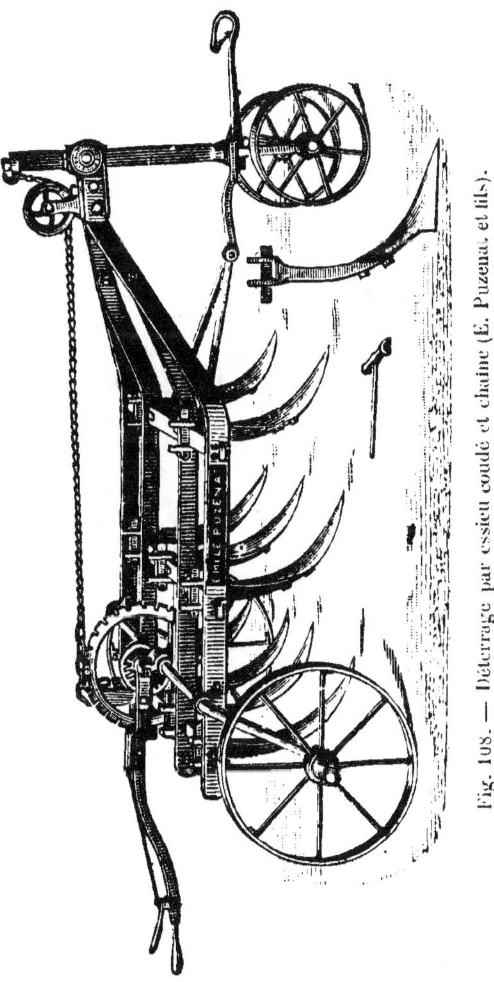

Fig. 108. — Déterrage par essieu coudé et chaîne (E. Puzenat et fils).

un ou deux leviers ou vis, suivant la largeur de la machine et on manœuvre l'avant, soit avec un levier agissant par chaîne et poulie, soit avec une vis, un pignon avec crémaillère, etc. La manœuvre est, dans tous les cas, peu pénible ; elle est, en revanche, assez longue et il est à craindre que, sans une surveillance active, les ouvriers préfèrent ne pas l'exécuter. Il serait plus avantageux de faire effectuer le déterrage par l'attelage lui-même, en embrayant l'essieu coudé avec les roues porteuses, au moyen d'un frein ou d'un rochet; on pourrait même, ainsi, placer un siège sur la machine.

Lorsque les champs sont labourés en planches fortement bombées, ou en larges billons, il est avantageux de pouvoir régler séparément chacune des deux roues d'arrière des

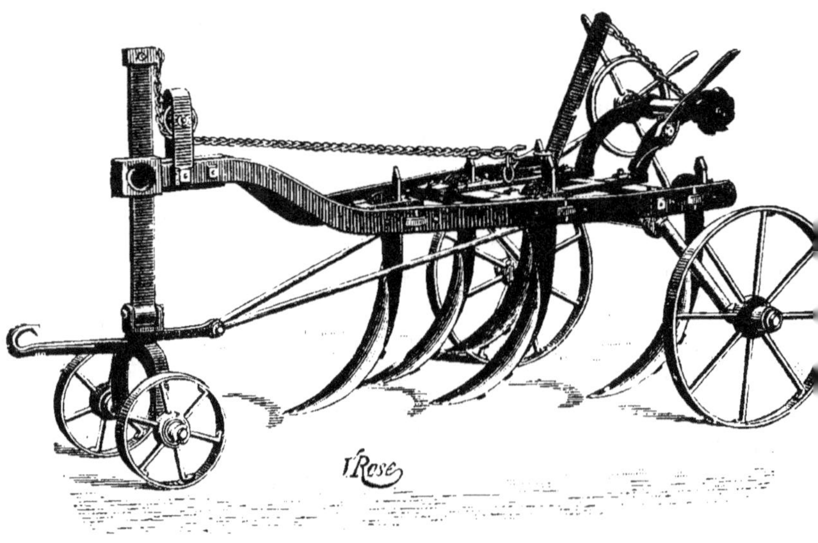

Fig. 109. — Scarificateur avec relevage du bâti à l'aide d'un treuil (Garnier et Cie).

scarificateurs, afin que, si l'une d'elles roule dans une dérayure, la profondeur atteinte par les différentes dents reste à peu près la même. On y parvient en sectionnant l'essieu en deux parties et en commandant chacune d'elles par un levier distinct.

Machines à dents flexibles ou Cultivateurs. — Ces machines ont pris naissance aux États-Unis et au Canada vers 1890. On en fabrique aussi, maintenant, en Europe. Dans la construction européenne, et, notamment, en France, on a conservé le bâti rigide des scarificateurs et on s'est borné à remplacer les étançons ordinaires par des pièces flexibles (fig. 112). En Amérique, ces machines sont non

seulement à dents flexibles, mais à cadres indépendants.
On réunit, en effet, les dents par groupes de trois, de

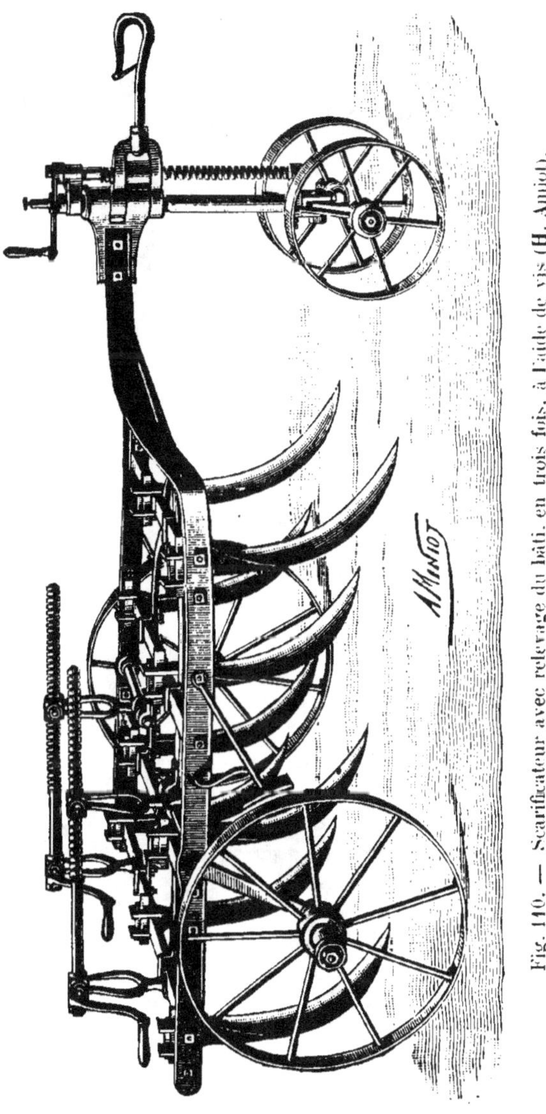

Fig. 110. — Scarificateur avec relevage du bâti, en trois fois, à l'aide de vis (H. Amiot).

quatre, de cinq (quelquefois davantage, mais, le plus souvent, trois), sur des cadres, en fers cornières ou en fers
plats, disposés parallèlement les uns aux autres. Ces

cadres, en nombre variable, sont montés de différentes façons.

Dans le montage en tilbury ou en tricycle (1), le bâti

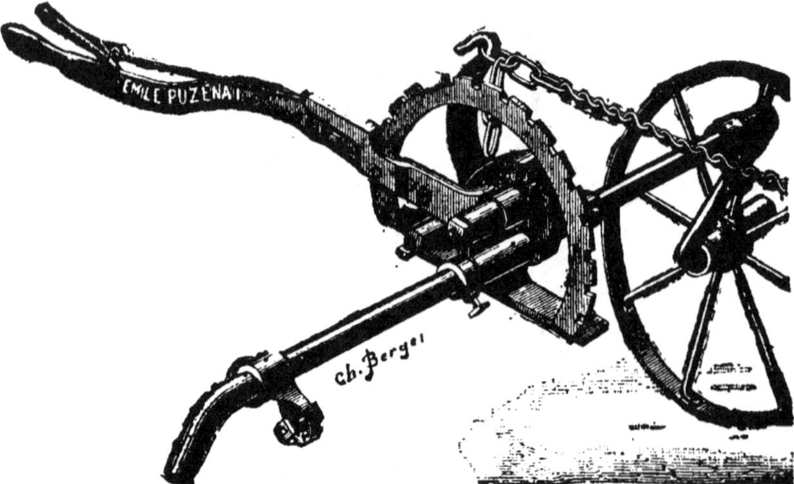

Fig. 111. — Détail de la commande par levier (E. Puzenat et fils).

général est supporté par deux grandes roues et maintenu par les brancards ou par la flèche d'attelage (tilbury, fig. 113), ou

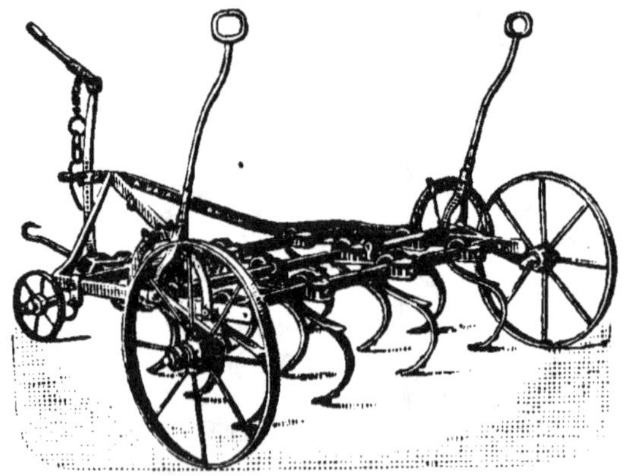

Fig. 112. — Scarificateur à dents flexibles, dit *piocheur-vibrateur* (A. Bajac).

encore par une roue de plus petit diamètre montée à l'avant

(1) Ces machines ne doivent pas être confondues avec les scarificateurs à pièces rigides et à bâti triangulaire, à *quatre* roues, qu'on appelle souvent, bien qu'à tort, des *tricycles*.

sur pivot vertical (tricycle, fig. 114) ; il comporte, en outre, un siège pour le conducteur. Les cadres sont articulés en avant

sur une traverse parallèle à l'essieu ; en travail, ils sont indépendants les uns des autres, mais on peut les soulever tous à la fois, pour déterrer les dents, à l'aide d'une sorte de treuil, manœuvré par un levier auquel ils sont reliés par des chaînes ou par des bielles (fig. 115). Pour les façons très énergiques,

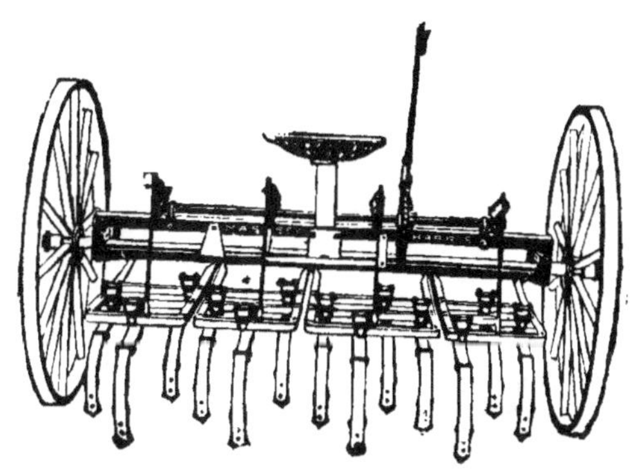

Fig. 113. — Cultivateur à dents flexibles, monté en tilbury (Massey-Harris).

on augmente l'entrure en exerçant une pression sur les cadres, à

Fig. 114. — Cultivateur à dents flexibles monté en tricycle (Ransomes-Wallut).

l'aide de ressorts à lame ou à boudin, dont on règle la tension au moyen d'un levier ; dans beaucoup de systèmes, c'est le même levier qui sert pour déterrer et pour augmenter l'entrure. Ainsi, dans la machine représentée par la figure 115, on comprime, en abaissant le levier vers la gauche, des ressorts à boudins qui, par l'intermédiaire de petites bielles, transmettent la pression à des tiges fixées perpendiculairement sur les cadres. Des patins réglables, qu'on peut fixer à l'arrière de chaque cadre, limitent, au besoin, la pénétration des dents

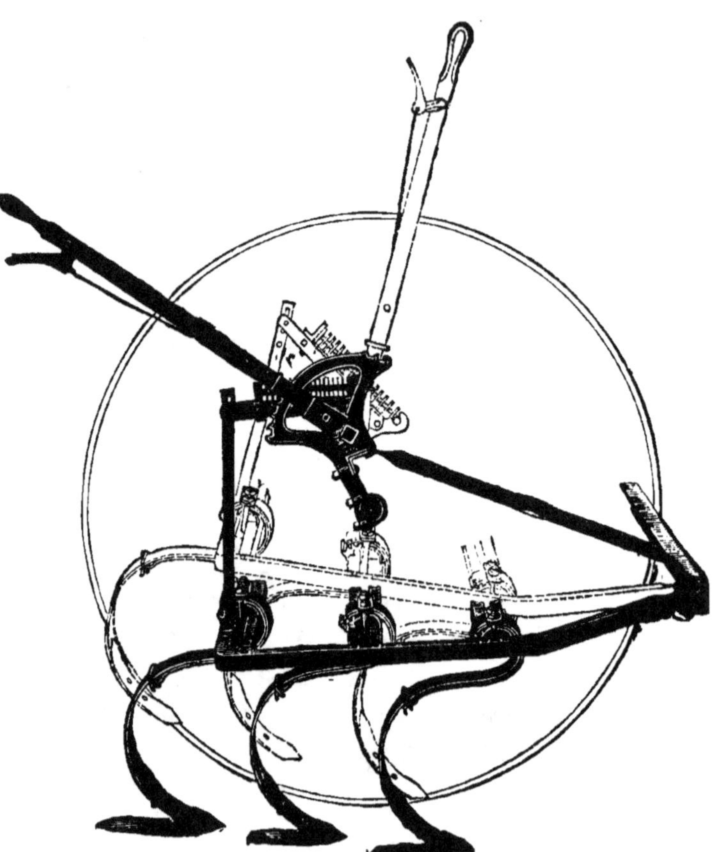

Fig. 115. — Mécanisme d'enterrage et de déterrage dans un cultivateur monté en tilbury (Massey-Harris).

D'autres cultivateurs sont formés de cadres juxtaposés, dont l'écartement est invariable, mais qui peuvent se déplacer verticalement pour suivre les ondulations du terrain. Ils sont articulés, à l'avant, sur un châssis très léger, porté par deux roues de petit diamètre, qui sert à fixer le siège et

les organes de réglage, mais qui ne soutient pas les cadres ;
ceux-ci reposent sur des patins fixés à leur partie antérieure.
Les dents flexibles sont montées sur des traverses en fer
rond, qu'on peut faire tourner autour de leurs axes en
actionnant des leviers de manœuvre ; on a ainsi la faculté
de modifier la distance verticale de la pointe des dents aux
cadres et, en même temps, l'angle sous lequel ces dents

Fig. 116. — Cultivateur à angle d'action variable (Cᵢᵉ Internationale des
Machines Agricoles).

attaquent le sol (fig. 116). Pour le transport, on agit sur les
leviers de façon que les dents soient au-dessus des patins ;
la machine repose alors, à la fois, sur les roues et sur les
patins.

Diviseurs. — C'est aux scarificateurs qu'il convient de rattacher ce groupe de machines. Les *diviseurs* sont composés d'un
bâti triangulaire supporté par quatre roues, dont deux en
avant-train, et terminé, à l'arrière, par deux ou par trois
traverses sur lesquelles sont montées des dents, à section
carrée, dont la point est légèrement recourbée vers l'avant
(fig. 117). Cet instrument fait un travail intermédiaire entre
celui du scarificateur et celui de la herse. Il convient aux
terres fortes qui nécessitent un ameublissement superficiel
énergique.

Étude dynamique de ces machines. — Les essais effectués jusqu'à ce jour prouvent que, comme pour les charrues, l'effort nécessaire pour actionner ces diverses machines augmente avec la densité du sol.

Ainsi, au concours organisé à Hull, en 1873, par la Société royale d'Agriculture d'Angleterre, on a trouvé les efforts de traction suivants, par décimètre carré :

En terre légère (1 610 kil. par mètre cube). 39 à 50 kilos.
En terre plus forte........................ 44 à 53   —

Des essais plus récents et plus nombreux, dus à M. Ringelmann, confirment ce fait et permettent, en outre, de comparer

Fig. 117. — Diviseur (Letroteur).

entre eux les différents genres d'instruments. Voici, à titre de documents quelques-uns des résultats obtenus :

Station d'Essais de Machines (*1892*). — Essai en terre forte enherbée. Écartement des dents entre axes, $0^m,17$ et $0^m,20$. Les efforts de traction par décimètre carré de travail varient suivant que la machine est montée :

En scarificateur.................. de 37 à 57 kilogr.
En extirpateur.......................   48 kilogr.

Station d'Essais de Machines (*1894*). — Essai d'une machine à dents flexibles (cultivateur canadien). Écartement des dents entre axes : $0^m,13$. Traction par décimètre carré de travail :

Sur le labour d'automne......... 14 à 16 kilogr.
Sur vieille luzerne.............. 22 à 26   —

Tableau nº 18. — *Essais de Scarificateurs, Extirpateurs, Cultivateurs* (M. RINGELMANN). *Le Plessis (1901).*

MACHINES.	POIDS.		TRAVAIL.			TRACTION.		TRACTION MOYENNE en kg par dmq. dans la terre de densité :	
	m. machine. c. conducteur.	Total (kilogr).	Profond. (centim.).	Largeur (centim.).	Section (dmq.).	Totale kg.	Par dmq kg.	2,03	1,99
Scarificateur (E. Puzenat) (dents rigides).	m. 295	295	8	128	10,24	490,2 466,2	47,88 45,53	47,88	 45,53
Extirpateur (E. Puzenat) (dents rigides).	m. 30)	309	9	101,5	9,13	676,7 658,0	74,07 72,03	74,07	 72,03
Cultivateur (Faul) (dents flexibles).	m. 260 c. 75	335	12,25 5,50 8,75	168,5 168,5 168,5	20,64 9,27 14,75	639,4 338,0 362,0	30,98 36,46 24,56	33,72	 24,56
Cultivateur (Duncan) (dents flexibles).	m. 260 c. 85	345	5,25 9,00	134,0 134,0	7,03 12,06	327,7 290,4	46,61 24,08	46,61	 24,08
Cultivateur (Osborne) (dents flexibles).	m. 176 c. 85	261	17,4 9,9	180,5 180,5	18,78 17,86	932,4 515,5	49,5 28,8	49,5	 28,8

Concours de Moulins (1896). — Terre très légère, sableuse, enherbée. La traction par décimètre carré de travail varie pour :

les machines à dents (Scarificateurs.. de 62 à 68 kilos.
  rigides ....) Extirpateurs ...... 58 à 75 —
les cultivateurs à dents flexibles .... 33 à 50 —

On peut mettre plus en évidence l'influence de la densité d (mêmes expériences) :

	TRACTION MOYENNE par décim. carré.	
	$d = 2,03$	$d = 1,99$
Moyennes pour le scarificateur...	47^{kg},9	45^{kg},5
— pour l'extirpateur.....	74^{kg},1	72^{kg},0
— des trois cultivateurs..	42^{kg},9	25^{kg},8

La densité influe d'une manière plus sensible sur les machines à dents flexibles que sur celles à dents rigides; dans le premier cas, cette influence est très considérable.

« Différents essais montrent que sur les sols durcis et enherbés (cas d'emploi des extirpateurs) la traction par unité de section est d'autant plus élevée que la culture est superficielle.

« Pour l'exécution du même ouvrage, dans les mêmes conditions, l'énergie dépensée est plus faible avec les machines à dents flexibles qui se dégagent facilement et continuellement des obstacles.

« Nos essais dynamométriques ont montré que les dents flexibles doivent être fixées par groupes de 3 à 5 sur des châssis indépendants les uns des autres, et non sur un seul châssis rigide ; les rapports des tractions des deux genres de machines sont souvent comme 100 est à 150 (1). »

Herses.

Principe du travail des herses. — La herse était connue des anciens ; elle consistait en un grand râteau de bois tiré par des attelages.

(1) Max. Ringelmann, Rapport sur les essais du Plessis, machines destinées aux travaux de culture (*Centenaire de la Société d'Agriculture de l'Indre*, 1901).

Une herse se compose, en principe, d'un châssis sur lequel sont fixées des dents; l'ensemble se déplace sur le sol. Comme le châssis n'est pas maintenu à une hauteur invariable au-dessus du sol, l'angle sous lequel les dents attaquent le sol influe sur la profondeur de pénétration. Si on suppose une dent verticale taillée en biseau, on peut déplacer cette dent suivant la flèche *1* ou suivant la flèche *2* (fig. 118); les travaux exécutés seront très différents comme intensité. Le hersage le moins énergique sera celui opéré par le procédé suivant *2*: il est dit *en décrochant*, la dent n'ayant presque aucune tendance à pénétrer dans le sol; au contraire, suivant *1* le hersage est plus éner- gique: il est dit *en accrochant*.

Lorsque les dents sont verticales, le travail est toujours assez léger; aussi vaut-il mieux avoir des dents placées obliquement par rapport au sol et opérer soit en accrochant, soit en décrochant. Avec des herses à dents inclinables à volonté, on obtient des travaux d'énergie va-

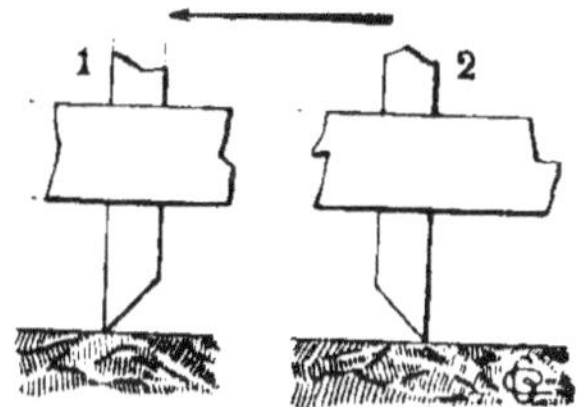

Fig. 118. — Principe du hersage en accrochant (1) et en décro- chant (2).

riée. Le poids de la herse influe également, bien entendu, sur l'entrure des dents.

Le travail fourni par la herse est toujours superficiel; ce n'est qu'exceptionnellement qu'on dépasse, ou même qu'on atteint, une profondeur de 6 à 7 centimètres. On emploie la herse our ameublir la surface du sol; elle succède normalement au scarificateur. Elle sert aussi à recouvrir les engrais ou les semences, à arracher les mousses dans les prairies, les mau- vaises herbes dans les champs, à niveler et détruire les taupi- nières, etc.; de tout petits modèles sont employés pour ratisser les allées.

En principe, les dents doivent tracer chacune un sillon, et il est inutile de faire suivre à deux dents la même ligne. Pour que le travail soit homogène, tous les sillons doivent être équidistants; il faut en outre, comme pour les scarificateurs, que les dents chargées de tracer deux sillons contigus soient aussi éloignés que possible l'une de l'autre (fig. 120); à cela près,

10.

la position des dents sur le bâti est arbitraire. Il est donc inutile de s'attarder sur les combinaisons géométriques qui ont tant préoccupé les agronomes au milieu du siècle dernier, et qui avaient pour but d'assurer l'équidistance des sillons, quelle que fût la direction de l'effort de traction par rapport à la herse; on pensait pouvoir obtenir, ainsi, des travaux d'énergies différentes, simplement en faisant usage d'un régulateur qui permettait de faire varier la largeur du train (1). Mais ce qui serait possible avec une herse composée d'une traverse ne l'est plus avec un bâti plus ou moins compliqué; les machines manquent de stabilité et le travail est irrégulier dès qu'on veut modifier la largeur du train. Il faut donc supprimer le régulateur de largeur et ne pas compter faire plusieurs genres de travaux avec une seule machine, sauf si les dents sont inclinables, comme dans les machines récentes; autrement, l'agriculteur a intérêt à posséder plusieurs herses de poids différents, pour exécuter rapidement les divers travaux. Il faut remarquer, en effet, que le passage plusieurs fois répété d'une herse légère n'équivaut pas au passage unique d'une herse lourde; avec plusieurs passages, on ameublit beaucoup mieux la terre en surface, mais on n'augmente que très peu l'ameublissement en profondeur.

Dents de herses. — Formes et procédés de fixation. — Les dents de herses furent d'abord en bois dur; on leur donnait une forme légèrement conique et on les chassait à refus dans les mortaises des pièces du châssis (fig. 119, n° 6). Mais, comme de pareilles dents s'usaient très rapidement, on n'a pas tardé à les remplacer par des dents métalliques, et on ne rencontre plus aujourd'hui que très peu de herses complètement en bois.

La forme de la section transversale des dents est très variable (fig. 119), et on en trouve de circulaires, d'elliptiques (n°s 1 et 2), de losangiques, de carrées (n°s 3 et 4), etc.; les dents de ces deux dernières formes sont toujours disposées de façon à attaquer le sol par une de leurs arêtes. Dans cer

(1) On appelle train d'une herse l'écartement des sillons extrêmes, ou, ce qui revient au même, la longueur de la projection de la partie travaillante sur une droite perpendiculaire au déplacement (fig. 121).

tains cas mêmes, la dent est constituée par un simple
morceau de cornière placé l'arète en avant (n° 5).

La largeur d'action des dents de herses ne dépasse pas, en
général, 25 ou 30 millimètres ; l'espacement moyen des sillons
ne descend pas au-dessous de 30 millimètres, et n'excède
pas 60 ; en dehors de ces limites, le hersage n'aurait plus
d'effet utile. Cependant, dans les nouvelles herses à dents
flexibles, la largeur des dents est de 50 à 60 millimètres et
leur écartement de 100 millimètres environ.

Les procédés de fixation des dents sont à peu près aussi
nombreux que les constructeurs. Dans beaucoup de cas, la

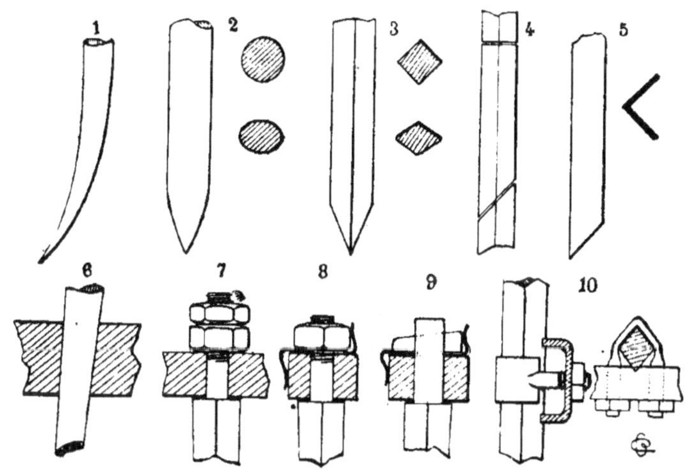

Fig. 119. — Quelques formes et quelques modes de fixations des dents de herses.

dent présente une embase, qui s'applique contre la face inférieure d'une pièce du bâti, et elle se prolonge par une queue
filetée ou percée d'un trou de clavetage ; le serrage contre
l'autre face de la pièce de bâti s'effectue à l'aide d'un écrou
ou d'une clavette (fig. 119, n°ˢ 7, 8 et 9). On doit toujours
employer un dispositif s'opposant au desserrage de l'écrou ou
de la clavette, desserrage qui se produirait très rapidement sous
l'influence des vibrations continuelles auxquelles est soumise
la herse. On emploie dans ce but de petites bandes de fer
feuillard, qu'on engage en même temps que la clavette dans
le trou de la tige et qu'on rabat de deux coups de marteau,

après serrage, contre le talon de la clavette et contre le bâti (n° 9). On se sert de bandes du même genre, mais percées d'un trou, pour empêcher le desserrage des écrous (n° 8). Dans le même but, on fait aussi usage du *contre-écrou*, c'est-à-dire deuxième écrou, un peu moins épais que le premier et serré sur lui (n° 7); ce dernier procédé est très efficace, mais à condition que l'écrou et le contre-écrou soient serrés indépendamment l'un de l'autre, car si on les réunit dans la clé pour les serrer d'un seul coup, le contre-écrou n'a pas d'effet. Cette recommandation ne s'applique pas uniquement aux écrous de serrage des dents de herses, mais, d'une façon générale, à tous les cas où un contre-écrou est utilisé pour empêcher l'écrou de se dévisser.

Certaines machines et, notammment, les herses à dents inclinables, ont les dents fixées sur les traverses du bâti au moyen de petits étriers serrés par des vis ou par des écrous; lorsque la dent est à section carrée ou losangique, la traverse présente une petite échancrure dans laquelle la dent vient s'encastrer (fig. 119, n° 10). L'axe de l'écrou est alors, en travail normal, presque horizontal; il y a tout lieu de croire que, dans cette position, l'influence des vibrations imprimées à la herse est, sinon nulle, du moins très faible, puisqu'on n'emploie jamais ni contre-écrou, ni feuillard pour en éviter le desserrage.

Quelques herses, construites et employées depuis peu aux États-Unis et en Europe, sont pourvues de dents à ressorts qui ressemblent beaucoup aux dents flexibles de cultivateurs; comme il s'agit de produire un travail moins énergique que celui demandé au scarificateur, les lames ne sont pas doublées d'un second ressort dans le voisinage de l'encastrement, et l'extrémité libre du ressort sert parfois de pièce travaillante. Mais on trouve aussi des machines dans lesquelles la dent proprement dite est réversible et boulonnée à l'extrémité du ressort. Le poids par dent n'a ici qu'une influence négligeable; on modifie l'intensité du hersage en agissant sur l'angle d'attaque de la dent par rapport au sol (fig. 125).

On a construit récemment, en France et à l'étranger, des herses à dents flexibles avec pointe rapportée, de section quadrangulaire comme dans les modèles courants ; les ressorts sont fixés sur des traverses cylindriques au moyen d'étriers, et l'angle d'attaque peut également être modifié (fig. 124).

Bâtis. — *Différentes catégories de herses.* — Si l'on tient compte des différents procédés employés pour ameublir superficiellement le sol à l'aide des pièces qui viennent d'être décrites, on peut immédiatement classer les herses en trois catégories principales :

1° La machine étant tirée par l'attelage, les dents se déplacent simplement dans la direction de l'effort de traction : la herse est dite *trainante* ;

2° Sous l'effort de l'attelage, le châssis qui supporte les dents tourne sur lui-même, autour d'un axe vertical, en même temps qu'il se déplace dans la direction de la traction : la herse est *rotative* ;

3° Les dents sont implantées sur des cylindres, montés sur des tourillons dont les axes sont parallèles au sol et perpendiculaires à la direction de traction ; ces cylindres tournent pendant que la machine se déplace : on a une herse *roulante*.

Examinons séparément chacune de ces trois catégories.

Herses traînantes.

Elles sont de beaucoup les plus nombreuses ; nous subdiviserons cette catégorie en trois sous-catégories.

1° **Herses rigides.** — Ce sont les plus anciennes. Leur bâti a généralement la forme d'un triangle isocèle, muni de traverses parallèles à la base, sur lesquelles sont implantées les dents, qui sont souvent en bois ; on trouve aussi des bâtis rectangulaires, trapéziques, etc.

De Valcourt semble avoir songé le premier à améliorer la herse ; il a créé, vers 1820, le type connu sous le nom de herse de Valcourt. Elle se compose d'un certain nombre de *limons* en bois, disposés obliquement par rapport à la direction de traction, et sur lesquels sont fixées les dents ; les limons sont réunis par des *traverses*, et le cadre en forme de parallélogramme, ainsi obtenu, est triangulé par des *traîneaux* qui, étant fixés au-dessus des limons et des traverses, servent à faire glisser la herse après retournement, pendant le transport de la ferme aux champs (fig. 120). L'effort de traction est appliqué par l'intermédiaire d'une chaîne de longueur fixe ; on engage le crochet d'attelage dans l'un ou l'autre des maillons, suivant la largeur qu'on veut donner au train (régulateur elliptique). Nous avons vu précédemment ce qu'il y a lieu de penser de ce mode de réglage.

Dans certains modèles étrangers, l'effort de traction est reporté au centre de gravité du bâti par une tige dont on peut varier l'inclinaison par rapport à ce bâti ; cette tige, qui

Fig. 120. — Herse traînante rigide, type de Valcourt (J. Garnier).

sert de régulateur, évite que les dents d'avant, soulevées par l'attelage, se déplacent sans entamer le sol.

Pour la culture en billons, on se sert de herses rigides dans lesquelles les dents sont montées sur des traverses secondaires cintrées qui épousent tantôt la forme de l'ados, tantôt celle de la cuvette du billon (fig. 122).

Les herses rigides du type de Valcourt sont assez fortement influencées par les obstacles ; en travail, les trajectoires des dents ne sont pas parallèles à la direction de traction, et sont, au contraire, très sinueuses et très irrégulières. On en a considérablement amélioré la stabilité en ajoutant au châssis principal deux petits châssis, également en forme de parallélogramme, mais inclinés en sens inverse et appliqués contre les deux petits côtés du premier ; cet ensemble de trois herses parallélogrammiques constitue une herse en Z ou en *zig-zag*. On ignore qui a eu l'idée de cette modification ; toujours est-il

que les herses zig-zag n'ont été réellement employées que
lorsqu'on les a construites en métal. On a pu, dès lors, en
adoptant des limons métalliques cintrés, augmenter ou
diminuer presque à volonté la largeur des herses. Remarquons,
en passant, qu'il n'y a pas intérêt à faire descendre la largeur
de la herse au-dessous de la dimension correspondant à
l'effort normalement déployé par un animal, car, alors, on
n'utiliserait pas complètement la puissance du moteur.

2º **Herses accouplées.** — Lorsque le terrain n'est pas parfaitement plan, il y a des zones qui ne sont pas atteintes par les
dents des herses rigides; aussi a-t-on cherché, tout en
conservant le principe de ces machines, à permettre au bâti
de se déformer légèrement, pour mieux suivre les irrégularités du sol. On a d'abord employé deux cadres de herse
Valcourt réunis par leurs limons à l'aide de charnières ;
mais les charnières étaient rapidement faussées ou engorgées
et ne fonctionnaient plus.

Lorsque l'utilisation du métal dans la construction agricole
est devenue plus fréquente, on a eu l'idée d'associer plusieurs
éléments de herses zig-zag et de les disposer côte à côte, en
les réunissant, au moyen de chaînes, à une traverse commune,
par l'intermédiaire de laquelle s'effectuait la traction. La
herse ainsi constituée est dite *accouplée*. Chaque élément en
zig-zag prend le nom de *compartiment*, et la herse est caracté-
risée par le nombre des compartiments, ainsi que par le
nombre des limons contenus dans chaque compartiment.

Le seul défaut de ces machines est que les différents compartiments chevauchent l'un sur l'autre et s'enchevêtrent
lorsqu'on tourne aux extrémités des champs; on ne les sépare
pas toujours sans difficulté et, en tout cas, sans subir une
perte de temps très appréciable. Aussi s'est-on ingénié à trouver
des dispositifs permettant aux compartiments de se déplacer
les uns par rapport aux autres suivant la verticale, mais en ne
leur laissant prendre qu'un très faible jeu latéral (fig. 121). On
accouple par exemple deux compartiments voisins au moyen
d'un anneau, solidaire de l'un des bâtis, dans lequel vient
s'engager un crochet fixé sur l'autre bâti. L'anneau est parallèle
aux bâtis; le crochet leur est perpendiculaire et sa dimension

est assez grande pour que les compartiments ainsi reliés puissent se déplacer suffisamment. Des taquets empêchent le crochet de sortir de l'anneau, sauf quand on les met dans une certaine position ; on peut donc démonter la herse en autant d'éléments qu'elle contient de compartiments, mais, en travail, ces compartiments sont inséparables. On a aussi la

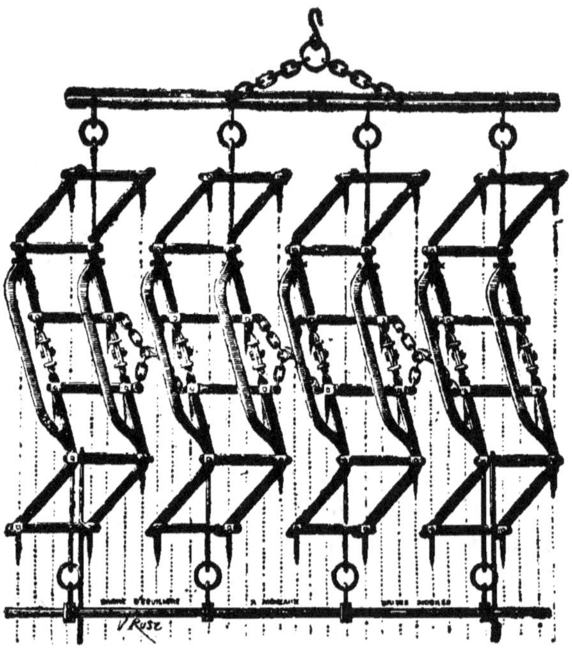

Fig. 121. — Herse à compartiments en zig-zag (E. Puzenat et fils).

ressource de réunir les compartiments, à l'arrière, par des bielles d'accouplement.

Les dispositifs tendant au même but, quoique très nombreux, sont à peu près tous équivalents. En somme, plus sera efficace le mécanisme employé pour éviter, aux tournants, le coincement des compartiments, plus la herse accouplée se rapprochera d'une herse rigide ; de sorte qu'il ne faut pas s'exagérer l'importance de ces organes spéciaux. On se contente souvent de relier les compartiments, en arrière et en avant, à une traverse en fer ou à une simple perche ; bien

que le frottement de la traverse ou de la perche sur le sol
nécessite une dépense supplémentaire d'énergie, ce mode de
liaison est assez recommandable, parce qu'il est simple et
laisse à la herse la plus grande partie de sa souplesse. Il est
bon, en outre, de réunir les compartiments entre eux à l'aide
de chainettes placées à la partie médiane des limons ; on les
dispose généralement en croix (fig. 121).

On emploie également des herses à compartiments cintrés,
dont les éléments sont reliés par des systèmes articulés, pour
le hersage des billons (fig. 122).

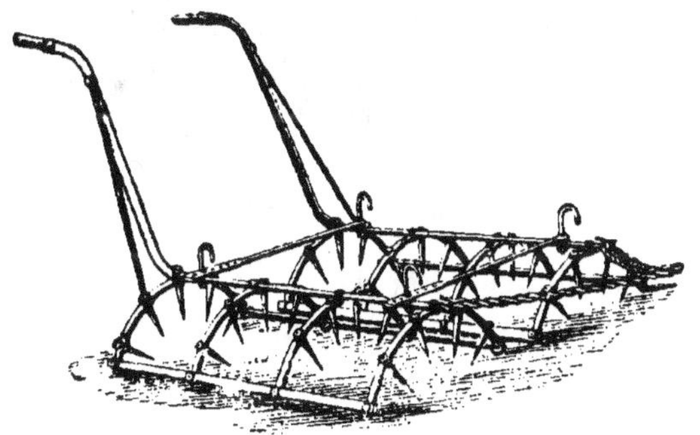

Fig. 122. — Herse à deux compartiments, à écartement variable, pour billons
(J. Cooke and sons).

Les herses accouplées sont presque toujours pourvues de
traîneaux en fer qui peuvent servir, comme dans la herse de
Valcourt, à consolider les compartiments par triangulation et
qui permettent, en tout cas, de faire passer la machine sur les
chemins, après renversement (fig. 121). Les compartiments du
centre en sont, parfois, seuls munis, et l'on se borne, pour le
transport sur route, à rejeter sur eux les compartiments latéraux. Dans certains cas, on charge la herse sur un traîneau
spécial, qui ne fait pas partie de la machine.

Les herses accouplées sont appelées également herses
articulées. C'est une dénomination impropre, qui a l'inconvénient de prêter à confusion avec certaines machines d'autres
catégories.

C'est encore aux herses accouplées qu'il faut rattacher les
nouvelles herses américaines et celles construites en France

sur les modèles américains récents ; elles sont formées, en
effet, de deux ou plusieurs compartiments, reliés entre eux par
des charnières ou réunis, par des chaînes ou des crochets, à
une traverse antérieure (fig. 123).

Fig. 123. — Herse à compartiments, à dents inclinables rigides (Cⁱᵉ Internationale
des machines agricoles).

Que les dents de ces herses soient flexibles ou non, elles
sont montées sur des traverses métalliques, en fer profilé,
plat, rond, en U, etc., qui sont toujours articulées de façon à

Fig. 124. — Compartiment de herse à dents inclinables rigides, montées
sur ressorts (Eadow-Sillcox-Bizet et Guérinat).

pivoter autour d'axes parallèles au sol. Ces traverses sont
reliées entre elles par des bielles d'accouplement, et un levier
à encliquetage permet de donner d'un seul coup, à toutes les

dents, l'inclinaison qui correspond au travail qu'on veut obtenir (fig. 123, 124 et 125).

Lorsque les dents sont rigides, la machine est alors une herse à dents inclinables (fig. 123 et 124); la disposition des traverses et des dents est telle que l'on peut la considérer comme une herse en zig-zag. Remarquons que ce genre de machines a pris naissance en France; mais les procédés de construction qu'on y appliquait alors étaient trop rudimentaires pour qu'on pût livrer des instruments capables de faire un bon service. Nous avons déjà signalé les principales particularités de mon-

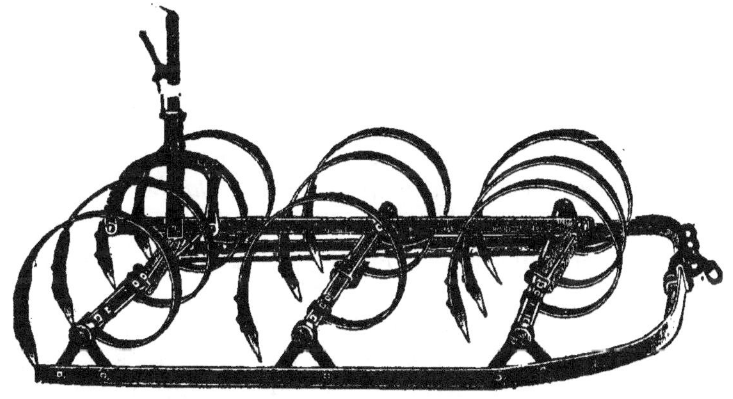

Fig. 125. — Herse à dents flexibles (R. Wallut et Cie).

tage de ces machines. La course du levier est d'un peu plus de 90°; pour le transport, la pointe des dents est complètement effacée, et la machine repose sur les longrines du châssis, qui forment alors traîneau.

Les herses à dents flexibles sont montées presque exactement de la même façon que les cultivateurs à dents flexibles et à petites roues étudiés précédemment. Les roues et le siège manquent seuls; mais le réglage s'effectue simplement aussi à l'aide de leviers. Pour transporter la machine sur les routes, on fait tourner les traverses de façon que les pointes des dents ne touchent plus le sol; la herse repose dès lors soit sur des patins, soit sur le cadre, qui forme traîneau, soit enfin sur le dos des lames-ressorts.

On désigne sous le nom de *Herses combinées* des machines à dents flexibles dont le bâti est muni, à l'arrière, d'une traverse supplémentaire garnie de dents rigides qui râtissent et égalisent la surface du sol ; l'inclinaison des dents de cette sorte de râteau est modifiable, grâce à un secteur pourvu de trous et à une goupille qui le relie à une tige fixe : c'est, en somme, un mécanisme de régulateur discontinu.

3° ***Herses souples.*** — Les herses accouplées fournissent un travail plus régulier que les herses rigides ; si, cependant, elles suivent assez bien les irrégularités du profil en travers du sol, il n'en est pas de même pour celles du profil en long. Comme il est désirable, lors de certains travaux, notamment quand il s'agit d'enterrer des semis faits à la volée, que le travail soit très régulier, on s'est appliqué à construire des instruments doués d'autant de mobilité transversale et possédant plus de souplesse longitudinale que les herses accouplées ; c'est ainsi qu'on a créé les *herses souples* appelées aussi *herses milanaises*. L'intérêt qu'elles présentaient autrefois diminue actuellement, l'emploi des semoirs en lignes devenant de plus en plus général.

On a pensé, tout d'abord, qu'il suffirait, pour obtenir toute la souplesse voulue, d'employer des limons formés d'autant de pièces, articulées entre elles, qu'il y a de dents. Plus exactement, on a constitué les dents par des pièces métalliques en forme de T, percées d'un trou aux deux extrémités de la barre horizontale ; les différentes dents étaient assemblées par des traverses cylindriques, autour desquelles elles pouvaient pivoter, et étaient maintenues à l'écartement convenable par des manchons cylindriques enfilés sur les traverses (fig. 126)·

Fig. 126. — Herse souple (Eckert).

On supposait qu'ainsi construite, la herse épouserait exactement la configuration du sol ; en réalité, la herse est toujours plus ou moins tendue, entre certaines dents qui éprouvent une résistance élevée, et la partie antérieure qui reçoit l'effort de l'attelage ; si elles sont moins rigides que les herses précédemment étudiées, ces machines ne sont cependant pas complètement souples.

Pour simplifier la construction, on a divisé la herse en un grand nombre de petits compartiments réunis les uns aux autres par des anneaux ou des crochets; chaque compartiment comporte généralement trois dents. Les premiers types étaient en fonte ; comme ils se cassaient fréquemment, on a monté les trois dents sur un cadre triangulaire, en fil de fer ou d'acier, dont les trois sommets étaient noyés, au moment de la coulée, dans les pièces de fonte formant les dents. Ce dernier mode de fabrication est encore employé pour les herses dites à trépied (fig. 127). Plus récemment, les constructeurs français

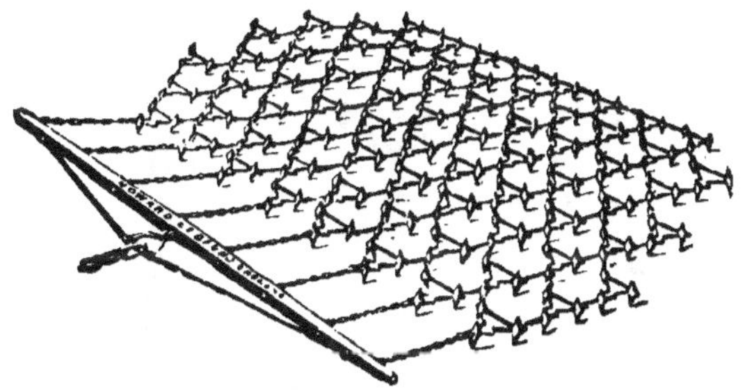

Fig. 127. — Herse souple à trépied (Howard-Pilter).

ont adopté des supports en acier affectant la forme d'un cercle ou d'une fourche, et sur lesquels ils rapportent, à l'aide de boulons, les dents qui sont elles-mêmes en acier coulé ou estampé (fig. 128); les éléments sont réunis par des anneaux. Les dents ont toujours deux pointes d'inégale longueur (D_1 et D_2), situées de part et d'autre du cadre. Comme on peut utiliser à volonté les petites ou les grandes pointes et tirer, en outre, la herse dans un sens ou dans l'autre, on pensait pouvoir effectuer, avec la même machine, quatre travaux d'énergies différentes, dont deux en accrochant et deux en décrochant; mais ces herses ne permettent jamais d'exécuter que des travaux assez légers, et les quatre hersages ainsi obtenus ne sont en réalité pas très différents.

On construit, en France, des herses souples entièrement en

fil d'acier ; chaque élément est formé (fig. 129) de deux fils tordus ensemble sur une faible longueur, puis courbés de façon que l'ensemble figure grossièrement un X. Les deux branches d'avant forment un crochet ; celles d'arrière sont repliées en boucle et se terminent en pointe, perpendiculairement à leur ancienne direction. On a ainsi deux dents ; la troisième est au niveau du croisement des deux fils et est obtenue en repliant

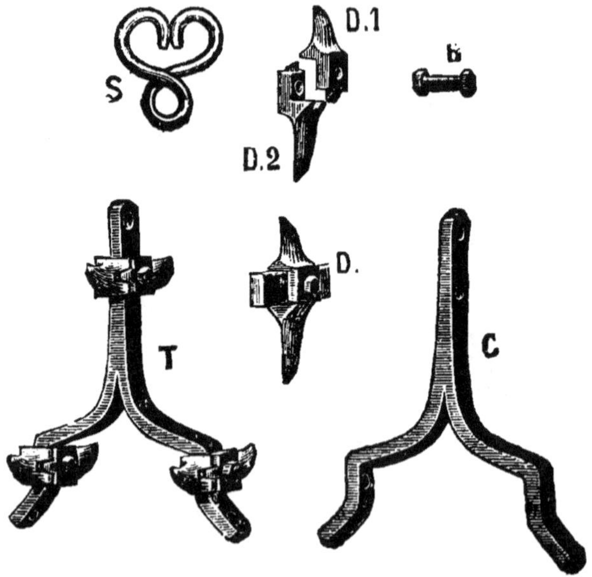

Fig. 128. — Éléments d'une herse à trépied (E. Puzenat et fils).

C, fourche : D_1 et D_2 deux éléments qui, assemblés, forment la dent D ; B, boulon d'assemblage de D sur C ; T, trépied monté ; S, anneaux pour relier les différents trépieds.

et martelant à la forge l'un des deux brins. On constitue la herse en introduisant les crochets d'avant des différents éléments dans les boucles d'arrière des éléments précédents. On ajoute, au besoin, de place en place, des contrepoids mobiles, pour augmenter l'énergie du hersage.

On emploie aussi, pour des travaux très légers, des herses souples dites *herses à chaînons*, formées d'anneaux enfilés les uns dans les autres à la façon d'une cotte de mailles. On a proposé également, pour mieux ameublir les terres un peu mot-

teuses, des herses formées de disques tranchants en acier, à
bord dentelé, percés d'un œil assez grand et réunis par des
chaînons. On pensait que ces disques, dont le plan est vertical,
ou à peu près, tourneraient quand la herse se déplacerait et
découperaient les mottes, mais ces prévisions ne sont pas
réalisées, et ce type de machines a dû être abandonné.

Les seules herses vraiment souples sont les *herses à dents
indépendantes*, appelées également herses *à clavier*. Elles com-

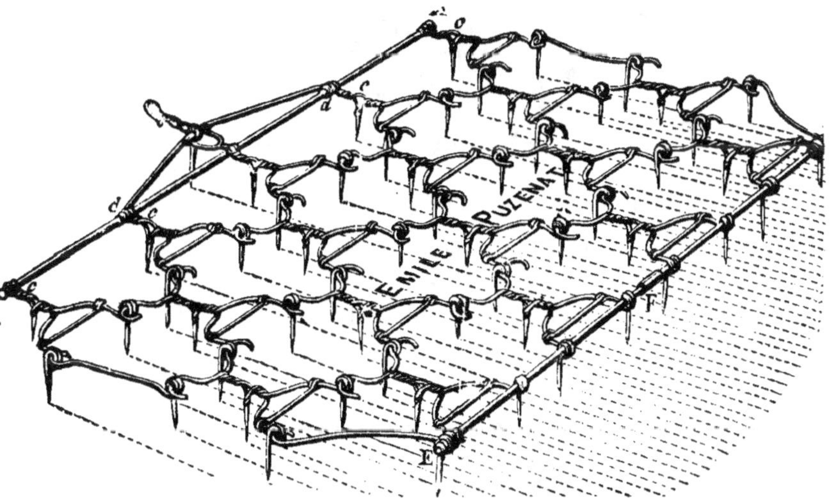

Fig. 129. — Herse souple en fils d'acier (E. Puzenat et fils).

portent un bâti, généralement triangulaire et supporté par
trois roues de petit diamètre ; une traverse cylindrique, parallèle à la base, sert de support et d'articulation aux dents, qui
ont la forme d'un V à branches inégales, la plus petite étant la
pièce travaillante proprement dite. La longueur de la grande
branche est, d'ailleurs, variable, de façon que toutes les dents
ne soient pas sur la même ligne, précaution indispensable pour
éviter le bourrage. On peut soulever toutes les dents à la fois,
à l'aide d'un levier, pour tourner la machine ; on peut également
ment relever complètement certaines dents, sans rien démonter, et utiliser la herse comme houe. C'est en vue des sarclages
qu'est disposée la herse à clavier représentée par la figure 130.

Ces machines fonctionnent bien, à la condition que les pointes des dents soient légèrement recourbées en avant, sans

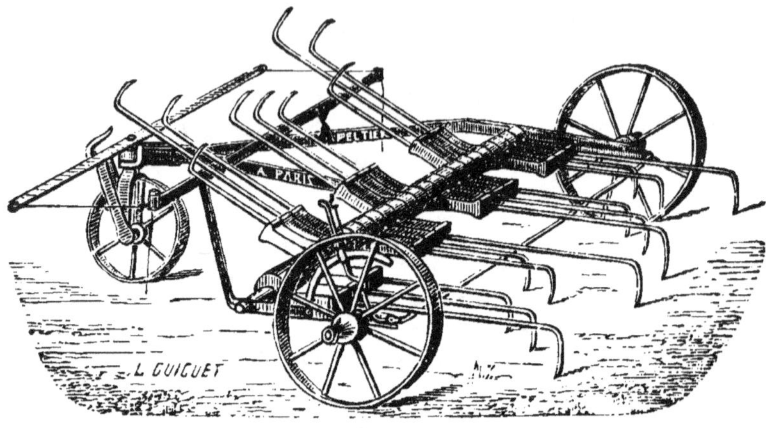

Fig. 130. — Herse à clavier (A. Senet).

quoi elles ne pénètrent pas assez dans le sol ; elles ne sont, pourtant, que très peu employées.

Herses rotatives.

Nous signalerons simplement ces machines, qui ne présentent pas d'intérêt, mais qu'on voit réapparaître périodiquement. Elles se composent, en principe, d'un châssis circulaire, parallèle au sol ; ce châssis, sur lequel sont fixées les dents, est monté sur un pivot central perpendiculaire à son plan. Dans les modèles les plus simples, la traction est appliquée à ce pivot par l'intermédiaire d'un collier ; une tige, pourvue d'un contrepoids et articulée sur le pivot, fait avec la direction de l'effort de traction un angle constant, qu'on peut du reste régler à volonté. Les dents situées au voisinage du contrepoids pénètrent plus profondément dans le sol que les autres ; par suite, lorsque l'attelage tire la herse, elles éprouvent une résistance plus grande et, pendant que le pivot avance dans la direction de l'effort de traction, le châssis tourne autour de la dent qui est la plus engagée dans le sol. L'action du contrepoids s'exerce alors sur une nouvelle dent, qui vient se placer au-dessous de lui ; les dents qui jouent ainsi, chacune à leur tour, le rôle d'un axe instantané de rotation pour le châssis, se succèdent d'ailleurs assez rapidement.

Dans certains modèles, on a accouplé, à l'aide d'une traverse, deux éléments identique tournant en sens inverse (fig. 131).

Ces machines rotatives sont ingénieuses, mais elles produisent un travail très irrégulier, parce que le côté du train où se trouve le contrepoids est hersé plus profondément que

Fig. 131. — Herse rotative.

le reste ; de plus, les sillons tracés, qui ont, à peu de chose près, la forme de cycloïdes, sont très rapprochés sur les deux bords du train et beaucoup plus éloignés dans sa partie moyenne (1). Pour remédier à l'inégalité d'entrure des dents, on a monté la herse sur un châssis à roues, parallèlement au sol, et on lui a communiqué le mouvement de rotation à l'aide d'engrenages commandés par les roues porteuses. L'écartement des sillons n'en est pas devenu plus régulier ; toutes ces herses rotatives doivent donc être rejetées *a priori*.

Herses roulantes.

Proposées, autrefois, sous le nom de herses *norvégiennes*, puis abandonnées, ces machines sont employées à nouveau depuis quelques années. Elles sont fréquemment désignées sous le nom d'*écroûteuses*, *émotteuses*, etc.; parfois aussi on

(1) Pour ce qui concerne les *Cycloïdes*, Cf. les *Moteurs Agricoles*, p. 86 (Encyclopédie Agricole).

11.

leur restitue leur ancienne dénomination de herses norvégiennes.

Herses norvégiennes. — Les herses norvégiennes consis-
taient primitivement en des cylindres de bois, garnis de
longues dents en fer, et montés à tourillons dans un châssis
rectangulaire; le déplacement s'effectuant perpendiculairement aux axes des cylindres, ceux-ci tournaient, et les pointes
des dents, décrivant des courbes voisines de cycloïdes rac-
courcies, brisaient les mottes et cultivaient le sol sur une

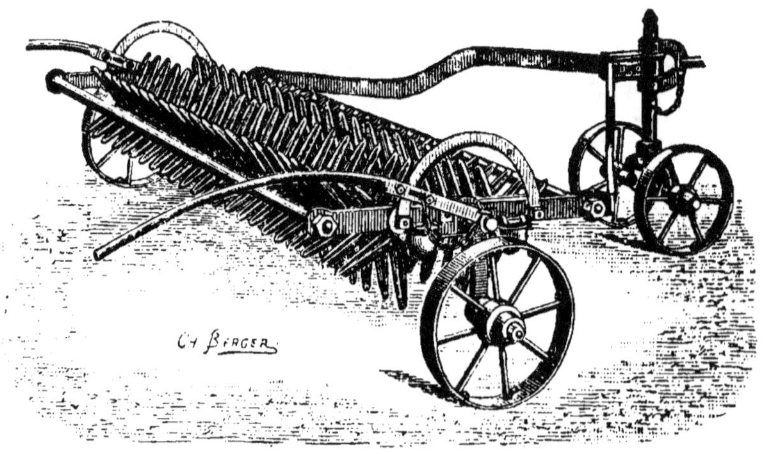

Fig. 132. — Herse norvégienne (Amiot).

certaine profondeur. Plus tard, les pièces travaillantes ont été
montées sur un châssis métallique de scarificateur, à trois
roues, avec relevage par essieu coudé. On a constitué les
pièces travaillantes par une série d'étoiles à longues branches,
enfilées sur un arbre à section carrée (fig. 132).

Actuellement, les herses roulantes sont montées sur un
simple cadre rectangulaire; les disques étoilés n'ont guère
plus de 15 centimètres de diamètre. En employant des disques
à cinq dents ou à six dents, percés d'un trou ae section carrée,
on peut, avec des pièces toutes semblables, mais enfilées sur
l'arbre carré après rotation de 90° l'une par rapport à
l'autre, obtenir le même résultat que si les dents étaient
implantées en hélice sur un cylindre commun. Si, de plus,

on a soin que l'arbre soit un peu plus petit que les trous dans
lesquelles on l'engage, on laisse aux disques un certain jeu,
et les mottes retenues entre deux dents consécutives ne
tardent pas à se désagréger et à dégager la machine.

Les modèles les plus petits n'ont qu'un seul compartiment ;
les types plus forts en ont deux ou trois, qui sont réunis par
des charnières (fig. 134, 135 et 136).

Pour transporter ces herses sur les routes, on utilise différents dispositifs. On peut, par exemple, les charger sur des
traîneaux ou sur des chariots spéciaux ; lorsque la herse est

Fig. 133. — Herse norvégienne en position de travail (A. Bajac).

à deux compartiments, on les replie l'un sur l'autre pour
n'employer qu'un traîneau. D'autres fois, le bâti est muni
de roues, placées du côté opposé à celui où se trouvent les
pièces travaillantes ; on retourne la herse sens dessus dessous
pour la faire passer de la position de travail à la position de
transport, et inversement (fig. 133). Ce système n'est utilisé
que pour les petites herses ; dans les modèles à bras, on remplace même les roues par un rouleau qui sert à la fois pour
plomber le sol et pour transporter la machine.

Les types employés le plus couramment en culture sont à
deux compartiments et supportés par quatre roues. Pour les
mettre en position de transport, on soulève le bâti sur les
roues, et on le rend rigide au moyen de verrous. Certains
constructeurs articulent les quatre roues autour d'axes horizontaux, de manière à pouvoir les relever au-dessus du bâti quand
la machine est en travail. D'autres n'emploient qu'une seule
roue articulée, mais font usage d'un essieu coudé indépendant,

à deux roues et à levier, qu'on vient engager dans des crochets

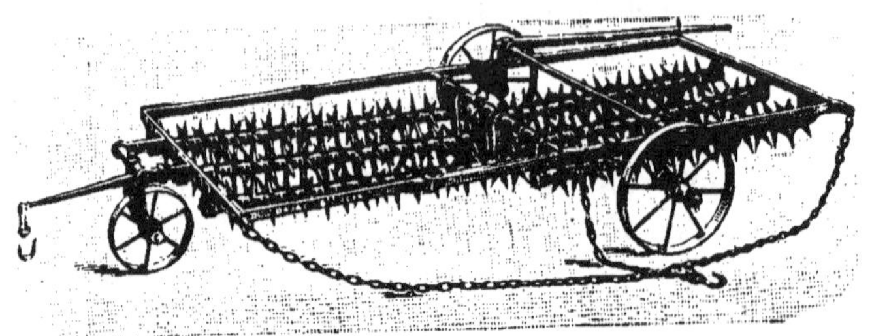

Fig. 134. — Herse écroûteuse-émotteuse, en position de transport (A. Bajac).

fixés sur le bâti, quand on veut relever la herse ; le levier est

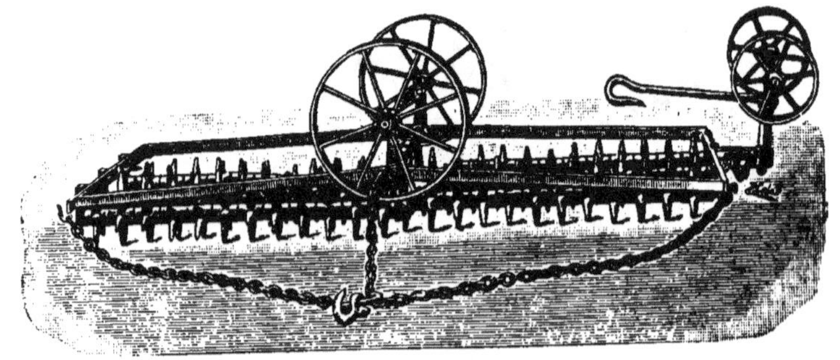

Fig. 135. — Herse émotteuse en travail et en transport (Letroteur).

ensuite rabattu contre le bâti et verrouillé sur lui (fig. 134).
D'autres, enfin, conservent le principe du châssis à retourne-

ment, mais replient le deuxième compartiment sur le premier
(fig. 135).

Machines diverses servant à ameublir superficiellement le sol.

On peut faire rentrer dans la catégorie des herses deux
machines qui diffèrent totalement, comme principe, de celles
que nous avons étudiées, mais qui donnent des résultats équivalents. Elles sont toutes deux originaires des États-Unis.

Herse Acme. — La herse Acme se compose (fig. 136) d'une

Fig. 136. — Herse Acme (E. Puzenat et fils).

traverse fixée perpendiculairement à un timon d'attelage, et
sur laquelle sont montées des pièces travaillantes, formées
chacune d'une lame d'acier recourbée et contournée ; ces
pièces agissent à la façon de versoirs minuscules et déplacent
latéralement la terre. Le plus souvent, on emploie deux traverses parallèles; les pièces fixées sur la traverse postérieure
sont alors plus longues que les autres et sont recourbées en sens
inverse. Généralement même, on les sépare à l'arrière en deux
parties superposées. La terre déplacée par les lames antérieures
est ramenée à sa première position par les lames postérieures.
La machine est pourvue d'un siège, et le conducteur dispose

d'un levier pour incliner plus ou moins les dents par rapport au sol. Les herses Acme ne sont guère employées en France; aux États-Unis, elles cèdent la place aux pulvériseurs.

Pulvériseurs. — Les pulvériseurs ou *herses à disques* (*disc harrows*), sont composés de pièces en forme de cône ou de calotte sphérique à bord tranchant, montées sur deux axes. Ces pièces, qu'on appelle, à tort, des disques, sont analogues aux disques des charrues américaines; elles sont également en acier embouti, mais leur diamètre est plus petit, et le plan

Fig. 137. — Pulvériseur à disques (Intercontinental Harvesting Cᵒ).

de leur bord tranchant est perpendiculaire au sol. Les deux axes sont reliés à un bâti pourvu d'une flèche et d'un siège; des leviers permettent d'obliquer plus ou moins les axes par rapport à la direction de traction (fig. 137). Pour le transport sur routes, on met les deux axes dans le prolongement l'un de l'autre, perpendiculairement à la flèche (quelquefois, cependant, on rabat des roues articulées). En travail, on les oblique plus ou moins, suivant l'énergie que l'on veut donner à la façon culturale; il y a d'ailleurs, au-dessus des axes, des caisses en bois ou en métal, dans lesquelles on peut accumuler de la terre ou des pierres, afin d'augmenter l'entrure des disques. Ceux-ci, étant placés obliquement par rapport à la direction suivie par l'attelage, prennent un mouvement

de rotation et soulèvent la terre; des raclettes détachent des
disques la terre qui pourrait y adhérer; celle-ci retombe absolument émiettée.

En vue des terres difficiles à travailler, on construit des pulvériseurs dont les bords sont découpés en forme de dents
larges, ou même dont les pièces travaillantes sont composées

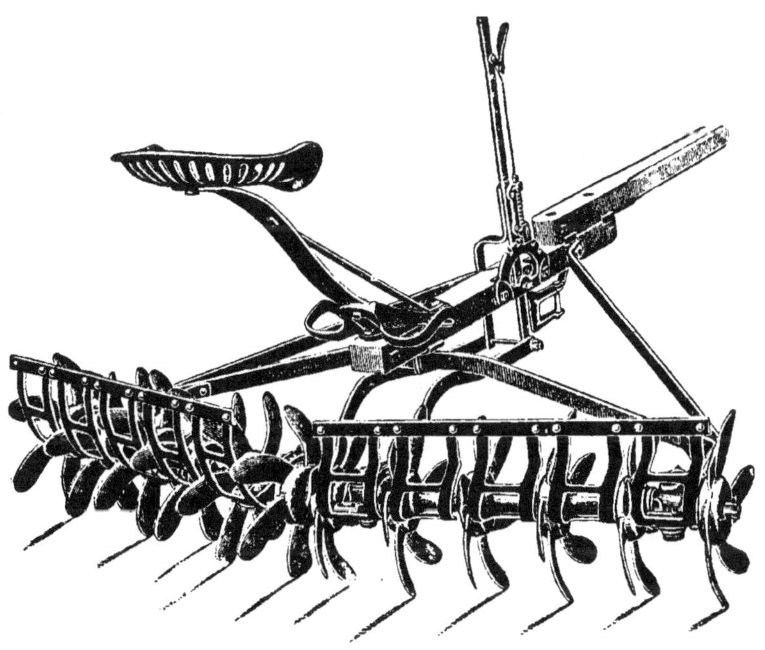

Fig. 138. — Pulvériseur à dents, type Morgan (Duncan).

de palettes contournées, fixées sur un noyau cylindrique
(fig. 138). Ces machines font un travail très énergique; elles
agissent à la fois comme brise-mottes et comme cultivateurs.

Les pulvériseurs peuvent aussi servir à déchaumer.

Lorsqu'on a employé les pulvériseurs pour enfouir les
semences, il semble, lors de la levée, que les semis aient été
effectués en lignes ou tout au moins en bandes. Il en est à peu
près de même, d'ailleurs, avec les herses Acme.

Ces deux genres de machines effectuent une très grande
quantité de travail par jour.

Étude dynamique de la herse.

Nous extrayons, du rapport de M. Ringelmann sur les essais du Plessis, les chiffres suivants, qui résultent des expériences effectuées tant à Grand-Jouan et à Grignon qu'au Plessis même. Ils sont relatifs aux principaux types de herses que nous avons décrits ; on y voit clairement, pour les machines à dents rigides, l'influence du poids par dent et, pour toutes les herses, en général, celle de la largeur d'action des dents. La

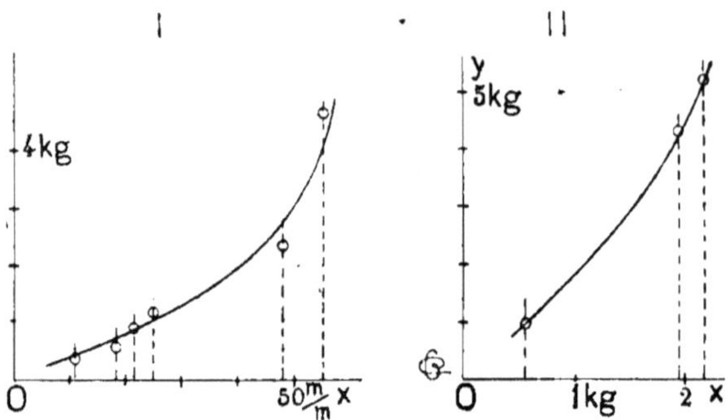

Fig. 139. — Représentation graphique de la dynamique de la herse. Efforts de traction (suivant Oy) nécessités par une dent en raison (suivant Ox) de sa largeur par centimètre de profondeur (I) et de son poids (II).

figure 138 est la représentation graphique des résultats d'expériences.

Les principaux résultats des essais du Plessis sont consignés dans le tableau n° 19. Dans ces essais, chaque herse a fonctionné successivement sur un sol préalablement scarifié, en travers des raies du scarificateur, et sur un sol enherbé, contigu au précédent et de même nature (1).

(1) M. Ringelmann, *Rapport sur les essais du Plessis* (Centenaire de la Société d'Agriculture de l'Indre).

| MACHINES. | PROFON-DEUR en centim. | TRACTION TOTALE. | | TRACTION MOYENNE. | | | |
| | | | | Par dent. | | Par dent et par centim. de profondeur. | |
		Sol scarifié. kil.	Sol enherbé. kil.	Sol scarifié. kil.	Sol enherbé. kil.	Sol scarifié. kil.	Sol enherbé. kil.
E. Puzenat (en Z)............	5	282,4	—	5,2	—	1,04	—
	2	—	269,0	—	4,9		2,45
Fraudet (en Z)............	5	186,5	—	4,1	—	0,82	—
	2	—	223,8	—	4,9	—	3,30
Osborne (dents inclinables)...	6	213,12	—	3,5	—	0,58	—
	4,5	133,2	—	2,2	—	0,49	—
	1,5	—	255,7	—	4,2	—	2,80
Osborne combinée (dents flexi-bles avec niveleuse)........	7	378,3	—	23,6	—	3,40	—
	5	242,4	—	15,1	—	3,02	—
	5,5	—	330,3	—	20,6	—	3,75
Osborne (dents flexibles)......	9	346,3	—	20,3	—	2,25	—
	9	333,3	—	19,5	—	2,18	—
	7	—	347,6	—	20,4	—	2,9
Duncan (dents flexibles)......	8	663,3	—	39,0	—	4,87	—
	7	535,5	—	31,5	—	4,50	—
	6	—	692,6	—	40,7	—	6,80 (1)
	5	—	322,3	—	18,9	—	3,15
E. Puzenat (souple)..........	2,5	178,0	—	0,94	—	0,38	—
	1	—	167,8	—	0,88	—	0,88

(1) Dans cet essai de la herse Duncan, un homme appuyait sur les leviers, en occasionnant un supplément de résistance.

En ne comparant entre elles que les herses à dents droites et rigides, on voit que, suivant le poids par dent, ces machines ont exigé les tractions suivantes :

| | | TRACTION PAR DENT. | |
Machines.	Poids par dent.	Sol scarifié.	Sol enherbé.
E. Puzenat (souple).....	0kg,56	0kg,94	0kg,88
Fraudet (en Z).........	1kg,93	4kg,10	4kg,90
E. Puzenat (en Z)......	2kg,18	5kg,20	4kg,90

En essayant à Grand-Jouan, en 1886, deux herses de M. E. Puzenat, l'une souple, l'autre en Z, M. Ringelman avait obtenu les résultats consignés dans le tableau n° 20.

Tableau n° 20. — *Influence du poids par dent sur la traction nécessitée par les herses.*

DENSITÉ du sol.	POIDS d'un décim. cube de terre. kil.	HERSAGE.	HERSE.	POIDS par dent. kil.	TRACTION par dent. kil.
1,90	1,155	En travers du labour.	Souple.	2,09	5,09
			En Z..	2,65	6,80
		Dans le sens du labour..........	Souple.	2,09	5,25
			Souple.	4,81	9,05
			En Z..	2,65	7,24
1,92	1,215	Sur sol labouré et roulé..............	Souple.	2,09	4,55
			Souple.	4,81	8,76
			En Z..	2,65	6,59
—	—	Prairie naturelle très humide, en très mauvais état ; beaucoup d'herbes mortes et de mousses........	Souple.	2,09	3,72
			En Z..	2,65	5,46

Le tableau 21 résume des esssais effectués, à Grand-Jouand, le même jour et dans le même champ, en 1885.

Tableau n° 21. — *Résultats généraux concernant les herses. Grand-Jouan, 1885*
(RINGELMANN).

INDICATIONS.	HERSE de Valcourt.	HERSES TRAINANTES à dents solidaires.			HERSES articulées à dents souples.		HERSE à clavier.	HERSE Acme.
								Poids total.
Poids par dent (kilogr.).............	2,75	1,65	1,85	2,65	1,95	2,00	—	80
								(larg. 1m,74) *Traction totale.*
Traction par dent (kilogr.)..........	4,6	3,8	4,6	6,0	5,3	4	6,2	120
	5,5	4,6	5,5	7,6	5,4	—	6,8	156
Traction par kilogramme de dent. — en long du labour (en accrochant.)	1,9	2,7	2,8	2,7	2,8	2	—	136 à
labour (en décrochant.)	1,7	2,4	2,5	2,1	—	—	—	120
en travers du labour (en accrochant.)	2,0	2,8	2,9	2,8	2,7	—	—	156 à
labour (en décrochant.)	1,8	2,3	2,7	2,2	—	—	—	140

A Grignon, le même jour, dans le même champ, M. Ringelmann a obtenu, en 1893, les résultats suivants :

	TRACTION PAR DENT SUR :	
	Labour roulé.	1er hersage.
Herse traînante................	3kg,0	2kg,7
Herse à clavier.. { Entrure...	0m,12	0m,15
{ Traction..	5kg,2	4kg,0

Herse roulante de 78 disques à 5 pointes ; 2 mètres de largeur de train.

		375 kil. (avec surcharge).
Poids sur la herse.	200 kil.	
Traction totale { Sur labour......	197kg,0	232kg,5
en kilogr. { Sur labour roulé.	132kg,3	215kg,0
{ Sur 1er hersage.	102kg,3	175kg,0

Les essais du Plessis nous donnent enfin les renseignements suivants sur les pulvériseurs. La machine essayée comportait douze disques de 405 millimètres de diamètre, écartés de 133 millimètres sur les axes, plus une dent flexible de scarificateur, placée au centre de la machine, entre les deux axes.

Tableau n° 22. — *Essai d'un pulvériseur Osborne. Le Plessis (1901)* (M. RINGELMANN).

POIDS EN KIL.				Profondeur (centim.)	Largeur (centim.)	Section (déc. carrés)	TRACTION		Tract. moy. par déc. car. dans terre de densité :	
Machine.	Conducteur.	Surcharge.	Total.				Totale. (kilogr.).	Par déc. car. (kilogr.).	2,03	1,99
									kg.	kg.
260	85	80	125	7,12	160	11,39	572,8	50,28	50,28	—
				6,82	»	10,91	347,7	31,86	—	31.86

II. — ÉMIETTEMENT ET TASSEMENT SUPERFICIELS DU SOL.

La terre travaillée par les scarificateurs et les herses ne présente pas, en général, une homogénéité suffisante pour que les graines y puissent être placées dans des conditions favorables; ces instruments n'ont pas non plus brisé toutes les mottes. Certains sols, en outre, sont sujets à se soulever, à se déchausser pendant l'hiver, et il est de toute nécessité de leur redonner la cohésion qu'ils ont perdue. Ces différentes raisons justifient l'emploi de machines particulières qui forment la catégorie générale des *rouleaux*. Lorsque la terre ne contient que peu de mottes, ou que ces mottes sont assez friables, on fait usage de rouleaux cylindriques unis, qui, par leur seul poids, désagrègent les mottes et compriment superficiellement le sol : ce sont les *rouleaux plombeurs*. Si ces mottes sont volumineuses et dures, il faut faire passer des machines spéciales, pourvues d'aspérités capables de les briser sûrement : ce sont les *rouleaux brise-mottes*. Nous ferons rentrer dans un troisième groupe des machines conçues dans un but plus particulier et que nous appellerons *rouleaux spéciaux*.

Rouleaux plombeurs.

La terre, préalablement ameublie, qui subit l'action des rouleaux plombeurs, s'affaisse de quelques centimètres; sa surface devient beaucoup plus unie. Les particules qui n'ont pu être divisées par la herse sont écrasées, et les cavités que les machines précédentes avaient laissées subsister sont comblées. Les semences se trouvent donc dans de meilleures conditions pour germer.

Cette action particulière ne se fait jamais sentir à une bien grande profondeur; nous n'avons d'ailleurs aucune donnée scientifique précise qui nous permette de déterminer cette profondeur *a priori*. Nous savons seulement que, pour une terre donnée, le tassement est d'autant plus énergique que les rouleaux sont plus lourds, à largeur égale, et, en outre, que les rouleaux de faible diamètre brisent mieux les mottes que ceux de grand diamètre. C'est probablement pour ce dernier motif qu'on préfère encore, dans certaines régions, les antiques rouleaux, formés d'un tronc d'arbre, aux machines actuelles en métal, plus lourdes, mais de plus grand diamètre.

Cylindres de rouleaux plombeurs. — Les plus vieux types de rouleaux, qui sont d'ailleurs encore en usage, sont en bois ou en pierre. Leur diamètre et leur longueur dépendent de la matière dont ils sont constitués : les rouleaux en bois, débités dans des troncs d'arbres, cerclés de fer de place en place, sont de faible diamètre, mais très longs ; ceux en pierre sont toujours beaucoup plus gros et plus courts. On abandonne progressivement les rouleaux en pierre, à cause de leur prix très élevé.

La construction métallique a permis de perfectionner ces machines, d'en approprier le diamètre, la longueur et le poids aux besoins de la culture. Les rouleaux métalliques ont été établis, tout d'abord, entièrement en fonte ; c'étaient des cylindres creux terminés par deux joues percées chacune, en leur centre, d'un trou dans lequel passait l'arbre qui les reliait au bâti. Comme la fonte est assez fragile, on ne l'emploie plus, maintenant, que pour les joues, et l'enveloppe cylindrique qui les raccorde est en tôle d'acier.

Les rouleaux actuels sont presque tous munis d'un dispositif destiné à en augmenter le poids, pour permettre, en cas de besoin, de faire varier l'intensité du roulage. Le plus simple, d'ailleurs le plus employé, consiste en une caisse, placée au-dessus du rouleau, et dans laquelle on met des pierres, de la terre, etc. ; malheureusement, la surcharge se reportant tout entière sur les fusées, les résistances passives augmentent, et l'usure se produit rapidement. On ne peut éviter la pression sur les fusées qu'à la condition de placer la surcharge à l'intérieur du cylindre ; l'essieu n'est alors relié au bâti que par un simple collier. Mais ce procédé n'est pas facilement applicable. Si l'on se sert d'eau pour augmenter le poids, le rouleau est exposé à éclater, l'hiver, pour peu qu'on oublie de le vider ; si même on emploie des substances incongelables, il est, en tout temps, attaqué par la rouille et cesse bientôt d'être étanche.

Lorsqu'on le remplit de terre ou de sable, ses parois s'usent par le frottement de ces matériaux et finissent par être percées. Quand on a recours à des gueuses de fonte, boulonnées à l'intérieur du cylindre, le rouleau avance par à-coups, et on ne peut éviter cet inconvénient que par un réglage très minutieux, d'une réalisation difficile.

Aussi tous ces systèmes ont-ils été abandonnés les uns après les autres.

Les rouleaux ne peuvent effectuer de virage qu'en ripant sur le sol ; s'ils sont longs, ils y creusent une ornière large, et d'autant plus profonde que leur poids est plus considérable. C'est pourquoi on remplace le cylindre unique par plusieurs cylindres distincts enfilés sur un même axe; chaque segment tournant isolément, on n'a plus à craindre la formation d'ornières profondes lors des changements de direction.

On a cru, pendant longtemps, que le nombre des segments devait obligatoirement être pair, parce qu'alors le nombre de segments placés de part et d'autre du plan médian étant le même, ceux de gauche tourneraient dans un sens, ceux de droite dans l'autre; on s'imaginait que, l'axe de rotation se trouvant dans le plan médian, entre deux rouleaux, le ripage serait ainsi supprimé. En réalité, le pivotement se fait autour du point le plus élevé du sol, sur lequel le rouleau appuie le plus énergiquement; l'axe ne reste pas fixe, non plus, pendant le mouvement de virage. Ainsi, dans un rouleau à quatre segments, on ne voit à peu près jamais les segments tourner deux par deux en sens contraire. Il n'en résulte pas que les rouleaux à nombre pair de segments soient à rejeter, mais ils ne sont, en rien, supérieurs aux autres.

Chaque segment est constitué comme un rouleau d'une seule pièce; il est donc formé de deux joues réunies par une enveloppe cylindrique en tôle. Si l'on a soin de donner à l'œil dont est pourvue chaque joue un diamètre plus grand que celui de l'essieu, les segments peuvent non seulement tourner autour de l'essieu, mais encore se déplacer verticalement les uns par rapport aux autres. C'est analogue, en somme, au mode de montage des compartiments de herses accouplées; on obtient ainsi un travail plus régulier et plus énergique, mais si les déviations subies par certains segments sont un peu fortes et surtout si elles sont obliques par rapport à l'axe, ils frottent contre les segments voisins.

On évite leur coincement en ménageant, dans la joue, une rainure circulaire qui sert d'organe de glissement à un cadre central muni lui-même d'une coulisse rectangulaire, qui est maintenue verticale par un fer en croix constituant l'arbre. Malheureusement, on ne peut songer à graisser ces différentes pièces ; il est donc à craindre que l'usure les détériore vite et que la résistance à la traction soit élevée.

Fig. 140. — Rouleau plombeur uni, à segments et à avant-train, muni d'un frein
(H. Amiot).

Bâtis. — Les bâtis de rouleaux plombeurs sont toujours très simples : ils se composent généralement d'un cadre rectangulaire, en bois ou en métal, sur les deux petits côtés duquel on fixe les coussinets qui reçoivent l'essieu.

La bâti est souvent pourvu d'une flèche ou de limonières ; il est alors surélevé et supporte les coussinets par l'intermédiaire de chaises métalliques (fig. 144, 146, 147). Mais, lorsqu'on veut atteler au même rouleau des chevaux et des bœufs, le cadre est au niveau de l'essieu, et, comme la traction est appliquée par l'intermédiaire d'une chaîne et d'un crochet, on soutient le bâti par un avant-train (fig. 140). Les roues de ce dernier sont obligatoirement très petites et il leur est bientôt

impossibe de tourner ; on aurait intérêt à augmenter leur diamètre, sauf à surélever un peu le châssis et à placer à l'avant
un régulateur de hauteur.

En l'absence de flèche ou de limonières, les animaux ne
peuvent retenir la machine, et, si le pays est accidenté, il peut
se produire des accidents dans les descentes ; aussi engage-t-on
généralement une pièce de bois, faisant frein, entre le bâti et
le rouleau. On construit aussi des rouleaux pourvus d'un sabot de frein qu'on serre au moment voulu, à l'aide d'une vis
et d'une manivelle (fig. 140). Il existe également des rouleaux à freins automatiques, dans lesquels le sabot de frein
est relié au crochet d'attelage ; lorsque les animaux tirent, le
sabot s'écarte des cylindres en comprimant un ressort ; si le
rouleau va plus vite que l'attelage, ce qui arrive dans les descentes, le ressort applique le frein sur les cylindres. Il est toutefois douteux que ces freins automatiques soient réellement
efficaces.

Les constructeurs de l'Europe centrale ont, depuis assez
longtemps, adopté un mode de montage qui facilite beaucoup
les tournées : le bâti est disposé de telle sorte que les segments
soient sur deux lignes parallèles ; le nombre des segments
étant généralement de trois, on applique l'effort de traction à
l'un d'eux, et son bâti est relié, par des attaches articulées, à
ceux des deux autres segments, qui sont placés en arrière et
de chaque côté du premier.

La figure 141 représente un rouleau de ce système, dont
chaque segment peut
être rempli d'eau
pour varier l'inten-
sité du plombage.

Les rouleaux sont
les premières ma-
chines françaises qui
aient été pourvues
de sièges. Mais,

Fig. 141. — Rouleau plombeur à trois segments
séparés (Aktien Gesellschaft H.-F. Eckert).

comme ces sièges étaient placés trop en avant, il y eut beaucoup d'accidents ; aussi ces machines furent-elles longtemps
frappées de discrédit. Il suffit cependant d'installer le siège en

arrière, ou sur un côté, pour qu'en cas de chute le rouleau ne passe pas sur le corps du conducteur.

Rouleaux brise-mottes.

On a fait usage, au début, pour briser les mottes, de rouleaux cylindriques en bois sur la périphérie desquels étaient implantées de grosses chevilles en fer ; mais, dans les sols humides et forts, la terre s'accumulait entre les chevilles, et le rouleau brise-mottes se transformait en rouleau plombeur.

Les brise-mottes actuels, à nettoyage automatique, ont été inventés par Croskill et sont souvent désignés, d'ailleurs, sous le nom de *rouleaux Croskill*. Les aspérités capables de briser les mottes sont venues de fonte sur des disques étroits, de diamètres différents, enfilés sur un arbre unique qui sert à les entraîner. Un brise-mottes doit être composé de deux séries de disques circulaires, dont l'une est de diamètre inférieur à celui de l'autre ; on fait alterner, lors du montage, les disques de grand diamètre avec ceux de petit diamètre. L'œil des premiers est simplement un peu plus grand que le diamètre de l'arbre, de façon à laisser au disque un certain jeu ; celui des petits disques est beaucoup plus grand, ce qui leur permet de poser sur le sol en même temps que ceux de grand diamètre.

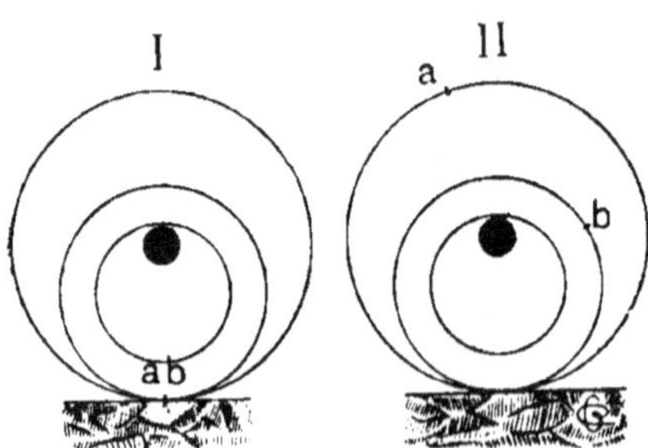

Fig. 142. — Principe du nettoyage automatique des rouleaux brise-mottes.

Grâce à cette disposition, toute motte qui se trouve engagée entre deux disques consécutifs est obligatoirement étirée et effritée, puisque, la vitesse linéaire de translation de l'appareil étant la même, les deux disques sont animés de vitesses angulaires différentes. La figure 142 montre clairement comment s'obtient ce résultat : après un certain parcours, les deux points *a* et *b* entre lesquels était enserrée la motte (fig. 142, I), sont venus, en II, occuper les nouvelles positions a et b ; la motte s'est donc détachée.

Les disques de rouleaux brise-mottes portent des aspérités périphériques et des aspérités latérales. Les premières sont généralement radiales et symétriques. On a fait quelquefois usage de dents dissymétriques et obliques par rapport au rayon, de façon à pouvoir rouler en accrochant ou en décrochant, mais on a dû y renoncer, parce qu'elles étaient trop fragiles ; peut-être, d'ailleurs, cette fragilité tenait-elle surtout

Fig. 143. — Rouleau brise-mottes, type Croskill, avec roues montées
sur essieu coudé (Chalifour et Cⁱᵉ).

à la mauvaise qualité des matériaux employés. Les aspérités latérales ont une forme prismatique, avec une arête périphérique. La combinaison de ces deux genres d'aspérités a pour effet de faire éclater les mottes suivant quatre directions.

Les châssis de rouleaux brise-mottes ne présentent aucune particularité digne de remarque.

Les municipalités se sont longtemps opposées à laisser circuler les rouleaux brise-mottes sur les routes ; aussi cherchait-on à les placer sur roues, pour le transport de la ferme aux champs, afin que les disques ne puissent porter sur le sol. Dans certains cas, on rapportait des roues mobiles, plus larges que les grands disques, aux extrémités de l'arbre qui, à cet effet, traversait le châssis ; il fallait alors soit soulever le rouleau à l'aide d'un cric, soit creuser de petites tranchées pour pouvoir monter les roues. D'autres fois, le soulèvement se faisait à l'aide d'un essieu monté sur une articulation excentrée, et qu'on manœuvrait au moyen de leviers mobiles ; un secteur denté et un loquet fixaient l'essieu en position (fig. 143). D'autres types, enfin, comportaient un essieu placé de l'autre côté du bâti par rapport à l'axe des disques ; on pouvait donc disposer le rouleau pour le transport simplement en retournant sens dessus dessous le châssis, comme pour les herses roulantes. Ces dispositifs sont encore employés, mais leur utilité est moindre aujourd'hui qu'autrefois, car la circulation des brise-mottes sur les routes n'est plus qu'assez rarement interdite par les autorités communales.

Rouleaux spéciaux.

Rouleaux ondulés. — Nous rangerons dans cette catégorie les rouleaux plombeurs, dits ondulés, qui ne diffèrent des autres que par la présence de larges cannelures périphériques, parallèles aux bases des segments. Pour faciliter la construction, on rive côte à côte une série d'éléments, en tôle laminée au profil voulu, sur des fers plats ou des cornières qui réunissent les joues de chacun des segments (fig. 144). Ils sont utilisés soit pour les prairies, soit pour les labours ordinaires, où ils plaquent un peu moins le sol que les rouleaux unis. Cependant, comme leurs cannelures s'engorgent lorsque la terre est humide, leur travail ne diffère guère, dans ce cas, de celui qu'on obtient avec des rouleaux unis.

Rouleaux à battes. — Les rouleaux à battes ont été proposés par Mathieu de Dombasle ; ce sont des appareils de faible poids, formés de deux tourteaux, ou joues, réunis par des battes en chêne très légères (fig. 145). Ces instruments sont destinés à fonctionner sur des semis nouvellement levés ; les jeunes céréales, un peu blessées par les battes, tallent plus abondamment.

Rouleaux squelettes. — Les rouleaux squelettes, que l'on confond parfois, à tort, avec les rouleaux ondulés, ont été

imaginés pour gaufrer le sol et remplacer, en quelque sorte,
le semoir en ligne. Ils se composaient, au début, de disques
étroits, dont la périphérie était creusée en gorge circulaire ou
triangulaire. Ils formaient sur le sol une série de petits sillons

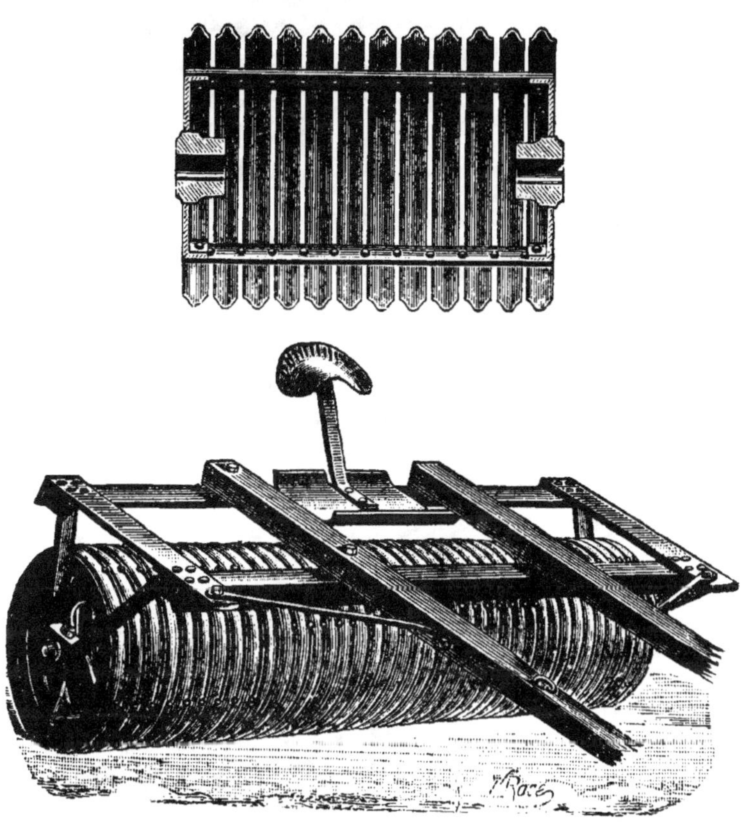

Fig. 144. — Rouleau ondulé à brancards et coupé d'un segment (Champenois
et Delacourt).

qu'on aplanissait ensuite d'un coup de herse ; à la levée des
grains, le champ semblait avoir été semé en lignes. Comme ces
gorges creuses étaient rapidement remplies de terre, on devait
adjoindre à chaque disque une raclette pour les nettoyer. Il
vaut mieux donner à la périphérie du disque, comme on le
fait maintenant, une forme triangulaire saillante ; deux disques
voisins font, en effet, le même travail qu'un seul des anciens

disques creux, et le nettoyage se produit automatiquement
(fig. 146). Rien n'empêche d'ailleurs d'alterner des disques de

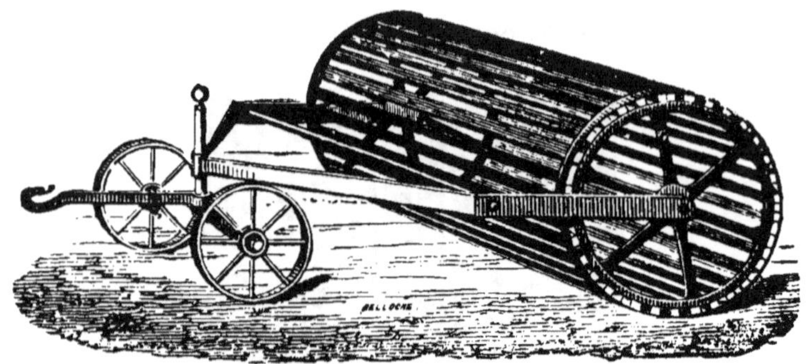

Fig. 145. — Rouleau à battes en travers (A. Bajac.)

grand et de petit diamètre, comme dans les rouleaux brise-
mottes. On peut aussi monter sur l'arbre des disques dont le

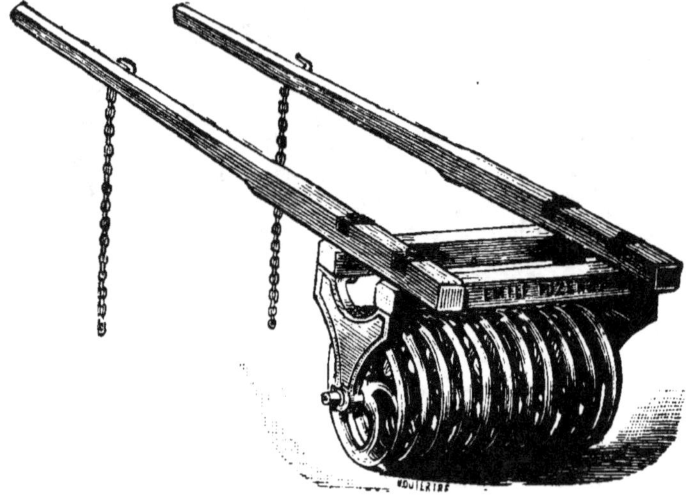

Fig. 146. — Rouleau squelette (type pour vignes) (E. Puzenat et fils).

diamètre va en croissant des bords du rouleau vers son centre ;
cela permet d'utiliser ces instruments pour le roulage des billons (fig. 147).

On construit, en Allemagne, et depuis peu en France, de

rouleaux du même genre, dans lesquels les disques sont dispo-

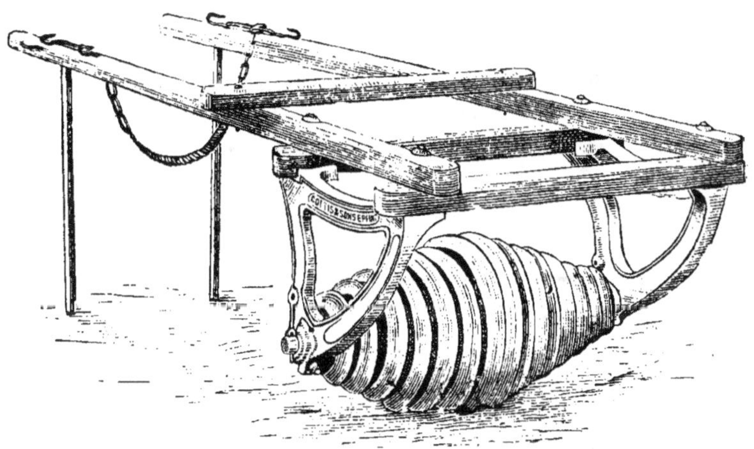

Fig. 147. — Rouleau squelette, type pour billons (Cottis and Sons).

sés sur deux trains parallèles, de façon que chaque disque de
l'un des trains pénètre dans l'intervalle de deux disques de l'autre (fig. 148); le nettoyage est ainsi assuré.

Il existe également des rouleaux du même type en trois châssis articulés (fig. 149).

Ces machines sont curieuses, mais, pour pouvoir les recommander, il faudrait avoir la preuve qu'elles perfectionnent réellement le travail et que leur emploi procure une augmentation sensible de récolte.

Fig. 148. — Rouleau squelette double dit *cannelé*, monté avec timon siège et roues de transport articulées (Eckert).

Fig. 149. — Rouleau squelette double, dit *cannelé*, monté sur trois châssis articulés (Eckert).

Étude dynamique des rouleaux. — Le tableau n° 23 indique les efforts de traction exigés par les rouleaux. On peut remarquer que les rouleaux brise-mottes nécessitent un effort moins élevé que les rouleaux unis : cela tient à ce qu'ils ne se coincent pas.

Tableau n° 23. — *Essai de rouleaux sur terre argilo-calcaire (Grignon)* (M. RINGELMANN, 1893).

CONSTATATIONS.	ROULEAU	
	PLOMBEUR.	BRISE-MOTTES.
Longueur du rouleau........	2ᵐ,30	2ᵐ,15
Diamètre..................	0ᵐ,60	0ᵐ,68
Poids................	900 kg.	1 200 kg.
Nombre de segments ou de disques..................	4	21
Traction moyenne...	132 kg.	141 kg.
Coefficient de roulement.....	0,146	0,117

III. – TRAVAUX PARTICULIERS DE PRÉPARATION DU SOL.

Extraction des souches.

L'extraction des souches est une des opérations les plus difficiles et les plus coûteuses du travail de préparation des terres ; on s'en est beaucoup préoccupé en France, lorsque, le vignoble ayant été détruit par le phylloxéra, il a fallu soit changer le mode d'exploitation du sol, soit préparer ce dernier à recevoir les plants américains.

Pour les arbrisseaux, les broussailles et les arbustes, il suffit, en général, de tirer verticalement sur la souche, après l'avoir déchaussée à la pioche sur 20 centimètres environ de profondeur. On se sert, le plus souvent, de leviers ou d'*anspects* (leviers à bouts ferrés), qu'on appuie sur un madrier, ou qui sont eux-mêmes pourvus de talons, de roulettes ou de sabots arrondis ; certains anspects spécialement destinés à l'arrachage des souches comportent, à leur extrémité, une pince pour saisir la souche.

On fait aussi usage de crics ou de treuils montés en brouette ou supportés par des bâtis à quatre pieds. Le fardier peut très bien être utilisé dans le même but (1).

Pour les souches de moyennes dimensions, on commence par déchausser et couper à la hache les racines latérales ; on opère l'extraction proprement dite au moyen de vérins ou de treuils actionnés par des animaux. Dans bien des cas, on peut se contenter de les arracher par mouvements de rotation, en enfonçant dans le bois des crampons qu'on relie, au moyen de chaînes, à un levier à l'extrémité duquel est attelé un cheval.

Les fortes souches ne peuvent être enlevées que par des treuils à manège ; il existe, aux États-Unis, des treuils construits spécialement dans ce but, mais tous les modèles courants peuvent être utilisés (2). Dans certains cas, la désagrégation des souches n'est obtenue qu'au moyen de cartouches de dynamite.

Dérochements.

L'enlèvement des roches de grandes dimensions doit être précédé d'une fragmentation plus ou moins complète. On l'exécute, pour les roches tendres, à l'aide de pics ; pour les roches dures, on procède par *abatages* successifs, en creusant au ciseau de petits sillons dans lesquels on introduit ensuite l'extrémité ferrée d'anspects, ou encore des coins qu'on chasse au marteau. On peut aussi percer des trous dans la roche, à l'aide de barres de mine, et la faire éclater par une charge de poudre.

Enlèvement des gazons.

Pour enlever les gazons sans ameublir le sol, on en découpe verticalement la surface à l'aide d'un coutre rectiligne ou circulaire, monté à l'extrémité d'un manche ; cet outil, appelé *crochet* ou *roulette à dégazonner*, est manœuvré ordinairement par deux hommes, dont l'un tire au moyen d'une

(1) Cf., les *Moteurs Agricoles*, p. 175 (Encyclopédie Agricole).
(2) *Ibid.*, p. 228.

corde, pendant que l'autre appuie sur le manche et guide la lame.

La *hache de pré* est un outil commode pour découper les gazons, surtout lorsqu'ils sont emmêlés de racines. C'est une hache à tranchant curviligne, montée à l'extrémité d'un long manche.

On trace avec ces deux genres d'outils des lignes parallèles, entre lesquelles on enlève le gazon avec une houe, avec une pelle, maniée au besoin par deux hommes, ou encore avec une charrue à soc plat raccordé à un versoir du type Bonnet.

En montant des coutres sur un bâti de scarificateur et en faisant passer l'instrument ainsi constitué, qui est analogue à

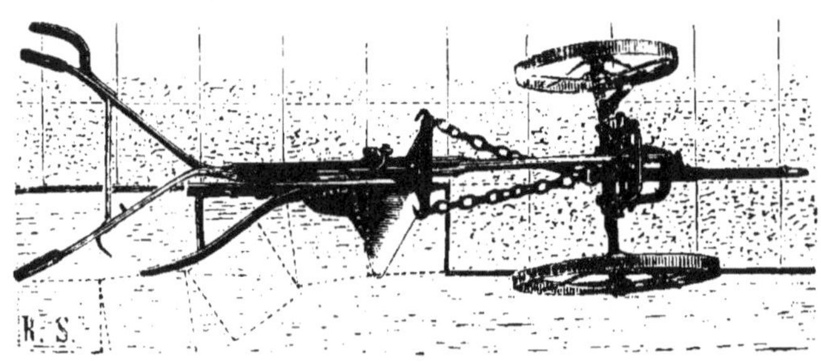

Fig. 150. — Charrue dégazonneuse (R. Sack-Faul).

un *régénérateur*, dans deux directions perpendiculaires, on obtient des plaques carrées.

Charrues dégazonneuses. — On peut aussi ne faire passer le scarificateur que dans une seule direction, en faisant usage d'une *charrue dégazonneuse* qu'on munit de deux coutres et qui travaille dans un sens perpendiculaire à celui du scarificateur. Les coutres sont inutiles si le scarificateur a déjà découpé le gazon dans les deux sens.

Les charrues dégazonneuses comportent toujours un soc plat et très large; le versoir est, en général, très court et ne sert qu'à soulever légèrement le gazon; on lui adjoint, dans certains modèles, une lame verticale contournée, qui a pour but de rejeter latéralement la bande ainsi soulevée (fig. 150).

Nivellement du sol.

Cette opération nécessite parfois des terrassements assez considérables. On a souvent intérèt, après défrichement d'un sol, à niveler rapidement sa surface ; on emploie, à cet effet, des instruments attelés qu'on nomme *pelles à cheval* ou, plus généralement, *ravales*.

Ravales. — Les ravales ne doivent fonctionner que dans une terre préalablement ameublie à la charrue ou au scarificateur. Elles sont formées d'une large pelle, en métal ou en bois, mais, en tout cas, avec tranchant métallique. Il en existe deux genres principaux : les *ravales-traîneaux* et les *ravales à roues*.

Les *ravales-traîneaux* sont pourvues de deux mancherons et de crochets auxquels s'attachent les traits de l'animal. Le conducteur soulève légèrement les mancherons pour faire mordre le tranchant dans le sol ; quand la pelle est chargée, il appuie sur les mancherons, puis les abandonne dès que le tranchant est dégagé. L'animal continue à tirer et transporte la terre au point de déchargement ; l'ouvrier soulève alors brusquement les mancherons pour faire piquer le tranchant dans le sol, et la ravale se décharge. Suivant les modèles, la pelle proprement dite et les mancherons basculent autour du tranchant ; ou bien la pelle est pourvue d'un fond mobile articulé, qui bascule seul ; ou bien encore (fig. 151 et 152) les mancherons sont articulés sur la pelle, ne servent qu'à diriger et à faire piquer le tranchant, au moment voulu, sans suivre son mouvement de bascule.

L'avantage offert par ces machines est de charger directement la terre dans le véhicule qui doit la transporter. Mais, d'après les essais de M. Ringelmann à Grignon, le coefficient de glissement des ravales étant très élevé, le transport de la machine chargée exige une grande quantité d'énergie, et l'économie qu'elle procure diminue à mesure que la distance à parcourir augmente. Selon lui (1), la ravale à traîneau est

(1) M. Ringelmann, *Travaux et machines pour la mise en culture des terres* (Librairie agricole). — Nous renvoyons à cet ouvrage pour plus amples détails sur les

très supérieure au tombereau pour des relais ne dépassant pas 50 mètres, en moyenne ; à partir d'une centaine de mètres il vaut mieux employer le tombereau.

Fig. 151. — Ravale-traîneau (J. Garnier).

Les *ravales à roues*, très peu employées en Europe, permettent d'augmenter le rayon d'action des machines

Fig. 152. — Ravale-traîneau en déchargement (Garnier).

précédentes. Ce sont de grandes pelles reliées par des chaînes à un châssis à flèche ou à limonières porté par deux roues ;

machines de la troisième section, que nous ne pouvons songer à étudier plus complètement, en raison du caractère un peu exceptionnel des travaux auxquels elles sont destinées.

quand la pelle est chargée, on la soulève à l'aide d'un treuil, et la machine fonctionne comme un tombereau. Ces appareils, dont on fait surtout usage aux États-Unis, pourraient être avantageusement adoptés pour les terrassements importants.

Niveleuses. — Les ravales déposent la terre en tas plus ou moins espacés ; on étale ces tas soit à bras, au moyen de pelles ordinaires, soit avec des instruments attelés, qu'on appelle *rabots* ou *niveleuses*. Il suffit souvent d'employer une herse un peu forte, à l'arrière de laquelle on attache une poutre en bois ; la herse ameublit la terre, et la poutre l'épar-

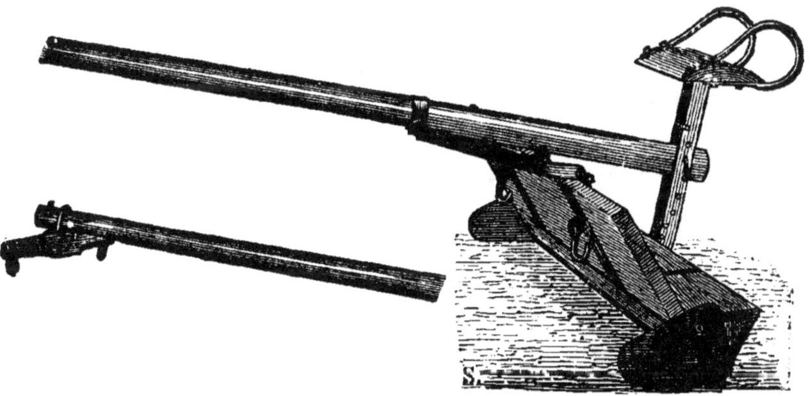

Fig. 153. — Niveleuse (R. Sack-Faul).

pille. Dans certains cas, la poutre, en bois ou en fer, est chargée du travail principal et précède la herse, qui est très légère et termine simplement le travail. Quand le sol est trop inégal, on emploie deux machines distinctes : une forte herse (ou même un scarificateur) et une niveleuse. Cette dernière est formée (fig. 152) d'une planche ferrée ou d'une lame de tôle, placée un peu obliquement sur le sol, et qui est reliée à une flèche par rapport à laquelle on l'incline plus ou moins suivant la nature du travail à exécuter. L'obliquité de la pièce travaillante de la niveleuse doit pouvoir être modifiée selon la consistance du sol, car, plus celui-ci est résistant, plus la niveleuse doit être agressive ; on y parvient en articulant la flèche dans le plan vertical et en faisant varier, suivant les besoins, l'angle qu'elle fait avec la pièce travaillante.

Étaupinoirs. — Pour détruire les taupinières, on emploie quelquefois des machine, d'ailleurs très simples, qu'on appelle

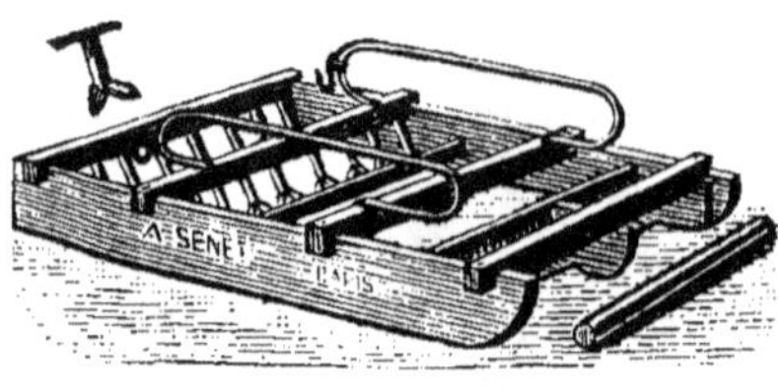

Fig. 154. — Étaupinoir (A. Senet).

étaupineuses ou *étaupinoirs*. Elles se composent d'un bâti triangulaire ou rectangulaire, sur lequel sont fixées quelques dents de herse destinées à éparpiller les taupinières; elles sont parfois précédées d'une lame tranchante horizontale, rectiligne ou en V très ouvert, qui sectionne les taupinières. En arrière des dents se trouve un petit rouleau qui nivelle le sol après le passage de la machine (fig. 154). Pour le transport sur routes, on retourne l'étaupinoir, qui glisse alors sur des traîneaux.

Épierrage des champs.

Cette opération se fait le plus souvent à bras; lorsque les pierres sont très nombreuses et que leur enlèvement est justifié par des considérations culturales, on peut se servir d'*épierreurs* à traction animale. Ces machines, dont la fabrication n'est d'ailleurs pas courante, se composent, en principe, d'un fort râteau qui, pénétrant de quelques centimètres dans le sol, déterre et soulève les pierres. En arrière du râteau se trouve une sorte de pelle métallique, qui rassemble les pierres et les transporte jusqu'au lieu de déchargement; là, le conducteur soulève simplement la machine à l'aide de mancherons; il dispose tous ces tas de pierres en lignes à peu près régulières pour faciliter le passage du tombereau avec lequel on les enlève.

II

ÉPANDAGE DES ENGRAIS ET DES SEMENCES.

L'époque à laquelle on incorpore au sol les engrais propres
à augmenter le rendement des récoltes varie avec la nature de
ces engrais et avec les plantes cultivées.

Ainsi, le fumier de ferme est épandu sur les champs avant
le labour, tandis qu'on applique souvent le nitrate pendant
la végétation, longtemps après les semailles. Si l'on voulait
suivre à la lettre l'ordre logique que nous avons indiqué au
début de cet ouvrage, on se verrait dans l'obligation d'étudier
les machines servant à l'épandage des engrais d'après leur
rang de succession dans l'emploi des machines agricoles, et il
en résulterait un défaut d'unité suffisant pour rendre difficile
l'étude de cette catégorie d'instruments. Si, d'ailleurs, on
considère, d'une part, que l'épandage des engrais de ferme, à
l'exception du purin, est presque toujours effectué à bras, et
que les machines construites pour remplacer l'homme dans
ce travail particulier sont peu nombreuses et peu employées ;
que, d'autre part, l'épandage en couverture des engrais
complémentaires est réalisé à l'aide des mêmes machines que
l'épandage de ces engrais avant les semailles ; qu'il convient,
enfin, au moins lorsqu'il s'agit d'engrais complémentaires,
d'incorporer au sol, préalablement ameubli, les matières
fertilisantes avant de lui confier les semences, l'ordre que
nous suivons sera, par cela même, justifié. Nous croyons donc
devoir logiquement traiter l'étude des machines servant à
l'épandage des engrais immédiatement après celle des machines de préparation du sol et avant celle des instruments
propres à l'exécution des semailles.

MACHINES SERVANT A L'ÉPANDAGE DES ENGRAIS.

Les engrais employés en agriculture se présentent sous des aspects très variés. Les uns, comme le fumier de ferme (mélange en proportions indéterminées de solides et de liquides), ou comme les composts (réunion de tous les détritus de la ferme, incorporés à des curures de fossés, à des matériaux calcaires, etc.), sont aussi peu homogènes qu'il est possible de l'imaginer. D'autres, comme le purin, peuvent être assimilés à des liquides. D'autres enfin, comme les engrais improprement appelés chimiques, sont plus nettement solides, étant vendus sous forme de petits fragments ou de poudre fine ; mais ils prennent souvent, sous l'influence de l'humidité, une consistance semi-pâteuse, ou s'agglomèrent en blocs qu'il est nécessaire de concasser à nouveau.

Les machines destinées à épandre ces divers engrais sont, par suite, de types très différents. Toutes doivent pourtant satisfaire à une même condition, essentielle d'ailleurs : répartir très uniformément l'engrais à la surface du sol. Or cette condition n'est généralement remplie que d'une façon imparfaite, en raison de la nature même des engrais.

A cette première cause d'inégalité de distribution s'ajoute, pour les engrais chimiques, la faible dose à laquelle il convient souvent de les appliquer. On essaye d'y remédier en mélangeant plusieurs engrais, ou en additionnant l'engrais de terre fine ; mais, si ce procédé facilite le fonctionnement des organes distributeurs, il ne régularise pas sensiblement l'épandage, puisque la matière à distribuer n'est jamais homogène, quelque peine qu'on ait prise pour la préparer.

Nous examinerons successivement les machines propres à distribuer les engrais de ferme, et celles qui sont destinées à l'épandage des engrais complémentaires fournis par l'industrie.

I. — Engrais de ferme.

Il y a lieu de distinguer les engrais solides, dont le type est le fumier, des engrais liquides, tels que le purin.

Épandeurs de fumier.

L'épandage de fumier s'effectue généralement à bras, au moins en Europe. L'engrais est transporté en plein champ, dans des chariots ou des tombereaux, et déversé tout d'abord en tas de faibles dimensions, également espacés ; puis on l'éparpille, aussi régulièrement que possible, à l'aide de fourches.

Épandeurs mécaniques à la volée. — Il existe cependant des machines pour l'épandage du fumier ; la figure 155 en

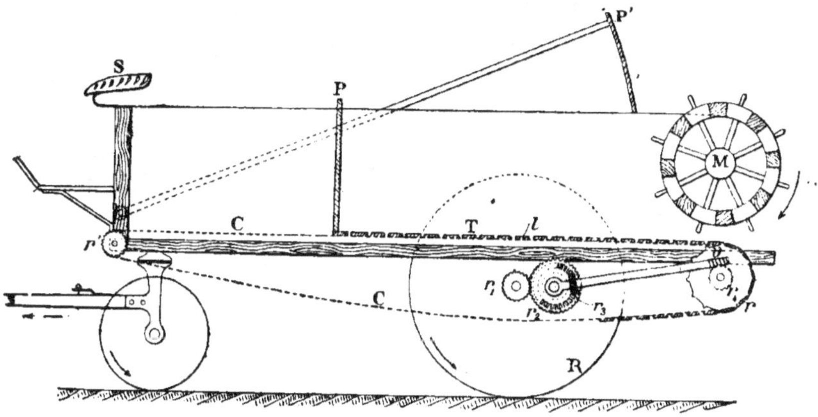

Fig. 155. — Principe des épandeurs de fumier.

donne le principe, et la figure 156 en montre l'aspect extérieur. Ces épandeurs sont montés sur quatre roues, et le coffre, analogue à celui de tous les chariots américains, est pourvu, à l'avant, d'un siège suspendu, S, pour le conducteur (fig. 155). Le fond du chariot est constitué par un tablier mobile T, formé lui-même de larges liteaux en bois l, montés sur deux chaînes parallèles C, qui passent sur les roues dentées r et r'. Ce tablier est entraîné dans un mouvement de translation, de l'avant à l'arrière, par la roue r, qu'actionne la roue porteuse R, par l'intermédiaire des pignons r_1, r_2 r_3, de la vis v et du pignon r_4, calé sur le même arbre que r ; le pignon r_3 peut être mis en prise avec l'une quelconque des couronnes dentées que porte la face du pignon r_2, ce qui permet de faire varier la vitesse d'entraînement du tablier T.

Un moulinet M, placé à l'arrière du chariot et entraîné par une chaîne dans le sens de la flèche, saisit le fumier qui lui est peu à peu amené par le tablier T et le rejette à l'extérieur; ce moulinet est composé de deux tourteaux montés sur un axe perpendiculaire aux chaînes et parallèle au tablier, et que relient des traverses sur lesquelles sont implantées de solides broches en acier. Le tablier T supporte, à l'une de ses

Fig. 156. — Chariot épandeur de fumier (Chalifour et Cⁱᵉ).

extrémités, un panneau P. qui assure l'entraînement de l'engrais vers l'organe épandeur. Lorsque ce panneau est arrivé au niveau du moulinet M, un débrayage automatique arrête ce dernier; le conducteur fait entrer en jeu un mécanisme supplémentaire, non représenté sur le schéma, et qui ramène en arrière le tablier T jusqu'à ce que le panneau P vienne s'appliquer contre la partie antérieure du coffre. A ce moment, un panneau P', monté sur un long levier articulé à l'avant du coffre, s'abaisse brusquement et isole le moulinet M. On charge alors le fumier dans l'intervalle des deux panneaux P et P', et l'on ne soulève ce dernier qu'après avoir fait quelques mètres pour lancer le moulinet; sans cette précaution, le moulinet M, engorgé de fumier, serait difficile à mettre en mouvement, et on risquerait de briser les organes de transmission qui l'actionnent.

Dans d'autres systèmes, on substitue au moulinet M un
tablier sans fin, garni de broches et conduit par deux rouleaux articulés au panneau d'arrière du véhicule; un râteau,
animé d'un mouvement analogue à celui des fourches des
faneuses alternatives, éparpille le fumier au fur et à mesure
qu'il est soulevé par ce tablier.

La capacité des chariots épandeurs varie, suivant les
types, de 1 à 4 mètres cubes, et la largeur de travail de
1 mètre à 1ᵐ,50; le plus souvent, leur contenance est d'à peine

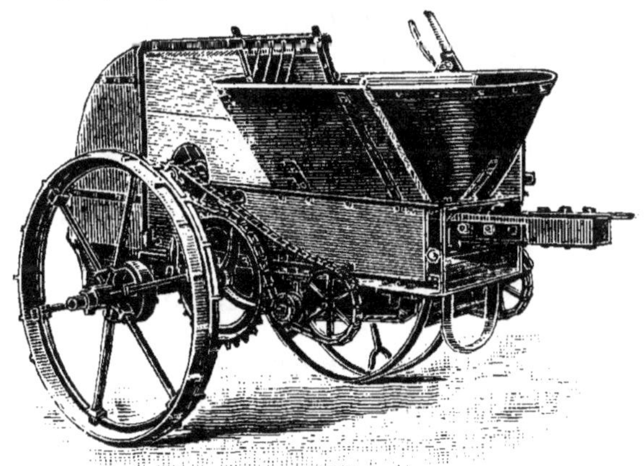

Fig. 157. — Épandeur de fumier en lignes (J.-D. Allan and Son).

2 mètres cubes. On ne peut donc songer, en général, à les
employer à la fois pour transporter le fumier de la ferme aux
champs et pour répandre cet engrais : c'est seulement quand
les terres sont très voisines de la ferme que ce mode d'utilisation pourrait être avantageux. Autrement, il conviendrait de
charrier le fumier avec des véhicules ordinaires, soit pour le
transborder immédiatement dans l'épandeur, soit, de préférence, pour en constituer des tas dans le champ, avant de procéder à l'épandage. Ces machines ne donnent, d'ailleurs, de
bons résultats qu'avec des fumiers courts et bien décomposés.

Épandeurs en lignes. — On construit en Angleterre de
petites machines destinées à répandre le fumier en lignes, ou,
plus exactement, en bandes, dans l'intervalle des lignes de
plantes semées à grand écartement (pommes de terre, tur-
neps, etc.); elles se composent (fig. 157) d'un petit chariot à deux

roues, supportant une trémie métallique en dessous de laquelle se déplace, d'avant en arrière, un tablier sans fin formé de lattes en bois réunies par deux chaînes. Un moulinet, garni de broches, rejette l'engrais à l'extérieur; mais, comme cet organe est enveloppé d'un tambour, le fumier est débité en une bande continue par la buse qui termine ce tambour à la partie inférieure. Cette machine est destinée à être accrochée à l'arrière d'un tombereau ou d'une charrette ordinaire, où se tient un ouvrier qui, à l'aide d'une fourche, jette le fumier en vrac dans la trémie de l'épandeur. On économise donc, avec une semblable machine, le personnel nécessaire pour l'éparpillement de l'engrais. Cet épandeur est, au fond, une réduction des épandeurs à la volée, précédemment décrits; il ne doit donc fonctionner d'une manière réellement satisfaisante qu'avec des fumiers bien faits et pas trop longs.

Enfouisseurs de fumier.

Lors de l'enfouissage du fumier, on adjoint au laboureur, pour faciliter le travail, en empêchant la charrue de bourrer, un ou plusieurs aides qui, à l'aide de fourches, débarrassent la bande de terre à travailler du fumier qui la recouvre et le rejettent au fond de la raie précédente. Tantôt ces aides marchent devant la charrue et préparent le sol pour la raie en voie d'exécution, tantôt ils suivent l'instrument et préparent le terrain pour la raie qui sera ouverte au train suivant.

Enfouisseurs mécaniques. — On peut supprimer cette main-d'œuvre supplémentaire au moyen d'enfouisseurs mécaniques montés sur la charrue même; ces appareils sont, cependant, fort peu employés et même à peine connus, bien qu'ils soient simples et d'un faible prix.

Certains sont placés en avant de la charrue; on les adapte aux charrues pourvues d'un support à roues. Ils sont formés, en principe, de petites fourches montées sur un même noyau cylindrique, ou encore d'un disque métallique dont la périphérie est garnie de denticulations ou de pointes; le plan des fourches ou du disque est perpendiculaire à la direction de l'attelage, et une transmission par engrenages d'angle, commandée par les roues du support, anime l'appareil d'un mouvement de rotation. On peut, en outre, régler la hauteur de l'enfouisseur au-dessus du sol de manière à assurer la bonne exécution du travail ; le fumier, saisi par les fourches ou par les denticulations, est rejeté latéralement dans la raie précédemment ouverte.

Parfois aussi l'enfouisseur est placé à l'arrière de la charrue ;

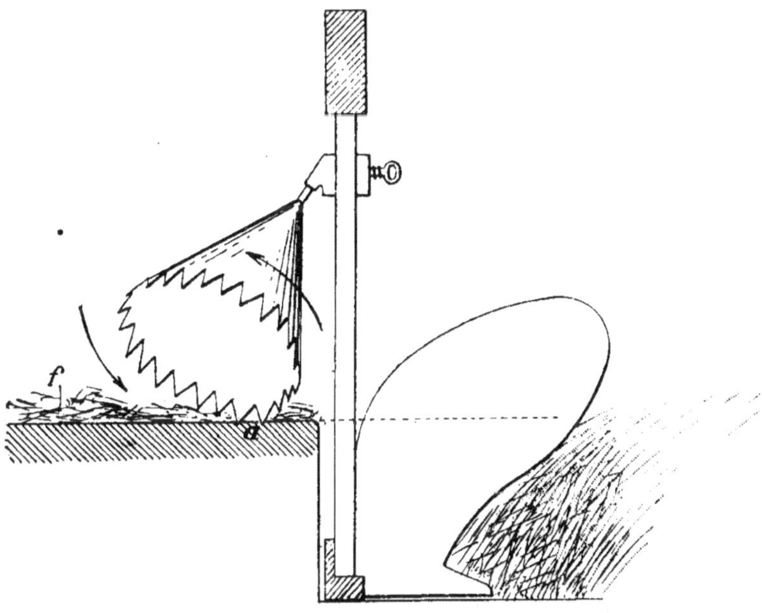

Fig. 158. — Principe d'un enfouisseur automatique, placé à l'arrière d'une charrue.

quelques modèles de ce dernier type figurent, depuis deux ou trois ans, dans les concours agricoles. Ils sont formés d'un cône creux en tôle ayant à sa base une collerette cylindrique découpée de façon à présenter des dents d'assez grandes dimensions (fig. 158). Ce cône tourne autour d'un axe, oblique à la fois par rapport à la charrue et par rapport au sol, dirigé, de haut en bas, d'avant en arrière, et du plan des étançons vers le guéret ; il est monté au moyen d'un pivot engagé dans une douille fixée elle-même sur l'étançon d'arrière de la charrue. En raison de la position donnée au cône, la couronne dentée n'appuie sur le sol que par deux ou trois dents, et ces

13.

dents sont toujours celles qui se trouvent au voisinage de la
muraille; la faible résistance qu'elles opposent au mouvement
d'entraînement de la charrue suffit pour faire tourner le cône
de quelques degrés. De nouvelles dents venant aussitôt en
contact avec le sol, le cône est animé, sans qu'il soit besoin
d'un mécanisme spécial, d'un mouvement continu de rotation.
Les dents, lorsqu'elles tournent en se rapprochant du sol,
saisissent le fumier et le chassent vers la raie qui vient d'être
ouverte par la charrue.

En articulant la douille elle-même autour d'un axe horizontal perpendiculaire au plan des étançons, on constitue un
appareil à retournement qu'il est possible d'adapter aux bra-
bants-doubles.

Ces divers systèmes d'enfouisseurs fonctionnent d'autant
mieux que le fumier est plus court et plus décomposé.

Épandeurs de purin.

Les machines désignées généralement sous le nom de *tonneaux à purin* se composent d'un réservoir en bois ou en métal et d'un appareil d'épandage; elles sont montées sur roues,
afin qu'on puisse les utiliser à la fois pour le transport et pour
la distribution de l'engrais.

On emploie fréquemment comme tonneaux à purin, dans
les petites exploitations, de vieilles futailles qu'on assujettit
sur une voiture à deux ou à quatre roues, mais, dans les
grandes et les moyennes exploitations, on préfère se servir de
machines spéciales qui sont construites en métal.

Les tonneaux métalliques présentent une certaine analogie
avec les tonneaux d'arrosage des villes; cependant, le réservoir, qui est à peu près parallélépipédique dans ces derniers,
est toujours cylindrique dans les premiers, pour en rendre
la construction plus facile et moins coûteuse. Les tonneaux
agricoles sont montés sur un essieu à deux roues et pourvus
d'un siège pour le conducteur; on les munit, à leur partie supérieure, d'une bonde servant à remplir et à nettoyer le réservoir.

On peut diviser les tonneaux à purin en deux groupes principaux, d'après la position du réservoir cylindrique par rap-

port à l'essieu porteur : ceux dans lesquels l'axe du cylindre-réservoir est perpendiculaire à l'essieu et ceux où cet axe est parallèle à l'essieu ou coïncide avec lui.

Dans le premier groupe qui est de beaucoup le plus nombreux, le réservoir, formé d'une enveloppe cylindrique terminée par deux fonds emboutis, est simplement posé et maintenu par des cales et des attaches sur un cadre rectangulaire, auquel sont adaptés également l'essieu et les brancards (fig. 159).

La plupart des tonneaux de construction anglaise ont la

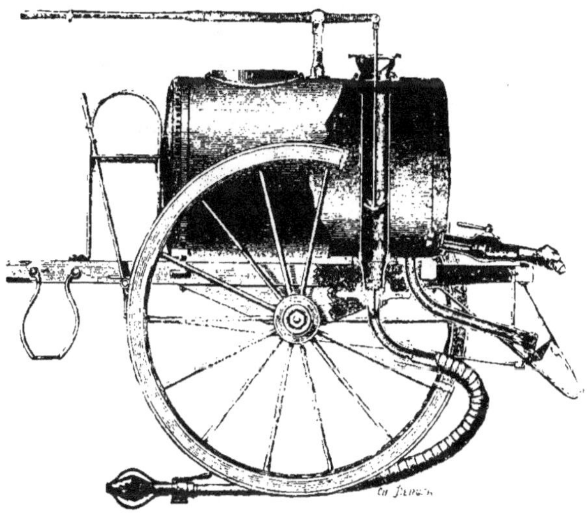

Fig. 159. — Tonneau à purin à axe perpendiculaire à l'essieu, muni de sa pompe
(H. Amiot).

forme cylindrique, mais leur axe est parallèle à l'essieu ; le réservoir repose simplement sur des sommiers en fonte fixés à cet essieu (fig. 160). Il existe cependant des dispositifs analogues comportant un cylindre suspendu sur des ressorts par l'intermédiaire de tourillons, autour desquels ils peuvent osciller, de façon que la distribution soit la même, quelque inclinaison que présente le sol (fig. 161). On a imaginé, en France, pour rendre la machine plus stable en en abaissant le centre de gravité, de faire coïncider l'axe et l'essieu ; il faut

Fig. 160. — Tonneau à purin à axe parallèle à l'essieu,
type anglais (Baker and Sons).

Fig. 161. — Tonneau à purin, à axe parallèle à l'essieu suspendu sur ressorts,
type anglais (Wilder).

alors avoir recours à un procédé particulier de construction pour éviter que l'essieu traverse la masse du liquide.
On s'arrange de façon que le tonneau lui-même serve d'essieu,
condition qui ne peut être remplie que si le diamètre des
roues porteuses est plus grand que celui du tonneau. Les tôles
qui forment le réservoir, et surtout celles dont les fonds sont

Fig. 162. — Tonneau à purin dont l'axe coïncide avec celui de l'essieu,
type français (Lalis).

constitués, doivent être plus épaisses que celles des tonneaux
ordinaires de même capacité; de plus, chacune des tôles de
fond est percée, en son centre, d'une large ouverture circulaire, de façon à permettre d'y assembler, au moyen de rivets,
une plaque de fonte également circulaire et plus ou moins
ondulée au centre de laquelle on a fixé à chaud une fusée
en acier (fig. 162). Ce mode de construction est sensiblement
plus compliqué que celui des tonneaux des précédentes catégo-

ries ; il augmente, bien entendu, le prix de l'appareil. Mais par contre, la stabilité du tonneau est beaucoup plus grande, et la résistance au roulement, par suite du grand diamètre des roues, est aussi faible que possible.

Dans les tonneaux ordinaires, les vagues qui se produisent au sein de la masse liquide, sous l'influence des oscillations imprimées par l'attelage ou des cahots dus au sol, prennent une assez grande amplitude et viennent se briser brusquement sur les fonds plats du tonneau ; les chocs qui en résultent se répercutent, par l'intermédiaire des brancards, sur l'animal qui traîne le tonneau, et le fatiguent très vite. Au contraire, lorsque l'axe du tonneau, coïncide avec celui de l'essieu ou lui est parallèle, les vagues sont courtes, beaucoup moins fortes, et sont arrêtées par une paroi cylindrique au contact de laquelle les chocs sont incomparablement moins violents.

Remplissage des tonneaux. — Pour remplir les tonneaux à purin on emploie soit des pompes à liquides, soit des pompes à air. Nous prions le lecteur de se reporter, pour l'étude des pompes, au chapitre où il est traité de l'élévation des liquides (1) ; nous nous bornerons ici à signaler que ces pompes sont tantôt installées à poste fixe sur la citerne à purin, tantôt montées sur le tonneau même. Comme, en raison de la matière même qu'elles doivent transvaser, ces pompes risquent d'être engorgées par les particules solides en suspension dans le liquide, on a songé à appliquer aux tonneaux à purin le principe, encore utilisé pour la construction des appareils de vidange, qui consiste à faire le vide dans un tonneau étanche pour y introduire les matières. On emploie, à cet effet, des pompes à air, fixées sur le tonneau lui-même ; elles sont analogues aux pompes à liquide, mais doivent être beaucoup plus soignées comme construction et exigent, également, un entretien plus minutieux que ces dernières. Les pompes à air aspirent, par un conduit débouchant à la partie supérieure du tonneau, l'air contenu dans le réservoir ; si l'on raccorde, à la partie inférieure du tonneau, un tuyau plongeant dans la citerne à

<hr>

(1) Cf. G. COUPAN, *Machines de récolte.*

purin, ce liquide monte dans le réservoir au fur et à mesure que l'air en est extrait. On peut ainsi éviter les engorgements qui se produisent assez fréquemment avec les pompes à liquide. Il est vrai que ces dernières sont construites de façon à rendre ces engorgements aussi rares que possible, et à permettre d'y remédier très rapidement s'ils se produisent; mais il est fort peu agréable d'avoir à manipuler des pièces enduites de purin et, sous ce rapport, les pompes à air, malgré leur prix plus élevé et leur fonctionnement plus délicat, présentent un réel avantage. On a même construit, en vue de supprimer ou, tout au moins, d'atténuer la mauvaise odeur des gaz qui se dégagent du purin à son arrivée dans le réservoir et que la pompe à air rejette à l'extérieur, des systèmes refoulant par une canalisation ces gaz, dont certains sont combustibles, dans un petit fourneau où l'on entretenait un feu de charbon; mais ces dispositifs n'ont pas eu de succès.

Les pompes, à liquides ou à air, adaptées au tonneau même, sont généralement préférables aux pompes installées à poste fixe dans la cour de la ferme. Elles permettent, en effet, d'employer plus facilement le tonneau pour d'autres usages. Ainsi, lorsque le battage a lieu en pleins champs, ou en cas de sinistre, on se sert du tonneau pour transporter à pied d'œuvre l'eau d'alimentation de la locomobile ou de la pompe à incendie; s'il y a, à proximité du chantier, un ruisseau ou une mare, on peut, avec un tonneau pourvu d'une pompe, y puiser directement sans être obligé, comme dans le cas contraire, de retourner jusqu'à la ferme.

Ajoutons que, pour des motifs d'hygiène, il faut éviter de faire servir des tonneaux à purin au transport de l'eau destinée à abreuver soit les animaux, soit, à plus forte raison, les hommes. Si l'on est obligé de transporter l'eau, ce service devient assez important pour qu'on y affecte exclusivement un tonneau spécial.

Organes de distribution. — La régularité de l'épandage du liquide a, dès l'origine, préoccupé les constructeurs de tonneaux à purin. Les premiers modèles comportaient un simple obturateur conique, placé à la partie médiane inférieure du tonneau, et qu'on pouvait manœuvrer à l'aide d'une tige métallique traversant la masse de liquide et la bonde de remplissage ; ce cône obturateur était placé de façon que sa base fût à l'extérieur du tonneau et parallèle au sol. Lorsqu'on abaissait l'obturateur à l'aide de la tige de manœuvre, le liquide s'écoulait sous forme d'une nappe conique, avec un débit dépendant du degré d'abaissement du cône. On s'aperçut que ce système de distribution présentait de nombreux et assez graves défauts, tels que d'arroser de purin les pattes du cheval d'attelage ; ainsi que les roues porteuses du tonneau de plus, en raison même de la forme du jet, il déversait beaucoup plus d'engrais sur les bords qu'au centre de la nappe d'aspersion.

On reporta donc l'organe de distribution de la partie médiane vers l'arrière du tonneau, et on étudia en même temps des dispositifs destinés à régulariser l'épandage sur le sol. Ainsi, on fit arriver le liquide dans une longue boîte à section circulaire, carrée ou rectangulaire, pourvue de trous par lesquels s'échappait le purin avec un débit modifiable à l'aide d'une vanne. Ce dispositif, recommandable lorsqu'il s'agit de distribuer un liquide clair, comme l'eau d'arrosage des villes, ne donne pas de très bons résultats avec le purin dont les pailles et autres débris en suspension risquent d'obstruer les orifices d'écoulement ; on l'emploie cependant très fréquemment en Angleterre ; les tonneaux représentés par les figures 160 et 161 en sont pourvus. On eut recours, ensuite, a des planches de forme triangulaire, disposées obliquement, la pointe en haut, au-dessous du robinet de vidange, et, pour mieux répartir le liquide, on cloua sur ces planches de petites lattes chargées de diviser la nappe en plusieurs jets de débits aussi égaux que possible ; mais on ne réussit pas, de la sorte, à améliorer sensiblement la régularité d'épandage.

Le dispositif le plus en faveur actuellement et qui est appliqué sur la plupart des tonneaux à purin, consiste en un ajutage cylindrique ou conique a, dont l'axe est disposé horizontalement ou avec une très faible pente vers le sol, et en une palette oblique p placée en regard et à une très faible distance de l'ajutage. Cette palette coupe le jet de purin, le relève et l'étale en une nappe presque continue (fig. 163). La forme don-

née à la face utile de la palette est assez variable : certains constructeurs la font plane, d'autres convexe ou concave ; les résultats sont trop peu
différents pour qu'on
puisse préconiser une
forme au détriment
des autres.

L'inclinaison de la
palette par rapport à
la veine liquide, in-

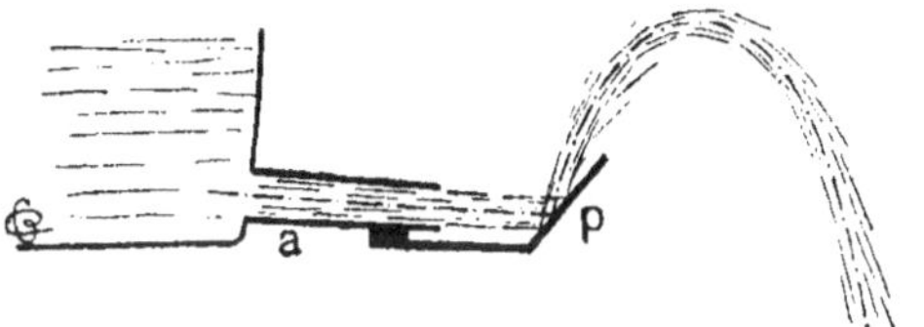

Fig. 163. — Principe de l'épandage par palette.

clinaison dont dépend l'étendue de la nappe et, par suite, la
surface arrosée, est tantôt fixe, tantôt modifiable. Dans le premier cas, le constructeur lui donne la valeur qu'il juge la plus
favorable, mais emploie un dispositif de montage qui permette

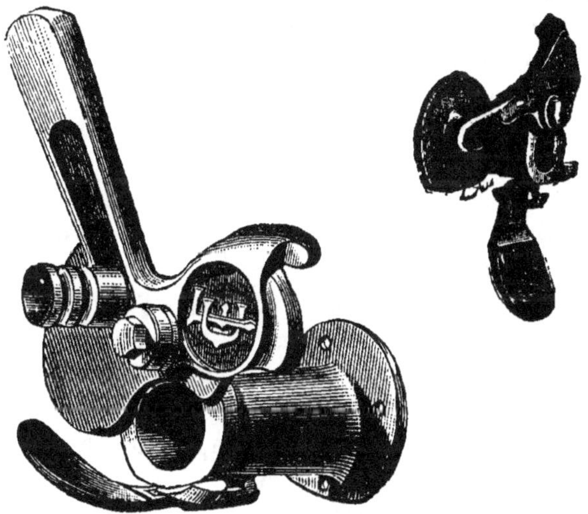

Fig. 164. — Appareil d'épandage à combinaisons multiples (Faul).

d'enlever cette palette de façon à pouvoir utiliser autrement
le tonneau. Ainsi, dans l'appareil représenté par la figure 164,
et qui est étudié en vue de pouvoir être adapté à tous les
types possibles de tonneaux, le système de fixation de la palette est analogue au dispositif des chaînes de transmission à
maillons détachables (1). La palette est prolongée par une queue

(1) Cf. *Les moteurs agricoles*, p. 109, et fig. 67, p. 110.

dans laquelle est pratiqué un évidement rectangulaire ; l'extrémité de cette queue est disposée de façon qu'après avoir renversé presque complètement la palette en arrière on puisse, en la présentant latéralement, l'introduire dans une coulisse placée en dessous de l'ajutage. Si l'on redresse la palette et qu'on l'assujettisse en engageant dans l'évidement rectangulaire un goujon venu de fonte avec l'ajutage, l'appareil est disposé pour l'épandage ; si l'on dégage le goujon, la palette retombe verticalement (fig. 164, à droite), mais ne peut sortir de la coulisse, à moins qu'on la renverse et qu'on la chasse latéralement. Il est donc possible d'affecter le tonneau à différents usages, sans avoir besoin de démonter la palette et sans risquer de l'égarer. Parfois encore, la palette est solidaire d'une bride qui est elle-même montée à articulation sur un axe situé au-dessus ou au-dessous du tuyau de vidange, et il suffit de relever ou de rabattre la bride pour mettre en place l'organe d'épandage.

Certains constructeurs préfèrent laisser à l'agriculteur la faculté de régler à sa guise l'inclinaison de la palette. Pour cela, ils articulent cette palette autour d'un axe horizontal perpendiculaire à l'axe de l'ajutage et placé au-dessous de ce dernier ; ils commandent l'inclinaison au moyen d'un ensemble de tringles et leviers articulés, dont le dernier élément est placé auprès du siège, à portée de la main du conducteur. L'amplitude du mouvement imprimé à la palette est généralement suffisante pour que cet organe, quand il est complètement redressé, viennent s'appliquer sur la tranche de l'ajutage, interrompant ainsi le débit ; rabattu à fond de course, il dégage entièrement l'orifice. Les positions intermédiaires correspondent à des débits et des largeurs d'épandage variés (fig. 159).

Quand la palette est fixe, il faut disposer sur le tuyau de vidange un appareil d'obturation permettant de supprimer l'épandage et de le rétablir à volonté. Les robinets à boisseau, qui, au premier examen, semblent les plus recommandables en raison de leur simplicité, exposent à quelques ennuis par suite des matières en suspension que contient le purin et qui peuvent en obstruer la lumière. On emploie donc soit des tampons obturateurs appliqués sur la conduite de vidange, à sa jonction avec le réservoir, soit des plaques obturatrices adaptées sur la tranche de l'ajutage distributeur. Ces derniers appareils sont composés d'une plaque métallique, en forme de secteur circulaire, mobile autour d'un axe parallèle à celui de l'ajutage, et fortement appliquée contre la tranche de ce dernier au moyen d'un ressort. Le distributeur représenté par la figure 164 est muni d'une semblable plaque, au moyen de laquelle on peut, à volonté, démasquer l'orifice ou le boucher ; cet appareil donne même la faculté de placer devant l'orifice un ajutage avec raccord pour tuyaux souples, et il est facile d'imaginer des plaques d'un système analogue qui permettraient de présenter devant l'orifice des ajutages de diamètres différents.

Les raccords pour tuyaux sont ajoutés aux plaques obturatrices dans le but d'approprier le tonneau à différents services et, notamment, au transport de l'eau d'alimentation des chaudières à vapeur. Certains types de tonneaux sont, dans le même but, munis d'un tuyau spécial, distinct de celui qui sert à

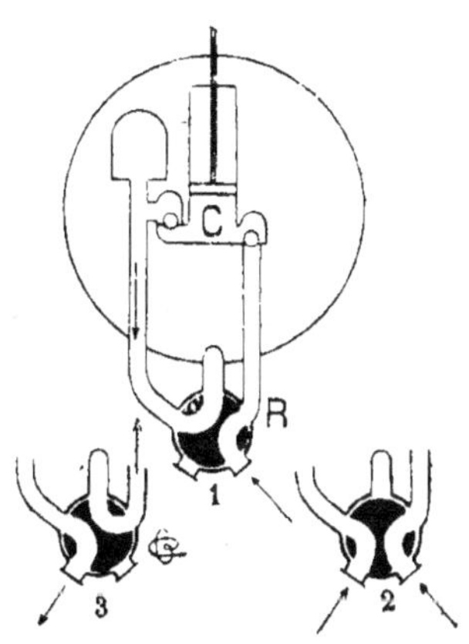

Fig. 165. — Robinet à deux voies et combinaisons multiples, pour tonneau à purin (Lalis).

l'épandage du purin ; ce deuxième tuyau est pourvu également ment d'un obturateur, qui peut être un robinet à boisseau, ou, comme dans la figure 159, un tampon qu'on commande par une tringle reliée à une petite manivelle placée dans l'intérieur du tuyau et actionnée par une clé de robinet.

Enfin, pour permettre aux agriculteurs d'affecter les tonneaux à purin à de multiples usages, un constructeur français munit les appareils de sa fabrication d'une pompe aspirante et foulante, dont les conduits d'aspiration et de refoulement sont réunis par un cylindre qui sert d'enveloppe au boisseau d'un gros robinet à quatre voies (fig. 165). En disposant convenablement ce robinet R, on peut, au moyen de la pompe C :

aspirer le liquide d'une mare, d'un puits ou d'une fosse et le
refouler dans le réservoir (position *1*) ; aspirer ce même liquide
et le refouler, avec ou sans pression, sans le faire passer par le
réservoir (position *2*) ; aspirer le liquide contenu dans le
réservoir et le refouler, sous pression, à l'extérieur (position *3*).
L'épandage en nappe a lieu sans l'intermédiaire de la pompe
et du robinet.

Nous avons déjà signalé tous les efforts faits par les constructeurs pour régulariser l'épandage du purin sur le sol. Les
dispositifs actuellement en usage sont loin de donner une

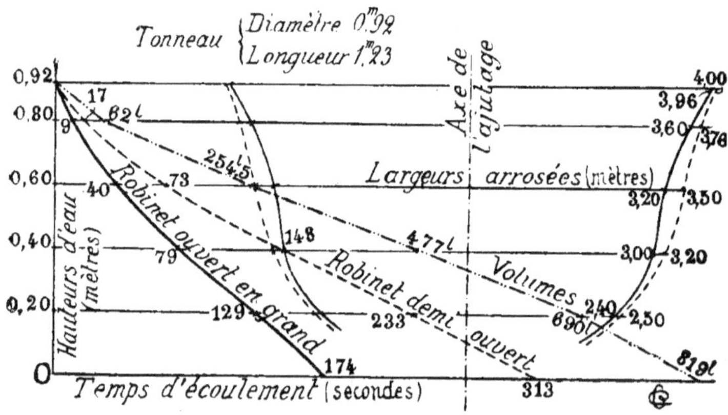

Fig. 166. — Tonneaux à purin. Représentation graphique de l'écoulement
de l'engrais (d'après M. Ringelmann).

répartition parfaite de l'engrais sur la surface arrosée, et,
d'ailleurs, une semblable répartition n'aurait pas d'utilité
puisque le liquide, dont l'infiltration n'est jamais instantanée,
ruisselle sur le sol et s'accumule dans les petites cuvettes
qui y existent. Le plus grave inconvénient à reprocher aux
tonneaux à purin est la diminution progressive, en largeur,
de la bande arrosée ; à mesure que le tonneau se vide, en
effet, la charge dans la conduite de vidange diminue, et la
palette n'étend plus le liquide qu'en une nappe de plus en
plus faible. Le graphique n° 166 permet de se rendre compte
de la façon dont s'effectue cette vidange dans un tonneau à
purin.

M. H. d'Anchald, préparateur à la Station d'essais de Machines,

a, dans le but de remédier à cet inconvénient, appliqué aux
tonneaux à purin le principe des appareils connus dans les
laboratoires sous le nom de vases de Mariotte. Pour cela, il a
adapté au tonneau un tube t débouchant à la partie supérieure
du réservoir et plongeant presque jusqu'au fond de ce
dernier (fig. 167). Si l'on rend le
tonneau étanche à l'air, au moyen
d'une garniture appliquée sur la
bonde, la charge à la tranche de
l'orifice d'épandage est déterminée par la distance verticale qui
sépare cet orifice de l'extrémité
inférieure du tube t, c'est-à-dire
par h. L'écoulement reste donc
constant aussi longtemps que le

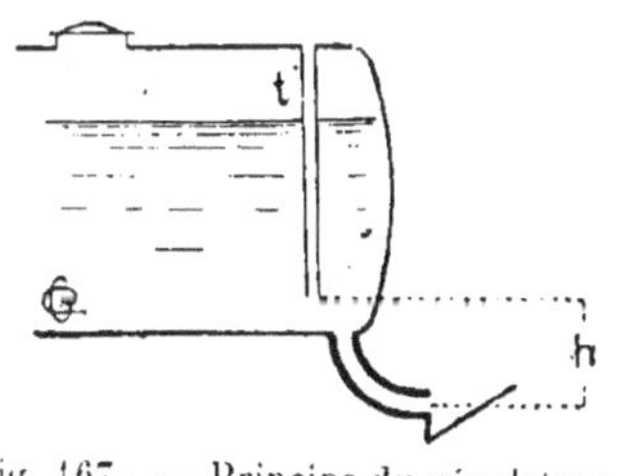

Fig. 167. — Principe du régulateur
de débit H. d'Anchald.

tube t est immergé, et l'on peut utiliser en épandage régulier
la presque totalité du contenu du cylindre-réservoir.

2. — Engrais complémentaires fournis par l'industrie.

Les premiers engrais fournis par l'industrie, notamment le
guano et la poudrette, étaient livrés sous forme d'une poudre
sèche et fine dont l'épandage n'offrait aucune difficulté. Les
engrais actuels, nitrate, superphosphate, sels de potassium,
sous l'effet de l'humidité, se prennent en grosses masses ou
acquièrent une consistance semi-pâteuse; dans les deux cas, il
est impossible de les répartir avec quelque régularité sur le
sol, surtout lorsqu'on doit les appliquer à très faibles doses. Il
ne faut donc pas s'attendre à trouver des distributeurs d'engrais
fonctionnant d'une manière irréprochable avec de tels produits. Au contraire, s'il s'agit de matières pulvérulentes et
sèches, comme les phosphates naturels, les scories, et de doses
massives, les systèmes les moins bien établis donnent encore
des résultats satisfaisants. Tous ceux qui ont visité des
concours ou des expositions de machines savent, d'ailleurs, que
c'est avec de la sciure de bois ou du sable fin, bien secs qu'on
fait fonctionner les distributeurs d'engrais devant le public.

DISTRIBUTEURS D'ENGRAIS.

Ces instruments affectent, en général, la forme d'un coffre allongé, de section à peu près trapézique, monté sur un essieu parallèle à la plus grande longueur du coffre et pourvu de brancards permettant d'y atteler un animal. Le coffre est disposé de façon à recevoir une quantité assez importante d'engrais ; un mécanisme particulier, entraîné par le mouvement des roues porteuses, doit extraire l'engrais et de le répartir sur le sol en quantité convenable. L'ouvrier chargé de la conduite de l'attelage et de la surveillance de la machine, a à sa disposition un appareil d'embrayage, au

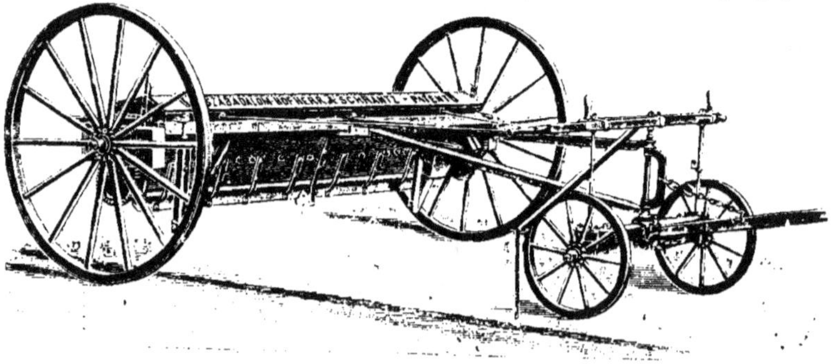

Fig. 168. — Distributeur d'engrais à avant-train (Hofherr et Schrantz).

moyen duquel il enclenche ou déclenche l'organe distributeur

Les dimensions du coffre doivent être telles que la machine, avec sa charge maxima d'engrais, puisse être remorquée par un seul cheval. La longueur de la caisse, pour les modèles courants, oscille entre 2^m,50 et 3 mètres.

Les constructeurs de l'Europe centrale tendent, cependant, à augmenter la largeur de leurs machines ; ils sont dès lors conduits à les atteler avec deux animaux et à les munir d'une flèche ou même d'un avant-train. Afin qu'ils puissent franchir les portes de ferme ou circuler dans les chemins étroits, on est obligé d'opérer comme pour les semoirs à la volée : on rapporte les roues sur de fausses fusées fixées sur les longs côtés, postérieur et antérieur, et on ajuste la flèche ou l'avant-train à l'une des extrémités de la machine (fig. 168 et 169).

Comme ces distributeurs doivent fonctionner dans des terres déjà ameublies, on a intérèt, pour diminuer le frottement de roulement, à donner aux roues porteuses un grand diamètre ; on est, cependant, limité dans cette voie par la nécessité d'abaisser, autant que possible, le coffre par rapport

Fig. 169. — Disposition, pour le transport, d'un distributeur d'engrais à flèche A ou à avant-train B (Hofherr et Schrantz). (Le dessin B représente la machine pendant le déplacement des roues).

au sol, afin que l'ouvrier n'éprouve pas trop de difficultés pour déverser le contenu des sacs d'engrais. D'ailleurs, plus le coffre est abaissé, moins il est à craindre de voir le vent entraîner l'engrais, pendant sa chute, entre le distributeur et le sol. Les fusées des roues sont fixées sur les fonds latéraux; lorsque le travail est fini, on peut, en relevant les brancards, renverser la machine et vider le coffre sans la moindre difficulté.

Organes de distribution.

Le mécanisme, au moyen duquel l'engrais est extrait du coffre et rejeté sur le sol, comprend un *organe de distribution* et un *agitateur* chargé d'assurer l'alimentation de ce distributeur.

L'organe de distribution peut être placé soit en dehors, à côté du coffre, soit au-dessus ou au-dessous de ce dernier. On a donc trois catégories principales à examiner.

Organe de distribution placé en dehors et à côté du coffre. — Le fond inférieur *f* du coffre C est disposé obliquement et est prolongé par un berceau *b* ayant la forme d'une portion de cylindre, à concavité tournée vers le haut (fig. 170). Ce berceau règne le long de la grande face opposée aux brancards, c'est-à-dire de la face arrière F du distributeur ; cette face n'est d'ailleurs pas prolongée jusqu'à sa rencontre avec le fond, mais en est séparée par un intervalle de plusieurs centimètres. L'engrais contenu dans le coffre s'écoule par cette ouverture, dont on peut régler la hauteur au moyen d'une vanne *v*. Complètement abaissée, cette vanne supprime l'épandage de l'engrais ; plus ou moins soulevée, elle détermine la quantité d'engrais répandue. Dans le berceau qui reçoit cette quantité d'engrais, tourne, suivant le sens de la flèche, un arbre sur lequel sont montés des disques cylindriques D dont la périphérie est garnie de saillies de formes variables. Ce sont ces saillies qui chassent l'engrais en dehors du berceau et constituent l'organe de distribution.

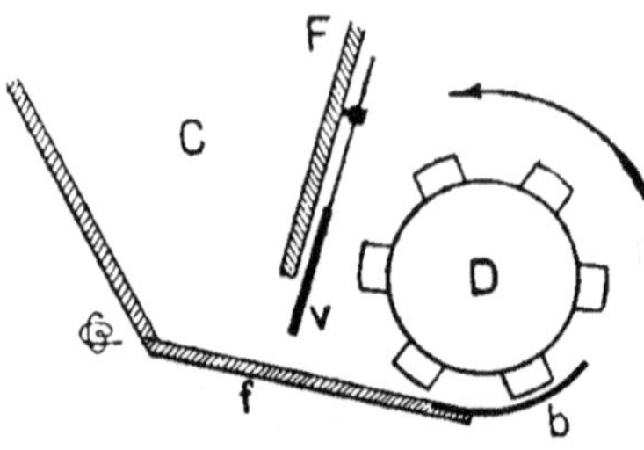

Fig. 170. — Schéma d'un distributeur placé en dehors du coffre.

Lorsque l'engrais est pâteux et adhère fortement aux pièces, les disques sont rapidement garnis d'une couche d'engrais qui en efface les saillies et empêche l'organe de distribution de remplir son rôle. Aussi, faut-il détacher l'engrais au fur et à mesure qu'il se colle aux disques ; on y parvient au moyen de raclettes métalliques qui sont appliquées sur les disques par des ressorts ou des contrepoids. La figure 171 représente un semblable organe de distribution pourvu de son nettoyeur.

Organe de distribution placé au-dessus du coffre. — Il consiste en un arbre métallique *a*, sur lequel sont implantées, en hélice, des broches *b*, également métalliques cylindriques sur toute leur longueur ou légèrement aplatie, en spatule à leur extrémité libre (fig. 172) ; il porte le nom de *hérisson*. — Le hérisson tourne, dans le sens de la flèche, au-dessus d'un coffre C contenant l'engrais et disposé de façon que les broches *b*, dans leur mouvement, viennent effleurer le bord de l'une de ses parois *p* ; toute particule d'engrais dépassant le cercle décrit par l'extrémité des broches doit

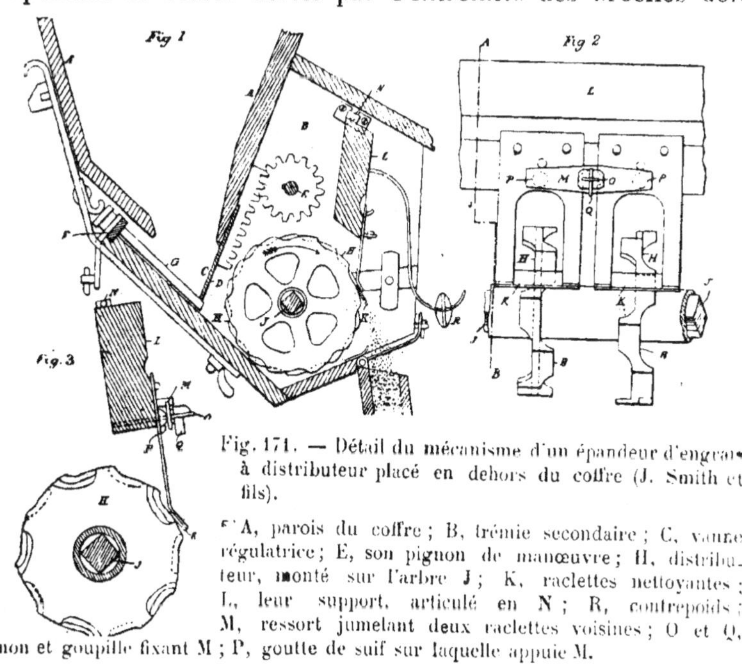

Fig. 171. — Détail du mécanisme d'un épandeur d'engrais à distributeur placé en dehors du coffre (J. Smith et fils).

A, parois du coffre ; B, trémie secondaire ; C, vanne régulatrice ; E, son pignon de manœuvre ; H, distributeur, monté sur l'arbre J ; K, raclettes nettoyantes ; L, leur support, articulé en N ; R, contrepoids ; M, ressort jumelant deux raclettes voisines ; O et Q, écrou et goupille fixant M ; P, goutte de suif sur laquelle appuie M.

donc être chassée en arrière et tomber dans un conduit qui la dirige vers le sol. Il faut, par conséquent, pour que la distribution ait lieu, que l'axe *a* du hérisson se rapproche du fond *f* du coffre à mesure que ce dernier se vide.

Ce résultat s'obtient en divisant le coffre en deux parties : l'une, formée par une des grandes parois *p'*, le fond *f* et les deux parois latérales ; l'autre, constituée par la paroi *p* du coffre. On déplace très lentement l'une de ces parties par rapport à l'autre. Dans certains types, la paroi *p* et, par suite, le hérisson restent fixes ; l'autre partie du coffre est

animée d'un mouvement d'ascension avec vitesse variable,
mais toujours très faible; la paroi *p* est généralement la
paroi postérieure par rapport au déplacement du distributeur d'engrais. D'autres fois, la paroi *p* et le hérisson
s'abaissent lentement devant l'autre partie du coffre, qui reste
fixe. Le résultat est le même dans les deux cas, et le hérisson

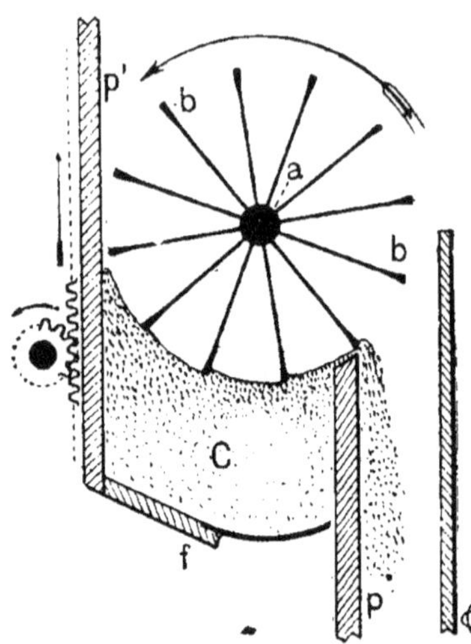

chasse, en tournant, des
couches d'engrais dont l'épaisseur est proportionnelle à la
vitesse du déplacement relatif
des deux parties. Le mécanisme est, cependant, un peu
plus compliqué quand le hérisson est mobile.

La rotation du hérisson et
le déplacement de l'une ou de
l'autre des parties du coffre
sont toujours commandés par
l'une des roues porteuses, sur
l'axe de laquelle est calée une
roue dentée.

Fig. 172. — Principe d'un distributeur
placé en dessus du coffre (système dit
Hérisson).

Dans les machines du pre-
mier type, deux pignons B et
D, montés sur un levier R,
articulé lui-même sur l'axe de
la roue porteuse, servent à transmettre le mouvement, l'un à
l'arbre du hérisson, l'autre au mécanisme d'ascension (fig. 173
et 174); ces pignons restent toujours en prise avec la première
roue dentée A; mais, en les déplaçant à l'aide du levier,
on peut les éloigner ou les rapprocher simultanément du
pignon E (hérisson) et du pignon C (mécanisme d'ascension).
On réalise ainsi un appareil très simple d'embrayage et de
débrayage.

La vitesse d'ascension de la caisse devant être très faible,
il faut employer un mécanisme de transmission réduisant
beaucoup celle de la roue A ; le dispositif d'embrayage étant
placé d'un côté du distributeur (généralement à droite par
rapport au sens de déplacement du cheval), on reporte

l'appareil réducteur de vitesse de l'autre côté du coffre, pour ne pas accumuler toutes les pièces au même endroit. La liaison entre les deux mécanismes est assurée par un arbre

Fig. 173. — Distributeur Hérisson, vu de l'arrière (Ch. Faul et fils).

intermédiaire X, parallèle à la caisse, et terminé, à droite, par le pignon C, à gauche par une vis sans fin F (fig. 174). Celle-ci, agissant sur le pignon G, à denture hélicoïdale, transmet le

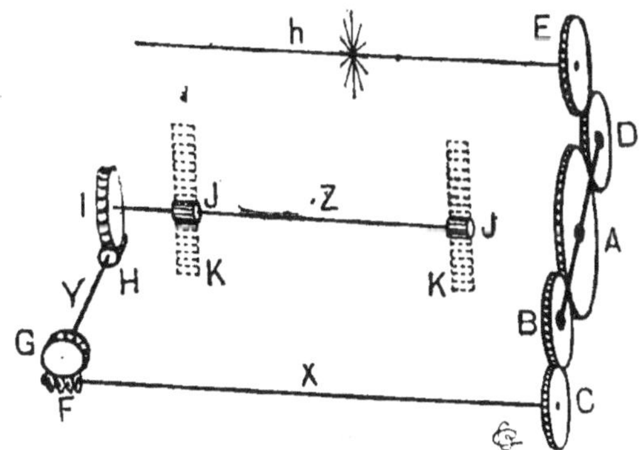

Fig. 174. — Schéma des transmissions dans un distributeur d'engrais à hérisson (type Faul).

mouvement à un arbre Y, horizontal et perpendiculaire à X. Cet arbre est terminé lui-même par une vis sans fin H, qui entraîne à son tour, par l'intermédiaire de la roue dentée I, l'arbre Z, parallèle à X, mais placé en avant de la caisse, tandis que X est en arrière. L'arbre Z est muni de deux pignons J, qui engrènent avec les crémaillères K fixées sur la partie mobile du coffre.

Pour modifier la vitesse du mouvement rectiligne imprimé aux crémaillères K, c'est-à-dire la vitesse d'ascension de la partie antérieure de la caisse, on agit sur les diamètres des deux roues constituant le train d'engrenages BC. La figure 173 montre que le pignon B est, en réalité, composé de deux pignons calés sur le même axe, dont l'un, le plus voisin du coffre, peut être remplacé par un autre pignon, de diamètre supérieur ou inférieur ; on peut également changer le pignon C. En disposant convenablement le levier R, on arrive sans difficulté

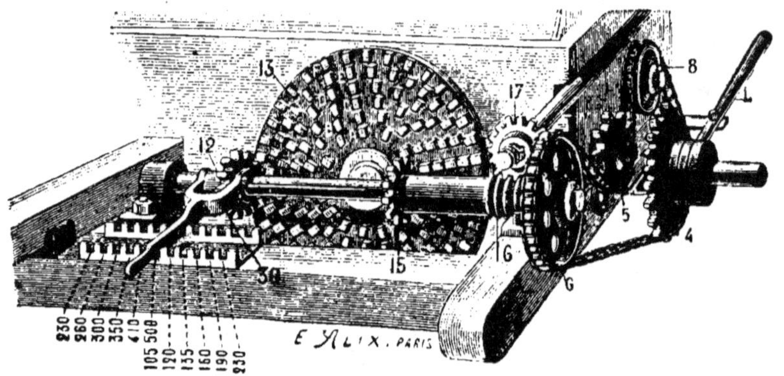

Fig. 173. — Changement de vitesse du distributeur d'engrais à hérisson mobile
(Rigault et Cie).

à mettre en prise les pignons B (intérieur) et C; quant aux pignons B (extérieur) et A, ils n'ont pas cessé d'être en prise. Comme le pignon D a été déplacé également, on le remet en prise avec E en faisant coulisser son axe dans une glissière circulaire dont est munie l'extrémité correspondante du levier R, et dont le centre coïncide avec l'axe de la roue A. Il est inutile de modifier la vitesse de rotation du hérisson ; aussi ne change-t-on pas les dimensions du train d'engrenage D, E.

Il est aussi possible de modifier la vitesse d'ascension de la caisse en employant des vis sans fin à un, deux ou trois filets ; c'est généralement sur la vis H que porte cette modification. On combine, d'ailleurs, ce dispositif avec le précédent.

Certains constructeurs, dans le but d'éviter les engrenages de rechange, qu'on est toujours exposé à perdre, remplacent ces engrenages par un plateau inamovible, muni de saillies latérales formant dents d'engrenages et disposées suivant des couronnes concentriques (fig. 175). Le pignon mobile *12*, animé d'un mouvement de rotation uniforme par les pignons *4*, *5*, *6*, *8*, réunis par une chaîne, est mis en prise avec l'une quelconque des couronnes A, B, C, D, E, F, du plateau *13* et lui communique autant de vitesses différentes qu'il y a de

Fig. 176. — Distributeur d'engrais à hérisson mobile et plateau de réglage du débit (Rigault et Cie).

couronnes; ce plateau entraîne à son tour le pignon *15*, puis la vis sans fin *16* et le pignon *17*, qui commandent le mouvement de la caisse. On pourrait d'ailleurs tout aussi bien n'imprimer au plateau *13* qu'une seule vitesse de rotation et déplacer le pignon qui commande la vis *16*. On voit en *30* la manette qui sert à la fois pour déplacer et pour fixer, grâce à une plaque munie de crans, le pignon *12*; L est le levier d'embrayage ou de débrayage du mécanisme. Le système représenté par la figure 175 est appliqué à un distributeur à hérisson descendant, mais pourrait être monté également sur un hérisson fixe. Dans le cas où le hérisson es tmobile (fig. 176), la transmission du mouvement à cet organe est assurée par une tringle T, aboutissant au pignon K, articulée sur joints de

14.

Cardan, et pourvue d'un dispositif à coulisse imposé par la variation de la distance qui sépare les deux points à relier.

Il est bon que l'appareil de transmission soit complété par un débrayage fonctionnant automatiquement lorsque le coffre est à fin de course, c'est-à-dire lorsque les broches du hérisson sont sur le point de frotter contre le fond de la caisse; sans cette précaution, il pourrait se produire de graves avaries dans la machine. Certains constructeurs montent sur leur appareil un index automatique, tel qu'un disque peint d'une couleur voyante, qui se dresse brusquement lorsque la caisse est presque à fin de course. Cet index ne doit, à notre avis, que compléter et non remplacer le débrayage : il avertit l'ouvrier que le coffre est vide et qu'il faut le garnir à nouveau d'engrais, mais il ne saurait garantir la machine contre un accident dû à la négligence du conducteur.

Pour remplir à nouveau la caisse, il faut commencer par ramener cette dernière à sa position initiale, c'est-à-dire déplacer la partie mobile en sens inverse du mouvement que le mécanisme lui imprime pendant le fonctionnement; mais, comme il y a intérêt à ne pas perdre de temps, on agit directement sur la vis sans fin H (fig. 174) qui commande la crémaillère. On dispose, pour cela, d'une manivelle qui entraîne l'arbre Y et qui est visible, en P, sur la figure 173. L'engrais est ensuite versé dans la caisse, puis on égalise rapidement la partie superficielle de la masse, et on rabat le couvercle. On fait tourner le hérisson autour de son axe à l'aide d'un petit volant spécial placé du même côté que la manivelle P, et le distributeur est, de nouveau, prêt à fonctionner. Un dispositif analogue est appliqué à la machine représentée par la figure 176; la manivelle de manœuvre y est indiquée par la lettre M : elle entraîne les pignons *20* et *21*.

Les appareils de ce genre ont joui, dès leur apparition, d'une très grande faveur, justifiée par leur régularité de débit, mais on ne les voit plus figurer qu'exceptionellement dans les concours. Cela tient à ce que les agriculteurs ont pris l'habitude d'appliquer au sol de très fortes fumures. Or la largeur de la caisse est assez restreinte, puisque le hérisson doit agir sur toute la surface libre de la masse d'engrais; sa hauteur est également faible, car il faut que les ouvriers puissent vider sans difficulté le contenu des sacs dans le distributeur. Il en résulte que la capacité de la caisse est peu considérable et qu'il faut fréquemment la regarnir quand on distribue l'engrais à haute dose, ce qui occasionne d'importantes pertes de temps.

Ces distributeurs sont cependant recommandables pour les épandages à moyenne et à faible dose; nous avons cru devoir leur consacrer une assez longue mention, non seulement parce qu'on en trouve encore d'assez nombreux spécimens dans les exploitations agricoles, mais aussi parce que nous pensons que la faible capacité du coffre n'est pas un défaut impossible à éviter. Nous verrons, à la fin de ce chapitre, les motifs de la supériorité de ce type de distributeurs.

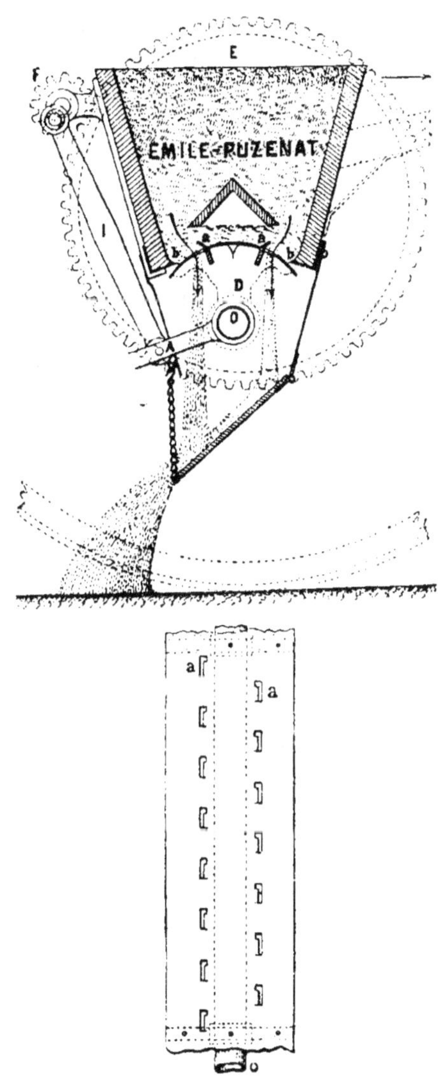

Fig. 177. — Distributeur à fond oscillant (E. Puzenat et fils).

Organe de distribution placé en dessous du coffre. — Cette disposition permet de donner à la caisse de très grandes dimensions ; aussi est-elle la plus généralement adoptée, à l'heure actuelle, par les constructeurs.

L'organe de distribution peut jouer, en même temps, le rôle de fond de coffre, ou, au contraire, être simplement soutenu par le véritable fond.

Dans le premier cas, la pièce formant fond et distributeur est animée d'un mouvement qui est généralement continu, mais qui, dans quelques modèles, peut être alternatif.

A ce dernier type se rapporte le distributeur représenté par la figure 177. Le fond, indépendant du reste du coffre, est constitué par une feuille de cuivre cintrée et pourvue d'ouvertures *a* par lesquelles s'écoule l'engrais. Ce fond est maintenu à ses extrémités par des flasques D, montées sur un pivot O ; l'ensemble est animé de mouvements alternatifs communiqués par la roue dentée E, le pignon à excentrique F, la bielle I et la manivelle A. Les bords des ouvertures *a* sont repliés et retroussés vers l'intérieur de la caisse, de façon à mieux détacher l'engrais, qui est d'ailleurs dirigé vers ces lumières par deux plans inclinés placés au-dessus du fond mobile. On règle le débit du distributeur à l'aide de contre-plaques affectant à peu près la forme de crémaillières, et qui sont appliquées contre le cylindre, du côté de sa concavité ; lorsqu'on déplace ces contre-plaques dans la direction des génératrices du cylindre, les parties saillantes viennent obturer plus ou moins les orifices d'écoulement.

Les distributeurs à mouvement continu sont nombreux. Certains sont formés d'un cylindre, généralement en bois, servant de fond à la caisse, et animé d'un mouvement de rotation assez lent ; l'engrais qui vient en contact avec lui prend le même mouvement et entraîne les particules voisines sur une certaine épaisseur ; le cylindre conduit ainsi la matière à distribuer vers un orifice rectangulaire de même longueur que la caisse du semoir, mais dont la hauteur peut être modifiée à l'aide d'une vanne. La vitesse de rotation du cylindre pouvant être considérée comme constante, la quantité d'engrais débitée par unité de temps varie évidemment avec la levée de la vanne.

Lorsque les engrais sont très adhérents, ce qui, malheureusement, est assez fréquent, le cylindre s'entoure bientôt d'une gaîne d'engrais de plus en plus compacte qui s'oppose au fonctionnement de l'appareil; aussi est-on obligé d'adjoindre au cylindre distributeur un deuxième cylindre, parallèle au premier, mais tournant en sens inverse et ayant pour rôle de détacher la croûte d'engrais au fur et à mesure qu'elle se forme. On emploie également, dans le même but, des brosses rotatives, ou des raclettes affectant la forme des scies de faucheuses et animées d'un mouvement alternatif parallèlement à l'axe du cylindre.

Dans les distributeurs d'engrais en lignes, construits en Allemagne et en Hongrie, l'organe de distribution est formé d'un ou de plusieurs cylindres métalliques C, armés de dents d disposées en hélice (fig. 178). Les cylindres tournent autour de leur axe et, dans ce mouvement, les dents dont ils sont munis passent au travers de lumières l, pratiquées dans des tôles placées à leur entrée dans le coffre, ainsi qu'à leur sortie de ce coffre.

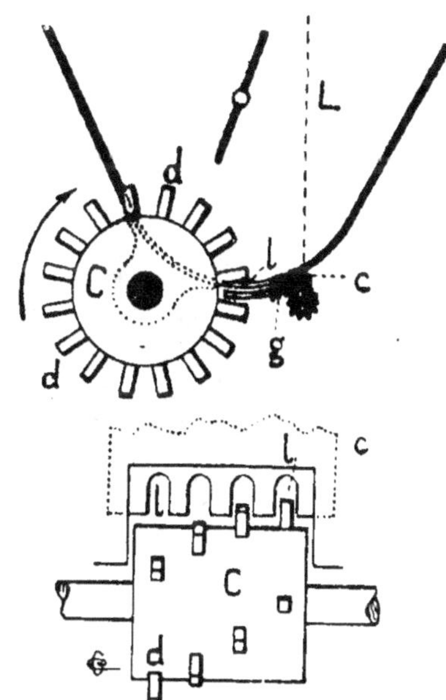

Fig. 178. — Fond tournant cylindrique à broches, pour distributeur en lignes (Dehne).

Le sens de rotation étant celui indiqué par la flèche, on voit que les dents forcent l'engrais à passer au travers des lumières l situées à la partie inférieure du coffre; des lumières sont d'ailleurs pratiquées aussi dans la contre-plaque mobile c, que le levier L, agissant, par un pignon, sur la crémaillère g, permet d'approcher ou d'éloigner du cylindre C pour régler la distribution.

Dans beaucoup de machines à distributeur placé au-dessous du coffre, on cherche à diminuer l'influence de la charge de l'engrais en disposant au-dessus de l'organe de distribution un écran constitué par deux planchettes assemblées en forme d'angle dièdre dont l'arête est tournée vers le haut du coffre.

On construisait autrefois des distributeurs où le fond, écarté légèrement du reste du coffre, soutenait une série de chaînes sans fin, du type Vaucanson, tendues sur des rouleaux et constituant une sorte de tablier animé d'un mouvement continu perpendiculairement à la plus grande dimension du coffre. L'engrais qui s'engageait entre les maillons était ainsi entraîné à l'extérieur de la caisse. Mais on conçoit avec quelle rapidité un pareil distributeur est exposé à s'engorger, lorsque l'engrais est humide et adhérent ; on trouve encore,

Fig. 179. — Distributeur d'engrais à tablier sans fin (Dumaine).

cependant, en Angleterre, quelques machines qui en sont pourvues.

Le principe de ce distributeur a toutefois été conservé ; mais le tablier sans fin est formé de lattes jointives, en bois, réunies entre elles par des articulations métalliques (fig. 179). Il est monté également sur deux rouleaux parallèles à la plus grande dimension du coffre et qui servent à la fois à diriger et à entraîner le tablier. Les lattes conduisent à l'extérieur une couche d'engrais dont l'épaisseur dépend de la levée d'une vanne, comme dans les appareils à cylindre ; mais on peut aussi, pour modifier le débit, agir sur la vitesse de déplacement du tablier, en changeant certains éléments du train d'engrenages qui transmettent le mouvement des roues motrices (pignons ou vis sans fin). Bien que l'inclinaison brusque des lattes, au moment où elles passent sur le rouleau d'arrière, facilite le détachement de l'engrais, il est nécessaire d'adjoindre au tablier, lorsque l'engrais est très adhérent, un organe de nettoyage. Celui-ci est, le plus souvent, un hérisson, qui sert beaucoup plus de nettoyeur que de distributeur.

On a également, dans certains modèles, maintenu la chaîne elle-même; mais cet organe est alors disposé suivant la plus grande dimension de la caisse, et les maillons proprement dits, qui sont articulés les uns sur les autres, ne sont plus en contact avec l'engrais. La chaîne est du type à maillons

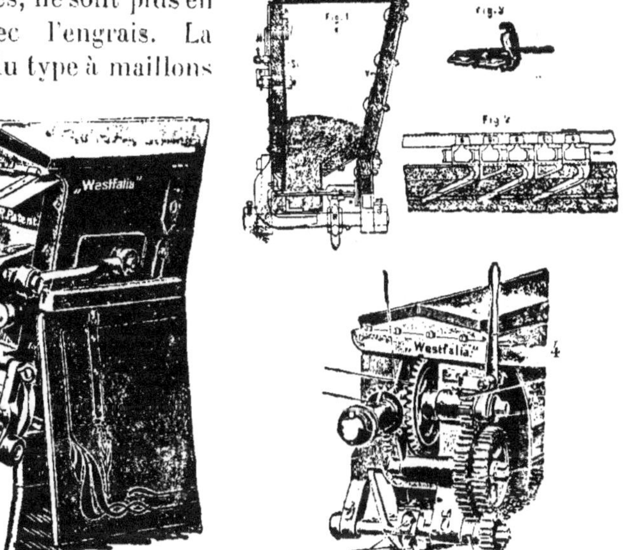

Fig. 180. — Distributeur d'engrais à chaîne sans fin parallèle à l'essieu (Kuxmann-Faul).

détachables, et chaque maillon est muni, sur l'un des côtés libres, d'une lame oblique (fig. 180). Cette chaîne glisse sur le fond de la caisse qui contient l'engrais, mais les articulations sont protégées par une plaque inclinée et animée d'un mouvement alternatif qui lui fait jouer, en même temps, le rôle d'agitateur; quant aux lames obliques, elles ont une longueur telle que leurs extrémités libres dépassent légèrement le bord extrême du fond de la caisse, en passant par une lumière rectangulaire dont la hauteur peut être modifiée à l'aide d'une vanne. L'engrais qui s'est engagé entre les lames est chassé vers l'arrière, en raison même de leur obliquité. Le réglage du débit peut être effectué à la fois par la levée de la vanne et par des jeux d'engrenages qui font varier la vitesse de la chaîne. Le nettoyage des lames est assuré par deux organes : une brosse, qui agit au moment où elles sortent de la caisse, et une raclette à ressort qui fonctionne quand elles vont y pénétrer à nouveau. La figure 180 montre les principaux détails de ce distributeur d'engrais. On y voit notamment, en *1*, la coupe transversale du coffre et le pignon R qui entraine la chaîne ; en *2* et *3*, la disposition même de la chaîne ; en *4*, la sortie de la chaîne et la commande du pignon R ; en *5*, la rentrée de la chaîne, avec le ressort de nettoyage et la commande de la planchette agitatrice.

Agitateurs.

Ce sont des organes accessoires, animés de mouvements circulaires continus ou rectilignes alternatifs, ayant pour but d'éviter qu'il se forme, dans la masse d'engrais, des voûtes au-dessus des appareils distributeurs ; ces voûtes empêcheraient tout contact entre l'engrais et l'appareil distributeur, de sorte que l'épandage n'aurait pas lieu.

Les agitateurs affectent généralement la forme d'arbres garnis de palettes, de broches, de dents, etc. leur déplacement est commandé par les roues porteuses et motrices du distributeur. Lorsque, — ce qui est rare aujourd'hui, — le mouvement imprimé à l'agitateur est un mouvement de rotation, la commande est réalisée directement par un train d'engrenages ; si, au contraire, c'est un mouvement alternatif rectiligne, la roue conduit, au moyen d'engrenages, une manivelle ou un plateau-manivelle dont le bouton est relié à l'agitateur par une bielle.

La vitesse du mouvement rectiligne alternatif imprimé à l'agitateur, dans ces conditions, est constamment variable ; elle est nulle aux deux extrémités de la course et maxima quand la bielle est perpendiculaire à la manivelle (1). On a

____

(1) Cf. *Les moteurs agricoles*, p. 91.

cherché à rendre ce mouvement à peu près uniforme, pour que l'action de l'agitateur soit aussi régulière que possible; on y est parvenu en employant des engrenages en cœur ou des engrenages elliptiques. Nous n'insisterons pas davantage sur ces dispositifs, dont nous avons déjà exposé le principe (1).

Il faut éviter de donner aux agitateurs à mouvements alternatifs une course trop considérable, car, à chaque déplacement, ils tendent à comprimer une certaine quantité d'engrais contre les parois latérales du coffre, et on risquerait, ainsi, de voir l'agitateur se briser ou défoncer ces parois. Le danger est beaucoup moindre avec des agitateurs à faible course, surtout si leurs extrémités sont en pointe; on peut même le supprimer tout à fait en faisant traverser les deux parois latérales du coffre par l'arbre du distributeur.

<h2 style="text-align:center">Considérations générales
sur les propriétés mécaniques des engrais
et sur le fonctionnement des distributeurs.</h2>

L'épandage d'une matière pulvérulente sèche ne présente aucune difficulté; mais, s'il s'agit d'engrais, ou de mélanges d'engrais, plus ou moins pâteux ou agglutinés, la distribution cesse d'être régulière, sans qu'il y ait toujours lieu d'incriminer la machine. On peut dire, en effet, que les distributeurs les plus mal construits fonctionnent suffisamment bien avec des engrais pulvérulents et secs, tandis que les meilleurs appareils fonctionnent mal avec des engrais humides. Il convient de remarquer, d'autre part, que les doses d'engrais complémentaires les plus fortes ne correspondent jamais qu'à un poids très faible par mètre carré; 1 000 kilogrammes, par exemple, à l'hectare, ne représentent que 100 grammes par mètre carré. Lorsqu'on veut appliquer, dans certaines circonstances, un engrais actif en petites quantités, comme le nitrate, à raison de 50 kilogrammes par hectare, on ne doit pas oublier que ce poids correspond à 5 grammes par mètre carré, et qu'il n'existe pas de distributeur mécanique capable de

(1) Cf. *Les moteurs agricoles*, p. 95.

répandre régulièrement sur le sol une si petite quantité de matière, et surtout de nitrate. C'est ce qui conduit à mélanger l'engrais avec de la terre ou avec d'autres substances ; mais le mélange ne pouvant pas être lui-même bien homogène, la répartition ne saurait être encore très régulière.

On facilite le fonctionnement des distributeurs d'engrais en

Fig. 181. — Broyeur de nitrate (Ch. Faul et fils).

conservant et en préparant convenablement les matières à répandre (1). Cette manipulation étant traitée complètement dans d'autres ouvrages de l'ENCYCLOPÉDIE, nous nous bornerons à rappeler celle qui consiste à désagréger les blocs formés par le nitrate sous l'influence de l'humidité ; l'opération peut être effectuée en pilonnant l'engrais, à l'aide d'une dame ou d'un

(1) Les superphosphates absorbent beaucoup moins d'humidité et ne deviennent pas aussi pâteux quand il est possible de les conserver non en sacs, mais en tonneaux.

pilon, sur un sol résistant; mais il existe aussi des appareils spéciaux appelés *broyeurs de nitrate*.

Ces appareils (fig. 181) sont formés de deux séries de pièces travaillantes : de fortes dents recourbées, étroites, passant entre les barreaux d'une grille, qui forme elle-même le fond d'une trémie où l'on verse à la pelle l'engrais à broyer, et une paire de cylindres lisses, placés au-dessous de l'organe précédent, dont ils complètent l'action. Les premières pièces travaillantes sont composées de rondelles plates dont la périphérie est garnie de dents; elles sont enfilées sur un axe à section carrée, de façon que les dents successives soient disposées en hélice; l'ensemble constitue, en somme, un cylindre denté dont il est facile de remplacer les éléments détériorés. On réunit généralement deux cylindres semblables, en les disposant parallèlement et au même niveau au-dessous de la trémie; lorsqu'on fait fonctionner l'appareil, les cylindres tournent et les dents forcent l'engrais à passer entre les barreaux de la grille, ce qui produit un concassage grossier. L'engrais tombe ensuite entre les deux cylindres lisses, qui tournent en sens contraire et qui complètent le broyage en écrasant les fragments.

Les broyeurs de nitrate sont actionnés à bras ou par moteur; on les munit, dans le premier cas, d'un volant et d'une manivelle, et, dans le second cas, de poulies pour recevoir la courroie de transmission. On a intérêt à réduire autant que possible les parties métalliques en contact avec l'engrais, car ce dernier, souvent corrosif, attaque rapidement le métal.

Il faut d'ailleurs reconnaître que ces machines n'offrent pas un très grand intérêt pour les exploitations agricoles, au moins dans la majorité des cas; on les emploie surtout pour faciliter, par une trituration préalable des éléments constituants, le mélange des engrais qu'on juge à propos d'employer; on préfère, en général, composer soi-même ces mélanges pour éviter les fraudes. Il y aurait, cependant, lieu de renoncer à cette pratique, car le broyage des engrais est une opération coûteuse, par suite de la grande dépense d'énergie qu'elle nécessite. Le contrôle, efficace et peu coûteux, des laboratoires agricoles garantit contre les fraudes, de même que l'achat par l'intermédiaire des syndicats. Il vaudrait mieux n'avoir recours à ces broyeurs que si l'exploitation est pourvue d'un moteur, à moins qu'il y ait obligation de conserver à l'année un personnel dont une partie soit inoccupée à certaines époques. Mais les syndicats assez importants pour posséder des installations mécaniques pourraient fort bien se charger du broyage et du mélange des engrais au compte de leurs adhérents.

Les phosphates naturels, les scories, les os, les tourteaux, etc., sont livrés au public sous forme de poudres fines, et l'agriculteur n'a jamais intérêt à les broyer lui-même. Les machines chargées de pulvériser ces matières ne nous occuperont donc pas. Nous mentionnerons, cependant, une machine à broyer les os, que nous avons vue installée dans l'exploitation du marquis de Piennes, à Vrbovec (Croatie). Elle consistait en deux sortes de poulies, montées sur le même axe et tournant en sens inverse; le diamètre de ces poulies était d'environ 1^m,20. Une enveloppe, munie d'une trémie d'alimentation et d'une goulotte de sortie, enfermait les deux poulies dont les bras, plus nombreux et plus rapprochés que ceux des poulies industrielles, fragmentaient de plus en plus les os. Cette machine fonctionnait avec le moteur de l'exploitation : son emploi était justifié par le très faible prix de la matière première, ainsi que par la difficulté d'obtention et de transport des engrais phosphatés dans la région.

M. H. Dupays, ingénieur agronome, a procédé, pendant son stage de troisième année, à la Station d'essais de machines, à une série de recherches sur les propriétés physiques des engrais les plus couramment employés. Il a constaté que ces engrais se comportent de façons très différentes. Ainsi, les secousses n'ont presque pas d'influences sur le nitrate de soude, dont le poids par unité de volume varie peu; par contre, le phosphate naturel et, surtout, le sulfate d'ammoniaque se tassent beaucoup par l'effet des secousses, au point que le poids par unité de volume augmente de plus du tiers. Le coefficient de frottement de l'engrais sur les principaux matériaux entrant dans la constitution des distributeurs a été également déterminé : il est plus faible pour la tôle que pour le bois, et surtout que pour le verre; dans ce dernier cas, même, la grosseur des grains joue un certain rôle lorsque l'engrais est de la kaïnite, du chlorure de potassium ou du nitrate. L'hygroscopicité semble aussi augmenter le coefficient de frottement sur le verre. Ce sont probablement ces difficultés spéciales qui ont motivé l'abandon des organes de distribution en verre moulé qui ont été exposés, il y a quelques années, au Concours général agricole.

Si l'on veut éviter que l'engrais contenu dans le coffre s'amasse sans s'écouler vers les surfaces de distribution, il faut qu'il rencontre partout des parois suffisamment inclinées; l'inclinaison minima doit être de 50 grades (45°) environ, quoique les secousses facilitent beaucoup l'écoulement.

Les agitateurs rotatifs à mouvement continu jouent, au bout de peu de temps, le rôle de malaxeurs : l'engrais adhère peu à peu aux organes de l'agitateur et forme bientôt une sorte de mortier très dur; cet organe absorbe probablement ainsi, et en pure perte, une quantité importante d'énergie. Les agitateurs à mouvement rectiligne alternatif présentent moins d'inconvénients, surtout si leur course est faible et sous le bénéfice des réserves déjà indiquées. Cependant les broches, ou les pièces analogues, augmentent, en se déplaçant, le tassement naturel de l'engrais, et, si le semoir débite peu, on arrive très rapidement au tassement limite correspondant à la réduction maxima des vides entre les particules d'engrais. Dès lors, si l'engrais est humide, cas malheureusement fréquent, la distribution n'est plus uniforme, l'engrais tombant par petites masses irrégulièrement distantes.

C'est, par conséquent, avec des distributeurs du type *hérisson* qu'on peut ramener au minimum l'effet des causes d'irrégularité d'épandage, puisque, seul, le tassement naturel, sous l'influence des secousses, peut alors faire varier la distribution. Encore faut-il remarquer que le tassement, rapide au début, devient bientôt peu sensible, d'autant plus que le déversement violent de l'engrais dans le coffre produit déjà un tassement appréciable.

La section des orifices d'écoulement joue aussi un rôle important au point de vue de la régularité du débit. Les divers engrais commerciaux se comportent d'ailleurs, à ce sujet, de façons très différentes : ainsi le diamètre minimum d'un tube de verre par lequel a pu s'effectuer spontanément l'écoulement d'un engrais tassé était, dans les expériences de M. Dupays, de 16 millimètres pour le sang desséché, 30 millimètres pour le nitrate de soude, 46 millimètres pour le superphosphate, et 55 millimètres pour les sulfates de potasse et d'ammoniaque. Il est donc indispensable, pour la plupart des distributeurs, d'avoir des vannes de réglage, si l'on veut employer ces machines pour répandre des engrais très divers. Mais la question est encore plus importante lorsqu'au lieu de distribuer l'engrais sur toute la superficie du champ l'appareil doit le déposer en *bandes* ou en *lignes*, à proximité des lignes de plantes.

Ce mode opératoire est préconisé, depuis quelques années, pour la culture de la pomme de terre et surtout pour celle de betterave ; nous sommes obligés de renvoyer le lecteur, pour la discussion de la valeur pratique de ce procédé, aux différents volumes de l'ENCYCLOPÉDIE traitant de l'emploi des engrais et des cultures spéciales. Mais nous devons signaler les machines construites spécialement pour répondre à ces nouvelles exigences de la culture. Jusqu'à présent, ce n'ont été que de tout petits distributeurs, montés en brouette et pouvant être actionnés par un seul homme. En dessous du distributeur, qui est du même type que celui représenté par la figure 177, se trouve un conduit parallélipipédique très court, bifurqué à la partie inférieure, et auquel sont reliés deux tubes, dont on peut faire varier l'écartement à l'aide de branches à coulisse ; les deux tubes répartissent l'engrais de chaque côté de la ligne de plantes. Il est évident que ces tubes devront toujours avoir un diamètre correspondant au calibre minimum trouvé, soit 55 millimètres au moins (1).

On emploie en Angleterre beaucoup de distributeurs d'engrais dans lesquels se trouvent suspendus, en dessous du coffre, deux disques métalliques pourvus de nervures

---

(1) Pour plus amples renseignements sur les propriétés physiques et mécaniques des engrais, Voy. le *Bulletin de la Société d'encouragement pour l'industrie nationale*, avril 1903, Rapport de M. H. Dupays.

radiales (fig. 182). Ces disques sont animés d'un mouvement de rotation très rapide autour de leur axe, au moyen de transmissions à engrenages commandées par les roues porteuses. L'engrais, placé dans le coffre et tombant sous l'influence d'un agiteur, est conduit par deux tubes sur les disques qui le projettent à une certaine distance. Ces disques sont donc

Fig. 182. — Distributeur d'engrais permettant de le répandre à la volée ou en lignes (Wallace).

plutôt des épandeurs que des distributeurs proprement dits. On peut, du reste, les démonter, et cette manœuvre, très simple à effectuer, suffit pour transformer l'appareil en distributeur d'engrais en lignes.

Essai, réglage et entretien d'un distributeur d'engrais. — Lorsqu'on a fait l'acquisition d'un distributeur d'engrais, il est nécessaire de procéder à des essais pour vérifier son fonctionnement. L'attention de l'agriculteur doit se porter avant tout sur la régularité de distribution. Le meilleur moyen de s'en rendre compte consiste à faire fonctionner le distributeur sur une route ou sur toute autre surface plane, soigneusement balayée avant cette expérience; on voit facilement sur le sol comment l'engrais est réparti. Il est bon de faire trois expériences successives, à faible, à moyen et à fort débit.

On conseille souvent d'étaler une bâche sur le trajet du distributeur, mais les animaux hésitent parfois à marcher sur cette bâche; leurs pieds, le passage des roues du distributeur, impriment en outre à la bâche des secousses qui modifient la répartition de l'engrais : ce n'est donc pas un dispositif recommandable.

On peut conclure de ce que nous avons dit précédemment que l'essai avec engrais humide n'a pas beaucoup de signification au point de vue de la valeur du distributeur.

L'agriculteur doit, enfin, procéder au réglage de son distributeur, c'est-à-dire le disposer de façon à répandre sur le sol telle quantité qu'il juge nécessaire. Les constructeurs fournissent toujours un tableau de réglage indiquant la quantité de tel engrais distribuée lorsqu'on emploie tels engrenages, telle levée de vanne, etc. Ces indications ne peuvent être que très approximatives, puisque les engrais ne sont, pour ainsi dire, jamais semblables à eux-mêmes; chaque agriculteur, du reste, compose des mélanges dépendant de la qualité de ses terres. Le mieux à faire est d'effectuer le réglage par tâtonnements, en partant d'ailleurs des indications fournies par le constructeur. On connaît la largeur de l'instrument; il est donc facile de calculer la superficie correspondant à un déplacement donné de l'appareil et la quantité qu'il doit répandre sur cette superficie. Un distributeur de 2^m,50 de largeur, par exemple, déplacé de 100 mètres, aura dû couvrir une superficie de 250 mètres carrés; s'il doit distribuer 1 200 kilogrammes d'engrais par hectare, c'est-à-dire sur 10 000 mètres carrés, il devra répandre, pendant ce trajet de 100 mètres :

$$\frac{1\,200 \times 250}{10\,000} = 30 \text{ kilogrammes.}$$

Il est facile de suspendre au-dessous du distributeur un fragment de bâche, formant sac, pour recueillir l'engrais distribué au cours du réglage; on pèse cet engrais et on agit sur les organes de réglage jusqu'à ce que l'on ait obtenu le résultat désiré. Il faut pour cela, bien entendu, faire fonctionner le distributeur en plein champ, et non sur une route, en raison de l'influence des secousses.

On peut aussi peser la quantité d'engrais mise dans le coffre, faire fonctionner le distributeur sur 100 mètres et peser le résidu. La différence des deux pesées donne le poids répandu. Nous préférons cependant la méthode précédente, qui est plus commode et qui ne risque pas d'influer sur l'homogénéité de la culture.

De même que les autres machines agricoles, les distributeurs d'engrais ne sont, en général, l'objet d'aucun soin. C'est une erreur très grossière, qui coûte cher à ceux qui la commettent. L'engrais adhérant aux organes forme, peu à peu, un ciment qui relie solidement les pièces entre elles. Lorsqu'au début d'une nouvelle campagne on veut mettre la machine en marche, on constate que rien ne fonctionne plus convenablement ; dès qu'on embraye, des pièces se brisent, d'autant plus facilement, d'ailleurs, que le contact prolongé avec ces matières souvent acides a donné lieu à de profondes corrosions du métal.

Il faut, au contraire, dès que l'épandage des engrais est terminé, laver à grande eau le distributeur, puis démonter les organes, les brosser, les essuyer et les faire sécher rapidement (au soleil, par exemple) ; on les graisse à fond et on les remet en place. On évite ainsi beaucoup d'accidents, et l'on prolonge considérablement la durée de la machine ; on réalise donc une importante économie. Dans les distributeurs à tablier inférieur mobile, si répandus aujourd'hui, ce sont les articulations métalliques reliant entre elles les lattes du tablier qu'il faut entretenir avec grand soin.

MACHINES SERVANT A L'ÉPANDAGE DES SEMENCES.

Chronologiquement, ces machines ont précédé les distributeurs d'engrais ; elles étaient depuis fort longtemps connues des Chinois et semblent avoir été employées en Europe, pour la première fois, par les Espagnols. Mais l'attention ne fut sérieusement appelée sur ces instruments que vers le milieu du xviiie siècle, lorsque l'Anglais Jethro Tull entreprit de remplacer la jachère par une culture sarclée et fut conduit, ainsi,

15.

à imaginer le semoir en lignes. L'échec retentissant qu'éprouva cet agronome fit abandonner ces machines ; pourtant l'erreur de Tull n'était pas de faire usage d'un semoir, mais bien d'employer un mode de culture hors de proportion avec les conditions économiques et les moyens de l'époque. Toujours est-il que c'est seulement vers la fin de la première moitié du XIX⁰ siècle qu'on s'intéressa de nouveau à ces machines. Mathieu de Dombasle construisit un type de semoir en lignes, sans qu'on puisse affirmer, cependant, qu'il ait eu grande foi dans son efficacité ; l'agronome suisse Fellenberg l'imita. Bientôt après, les ateliers anglais livrèrent d'excellentes machines qui furent d'une grande utilité dans les exploitations où l'on éprouvait déjà de réelles difficultés pour recruter de bons ouvriers semant à la main.

Les semoirs en lignes ne se vulgarisaient cependant pas très rapidement. Bien plus, les agriculteurs demandaient des machines moins lourdes, moins compliquées, moins chères, et effectuant plus de travail par jour qu'on en obtenait avec les appareils existants ; ils constataient, surtout, qu'il leur fallait employer deux hommes et deux chevaux, souvent même un enfant, plus une machine très coûteuse, afin d'ensemencer la surface pour laquelle un semeur à la main suffisait autrefois. C'est en vue de répondre à ces préoccupations et à ces reproches qu'on a construit les semoirs à la volée, qui effectuent beaucoup de travail par jour. A l'heure actuelle, nous sommes encore loin d'être outillés comme il conviendrait sous le rapport des semoirs en lignes. L'emploi de ces machines offre de nombreux avantages, sur lesquels nous reviendrons au cours de l'étude spéciale que nous leur consacrerons ; mais elles ont pour but principal de perfectionner le travail et non d'abaisser sensiblement le prix de revient de la façon culturale : c'est certainement là une des causes qui ont empêché leur diffusion plus rapide.

Quoi qu'il en soit, il existe deux groupes principaux de machines servant à l'épandage des semences. Dans le premier, rentrent toutes celles qui s'appliquent à ce que l'on peut appeler des *graines*, c'est-à-dire aux semences de céréales, de graminées fourragères, de légumineuses, de crucifères, aux betteraves sucrières ou fourragères, etc. : on les appelle des *semoirs*. Les dimensions de ces graines sont très variables; néanmoins, les plus usuelles diffèrent peu, en général, des semences de blé, de betteraves ou de petites légumineuses, et l'on peut les semer indifféremment, ou tout au moins sans modifications importantes, avec la même machine. C'est ce qui justifie le nom de *semoirs à toutes graines* qui sert à désigner les appareils du type courant.

Le deuxième groupe est formé des machines adaptées à la mise en place des semences de très grosse dimension, comme les pommes de terre, ou de fragments de végétaux, pourvus ou non de racines : on les appelle plus spécialement des *plantoirs*.

Semoirs à graines.

Ces machines peuvent être divisées en plusieurs catégories, d'après la nature du travail qu'elles servent à effectuer; c'est ainsi que nous rencontrerons des semoirs *à la volée*, des semoirs *sous raies*, des semoirs *en bandes*, en *lignes continues*, en *lignes interrompues* et en *poquets*. Nous trouverons enfin des *semoirs spéciaux* et des *machines mixtes*, ces dernières permettant de répandre à la fois des engrais et des semences.

Les différences essentielles entre ces diverses catégories de semoirs résideront surtout dans les organes qui ont pour but de placer les graines à la surface ou à l'intérieur du sol; mais tous les semoirs, sans exception, comportent un *coffre*, recevant une certaine provision de semences, et un *distributeur*, chargé d'extraire la graine du coffre aussi régulièrement que possible.

Le coffre, qu'on appelle également *trémie*, a la même forme générale que celui des distributeurs d'engrais, c'est-à-dire qu'il est ordinairement composé d'une caisse, à section trapézique, en bois ou en métal. La petite base du trapèze est placée du côté du sol et est tantôt rectiligne, tantôt, quoique plus rarement, curviligne. Dans certains modèles, dits à cuillères ou à alvéoles, le coffre est en deux parties, dont une trémie principale, raccordée par un plan incliné avec une série de petites trémies secondaires, qui communiquent avec la précédente par des ouvertures dont on peut régler la position au moyen de vannes.

Ce coffre est supporté par deux roues, généralement de grand diamètre, et auxquelles on donne un fort carrossage. Dans certains cas, cependant, pour faciliter la direction de la machine, on lui ajoute un avant-train, pourvu d'une seule roue, ou, mieux, de deux roues ; par contre, les coffres des semoirs proposés pour la petite culture et pour la culture maraîchère sont fixés sur un châssis de brouette à une ou à deux roues. La longueur du coffre est très variable ; elle n'est guère que de 25 à 30 centimètres dans beaucoup de semoirs en brouette, mais elle peut atteindre 6 mètres dans les semoirs à la volée. Ce coffre peut, enfin, supporter directement les fusées des roues, fixées sur les petits panneaux latéraux, ou bien reposer sur un châssis solidaire des roues porteuses ; dans ce dernier cas, même, on l'articule de façon à lui permettre de basculer autour d'un axe parallèle à l'essieu, soit pour pouvoir lui donner une position normale quelle que soit la déclivité du sol, soit pour enlever facilement les graines qui restent dans le coffre, une fois les semailles terminées. D'autres fois, la partie antérieure du coffre est munie d'une vanne de vidange (fig. 194). Enfin, dans certaines machines françaises, le fond du coffre est formé par un châssis à coulisse garni de toile métallique ou de tôle perforée ; ce dispositif permet de vider très facilement le coffre et de laisser échapper, en cours de travail, les poussières, les particules de terre et les petites graines qui peuvent se trouver mélangées à la semence.

On trouve également des coffres affectant la forme de troncs de cône ; ils sont alors construits entièrement en métal.

DISTRIBUTEURS.

Les distributeurs chargés d'extraire les graines du coffre se rapportent à des types très nombreux, dont nous ne pourrons qu'indiquer rapidement le principe. Nous les classerons, pour plus de commodité, en plusieurs catégories, d'après leur position et d'après leur mode de fonctionnement. C'est ainsi qu'il

existe des distributeurs *de fond* et des distributeurs *latéraux*;
les premiers sont situés, au moins en partie, à l'intérieur du
coffre, qui est généralement composé d'une trémie unique;
les seconds sont placés à côté de la trémie principale et
puisent la graine dans des trémies secondaires. Les distributeurs de fond peuvent consister en simples ouvertures par
lesquelles les semences s'écoulent plus ou moins librement :
ce sont les *distributeurs à orifices*; d'autres fois, des organes
spéciaux prennent, à l'intérieur du coffre, une quantité
déterminée de graines et la rejettent obligatoirement à
l'extérieur : c'est ce qui constitue la *distribution forcée*.

Examinons successivement ces différentes catégories de
distributeurs.

Distribution par orifices.

Ce sont les plus simples de tous, et l'on en trouve de très
nombreux modèles; ils sont assez appréciés, en raison de leur
faible prix de revient.

En principe, le distributeur à orifices est composé d'une
bande métallique ayant la même longueur que le coffre et
percée d'ouvertures également espacées, de même forme et
de mêmes dimensions. Cette bande est placée tantôt sur le
fond même de la trémie, tantôt sur la grande paroi latérale
postérieure (par rapport à l'attelage), mais toujours très près
du fond. Si les semences étaient d'une mobilité parfaite, elles
s'écouleraient naturellement par ces orifices ; mais il n'en est
pas ainsi, et l'on est obligé d'adjoindre aux orifices des *agitateurs* qui facilitent la distribution. L'écoulement des graines
par les orifices est régi par des lois analogues à celles qui s'appliquent aux liquides, et qui doivent se rapprocher d'autant
plus de ces dernières que les graines sont plus denses, plus
petites, plus régulières et plus lisses. Il varie, en particulier,
pour chaque nature de semence, avec la charge, c'est-à-dire
avec l'épaisseur de la couche qui surmonte le niveau moyen
de l'orifice. On cherche, du reste, dans certains systèmes, à diminuer l'influence de cette charge au moyen de
planchettes assemblées en forme d'angle dièdre et placées,

l'arête en haut, à une faible distance au-dessus des orifices.

Orifices. — La forme des ouvertures est très variable, rectangulaire, losangique, circulaire, elliptique; elle résulte souvent, même, d'une combinaison de ces différentes formes types qui aboutit à une configuration voisine de celle vulgairement appelée cœur (fig. 183). On modifie le débit de ces orifices en en faisant varier les dimensions; on y arrive ordinairement au moyen d'une deuxième bande métallique (c, fig. 184) appliquée contre la première et pourvue d'ouvertures identiques. Un levier, mobile devant un secteur gradué, permet de déplacer cette deuxième bande par rapport à la première,

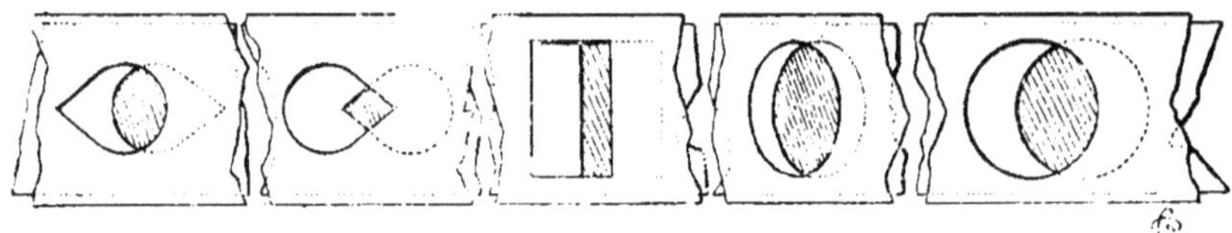

Fig. 183. — Différentes formes d'orifices distributeurs. (Les parties ombrées représentent les sections d'écoulement.)

et l'on conçoit que la section des orifices, intégralement conservée lorsque les ouvertures des deux bandes sont exactement superposées, puisse être modifiée à volonté, puisque le déplacement de la deuxième bande équivaut à une obturation partielle ou totale des orifices de la première. Lorsque les ouvertures sont dissymétriques, ce qui est le cas dans la forme en cœur, on oppose les pointes sur les deux plaques; de sorte que la section est à peu près circulaire pour le plus fort débit et losangique pour le plus faible. Cette disposition est, d'ailleurs, plus spécialement destinée à faciliter l'emploi du semoir pour toutes sortes de graines, car il est évident que l'écoulement cesse dès que la section est légèrement inférieure au plus petit calibre de la graine; à superficie égale, le losange résultant de la superposition des pointes des deux cœurs est préférable au double croissant formé par celle de deux cercles ou de deux ellipses.

On reproche quelquefois à ces régulateurs de débit de déplacer l'axe de l'ouverture et de diminuer, en même temps, l'effet de l'agitateur. Aussi a-t-on construit des semoirs dans lesquels la modification est obtenue au moyen de deux contre-plaques superposées, que l'on déplace, en sens inverse, d'une même quantité, au moyen de deux leviers mobiles devant deux secteurs gradués. Cela nous paraît être une complication sans grande utilité.

Il faut pouvoir supprimer, au moins temporairement, le débit d'un ou de plusieurs orifices, ne serait-ce que pour ne pas semer sur le champ voisin quand on est arrivé au bord extrême de la pièce à ensemencer. On munit, à cet effet, chacun des orifices d'un obturateur formé, le plus souvent, d'une petite vanne à tirette, pouvant se déplacer dans deux glissières ; quelquefois la vanne est remplacée par un petit volet qu'on rabat contre l'ouverture.

Agitateurs. — Les agitateurs sont presque toujours à mouvement circulaire continu. Lorsque les orifices sont placés contre le fond proprement dit du coffre, l'agitateur est formé d'un arbre b disposé parallèlement à la bande perforée et exactement au-dessus des orifices ; il est muni de palettes elliptiques en tôle mince, a, repliées en sens inverse aux deux extrémités de leur grand axe, de façon que tous les points de leur périphérie soient sensiblement à la même distance de l'arbre (fig. 184). Quand ce dernier tourne, il se produit dans la masse de graines avoisinant l'orifice un mouvement de va-et-vient qui favorise l'écoulement ; le débit est encore amélioré par des plans inclinés qui dirigent la graine vers l'orifice. On a aussi employé des agitateurs formés de broches métalliques implantées dans l'arbre et recourbées parallèlement à ce dernier ; mais ils sont moins efficaces que les précédents.

Lorsque les orifices sont disposés à la partie inférieure du grand panneau latéral, le rôle de l'agitateur est plus important, et il conviendrait même de le considérer comme un véritable organe distributeur, si, comme cela devrait être, il permettait de régler, au moins dans une certaine mesure, le débit des graines. Ces agitateurs sont toujours formés de pièces radiales chassant les graines dans la direction des orifices o. C'est ainsi qu'on a beaucoup employé, autrefois, des pinceaux b, montés sur de petits disques et figurant des brosses rota-

tives (fig. 185) ; ces brosses étaient primitivement en matières
végétales flexibles et résistantes, phormium ou substances
analogues. On constatait que les semoirs munis de ce dispositif fonctionnaient mal au début de leur emploi ; puis ils

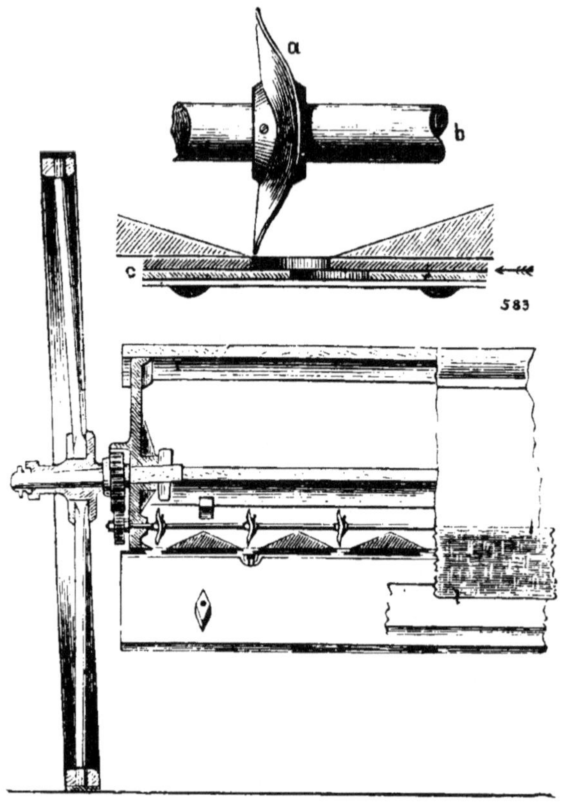

Fig. 184 — Distributeur à orifice avec agitateur formé d'une palette contournée
(Eckert). (Demi-élévation-coupe et détail d'un distributeur.)

distribuaient très régulièrement pendant un certain temps, et
cessaient brusquement de fonctionner. Cela tient à ce que les
brosses, trop longues tout d'abord, prenaient bientôt, par suite
de l'usure, la longueur convenable, puis devenaient trop
courtes. On a remplacé ces brosses végétales par des brosses
métalliques ; on y a gagné sous le rapport de la durée des
pièces, mais les brosses métalliques détériorent les graines.

Dans les régions septentrionales, on emploie des propulseurs rigides, formés tantôt de palettes radiales, *p*, tantôt de disques munis, sur la périphérie, de palerons *p'*, perpendiculaires à leur plan (fig. 185). Ces appareils ne fonctionnent bien que pour une seule catégorie de graines. Il faut, en effet, que les extrémités des organes de propulsion passent à une distance de l'orifice *o* supérieure à la plus grande dimension des semences, sans quoi ces dernières peuvent être concassées; mais il ne

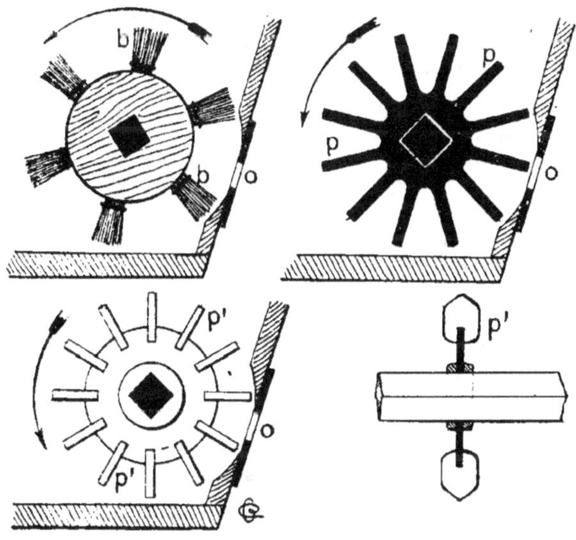

Fig. 185. — Agitateurs-distributeurs, formés de brosses *b*, palettes *p* et palerons *p'*.

faut pas, non plus, qu'elles passent trop loin des mêmes orifices, sans quoi elles n'ont pas d'effet. En outre, pour les faibles débits, qui sont obtenus en réduisant la dimension des ouvertures, le grain en contact avec l'agitateur est brassé pendant trop longtemps, ce qui a pour résultat de le détériorer. Il conviendrait donc d'améliorer ces appareils, ce qui pourrait être obtenu à peu de frais, au moyen d'un organe de réglage permettant de placer l'axe à la distance convenable des orifices, et en faisant usage d'un ou deux engrenages de rechange au moyen desquels on pourrait, pour les faibles débits, réduire la vitesse de l'arbre, éviter ainsi de trop diminuer la section d'écoulement et atténuer en même temps l'inconvénient résultant du brassage.

Il existe également des agitateurs à mouvements alternatifs; on les rencontre surtout dans les petits semoirs portatifs répandant à la volée. Ils sont toujours très simples et formés en principe d'une pièce articulée en un point et commandée par une came ou par un excentrique.

Distribution forcée.

Les distributeurs de ce type ont été imaginés aux États-Unis et sont souvent désignés sous le nom de *distributeurs américains*; on les construit, maintenant, à peu près dans tous les pays, et ils jouissent d'une grande faveur, justifiée par de nombreuses qualités.

L'organe actif est un cylindre de faible longueur, dont la périphérie présente de profondes cannelures; dans les modèles soigneusement construits, ces cannelures sont creusées ou, tout au moins, rectifiées à la fraise. Leur profil et leur direction sont très variables. Le plus souvent, le profil est à peu près circulaire, et la direction est celle des génératrices du cylindre; mais on trouve aussi des profils plus compliqués et des directions en hélice ; parfois, même, le sens d'enroulement de deux cannelures hélicoïdales successives est inversé. Nous verrons plus loin dans quel but on emploie les cannelures hélicoïdales.

Chaque cylindre cannelé se meut dans un berceau métal-

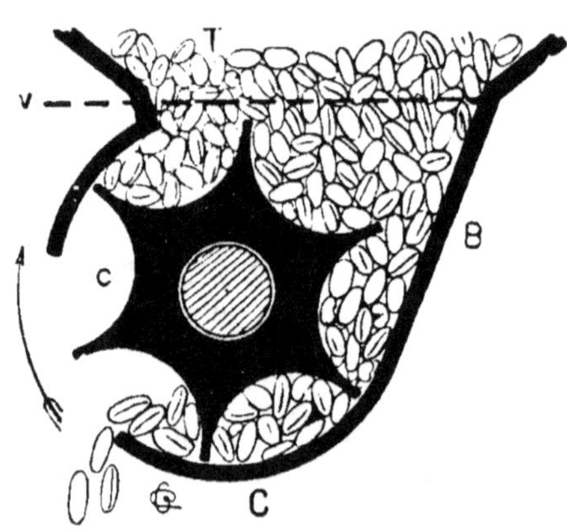

Fig. 186. — Principe de la distribution forcée.

lique, B, fixé à la partie inférieure de la trémie T et communiquant avec elle (fig. 186); le fond du berceau est cylindrique dans sa région la plus basse, C, où il est à peu près tangent au cylindre distributeur, puis se raccorde au coffre. Le fond est interrompu à l'arrière, de façon à démasquer les cannelures et à permettre la chute des graines. Enfin le berceau est limité latéralement par deux flasques perpendiculaires au coffre ; il n'est donc, en réalité, qu'une trémie secondaire de très petites dimensions. Lorsqu'une des cannelures c se présente dans la région du berceau qui est en communication avec la trémie, elle se remplit aussitôt de graines ; puis, le mouvement de rotation des distributeurs continuant, les grains contenus dans la cannelure sont enfermés entre la paroi même de cette dernière et la partie cylindrique du fond de berceau. Ils sont ainsi isolés du reste de la masse de semence, et il est impossible qu'aucun grain puisse échapper à l'action du distributeur, ce qui justifie le terme de distribution forcée. La figure 186 permet de bien se rendre compte des phases successives de cette distribution. Il est évident que l'écueil de ce système est le danger de concasser les graines qui viendraient à être saisies entre les bords des cannelures et le fond du berceau ; mais ce danger est, sinon évité, du moins considérablement diminué par le soin apporté à la construction des cylindres distributeurs, et par l'adoption de fonds de berceaux mobiles, rappelés à leur position normale par des ressorts.

Certains constructeurs emploient, de même, des cylindres qui remplacent la dernière portion du berceau, et qui tournent en sens inverse des distributeurs ; ils sont montés sur un axe qui peut prendre un léger mouvement de déplacement.

En fait, les bons distributeurs de ce type ne concassent pas plus de 2 ou 3 p. 100 de graines, proportion absolument négligeable.

Tous les cylindres distributeurs sont montés sur un même axe, parallèle au coffre, et entraîné dans un mouvement de rotation par des engrenages en prise avec d'autres engrenages que commande l'une des roues du semoir. Le système distributeur est généralement complété par un agitateur placé à l'intérieur du coffre, qui régularise l'arrivée des graines dans les trémies secondaires formées par les berceaux.

Un des grands avantages des distributeurs à cannelures est de permettre la modification facile et rapide du débit ; il suffit, en effet, pour faire varier ce débit, de diminuer ou d'augmenter la capacité des cannelures ; on n'agit, évidemment, ni sur le profil ni sur la profondeur de ces cannelures, mais on modifie à volonté leur longueur utile. On peut, par exemple, obturer partiellement ou totalement les cannelures en faisant coulisser sur le distributeur un manchon, cylindrique à l'extérieur, et découpé intérieurement de façon à épouser exactement le profil de celles-ci. D'autres fois, on préfère déplacer latéralement tous les distributeurs ; ceux-ci sont alors doublés de cylindres non cannelés, qui pénètrent plus ou moins dans les berceaux pour combler le vide causé par le déplacement des distributeurs. La figure 187 donne l'aspect d'un appareil de ce type ; les différentes pièces qui le constituent sont représentées séparément. Il est à remarquer que, dans ce système, l'une des flasques du berceau doit être munie d'une rondelle 3, cylindrique à l'extérieur, et profilée à l'intérieur, qui ferme latéralement le berceau et permet la rotation de l'arbre. On voit enfin, à la partie supérieure de l'enveloppe, dans la pièce qui sert à la raccorder au coffre, une rainure où peut glisser une vanne qui sert à isoler le distributeur, quand on le juge nécessaire : cette vanne est représentée en *r* sur la figure 186 et en *e* sur la figure 187.

Le déplacement de l'arbre ou de l'ensemble des manchons peut être effectué très rapidement, à l'aide d'un levier *b* ; un secteur *c*, pourvu d'une graduation, facilite le réglage.

On n'emploie généralement pas d'autre procédé de réglage du débit. Il est cependant possible, au moins dans certaines machines, d'agir aussi sur la vitesse de rotation des distributeurs, en changeant les engrenages qui entraînent l'arbre.

Un constructeur français a trouvé un ingénieux procédé pour modifier la profondeur des cannelures et éviter de déplacer latéralement l'arbre ou les manchons. Le distributeur est formé (fig. 188) de deux joues circulaires *j*, réunies par une série de pièces fixes *f*, entre lesquelles passent des lamelles mobiles *l*, articulées sur un disque annulaire *d*, relié lui-même à l'arbre moteur A. La graine s'accumule dans

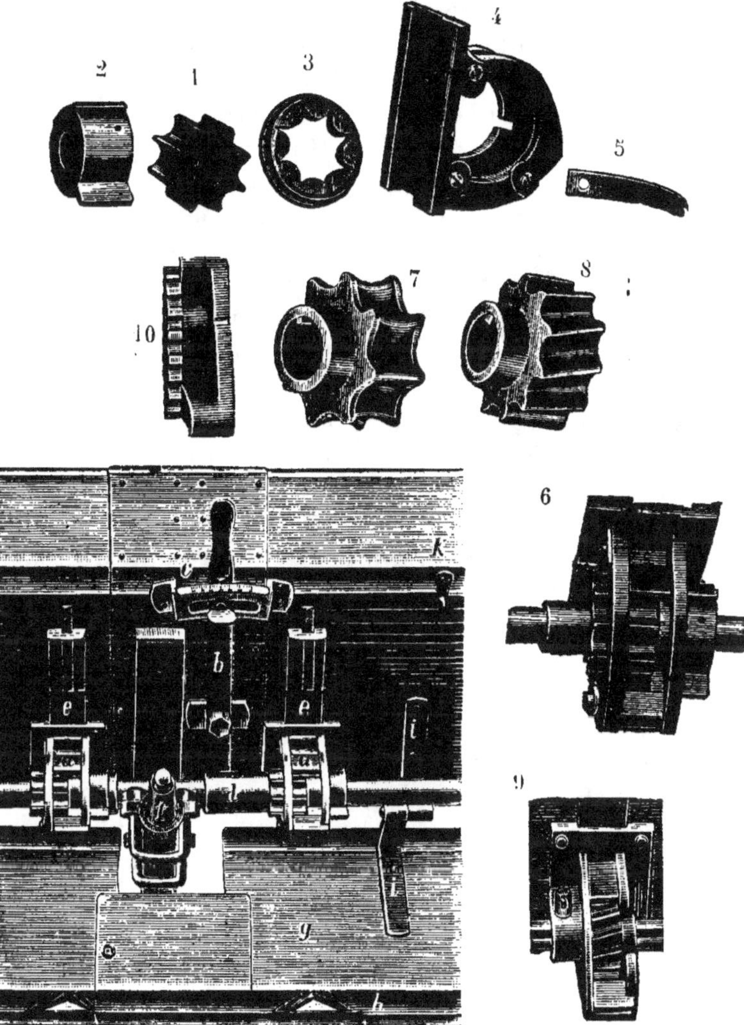

Fig. 187. — Organes d'un semoir à distribution forcée par cannelures
(R. Sack-Faul).

1, Cylindre à cannelures droites ; 2, manchon plein ; 3, bague cannelée de ferme
ture ; 4, berceau ; 5, ressort de fond de berceau ; 6, distributeur complet et monté ;
7, cylindre cannelé pour fèves : 8, cylindre à cannelures hélicoïdales ; 9, le même
monté ; 10, cylindre pour petites graines. — a, Distributeurs: b, levier de réglage ;
c, coulisse de réglage ; d, manchon de liaison ; e, vannes obturatrices ; f, fausses-
fusées pour la mise en transport ; g, planche d'épandage à la volée ; h, ses chevalets-
diviseurs ; i, charnière ; k, verrou pour fixer la planche g.

l'espace compris entre les joues, les pièces *f* et deux lamelles consécutives; il suffit de faire tourner, à l'aide d'une clé spéciale, le disque *d* autour de l'arbre A pour faire varier l'obliquité des lamelles et le volume utilisable des cannelures.

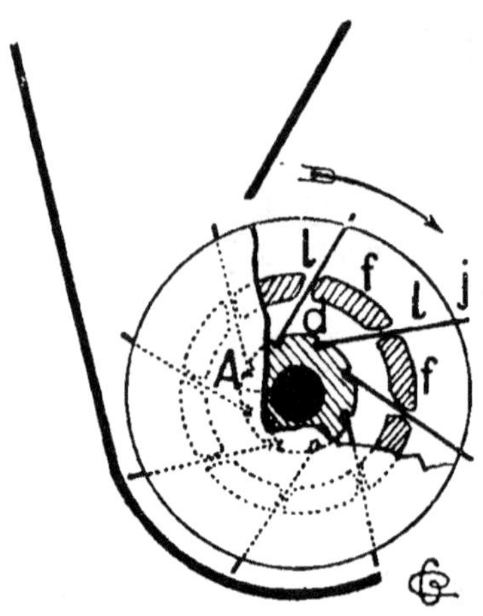

Fig. 188. — Cannelures réglables (Derôme).

On reproche parfois aux distributeurs à cannelures rectilignes de semer, sinon en poquets, du moins en lignes interrompues; il est certain qu'il s'écoule un léger laps de temps entre le moment où une cannelure est complètement vidée et celui où la suivante commence à distribuer des grains. Ce défaut n'est pas bien grave; il a pourtant paru utile d'y remédier, et c'est dans ce but qu'on a tracé les cannelures en hélice, de façon que la vidange ait lieu progressivement et que, aussitôt l'une des cannelures vidée, la suivante laisse écouler des grains (fig. 187, n°⁸ 8 et 9). On arrive au même résultat en disposant devant les cannelures B, dans la zone de déversement, une lame oblique A (fig. 189), qui force les graines à tomber successivement.

Il existe, pour la distribution forcée, d'autres appareils que les cylindres cannelés. Tels sont, par exemple, les *distributeurs à tiroir*; le principe en est très simple. Le tiroir est une pièce métallique T (fig. 190) pourvue, dans sa partie moyenne, d'une lumière L; l'épaisseur du tiroir varie avec les dimensions des graines à semer. Il coulisse entre la partie inférieure du coffre C et une contre-plaque P, reliée à un conduit de décharge D. Le tiroir peut être animé d'un mouvement de va-et-vient qui l'amène successivement en dessous de l'orifice O, pratiqué dans le fond du coffre C et au-dessus du conduit D; dans la première position, la lumière L se remplit de graines, tandis qu'elle les laisse échapper dans la deuxième position. Il suffit, pour actionner le tiroir, de le déplacer, au moyen

Fig. 189. — Distribution dite complète.

C, manchon plein ; D, fond de berceau mobile ; E, son poussoir (Nodet).

d'un dispositif quelconque, *t*, dans le sens de la flèche *f* ; un
ressort R le ramène ensuite à sa première position.

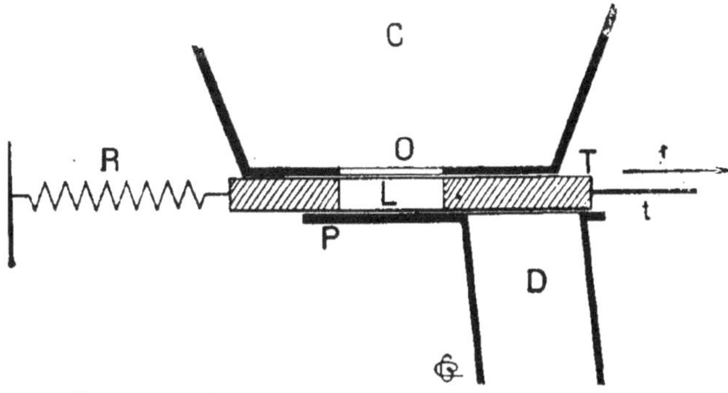

Fig. 190. — Schéma de la distribution forcée par tiroir.

On peut substituer au tiroir à mouvements alternatifs un
tiroir à mouvement circulaire continu ; il a alors la forme

d'un disque, percé de plusieurs lumières, qui tourne autour d'un axe perpendiculaire à son plan et passant par son centre. Nous retrouverons une disposition analogue dans les plantoirs à pomme de terre (fig. 236, p. 334). .

Ces mécanismes sont très simples : ils concassent, malheureusement, une proportion de graines assez élevée.

On construit aussi, principalement pour la petite culture, des distributeurs formés de cylindres en bois pourvus, sur leur périphérie, de cavités sphériques ; ils sont appelés parfois distributeurs à alvéoles, ce qui a l'inconvénient de prêter à confusion avec un type absolument différent que nous étudierons plus loin. Les cylindres sont placés à la partie inférieure de la trémie ; ils tournent dans une enveloppe métallique, également cylindrique, percée, à son niveau inférieur, d'une ouverture par laquelle s'échappent les grains. L'explication que nous avons donnée du fonctionnement des distributeurs à cannelures pourrait être reproduite ici mot pour mot. Chaque semoir est livré avec une série de cylindres, creusés de cavités de différentes capacités ; on peut ainsi faire varier la distribution et utiliser la machine pour des graines de dimensions très différentes. Certains modèles de cylindres distributeurs sont coulés en métal (aluminium).

On peut également obtenir la distribution forcée au moyen de vis d'Archimède tournant dans de petites goulottes placées horizontalement au fond du coffre et perpendiculaires à la plus grande dimension de ce dernier (fig. 191). C'est le principe des distributeurs hélicoïdaux. Les vis V sont en bronze ; elles sont animées d'un mouvement de rotation autour de eur axe, grâce à l'embrayage à griffes M qui les réunit au pignon P, soutenu par la traverse S. Toutes les vis d'un même semoir sont ainsi disposées parallèlement entre elles, et tous les pignons P sont réunis par une chaine, de sorte que les vitesses des différents distributeurs sont les mêmes. Les graines chassées par les vis tombent dans des tubes de descente T ; des lamelles c, en cuir ou en caoutchouc, et dont la hauteur au-dessus de la vis peut être réglée, ferment la trémie C à l'arrière, et, par leur flexibilité, évitent le concassage des semences. Lorsqu'on veut empêcher l'un des distributeurs de fonctionner, il suffit de le tirer légèrement en arrière, de façon à séparer les deux parties de l'embrayage M. En cours de fonctionnement, on maintient, au contraire, ces deux parties en prise au moyen d'un verrou v engagé dans la gorge

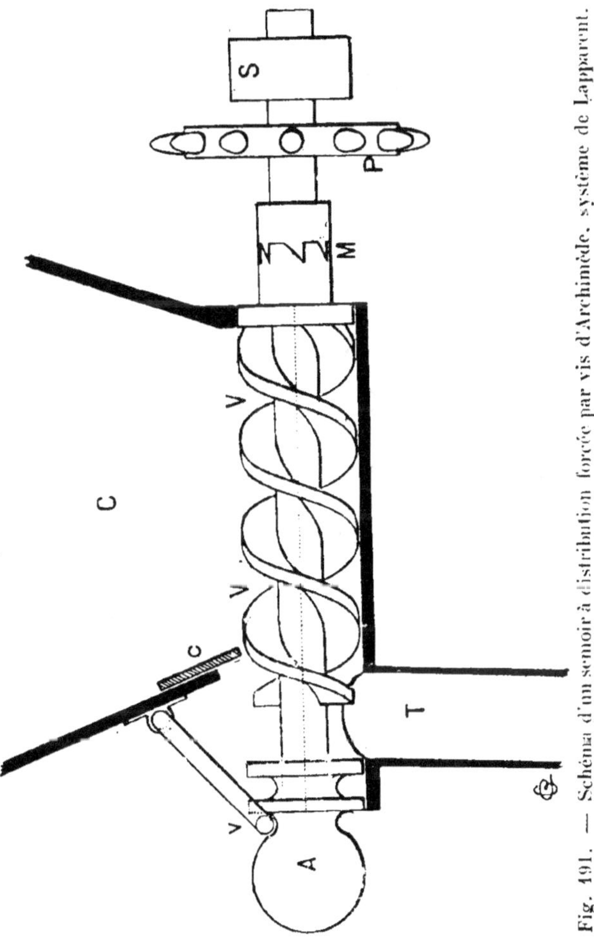

Fig. 191. — Schéma d'un semoir à distribution forcée par vis d'Archimède, système de Lapparent.

du bouton A, venu de fonte en même temps que la vis. Ce déplacement exige, évidemment, que le manchon M soit situé en dehors de la trémie, pour que des graines ne risquent pas de s'introduire entre les griffes.

On modifie la distribution en employant des vis de pas différents et en faisant varier la vitesse du mouvement

COUPAN. — Machines de culture. 16

transmis aux engrenages P. A cet effet, on commande ces
engrenages par l'intermédiaire d'un plateau fixe et d'un
pignon mobile ; le plateau fixe est creusé d'encoches disposées suivant des cercles concentriques et espacées de la
même quantité que les dents du pignon. Ce dernier, dont le
plan est perpendiculaire à celui du plateau, peut être mis en
regard de l'une quelconque des couronnes d'encoches ; les
dents du pignon pénètrent dans ces encoches, et il est aisé de
comprendre que, si le plateau est animé d'un mouvement rotatoire de vitesse constante, la vitesse angulaire du pignon sera d'autant plus grande que la couronne d'encoches avec laquelle il est engrené est plus éloignée du centre du plateau.

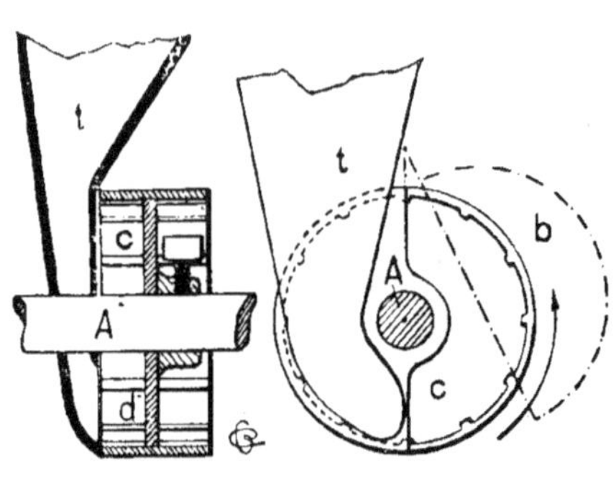

Fig. 192. — Schéma d'un distributeur à cannelures intérieures (système Zimmermann).

On peut rattacher, enfin, aux systèmes de distribution forcée le
distributeur à cannelures intérieures représenté schématiquement par la figure 192 et en perspective par la figure 193.
L'organe actif est le cylindre creux c, muni intérieurement
de cannelures saillantes ; il est entraîné par l'arbre moteur A,
au moyen d'un disque d, calé sur A, et d'encoches correspondant aux cannelures de c. Les graines arrivent latéralement,
par la petite trémie t, en fonte, qui les conduit dans la partie
inférieure du cylindre c. Cette trémie ne masque que la
moitié antérieure du cylindre, dont la tranche est à décou-
vert dans sa partie arrière ; mais on peut l'obturer à volonté,
en rabattant le volet b. Le cylindre tournant dans le sens indiqué par la flèche, les graines qui se sont accumulées entre
la trémie t et le disque d sont légèrement soulevées vers
l'arrière et s'écoulent par la tranche libre du cylindre c. Pour
supprimer le fonctionnement du distributeur, il suffit de
rabattre le volet b. On règle la distribution en déplaçant

l'arbre A latéralement, à l'aide d'une vis ; on approche ou
on éloigne, en même temps, le disque d de la trémie t, ce
qui modifie, par suite, la capacité utile du cylindre c.

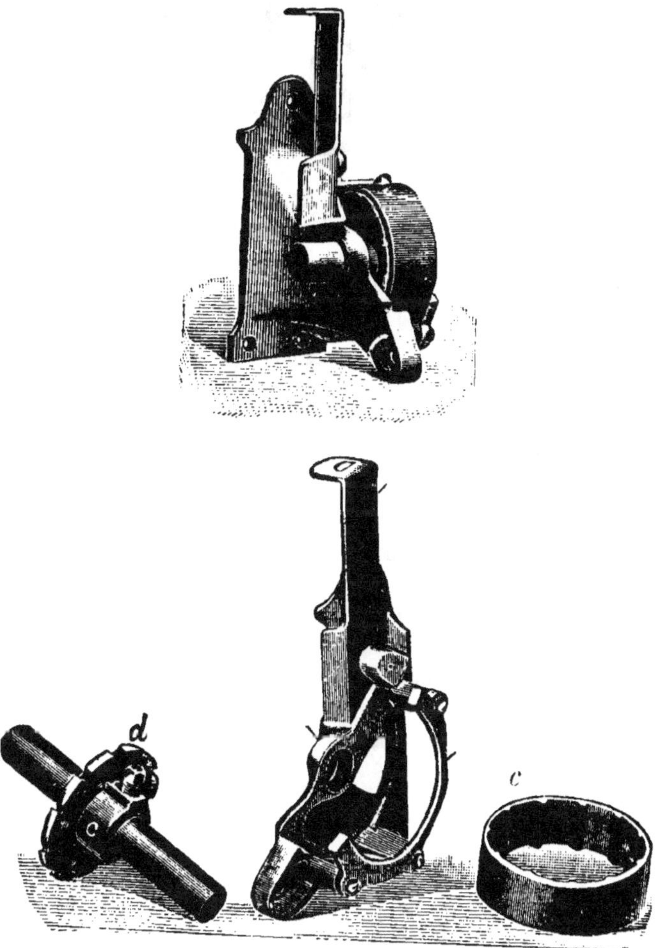

Fig. 193. — Pièces composant un distributeur à cannelures intérieures
(Zimmermann, Cauchepin).

Afin d'éviter complètement le concassage, qui n'est cependant jamais important quand la construction est soignée, les
constructeurs tendent, actuellement, à faire tourner les distributeurs à cannelures en sens inverse de celui que nous avons

indiqué ; tel est le cas du semoir représenté par la figure 194 ;

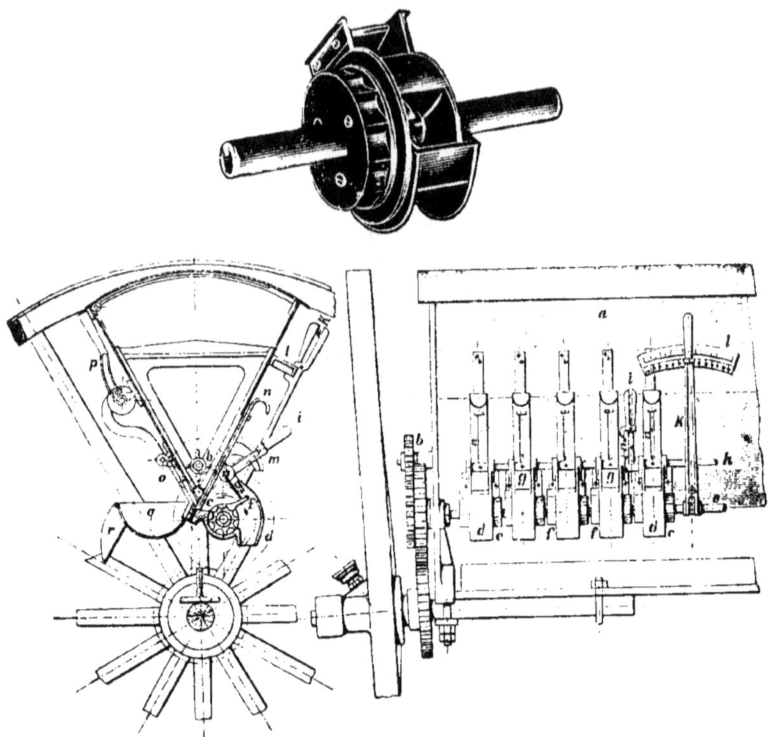

Fig. 194. — Distributeur à cannelures remontant les graines.

a, trémie ; *b*, agitateur ; *c*, cylindres cannelés ; *d*, buse de déversement des graines ; *e*, arc des cylindres *c* ; *f*, vannes obturatrices ; *g i m*, leur mécanique de manœuvre ; *k*, levier de réglage ; *l*, son secteur ; *n*, vannes obturatrices à main ; *o p q r*, mécanisme de vidange de la caisse (Chalifour et Cie).

on se rapproche dès lors des distributeurs à cuillères, tout en conservant en partie les avantages de la distribution forcée.

Distributeurs latéraux.

Comme nous l'avons dit précédemment, les coffres des semoirs à distributeurs latéraux sont divisés en deux parties : une trémie principale qui reçoit la charge totale de semences, et une série de trémies secondaires placées latéralement et en arrière ; ces dernières sont raccordées par une surface inclinée, plane ou cylindrique, avec la trémie principale, et un dispositif de vannage, toujours simple, permet de régler l'arrivée des graines, ou même de la supprimer. Les distributeurs tournent dans les trémies secondaires.

Certains types de distributeurs latéraux, qui sont, d'ailleurs, les plus récemment imaginés, se rapprochent beaucoup des organes que nous avons considérés comme des agitateurs dans les semoirs à orifices. Ce sont généralement des cylindres

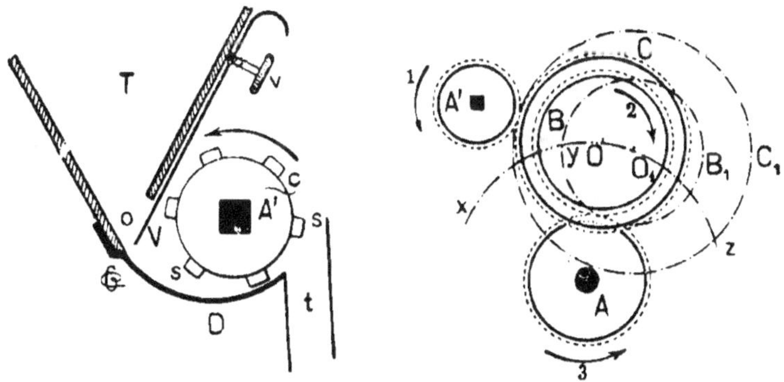

Fig. 195. — Schéma d'un distributeur latéral.

de faible longueur, dont la périphérie est garnie d'aspérités de formes variables. Tel est le distributeur représenté par la figure 195 ; la périphérie du cylindre est munie de saillies parallélipipédiques alternées *s*. Les distributeurs, qui sont tous montés sur un arbre commun A', tournent chacun dans une cuvette hémicylindrique D, en relation avec la trémie T par l'ouverture *o*, pourvue elle-même d'une vanne V ; le sens de rotation est indiqué par la flèche. Les graines sont chassées vers l'arrière, où elles trouvent un tube *t* qui les conduit au sol. On modifie la distribution en faisant varier la vitesse de rotation des distributeurs ; la partie droite de la figure 195 indique schématiquement la disposition adoptée. Le pignon A, calé sur l'essieu du semoir, commande l'arbre A' des distributeurs par l'intermédiaire du pignon C, calé sur le même axe, O, que le pignon B, lequel est toujours en prise avec A. Pour faire varier la distribution, on remplace le pignon C par un

16.

autre engrenage de plus grand ou de plus petit diamètre ; B_1, C_1, O_1 sont les nouvelles positions des organes précédents dans l'hypothèse d'un débit plus fort que le premier. Il existe d'ailleurs un très grand nombre de dispositions analogues.

Dans une machine hongroise, dont la figure 196 donne une représentation schématique, on évite le concassage des graines et on facilite, en même temps, le fonctionnement du distributeur, au moyen d'un seuil S qu'on peut abaisser ou élever, ce qui l'éloigne ou le rapproche du distributeur D. Pour modifier la distribution, on emploie, comme dans le cas précédent, des engrenages de rechange ; on dispose, en outre, de distributeurs dont les saillies varient de formes et d'emplacement, selon la nature des graines à semer.

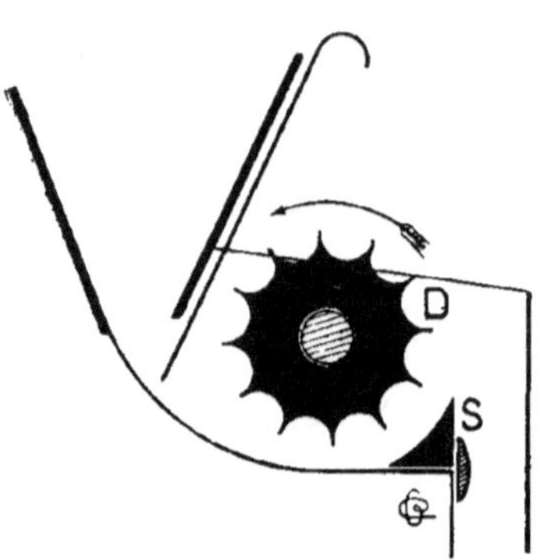

Fig. 196. — Distributeur à seuil réglable (Weiser).

Nous nous bornerons à ces deux exemples pour aborder immédiatement l'examen des types réellement caractéristiques de cette catégorie, c'est-à-dire des distributeurs *à cuillères* et des distributeurs *à alvéoles*.

Distributeurs à cuillères. — Ils se composent de disques circulaires en tôle mince, fixés, par leur centre, sur un arbre perpendiculaire à leur plan, et pourvus, latéralement, de petites broches terminées par des cavités auxquelles on a donné le nom de cuillères. Toutes ces cuillères sont fixées, par simple rivure, sur une ligne circulaire à faible distance du bord même du disque ; elles sont toutes espacées de la même quantité. Lorsque le semoir n'est employé que pour certaines cultures à grand écartement, on se borne parfois à ne placer de cuillères que d'un seul côté du disque ; mais, le plus ordinairement, on en met des deux côtés en les faisant alterner pour faciliter le travail de montage. Les différents disques sont calés, comme dans les machines précédentes, sur un arbre unique, que mettent en mouvement une série d'engrenages commandés par l'une des roues du semoir. Pendant la rotation des disques, les cuillères puisent, dans les trémies secondaires, une certaine quantité de graines ; elles l'élèvent d'une hauteur correspondant au diamètre du disque, puis la déversent dans des conduits qui la dirigent vers le sol.

La capacité des cuillères est en rapport avec les dimensions des graines à semer ; cependant, pour éviter d'avoir plusieurs jeux de disques à cuillères, on donne à ces dernières une forme spéciale, qui leur a valu le nom de *cuillères doubles* ; elles sont simplement pourvues de deux cavités opposées (fig. 197) : la plus grande, C, correspond aux graines courantes (blé, orge, etc.) ; l'autre, c, est appropriée à

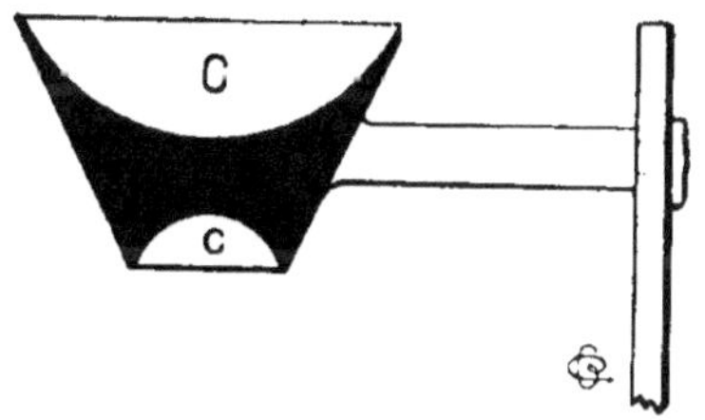

Fig. 197. — Coupe d'une cuillère double.

l'épandage des petites graines (luzerne, trèfle, etc.). Il suffit, par suite, de retourner bout pour bout l'arbre distributeur pour mettre en action les grandes ou les petites cavités.

Les graines abandonnent les cuillères sous l'influence de leur poids, dès que celles-ci sont suffisamment inclinées. Elles tombent alors dans des entonnoirs en tôle mince, dont la partie large est placée en dessous de la portion supérieure de la trajectoire des cuillères. Ces entonnoirs sont généralement articulés autour d'une charnière parallèle au plan du disque ; on peut ainsi les faire basculer de façon à rapprocher ou, au contraire, à éloigner les parties évasées des disques distributeurs ; dans le premier cas, les graines sont recueillies par l'entonnoir et sont dirigées vers le sol ; dans le second, elles retombent purement et simplement dans la trémie secondaire où elles avaient été puisées. On peut ainsi, à volonté, supprimer certains distributeurs ; cette disposition facilite, en outre, la sortie de l'arbre distributeur, quand on veut le retourner pour changer les cuillères.

Cette dernière manœuvre est très facile à exécuter ; les paliers qui supportent les deux extrémités de l'arbre sont, dans la majorité des types actuels, divisés en deux parties dont l'une, la supérieure, S, est fixe, tandis que l'autre, I, est articulée autour d'un axe O situé à quelques centimètres en avant de l'arbre A (fig. 198). Lorsque la partie mobile est relevée et maintenue par un verrou V, l'ensemble fonctionne comme un coussinet ordinaire ; mais, si le verrou est dégagé, la partie mobile s'abaisse, et l'on peut enlever l'arbre distributeur A, en le faisant rouler sur la face inférieure d'une échancrure E ménagée, à cet effet, dans le coffre. Ces pièces sont

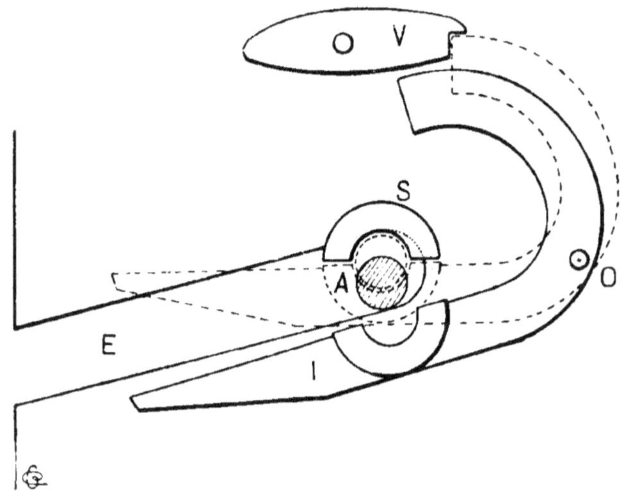

Fig. 198. — Schéma d'un palier en deux pièces pour distributeur à cuillères (type Smyth.)

en partie visibles sur la figure 203 ; les parties S et I du palier y sont indiquées par les numéros 56 et 53, le verrou V, par le numéro 58.

Comme les engrenages commandant la rotation de l'arbre distributeur sont situés d'un côté seulement du semoir (généralement à gauche), il faut, lorsqu'on retourne l'arbre bout pour bout, reporter d'une extrémité à l'autre le pignon qui le met en prise avec ces engrenages. C'est pour éviter cette manœuvre supplémentaire et pour supprimer, en même temps, les coussinets en deux pièces, qu'un constructeur français a eu l'idée de raccourcir légèrement l'arbre distributeur et de le terminer par deux carrés qui viennent s'emboiter, à l'intérieur du coffre, dans deux manchons solidaires d'éléments d'axes maintenus par des coussinets fixes.

Ainsi que nous l'avons indiqué, les graines sont déversées dans les entonnoirs dès que l'inclinaison des cuillères est suffisante ; il est donc de toute nécessité, pour que la distribution soit régulière, que les cuillères se vident successivement au même point, c'est-à-dire que les plans de leurs bords aient tous la même inclinaison par rapport aux rayons qui passent par les points de fixation des cuillères. C'est un détail de construction que l'acheteur doit examiner avec soin avant de faire l'acquisition d'un semoir pourvu d'un semblable distributeur. Dans les machines bien établies, les cuillères, au moment du montage, sont engagées dans un gabarit qui leur donne à toutes la même inclinaison, sans que l'ouvrier ait rien à faire pour la déterminer ; les semoirs ainsi construits fonctionnent très régulièrement, tandis que la distribution est tout à fait irrégulière quand les cuillères sont montées au hasard, sans gabarit, comme cela a lieu encore trop souvent.

Distributeurs à alvéoles. — Les premiers distributeurs à cuillères, comme celui de Mathieu de Dombasle, étaient à *cuillères radiales*, c'est-à-dire implantées dans l'arbre distributeur comme les rais d'une roue le sont dans le moyeu. Trop peu soigneusement construits, ces distributeurs ont été bientôt supplantés par ceux à cuillères latérales que nous venons d'étudier. Le principe en a cependant été conservé ; mais, au lieu de former les distributeurs d'un certain nombre de cuillères distinctes, assemblées sur un même tourteau, on a préféré tailler et creuser à la fraise, dans la périphérie d'un disque épais, un certain nombre d'encoches équidistantes auxquelles on a donné le nom d'*alvéoles* (fig. 198). Ces alvéoles sont absolument différents des cavités sphériques, creusées dans un cylindre de bois, que nous avons étudiées dans le paragraphe consacré à la distribution forcée et qu'on appelle, à tort, des alvéoles : ces cavités ont, en effet, leur axe de révolution dirigé suivant un rayon du cylindre. Dans le cas qui nous occupe, cet axe est, au contraire, perpendiculaire au rayon du disque, et l'alvéole est raccordé à la périphérie du disque par une partie cylindrique dont la longueur dépend du diamètre de la cavité. Ces disques alvéolaires fonctionnent comme les disques à cuillères : ils puisent la graine, l'élèvent et la laissent retomber par son propre poids. Un entonnoir placé tangentiellement à la périphérie du distributeur recueille la graine et la conduit au sol. Certains con-

Fig. 199. — Disques alvéolaires simples ou doubles, pour petites graines (*a*), céréales (*b*), maïs (*c*) et fèves (*d*) ; (*e*), alvéoles pour paquets (R. Sack-Faul).

structeurs, pour diminuer le poids de ces organes, font usage de disques, larges à la périphérie et évidés à leur partie centrale, sur lesquels ils creusent deux séries d'alvéoles; mais il n'est pas possible de faire, comme pour les cuillères, des alvéoles à double cavité, et l'on est obligé, par suite, de changer les disques alvéolaires suivant les dimensions des graines.

Pour les mêmes raisons que précédemment, les alvéoles doivent être très soigneusement tracés et également inclinés sur les tangentes aux disques. On arrive pratiquement à ce résultat en guidant les fraises qui servent à les creuser au moyen de conduits pratiqués dans un gabarit spécial.

Conditions de fonctionnement communes aux distributeurs à cuillères et aux distributeurs à alvéoles. — Il n'est possible de modifier la distribution qu'en changeant la vitesse dont est animé l'arbre qui porte les cuillères et les

alvéoles. Il suffit, pour arriver à ce résultat, de posséder un
jeu de pignons appropriés aux divers débits (fig. 200). Ce
matériel de rechange étant assez encombrant et pouvant être
partiellement égaré, les constructeurs ont adopté différentes

Fig. 200. — Engrenages de rechange pour régler le débit des semoirs
à distributeurs latéraux (R. Sack-Faul).

dispositions qui ont pour but de remédier à des inconvénients
et de faciliter le montage.

C'est ainsi que, dans certains types, les engrenages de
rechange sont tous montés à demeure sur le semoir. On peut
employer une disposition analogue à celle que l'on rencontre
si fréquemment dans les machines outils et qui est connue
sous le nom de *poulies étagées*. On cale, sur chacun des deux
axes, des poulies accolées par leurs jantes et dont les diamètres
sont calculés de
façon que la même
courroie puisse
s'enrouler exacte-
ment sur deux
poulies correspon-
dantes du système,
les axes restant
toujours à la même
distance l'un de
l'autre ; on dispose

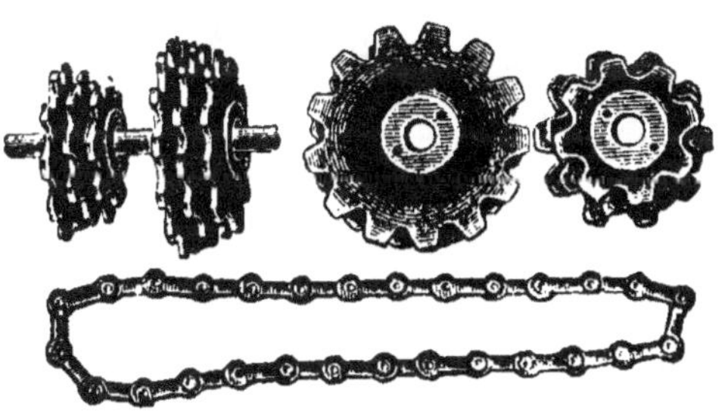

Fig. 201. — Pignons étagés pour régler le débit des semoirs (R. Sack-Faul).

ainsi d'autant de vitesses qu'il y a de poulies sur l'un des
arbres. Dans le cas qui nous occupe, la courroie et les poulies
sont remplacées par une chaîne à maillons et par des roues
dentées étagées (fig. 201).

D'autres fois l'arbre conducteur et l'arbre conduit, disposés parallèlement, sont pourvus chacun d'une série d'engrenages qui peuvent être déplacés latéralement, au gré de l'agriculteur, de façon à être mis en prise ou, au contraire, sortis de prise. La figure 202 donne le schéma d'une semblable disposition. L'arbre D du distributeur est entraîné par les pignons 7 et 8 qui le relient à l'arbre A ; ce dernier est commandé par l'arbre B, mû lui-même par l'essieu du semoir, au moyen des trains d'engrenages *1-4*, *2-5*, *3-6*, etc. On voit que, pour pouvoir mettre en prise les engrenages nécessaires, il faut que l'arbre A puisse être déplacé dans une coulisse circulaire ayant pour centre l'axe du pignon *8* et de l'arbre D. Rien n'empêcherait, d'ailleurs, que l'arbre distributeur fût l'arbre B.

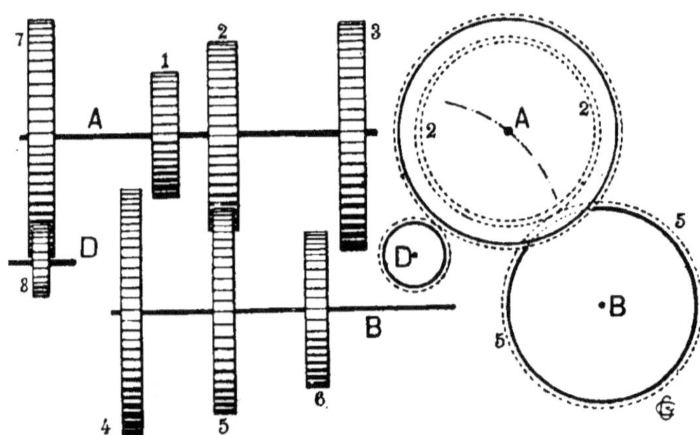

Fig. 202. — Schéma montrant la disposition des engrenages à poste fixe
pour réglage de la distribution.

On reproche souvent à ces dispositifs d'augmenter inutilement le poids mort de l'appareil. Aussi préfère-t-on, en général, les engrenages mobiles, bien qu'on soit exposé à en égarer les éléments.

La disposition la plus fréquemment employée est celle que représente la figure 203. L'arbre distributeur est entraîné par le pignon marqué **22** ; le mouvement des roues porteuses est transmis, tout d'abord, au pignon NP1, qui commande le pignon **22** par l'intermédiaire de l'engrenage NP3. Pour modifier la vitesse, on remplace la roue **22** par une autre, de dia-

mètre plus grand ou plus petit, et l'on met ces engrenages en
prise en déplaçant le pignon NP3 sur un cercle ayant pour
centre l'axe de NP1. Si l'on possède un autre pignon, de diamètre plus grand, pouvant être monté à la place de NP1, on
double, avec une seule pièce supplémentaire, le nombre de
vitesses qui peuvent être imprimées à l'arbre distributeur.
Les changements de vitesse s'effectuent très simplement,

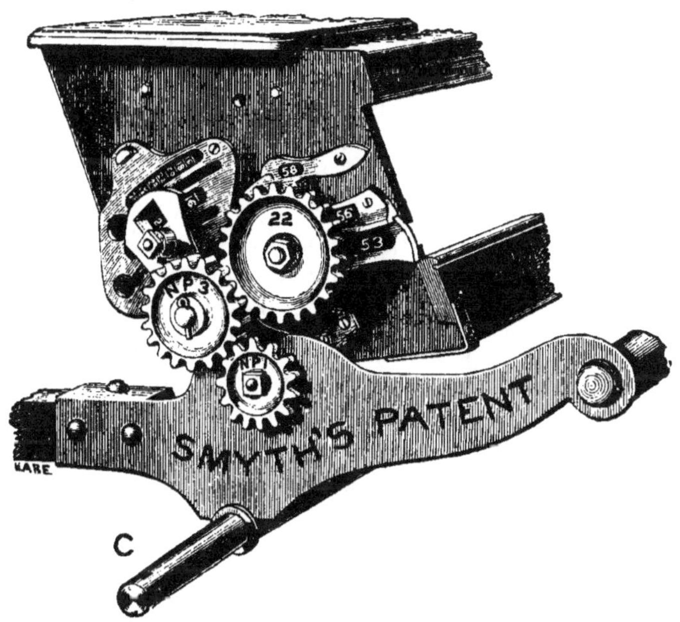

Fig. 203. — Engrenages de rechange d'un semoir à cuillère (J. Smyth et fils).

grâce aux deux coulisses fixées à la caisse et visibles, sous
forme de deux bandes noires, sur la figure 203; ces deux
coulisses ont pour centre l'axe du pignon NP1. Le pignon NP3
est monté sur une pièce métallique terminée d'un côté par
une fourche et portant à l'autre extrémité un boulon dont on
peut engager la tête dans l'une des coulisses. La fourche est
placée à cheval sur le coussinet du pignon NP1, pourvu,
à cet effet, d'une embase cylindrique ; l'écrou du boulon sert
à fixer cette pièce et, en même temps, le pignon NP3 dans la

position choisie. La coulisse inférieure est employée avec le pignon NP1, de diamètre assez petit: l'autre sert avec un pignon NP2, de plus grand diamètre, qui n'est pas représenté sur ce dessin. Bien entendu, la différence des rayons de NP1 et NP2 doit être égale à l'écartement des deux coulisses. Comme il est nuisible d'engager trop profondément les dents d'engrenage les unes dans les autres, de même que de les mettre insuffisamment en prise, la *tête de cheval* (1) est terminée, à l'extrémité opposée à la fourche, par une fenêtre carrée qui se meut, lorsqu'on déplace la pièce, devant une plaque portant une série de numéros, lesquels correspondent au nombre de dents de l'engrenage monté sur l'abre distributeur. Les dents sont convenablement engagées lorsqu'on lit, dans cette fenêtre, le même nombre que sur ce dernier engrenage.

Nous n'avons pas l'intention de passer en revue tous les dispositifs qui ont été ou qui sont encore employés pour modifier la vitesse du distributeur. Nous terminerons cette étude des changements de vitesse par l'indication du principe des appareils à pignon cylindrique vertical (fig. 204). Le mouvement de la roue porteuse R est transmis, au moyen des engrenages d'angle *a* et *b*, à un long cylindre C, pourvu de cannelures parallèles jouant le rôle de dents d'engrenage ; contre ce cylindre C est appliquée une roue E, solidaire de l'arbre distributeur D et pourvue latéralement d'une couronne circulaire de saillies qui viennent engrener avec les cannelures de C. Généralement, même, les roues E sont à double face, comme le représente notre dessin : les saillies des deux couronnes, tout en ayant entre elles l'écartement déterminé par les cannelures du cylindre, sont tracées sur des cercles de rayons différents, de sorte que leur nombre varie et qu'elles impriment des vitesses différentes au distributeur.

On peut concevoir, d'ailleurs, une foule de systèmes analogues : la roue E, par exemple, pourrait porter plusieurs couronnes concentriques de saillies, et le long pignon cylin-

---

(1) On est convenu de donner ce nom à la pièce en forme de fourche qui supporte le pignon NP3.

drique C être remplacé par un pignon de faible épaisseur, qu'on déplacerait suivant un rayon de la roue E.

Cuillères réglables. — On a imaginé, en Hongrie, un

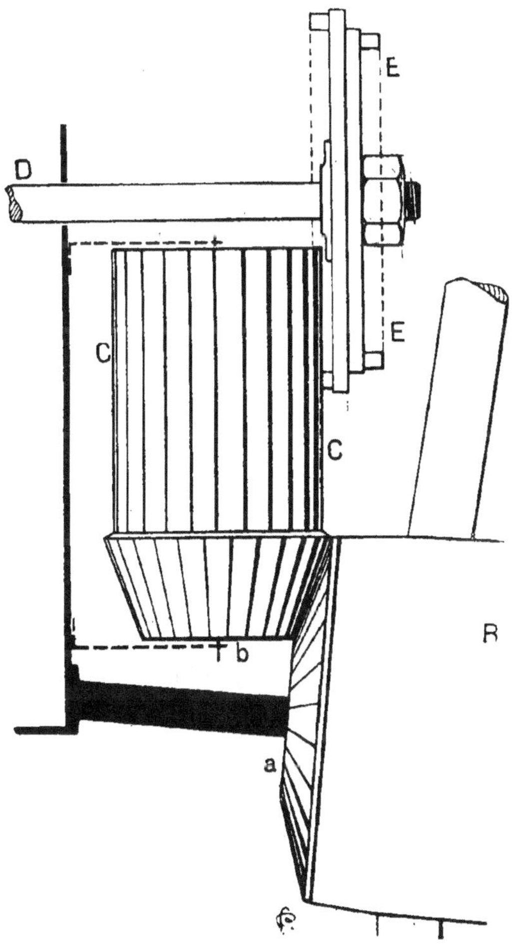

Fig. 204. — Commande du distributeur par engrenage cylindrique et pignon de rechange (Liot).

système distributeur intermédiaire, en quelque sorte, entre les distributeurs à cuillères ordinaires et les distributeurs forcés à cannelures. L'arbre distributeur est coupé en deux parties égales *a* et *b* suivant son axe (fig. 205); les

disques simples des systèmes à cuillères sont remplacés par
deux disques *d*, *d'*, en tôle mince, parallèles et fixés chacun
sur l'une des moitiés de l'arbre ; aux cuillères à deux cavités
sont substituées des cuillères *c*, *c'*, à simple cavité, en tôle
emboutie, et montées de façon que la cuillère *c* du disque *d'*
vienne traverser le disque opposé *d* et inversement. Les deux
parties de l'arbre pouvant glisser l'une sur l'autre, parallèlement à l'axe, les cuillères débordent sur les disques
opposés d'une quantité qui dépend du déplacement imprimé

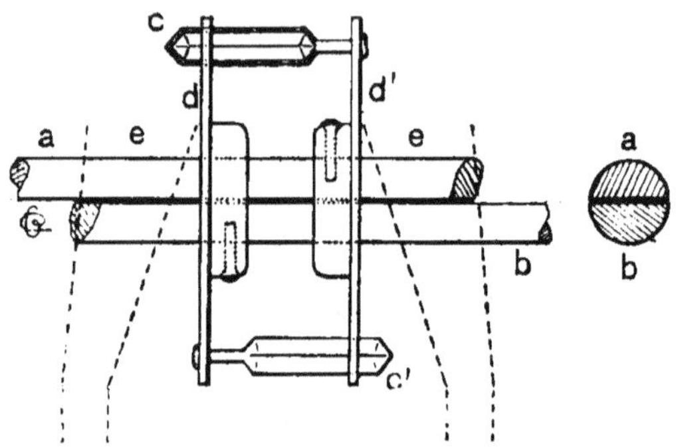

Fig. 205. — Schéma d'un distributeur à cuillères réglables dit *hongrois* (Pilter).

à ces deux parties ; les entonnoirs *e* étant placés à l'extérieur
des disques *d* et *d'*, on conçoit que la capacité utile des cuillères soit modifiée par ce déplacement ; il n'y a donc plus
besoin d'employer des engrenages de rechange pour faire
varier la distribution.

***Particularités du fonctionnement des distributeurs
à cuillères et alvéoles.*** — Les secousses que les dénivel-
lations du sol impriment aux semoirs ont une influence sur
la distribution des graines, quand celle-ci est réalisée au
moyen de cuillères ou d'alvéoles ; d'une façon générale, ces
secousses ont pour effet de faire tomber prématurément des
cuillères les graines qu'elles ont puisées, tandis que, s'il
s'agit d'alvéoles, elles tassent les graines dans les trémies
secondaires et permettent ainsi aux alvéoles d'en extraire,
chaque fois, une quantité un eu plus grande. L'effet des
secousses est d'autant plus énergique qu'elles sont, elles-

mêmes, plus violentes; il en résulte que c'est surtout au voisinage des roues que leur influence est manifeste alors qu'elle ne se fait guère sentir dans la partie centrale du semoir. Les distributeurs situés aux deux extrémités du semoir délivrent donc moins de semence que ceux du milieu, lorsque ce sont des cuillères. Dans les semoirs à distribution forcée, la quantité délivrée par les différents distributeurs est la même, quelle que soit leur situation par rapport aux roues. La figure 206 donne une représentation graphique de cette variation de distribution, les quantités distribuées étant

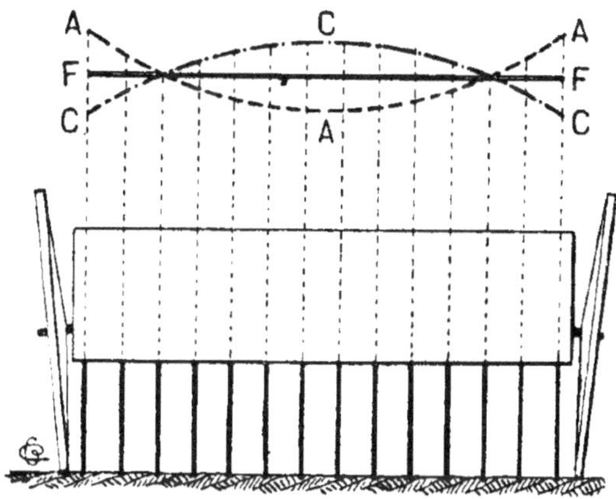

Fig. 206. — Variation du débit suivant l'emplacement des distributeurs.

portées en ordonnées; la ligne F est relative à la distribution forcée, A aux alvéoles et C aux cuillères. Nous ferons remarquer, cependant, que, pour rendre cette figure intelligible, nous avons dû augmenter beaucoup l'échelle des ordonnées, et que les variations sont notablement moins prononcées qu'on pourrait le croire au simple aspect de ce dessin.

Une cause beaucoup plus importante d'irrégularité de distribution est la déclivité du sol. Le contenu des cuillères et des alvéoles s'échappe, ainsi que nous l'avons dit, dès que les parois sont suffisamment inclinées. Si la caisse était fixée d'une façon immuable sur le châssis du semoir, l'inclinaison nécessaire à la chute de la graine se produirait plus tard lorsqu'on gravirait une montée sur un sol horizontal; inversement, la chute se produirait plus tôt quand on travaillerait en descendant. Le trajet parcouru par les graines dans les cuillères ou dans les alvéoles est ainsi variable; les semences tombant trop tôt ou trop tard sont plus ou moins soumises à l'action des secousses, plus ou moins facilement recueillies par les entonnoirs qui doivent les conduire au sol. Il en résulte une variation de distribution qui peut atteindre, en plus ou en moins, 5 à 10 p. 100 de la distribution normale en terrain plat. On ne peut songer à tourner la difficulté en semant suivant des lignes de niveau, car la masse de graines, qui se comporte à peu près comme un liquide, s'accumule du côté le plus bas du coffre, et l'alimentation des trémies secondaires cesse d'être régulière. Il est donc indispensable d'employer des appareils spéciaux si l'on désire que l'ensemencement soit uniforme.

En fait, tous les semoirs à cuillères et à alvéoles sont actuellement munis d'appareils, automatiques ou non, qui permettent de donner au coffre et, par suite, aux distributeurs, la même position que sur un sol horizontal.

Ces différents appareils sont tous basés sur l'articulation de la caisse autour d'un axe solidaire du bâti du semoir et parallèle à l'essieu. Lorsque le fonctionnement n'en est pas automatique, l'axe O est placé en dessous de la caisse, et l'on incline à volonté cette dernière par rapport au bâti B. A cet effet, on manœuvre une manivelle m qui, par l'intermédiaire de la vis sans fin V, entraîne un pignon P (fig. 207). Ce dernier est en prise avec une crémaillère C, articulée à sa base sur un axe n solidaire du bâti B ; le galet G maintient en contact le pignon et la crémaillère. On peut monter sur la caisse un petit pendule indicateur qui facilite le réglage, puisqu'il suffit alors de manœuvrer la manivelle jusqu'à ce que ce pendule vienne en regard d'un trait correspondant à la position normale du coffre sur terrain horizontal.

Cet organe de réglage est très simple ; mais sa manœuvre exige une précaution supplémentaire dont les ouvriers agricoles se dispensent volontiers s'ils ne sont pas étroitement surveillés. C'est pourquoi on a reporté l'axe d'articulation O au-dessus du centre de gravité de la caisse ; cette dernière se place donc d'elle-même dans la position nécessaire, sous l'influence de son poids ou, au besoin, par l'effet d'un contre-poids. Il a malheureusement fallu compliquer les appareils construits d'après ce principe, afin d'éviter ou, tout au moins, d'atténuer les oscillations que subit la caisse par suite des changements de pente ou des secousses. Bien des dispo-

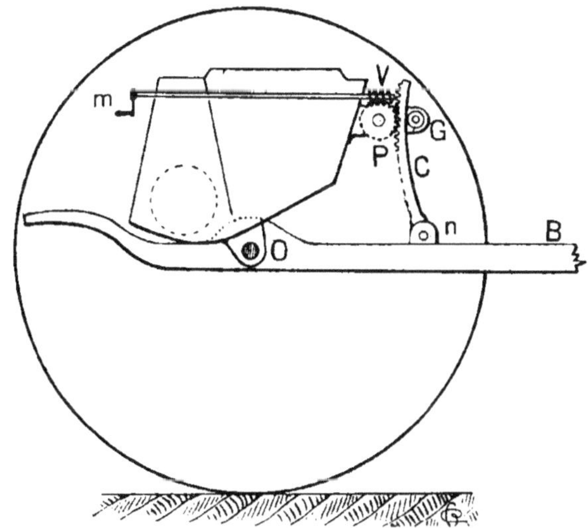

Fig. 207. — Schéma montrant le mécanisme pour régler la position de la caisse d'un semoir à cuillères ou à alvéoles.

sitifs ont été employés dans ce but : roue à cames commandée par les roues porteuses et bloquant la caisse à intervalles de temps égaux ; frein hydraulique constitué par un piston pourvu d'une ouverture de petites dimensions et se déplaçant, quand la caisse change de position, dans un cylindre rempli d'un liquide incongelable, tel que la glycérine, etc. La figure 208 représente un frein à air employé dans le même but. Il est formé par un moulinet e à quatre palettes, monté sur un axe horizontal e^1, auquel un secteur denté d, fixé sur la caisse, et engrenant avec un pignon calé sur l'axe e^1, imprime un rapide mouvement de rotation ; le centre du secteur d coïncide avec l'axe d'articulation de la caisse.

Ces régulateurs automatiques fonctionnent généralement

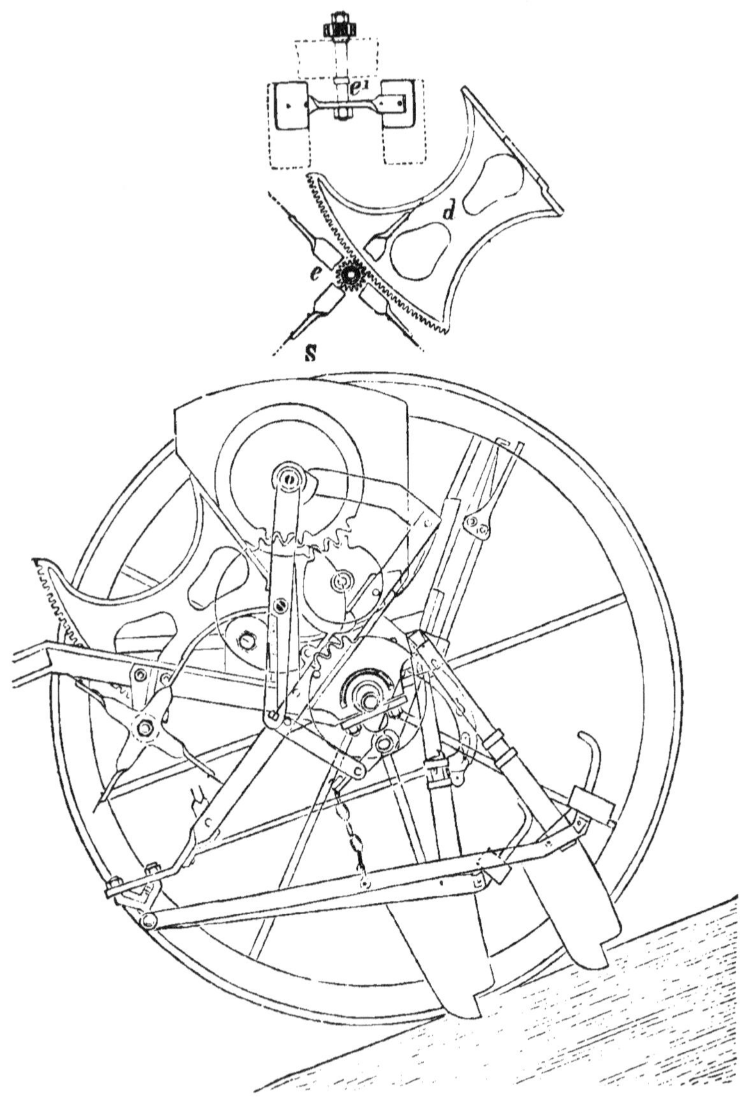

Fig. 208. — Frein atmosphérique pour atténuer les oscillations dans un semoir
à caisse suspendue sur pivots (R. Sack-Faul).

bien, mais ils augmentent d'une façon assez sensible le prix
d'achat de la machine. Nous pensons donc que, si le sol

présente de fortes déclivités, il vaut mieux avoir recours à des semoirs munis d'un mécanisme de distribution forcée, puisque ce mode de distribution n'est pas influencé par la pente.

CLASSIFICATION DES SEMOIRS SUIVANT LE MODE D'ÉPANDAGE DES GRAINES.

Semoirs à la volée.

Ce sont des appareils destinés à remplacer les ouvriers semeurs, si difficiles à recruter de nos jours; ils ont pour rôle de répandre sur le sol, aussi uniformément que possible, les semences qu'on enfouit ultérieurement au moyen de herses plus ou moins lourdes, voire même de simples branchages, ou encore à l'aide de pulvériseurs.

Semoirs à dos d'homme. — Il existe des appareils pour semer à la volée, suffisamment petits pour qu'un homme puisse les porter et les manœuvrer (1). Le coffre est en bois ou en métal mince, surmonté d'une hausse en forte toile; une bretelle en cuir ou en toile, passée sur l'épaule de l'ouvrier, permet à ce dernier de le porter sans fatigue, devant lui ou sur le côté. L'organe de distribution est un distributeur à orifice, pourvu d'une vanne de réglage et d'un agitateur intérieur à mouvements alternatifs. L'éparpillement de la graine est assuré par une pièce en métal mince, que l'ouvrier anime d'un mouvement de rotation très rapide et qui projette violemment la semence. Dans l'un des types connus en France, cet épandeur est formé d'un disque circulaire monté sur un axe perpendiculaire à son plan; l'ouvrier imprime à ce disque un mouvement alternatif à l'aide d'un archet, et des palettes radiales fixées perpendiculairement au plan du disque facilitent la propulsion de la graine (fig. 209). Dans d'autres modèles, le disque est remplacé par un tronc

(1) Nous passons volontairement sous silence les sacs en toile ou les récipients en tôle, improprement appelés *semoirs,* et dans lesquels les ouvriers placent les graines qu'ils doivent semer à la main.

de cône, garni intérieurement de nervures, qui est animé d'un mouvement continu de rotation autour de son axe au moyen d'une manivelle et d'un train d'engrenages multiplicateur; la semence, qui est déversée par l'orifice, tombe à l'intérieur de ce tronc de cône, qui la projette au loin.

On emploie fréquemment, aux États-Unis, des appareils analogues, mais montés à l'arrière d'un chariot de ferme et actionnés par une chaîne que conduit un pignon calé sur

Fig. 209. — Semoir à la volée à dos d'homme (Duncan).

l'une des roues; des ouvriers, placés dans le chariot, jettent le grain, au moyen de pelles, dans le coffre du semoir. Ces appareils sèment sur 10 mètres, environ, de largeur.

Les petits appareils précédemment décrits sont peu coûteux et peuvent rendre des services dans un grand nombre d'exploitations.

Semoirs à la volée à traction animale. — Les semoirs à la volée, à traction animale, sont très employés dans notre pays; comme le poids de graines à répandre par hectare n'est jamais considérable, on peut donner à ces machines de très grandes dimensions tout en ne les faisant remorquer que par un seul cheval. Leur largeur varie ordinairement entre 3 et 4 mètres. Elles sont montées en tilbury, c'est-à-dire sur deux roues, et l'animal tracteur est attelé entre brancards; ceux-ci sont consolidés par des tirants métalliques qui en réunissent les extrémités à celles de la caisse, afin d'éviter les oscillations latérales qui fatigueraient l'animal et pourraient provoquer la rupture des brancards. La caisse est, en outre, pourvue de deux fusées supplémentaires, fixées sur les longs côtés antérieur et postérieur, qu'on utilise pour le transport de la ferme aux champs, dans le but de réduire la largeur du semoir, qui dépasse souvent celle des chemins d'exploitation, des portes, etc. On démonte les roues et on les place sur ces fusées supplémentaires; les brancards sont, de même, engagés dans des colliers ou boitards fixés sur ces longs côtés, et le semoir n'occupe plus qu'une très faible largeur. Il y a d'ailleurs lieu de prendre certaines précautions, notamment en tournant, pour que la machine ne verse pas. Lorsque la largeur du semoir depasse 5 mètres, on a recours à un avant-train de transport. Le mode de montage est le même, en somme, que pour les distributeurs d'engrais représentés par les figures 168 et 169.

On rencontre sur les semoirs à la volée à peu près tous les types de distributeur que nous avons précédemment mentionnés. L'éparpillement des graines est facilité par l'adjonction, en dessous des distributeurs, d'un appareil d'épandage auquel on donne souvent le nom de *trémie de distribution*, dénomination absolument impropre, du reste. Le plus simple se compose d'une planche, accrochée sous le coffre et placée un peu obliquement; on la munit de saillies chargées de diviser les jets de grains qui s'écoulent des distributeurs (fig. 210). Les constructeurs donnent volontiers à ces saillies des formes géométriques (triangle isocèle ou triangle équilatéral) et les répartissent sur deux ou trois lignes parallèles, de façon que le jet, divisé en deux parties par l'un des triangles de la première ligne, soit subdivisé successivement en quatre et en huit par ceux des lignes suivantes. Il n'y a pas lieu d'attacher une grande importance à ces dispositions spéciales, attendu que des clous implantés plus ou moins régulièrement dans la planche d'épandage donnent des résultats tout aussi satisfaisants. Très souvent les trémies de distribution sont composées de deux panneaux parallèles, espacés de quelques centimètres, et c'est entre ces deux panneaux qu'on dispose

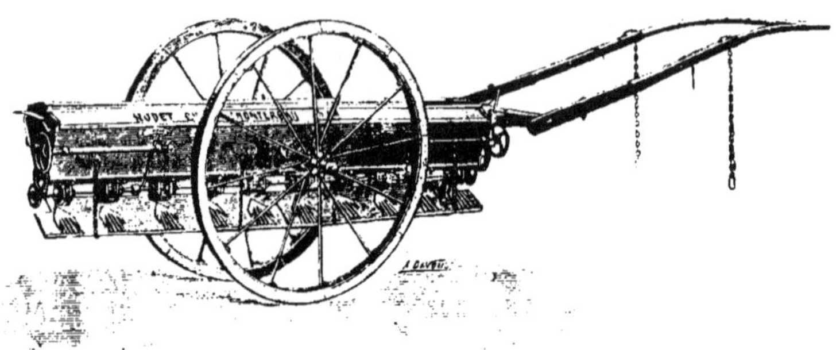

Fig. 210. — Semoir à la volée avec planche d'épandage munie de saillies (en position de transport) (Nodet).

les chevilles ou les clous qui doivent éparpiller les semences (fig. 189, *h* et 211).

Il y a intérêt, surtout lorsqu'on sème de petites graines, à rapprocher le plus possible du sol la partie inférieure de

Fig. 211. — Semoir à la volée avec appareil d'épandage (Gougis) formé de deux panneaux réunis par des chevilles.

l'appareil d'épandage; cela permet, en effet, de diminuer l'influence pernicieuse du vent sur la régularité de répartition des graines. Mais on conçoit aussi que cet appareil ne doive être relié au coffre que par une articulation, sans quoi il risquerait d'être détérioré ou brisé par les chocs contre les saillies du sol; des crochets passés dans des anneaux fixés à la caisse remplissent très bien le but, et l'on détermine l'inclinaison de l'appareil à l'aide d'une chaîne qu'on attache au coffre.

Semoirs sous raie.

Ce sont des machines destinées à effectuer très rapidement les travaux d'ensemencement; on les fixe le plus souvent sur les charrues, à une ou à plusieurs raies, et le grain qu'ils déversent est enterré immédiatement, ou au tour suivant, selon qu'ils sont placés en avant ou en arrière des corps de charrue. Comme l'ameublissement et le nivellement du sol

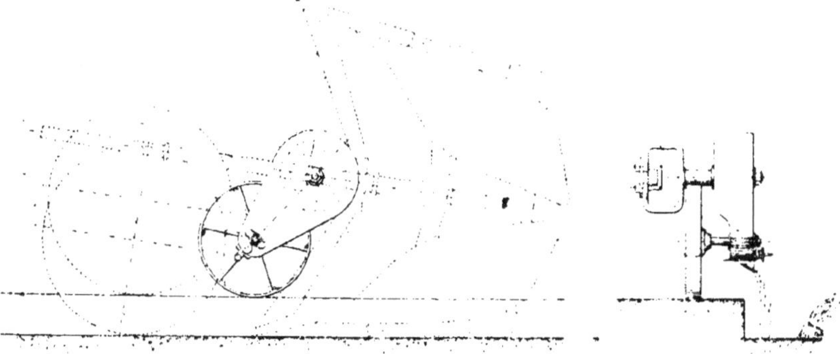

Fig. 212. — Élévation et profil d'un semoir sous-raie adapté à un brabant double (A. Bajac).

ne sont qu'imparfaits, ces machines ne peuvent être conseillées que pour les cas où il importe surtout de gagner du temps, par exemple pour les cultures dérobées ou pour le remplacement des cultures manquées. La caisse des semoirs sous raie adaptés aux charrues a une capacité de 6 à 10 litres, en moyenne, par raie. Lorsqu'ils sont adjoints à une charrue multiple, la caisse est fixée sur le bâti de la machine, parallèlement même, dans certains types, à la ligne des étançons; le mécanisme distributeur, d'un système quelconque, est actionné par l'une des roues. Quand le semoir est monté sur une charrue à une seule raie, on l'articule autour d'un axe horizontal, perpendiculaire au plan des étançons, et fixé soit sur l'un des étançons, soit sur l'âge, en avant du coutre;

l'appareil est, en outre, muni d'une roue qui, portant sur le sol, sert à la fois à soutenir le semoir et à actionner le distributeur. La figure 212 donne l'aspect d'un semblable semoir, monté sur un brabant double à une seule raie; la partie droite de cette figure montre le mode de fixation de l'appareil, à l'aide d'un étrier placé sur l'âge de la charrue, ainsi que le petit tube oblique qui dévie les graines vers la raie précédemment ouverte. Lorsqu'on retourne le brabant, à fin de raie, le semoir pivote autour de l'axe horizontal et prend, de lui-même, la position nécessaire. Pour les brabants doubles à plusieurs raies, on monte deux distributeurs sur chaque caisse, et on emploie autant de semoirs doubles ainsi constitués qu'il y a de corps dans la charrue; mais les caisses ne peuvent alors se déplacer que le long d'une coulisse verticale.

Il est évident que les charrues munies de semoirs sous raie doivent être réglées pour faire un labour très léger, un simple déchaumage, sous peine d'enterrer trop profondément une partie notable de la semence. Les constructeurs des États-Unis remplacent généralement, pour effectuer ce travail, la charrue multiple par un cultivateur à dents flexibles; le coffre du semoir est alors monté sur la traverse antérieure du bâti ou sur l'essieu, et les graines tombent en avant des pièces du cultivateur, qui les enfouissent et ameublissent le sol. Les distributeurs sont ordinairement du type à cannelures (distribution forcée), et les grains sont conduits par des tubes métalliques, terminés par des palettes bombées qui éparpillent la semence.

Semoirs en bandes.

Ces machines, peu employées, forment, en quelque sorte, transition entre les semoirs à la volée et les semoirs en lignes. La graine débitée par le mécanisme distributeur est recueillie par des tubes de descente, analogues à ceux que nous étudierons à propos des semoirs en lignes, qui débouchent chacun dans une boîte triangulaire B, inclinée sur le sol, et dont le fond porte une forte saillie s, qui oblige la graine à s'éparpiller sur toute la largeur de sa base; deux buttoirs *b*, de faibles dimensions, recouvrent de terre la semence ainsi déversée et tracent dans le champ de petits sillons dont l'intervalle correspond aux bandes semées (fig. 213).

Semoirs en lignes continues.

Ces instruments, auxquels on donne encore le nom de *semoirs au rayon* ou, simplement, de semoirs en lignes, sont

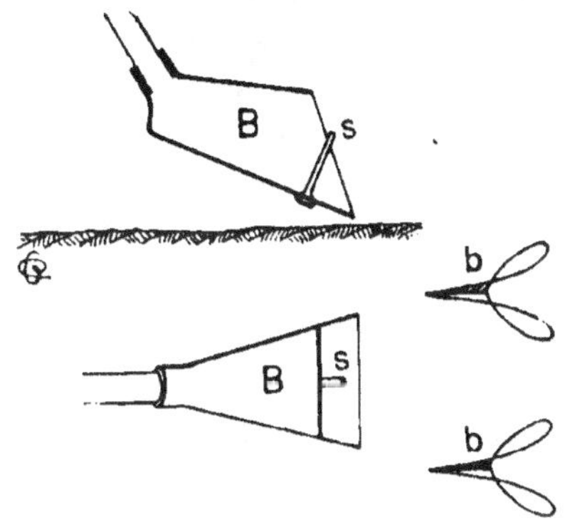

Fig. 213. — Boîtes d'épandange d'un semoir en bandes (Derôme).

moins répandus qu'ils devraient l'être ; nous en avons indiqué la raison au début de cette étude sur les semoirs à graines. On reconnaît cependant que leur emploi procure une économie de semences par rapport au semis à la volée ; mais cet avantage n'est réellement appréciable que si l'on fait usage de semences sélectionnées et, partant, coûteuses. Leur véritable supériorité consiste dans ce fait qu'avec une bonne machine et une terre bien préparée les graines se trouvent placées dans des conditions presque identiques ; aussi les plantes se développent-elles et arrivent-elles à maturité presque en même temps, alors qu'avec les semis à la volée une proportion assez notable des plantes sont encore vertes ou ont déjà perdu leurs graines, lorsque les autres arrivent à maturité normale.

Les organes caractéristiques des semoirs en lignes sont les appareils d'enterrage et les appareils de direction. Le mécanisme de distribution peut appartenir à l'un quelconque des types précédemment étudiés.

Appareils d'enterrage. — La partie essentielle de ces appareils consiste en une pièce chargée d'ouvrir un sillon étroit dans lequel sont déposées les graines ; on l'appelle généralement *pied* ou *soc* de semoir ; mais cette dernière dénomination est tout à fait impropre, puisque la pièce ouvre un sillon perpendiculairement à la surface du sol et fonctionne, par conséquent, comme un coutre. La liaison entre les appareils d'enterrage et les distributeurs est assurée par des conduits appelés *tubes de descente*. La profondeur de pénétration doit pouvoir être déterminée d'après la nature de la graine, et cela quelles que soient la résistance offerte par le sol et l'irrégularité de sa surface ; les lignes doivent être bien parallèles entre elles et espacées de la quantité jugée convenable par l'agriculteur ; il faut enfin qu'on puisse soulever tous les appareils d'enterrage à quelques centimètres au-dessus du sol pour faire tourner le semoir sans risquer de les fausser. Examinons comment ce problème complexe a été résolu.

Coutres d'enterrage. — A l'origine, les coutres d'enterrage étaient formés d'un tube légèrement courbé, évasé en haut pour recevoir le tube de descente. taillé en biseau à sa partie inférieure et dirigé la pointe en avant (fig. 214). Cette disposition était justifiée par l'ameublissement très imparfait du sol, qui obligeait les constructeurs à donner à cette pièce une tendance à y pénétrer d'elle-même. Tous les coutres étaient fixés sur une même traverse horizontale, parallèle à l'essieu. qui assurait le parallélisme des lignes et permettait de relever d'un seul coup l'ensemble des appareils. Ce principe a été conservé dans certains types de semoirs très employés dans le Nord de la France, bien

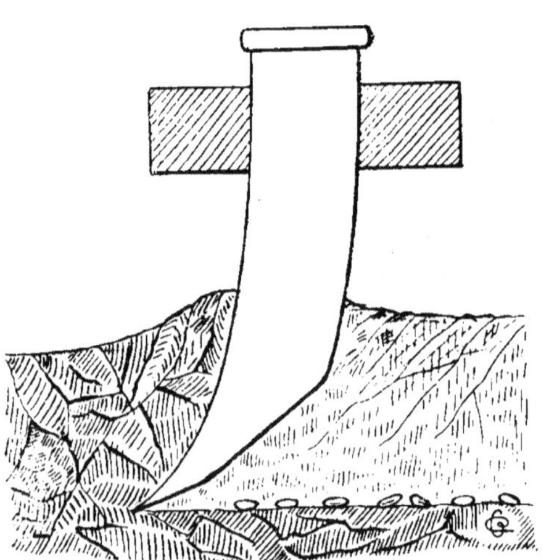

Fig. 214. — Coutre d'enterrage à pointe dirigée en avant.

que la culture y soit remarquablement soignée; on les
affecte spécialement aux semis de betteraves. La profondeur
de pénétration des coutres est déterminée en les faisant
glisser dans les traverses de support; les guides sont
pourvus de crans ou de trous qui permettent de maintenir
ces différents organes dans la position convenable. On voit
qu'avec un semblable dispositif les coutres sont tous solidaires
les uns des autres et qu'ils ne peuvent se plier aux irrégula-

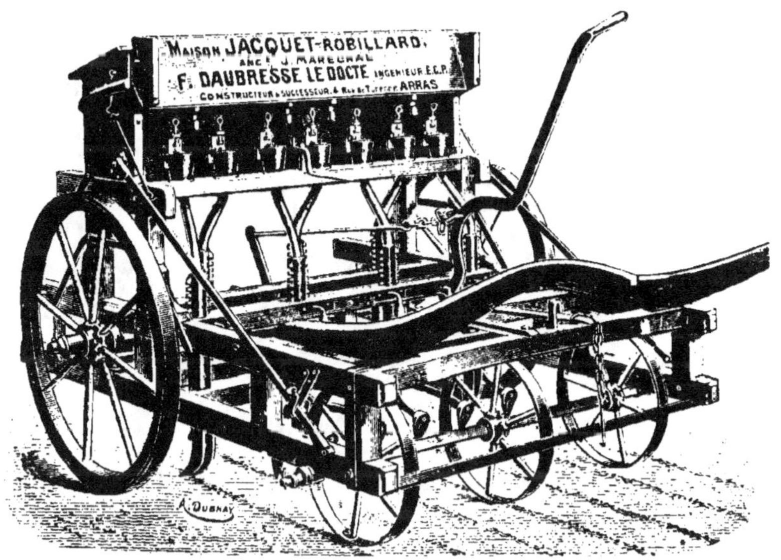

Fig. 215. — Semoir pourvu de coutres fixes (Daubresse le Docte).

rités de terrain; les semoirs ainsi construits ne peuvent donc
enterrer régulièrement la graine que si le sol est très bien
préparé, ce qui est ordinairement le cas dans la région du
Nord. La vogue de ces semoirs, dont la figure 215 représente
un type, est justifiée surtout par leur prix d'achat relativement faible; la plupart sont munis de distributeurs à palerons.

Pour permettre aux différents coutres de suivre les moindres
replis du sol, il faut nécessairement les rendre indépendants
les uns des autres. On y parvient en les fixant sur des leviers
qui sont eux-mêmes articulés sur une traverse horizontale
placée en avant des coutres; ces derniers peuvent donc se

déplacer dans des plans perpendiculaires au sol, et la profondeur d'enterrage est réglée à l'aide de ressorts qui exercent sur les leviers une pression modifiable à volonté, ou au moyen de contrepoids, de masses et de nombre variables, qu'on accroche à l'extrémité libre des leviers. La charnière d'articulation des leviers sur la traverse antérieure doit être aussi large et aussi forte que possible, afin de diminuer le jeu transversal que ces pièces pourraient prendre et qui aurait pour effet de rendre les lignes sinueuses et non paral-

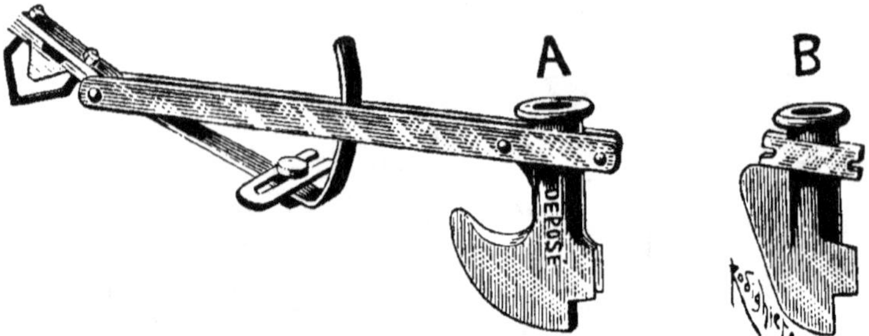

Fig. 216. — Articulation et guidage des leviers dans un semoir en lignes
(Rigault et Cⁱᵉ).

A et B, deux formes différentes de coutres d'enterrage.

lèles ; à cet effet, le levier est ordinairement terminé par une large fourche dans laquelle est engagé le pivot boulonné sur la traverse (fig. 223) ; si le levier est formé de pièces troussées, on écarte ces dernières près de l'articulation, ce qui constitue, en somme, une fourche (fig. 222). Quand on emploie une charnière étroite, il faut maintenir le levier en direction à l'aide d'un guide engagé dans une coulisse et fixé sur une deuxième traverse ; ou bien lorsque le levier est constitué par deux pièces troussées, on le maintient en passant le guide entre ses deux branches (fig. 216).

Les constructeurs des États-Unis et du Canada emploient encore très fréquemment des coutres analogues à ceux dont nous venons de parler, c'est-à-dire à large section et à pointe dirigée en avant, disposition justifiée, comme nous l'avons dit, par la préparation très imparfaite qu'on fait subir aux terres, afin que le coutre ait tendance à pénétrer dans le sol.

Mais les procédés de construction sont plus soignés. Ainsi la pointe est amovible, de façon qu'on puisse la remplacer après usure, et le coutre C est lui-même articulé autour d'un axe O fixé sur le levier L (fig. 217). Un ressort R, agissant par l'intermédiaire de bielles *b*, ramène le coutre dans sa position normale quand il a franchi l'obstacle qui l'en a écarté. Les mêmes figures donnent un exemple de réglage de l'entrure

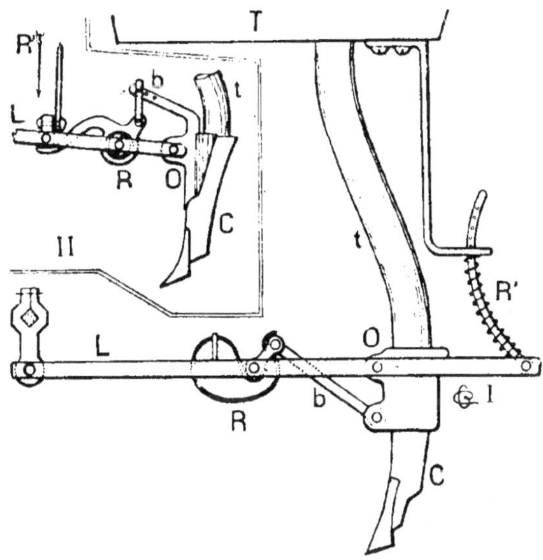

Fig. 217. — Coutres d'enterrage à articulation pourvue d'un ressort
(I, Mann C° ; II, Noxon C°).

des coutres à l'aide des ressorts R' qui agissent sur les leviers ; *t* et *t* sont les tubes de descente qui relient la trémie aux pièces d'enterrage.

Les coutres à pointe dirigée en avant présentent tous l'inconvénient d'ouvrir des raies larges et d'exiger, par suite, un effort de traction très élevé. L'attelage ne peut, dans ces conditions, tirer d'une façon très continue et doit donner des coups de collier assez fréquents, d'où résultent des secousses peu favorables à la régularité de distribution. Il faut enfin refermer la raie ouverte par le coutre, pour que les graines soient enterrées, et l'on utilise à cet effet des griffes, des chaines qui augmentent encore l'effort de traction et qui entraînent les pailles ou les herbes mal enterrées par la charrue.

Aussi les coutres à pointe dirigée en arrière ont-ils joui, dès leur apparition, d'une grande faveur. Ils sont formés d'une sorte de couperet à section triangulaire, fixé sur les leviers, et dont le tranchant, dirigé vers l'avant, affecte des profils très variables, mais est toujours terminé par une pointe placée à la partie postérieure et au point le plus bas de la pièce ; le dos en est rectiligne. Deux ailes en métal mince sont rivées sur cette pièce et forment une sorte de conduit, ouvert à l'arrière, qui empêche les graines de tomber hors de la raie ouverte par le coutre ; ces ailes s'arrêtent, à leur partie inférieure, à quelques centimètres au-dessus de la pointe, et présentent, en haut, un évasement de forme quelconque qui facilite le raccordement avec le tube de descente des graines. Néanmoins, dans certains types, le coutre, les ailes et le raccordement sont coulés d'une seule pièce (fig. 216). Lorsque ces coutres sont étroits, les deux bords de la tranchée qu'ils ouvrent s'éboulent d'eux-mêmes, au moins quand la terre est convenablement ameublie ; les graines se trouvent donc enterrées sans qu'il soit besoin d'avoir recours à des organes supplémentaires, comme les chaînes ou les griffes, sauf dans des terres humides et très fortes.

Quand les coutres sont bien construits, ils n'exigent qu'un faible effort de traction ; il faut s'assurer surtout qu'ils ne sont pas trop larges, afin que la raie se referme d'elle-même. La forme du tranchant est indifférente.

Nous signalerons pour mémoire un dispositif d'enterrage assez fréquemment employé dans le Nord-Amérique : il consiste en un disque de pulvériseur, monté sur chacun des leviers, et en arrière duquel aboutit le tube de descente (fig. 218).

Comme les leviers sont articulés et que les coutres sont inclinés en arrière, les pièces d'enterrage franchissent facilement les obstacles. Pour éviter que la machine bourre, on a soin de placer les coutres sur deux lignes parallèles, afin d'écarter autant que possible les pièces ouvrant deux raies contiguës ; on y parvient en employant des leviers de deux

longueurs différentes et en les montant alternativement sur
la traverse d'articulation.

Lorsqu'on dispose le semoir pour le transport, ou qu'on
veut le faire tourner au cours du travail, il faut soulever
tous les coutres au-dessus du sol. Cette manœuvre est effectuée sans difficulté à l'aide d'un treuil auquel sont attachées
des chaînes reliées, d'autre part, aux leviers d'enterrage ; on
actionne le treuil à l'aide d'un levier ou d'une manivelle en-

Fig. 218. — Semoir en lignes avec appareils d'enterrages constitués par
des disques de pulvériseur (Deering).

traînant le tambour par pignon et vis sans fin ; ce dernier
système est surtout avantageux pour les semoirs de
grande largeur. Le même mécanisme, à la fin de sa course,
provoque généralement le débrayage de l'arbre distributeur,
disposition très recommandable. Enfin, lorsqu'on veut modifier le nombre de rangs tracés par le semoir, ou rapprocher
certaines lignes pour en écarter d'autres, il faut déplacer les
leviers sur leurs traverses et obliquer en même temps les
tubes de descente qui relient les distributeurs aux coutres
d'enterrage. Il en résulte que ces tubes doivent pouvoir être
allongés, raccourcis ou même déviés.

Tubes de descente. — Dans les premiers semoirs en ligne, ce problème avait été résolu au moyen d'entonnoirs métalliques superposés et reliés entre eux par des chaînettes.

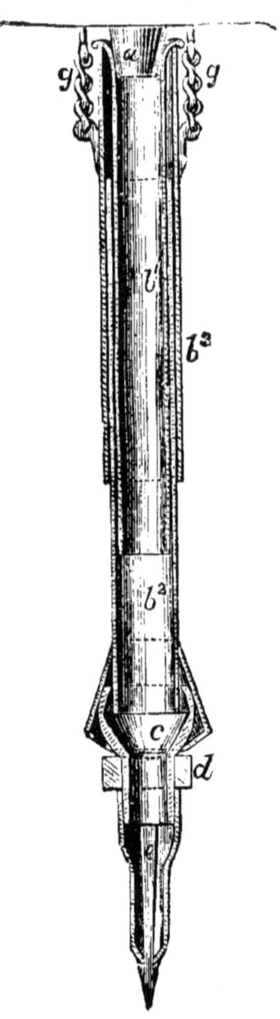

Fig. 219. — Tube de descente télescopique (Smyth et fils).

Ce dispositif est encore employé dans quelques modèles actuels, construits dans l'Europe centrale ; mais il est peu apprécié dans notre pays, en raison du trop grand nombre de pièces et de la trop grande mobilité du tube ainsi constitué. On préfère avoir recours aux tubes télescopiques, qui sont tous plus ou moins semblables à celui que représente la figure 219. La graine provenant du distributeur passe, par un entonnoir a, dans un tube b^1, puis dans un tube b^2, qui la conduit dans la coupe c surmontant le coutre d'enterrage e, et soutenue comme lui par le levier d. Le diamètre de b^2 étant un peu plus grand que celui de b^1, ce dernier peut coulisser à l'intérieur du premier. Comme b^1 est relié au coffre et que b^2 l'est au coutre d'enterrage, l'allongement et le raccourcissement du tube de descente sont obtenus par un simple mouvement de coulisse ; enfin le jeu qui existe entre les tubes b^1 et b^2, ainsi que l'articulation à rotule de b^2 sur la coupe c, permettent d'obliquer à volonté le tube à gauche et à droite. Dans la figure 219, b^3 est un tube de plus fort diamètre et plus épais que b^1 et b^2, qui protège les deux autres et relie, en même temps, b^1 à la caisse. On voit en effet que b^1 est évasé en haut et qu'il repose sur la tranche supérieure de b^3, lequel est suspendu à la caisse au moyen des chaînes g ; les tubes télescopiques ne comportent cependant pas tous le protecteur b^3.

En Angleterre et surtout dans l'Amérique du Nord, les tubes télescopiques sont remplacés, depuis longtemps, par des conduits en cuir ou en toile recouverte de caoutchouc, dont la flexibilité permet à la fois le relevage et le déplacement latéral des coutres; ces matières organiques ont l'inconvénient de se détériorer non seulement par usure normale, mais même quand la machine ne fonctionne pas. On leur a substitué, dans l'Europe centrale et en France, des tubes flexibles en métal. Les plus simples sont formés d'une longue bande métallique enroulée en hélice de telle façon qu'une spire quelconque recouvre partiellement celle qui est au-dessus (fig. 220); c'est, au fond, le principe même des

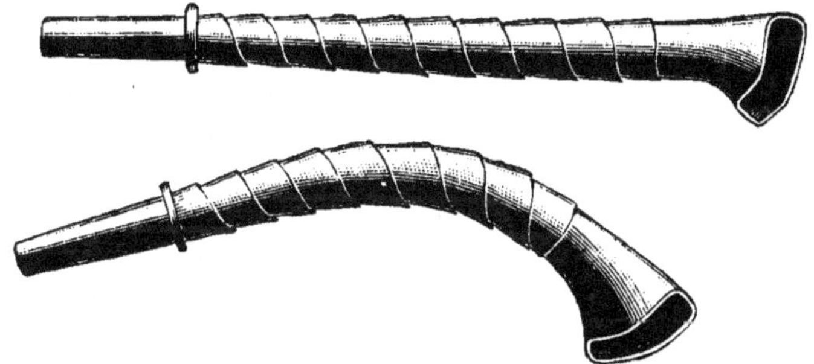

Fig. 220. — Tube de descente flexible pour semoirs en lignes (Rigault et Cie).

entonnoirs superposés, mais sans chaînettes de liaison. D'autres fois, on constitue le tube avec deux bandes, minces et étroites, de métal profilé en U à branches courtes, enroulées en hélice de façon que l'une des bandes ait ses branches à l'extérieur, l'autre à l'intérieur; on forme un tuyau cylindrique en emboîtant les branches de la première bande dans la gouttière formée par la seconde.

Les dispositifs de suspension des tubes sous les distributeurs sont assez variables : chaînes et crochets, goujon et mortaise, goupille, etc.; ils doivent toujours permettre de démonter facilement le tube.

L'écartement des lignes et, par suite, le nombre de rangs semés par une machine déterminée peuvent être modifiés à volonté; il suffit de déplacer les leviers sur leur traverse de montage et de fermer les vannes des distributeurs qui ne doivent pas fonctionner. On doit placer les leviers avec grand soin et vérifier leur écartement. De plus, comme les roues du semoir doivent porter dans l'intervalle de deux lignes, il faut déplacer ces dernières suivant l'écartement adopté. On facilite beaucoup ce travail de réglage préalable en faisant usage d'une planche qui se loge entre les roues du semoir, et sur laquelle le constructeur a tracé des repères correspondant aux différents écartements. Quant aux roues qui supportent la caisse, elles sont toujours montées avec un fort carrossage (1), qui permet de les rapprocher, vers le bas, des coutres d'enterrage tout en laissant, entre le moyeu et le coffre, l'espace suffisant pour placer les organes de transmission.

Organes accessoires. — On ajoute enfin aux appareils d'enterrage des organes spéciaux dont on ne fait usage que dans des cas particuliers : tels sont les *compresseurs*, qui font pénétrer plus profondément dans le sol, quand celui-ci est très dur, les coutres d'enterrage. Ils consistent en une traverse métallique reposant sur l'extrémité libre des leviers et munie de deux montants verticaux terminés par des crochets ; ceux-ci relient le compresseur, au moyen de chaînes, au treuil de relevage des coutres. En agissant sur ce treuil en sens inverse de celui qui provoque le relevage, les chaînes sont tendues et transmettent, par l'intermédiaire du compresseur, une pression plus ou moins considérable aux coutres ; ces derniers cessent, dès lors, d'être indépendants les uns des autres, puisqu'ils sont reliés par la traverse.

Les *palettes pour semer à la volée* sont employées, comme l'indique leur nom, pour transformer le semoir en lignes en semoir à la volée : ce sont des lames plates ou bombées, qu'on adapte aux coutres d'enterrage et qui servent à éparpiller les graines.

Les *rouleaux pour betteraves* sont de petits rouleaux en fonte, à jante plate, creuse ou bombée, qui sont destinés à tasser le sol après le passage du semoir, afin que la graine

---

(1) Cf. *Les moteurs agricoles*, p. 171 (ENCYCLOPÉDIE AGRICOLE).

soit mieux en contact avec le sol (fig. 221); ils sont montés sur des leviers articulés analogues à ceux qui supportent les coutres, et le même mécanisme sert à les relever en même

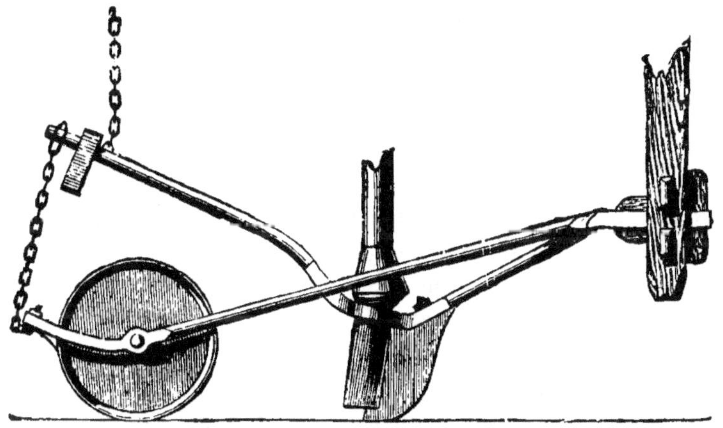

Fig. 221. — Rouleau pour semoir à betteraves (J. Smyth et fils).

temps que ces derniers. Un décrottoir détache la terre adhérant à la jante ; parfois, en outre, le rouleau est complété par un niveleur destiné à combler la petite ornière qu'il a creusée.

Appareils de direction.

Les semoirs au rayon doivent tracer des lignes équidistantes; il faut que ces lignes soient aussi droites que possible, pour que les trains successifs soient rendus parallèles sans trop de difficulté. Comme les animaux ne peuvent jamais se déplacer suivant une direction rigoureusement rectiligne, on ne saurait songer à les atteler aux semoirs comme aux voitures ordinaires à deux ou à quatre roues; il vaut mieux qu'on les attelle simplement au moyen de chaines et que le conducteur dispose d'appareils de direction lui permettant de corriger les déviations imprimées accidentellement au semoir.

Pour la petite et pour la moyenne culture, où l'achat d'un semoir en lignes des meilleurs types constitue une mise de fonds toujours assez gênante, on a construit des semoirs simplifiés, dont les appareils de direction consistent en deux mancherons adaptés à l'arrière du semoir et sur lesquels le conducteur agit pour corriger les déviations. Le semoir comporte généralement (fig. 215) deux roues d'assez grand diamètre, placées à l'avant d'un châssis rectangulaire, sur lequel sont montés la caisse, les leviers ou les traverses (suivant que les coutres sont fixes ou mobiles), les mancherons, etc.; ce sont ces roues qui actionnent les distributeurs. Le châssis est soutenu à l'arrière par de petites roues qui jouent le rôle de rouleaux quand le semoir est disposé pour semer des betteraves. D'autres fois, les grandes roues sont à l'arrière, et l'avant du bâti est supporté par une roue dont l'axe est fixe par rapport au bâti ; mais la direction est toujours assurée par des mancherons. Dans les deux cas, on constitue un cadre mobile rigide, qui doit se placer normalement en ligne droite; si le sol est humide, il faut ajouter à la machine des décrotteurs pour enlever la terre qui pourrait adhérer aux roues et en changerait le diamètre.

Il existe des semoirs montés sur deux roues, avec brancards ou timon ; nous avons vu pourquoi cette disposition ne doit pas être conseillée. On a cherché à améliorer ces machines en articulant les roues autour d'axes verticaux et en reliant les fusées par une bielle, comme dans les charrues-balances pour culture mécanique ou dans les avant-trains de voitures automobiles (fig. 222). A l'aide de leviers manœuvrables de l'arrière, on oblique ces roues d'un côté ou de l'autre pour diriger le semoir; on peut, de même, obliquer les brancards ou le timon par rapport à la caisse, mode de montage auquel ont très souvent recours les constructeurs de l'Europe centrale. Mais ces dispositifs augmentent le prix de l'appareil, qui ne permet plus dès lors de réaliser une grosse économie par rapport aux semoirs à deux essieux, et ils n'assurent pas, néanmoins, la direction d'une manière suffisante. Nous ferons la même remarque au sujet des semoirs pourvus à l'avant d'une roue unique montée sur un pivot vertical, et qu'on manœuvre soit avec un gouvernail à action directe, placé en avant du semoir, soit avec un volant, une poignée, ou tout autre organe placé à l'arrière, pour agir sur la roue par l'intermédiaire d'engrenages d'angle, ou de chaînes. Ces derniers instruments sont, cependant, supérieurs aux précédents ; mais, étant donnée l'importance de la bonne exécution des semis, il est préférable d'avoir recours aux machines à quatre roues, dont deux en avant-train.

Fig. 222. — Semoir en lignes, à brancards, pourvus de roues articulées
(L'Hérondelle-Oudin).

Direction par avant-train. — Le bâti, en bois ou en métal, qui supporte le semoir proprement dit a une forme à peu près triangulaire et est relié, à l'avant, avec un pivot vertical autour duquel peut osciller un essieu à deux roues formant avant-train. L'effort de traction des animaux, transmis par une chaîne d'attelage, est appliqué tantôt sur ce pivot même, tantôt en arrière, près du coffre. Dans le premier cas, il est nécessaire de faire usage d'un régulateur vertical, analogue à ceux dont sont munies les charrues, pour éviter que l'avant-train soit soulevé, ce qui diminuerait beaucoup son action. Cette disposition n'est pas nécessaire dans le second cas, lorsque la traction est appliquée suffisamment en arrière de l'avant-train ; cet organe a alors une plus grande tendance à appuyer sur le sol et, étant, pour ainsi dire, poussé par la machine, son action directrice est, en même temps, plus efficace.

Les roues de l'avant-train peuvent être de plus petit diamètre que celles du semoir proprement dit, mais il est indispensable qu'elles aient le même écartement. Cela tient à ce que l'ouvrier conducteur guide sa machine en se servant des ornières tracées au train précédent; si les deux essieux ont la même largeur, les deux roues d'un côté ne creusent qu'une seule ornière, dans laquelle les deux mêmes roues devront passer au tour suivant. Si, au contraire, comme cela a lieu quelquefois encore, l'avant-train est plus étroit que l'arrière-train, le semoir trace deux ornières, et l'ouvrier est exposé à se tromper ; en admettant même qu'il ne se trompe pas, il n'en est pas moins obligé de diriger à l'estime, puisque la roue de l'avant-train ne peut plus passer dans une ornière déjà tracée. La conduite de l'instrument est donc beaucoup plus difficile. Il peut se faire, en outre, que le réglage des coutres soit tel que deux d'entre eux viennent agir dans les deux ornières creusées par l'avant-train ; rencontrant une terre plus tassée, ils n'enterrent pas les grains de la même manière que les autres coutres.

La manœuvre de l'avant-train peut être effectuée de deux façons, suivant que le conducteur est placé à l'avant du semoir, au niveau même de l'avant-train ou, au contraire, derrière le semoir.

Dans le premier cas, l'ouvrier a à sa disposition, de chaque côté, une poignée fixée sur la traverse supérieure de l'avant-train, et un levier articulé sur cette traverse, qu'on peut rabattre horizontalement pour gouverner (fig. 222). Les oscillations de l'avant-train sont généralement limitées par deux chaînes qui le relient au bâti du semoir, et dont la longueur est suffisante pour laisser un certain jeu à l'appareil de direction. Lorsqu'on veut tourner le semoir vers la droite ou vers la gauche, on décroche la chaîne du côté opposé.

Avec la conduite à l'avant, il faut un homme pour tenir le gouvernail, un homme ou une femme derrière le semoir pour surveiller le fonctionnement des distributeurs, et un apprenti pour diriger l'attelage. Cela fait trois personnes en tout.

C'est dans le but de rendre l'une d'elles inutile qu'on a imaginé

Fig. 223. — Vue d'ensemble d'un semoir en lignes à avant-train dirigeable
de l'avant (J. Smith et fils).

Fig. 224. — Bâti de semoir en lignes à avant-train dirigeable de l'arrière
(R. Sack—Faul).

la conduite à l'arrière (fig. 224); le gouvernail est composé

18.

d'un fer creux fixé perpendiculairement à la traverse de
l'avant-train, et qui est soutenu, à quelque distance de ce
dernier, par un chemin métallique sur lequel s'appuie un
galet solidaire du gouvernail ; cette pièce passe au-dessus du

Fig. 225. — Avant-train pouvant être disposé pour diriger, à volonté, de l'avant
ou de l'arrière du semoir (Mayfarth).

coffre et est terminée par une poignée qu'on peut dévier d'un
côté ou de l'autre, suivant *a*, pour que le conducteur, qui doit
se placer au niveau des roues, l'ait bien en main. Ce conducteur, qui marche, en somme, derrière le semoir, peut à la fois
diriger la machine et surveiller la distribution ; l'équipe peut
donc être réduite au conducteur et à l'apprenti. Mais ce double

rôle exige une très grande attention que, seul, celui qui travaille pour son propre compte peut donner d'une façon soutenue, et qu'il ne faut pas demander à un salarié. Du reste, l'exécution des semis est une opération tellement importante que l'économie résultant de la suppression d'une personne, sur les trois composant normalement l'équipe, n'est nullement en rapport avec la perte qui résulterait d'un mauvais fonctionnement du distributeur; elle est donc illusoire. Il semble, du reste, qu'on s'en soit rendu compte dans les campagnes, puisque certains types de semoirs, autrefois à conduite arrière, sont pourvus maintenant d'une direction mixte, c'est-à-dire à volonté à l'avant ou à l'arrière (fig. 225).

Quand on fait tourner un semoir en lignes, à l'extrémité d'un train, la roue d'arrière qui se trouve du côté où l'on tourne joue le rôle de pivot et creuse le sol; on a songé à supprimer cet inconvénient en faisant usage de plaques tournantes qu'on engagerait sous la roue au moment nécessaire. Mais le dommage qui résulte du ripement de la roue est tellement minime qu'il n'y a pas lieu d'accepter, pour l'éviter, la moindre complication.

Il existe, dans le Nord-Amérique, des semoirs au rayon conduits par un seul homme, qui dirige les chevaux, manœuvre les coutres, embraye ou débraye, etc. Cet homme est assis sur un siège fixé sur la machine. Mais, dans ces régions, les conditions économiques et culturales n'exigent pas que les lignes soient régulières, uniformes et équidistantes, comme dans nos pays; c'est la raison pour laquelle l'équipe peut être réduite à un seul homme.

SEMOIRS EN POQUETS ET EN LIGNES INTERROMPUES.

Au lieu de répartir les semences aussi uniformément que possible sur toute l'étendue de la ligne, on cherche à les déposer dans le sol, à écartement régulier, par petits paquets, auxquels on donne communément le nom de *poquets*. Très employée en culture maraîchère, cette méthode est appliquée depuis quelques années, en grande culture, pour certaines plantes sarclées, spécialement pour la betterave.

Il n'existe pas un très grand nombre de distributeurs spéciaux pour le semis en poquets ; la plupart des types employés ont été créés pour adapter à ce travail particulier les semoirs en lignes ordinaires, ce qui offre l'avantage de permettre l'emploi de ces machines à deux fins. Rien n'est plus facile, d'ailleurs, que d'imaginer des distributeurs à cuillères ou à alvéoles semant en poquets ; il suffit que les cuillères et

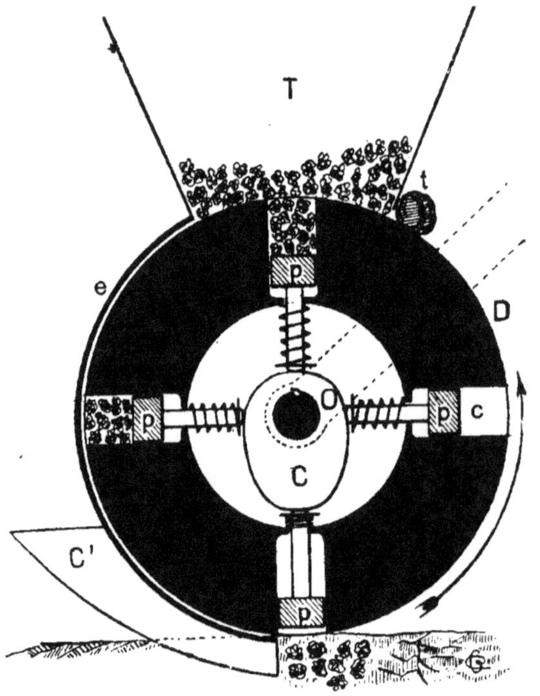

Fig. 226. — Schéma d'un semoir en poquets à pistons (Bédorret).

les alvéoles aient une plus grande capacité, soient plus espacés sur le disque, et que le temps qui s'écoule entre le déversement de deux cuillères ou alvéoles consécutifs corresponde à un déplacement du semoir égal à l'écartement adopté sur les lignes de poquets (fig. 199, e).

L'un des premiers types de distributeur spécial employé en Europe est représenté par la figure 226. En dessous d'une trémie T contenant la graine se trouve un disque D, de quelques centimètres d'épaisseur, pourvu d'un certain nombre de conduits cylindriques c, dans lesquels peuvent glisser des petits pitons p, rappelés par des ressorts vers l'axe O du disque; comme ce dernier roule sur le sol, la longueur de l'arc de circonférence séparant deux cylindres consécutifs doit correspondre à l'écartement adopté pour les poquets. Les pistons p sont actionnés par une came C, disposée de façon que chaque piston soit refoulé vers la périphérie du disque D, lorsque le cylindre où il joue arrive auprès du sol; quand, au contraire, le cylindre se trouve dans la région inférieure de la trémie, le piston est complètement enfoncé dans le disque, de sorte qu'une certaine quantité de semence vient se loger dans ce cylindre. Une enveloppe protectrice e empêche les graines de tomber d'elles-mêmes avant le moment voulu; un coutre C' ouvre une raie dans laquelle l'instrument dépose les semences; enfin une garniture t, en toile huilée, interposée entre la trémie T et le disque D, empêche la terre adhérant à ce dernier de pénétrer dans la trémie.

On se contente ordinairement d'adapter aux appareils d'enterrage des organes additionnels ayant pour mission d'intercepter les graines débitées d'une façon continue par le distributeur, et de les abandonner toutes à la fois, à intervalles déterminés. Ils fonctionnent avec tous les types possibles de distributeurs; on peut les considérer comme des *ditributeurs supplémentaires*.

Les dispositifs employés sont assez nombreux; on les ajuste soit sur l'élément inférieur du tube de descente, soit sur le coutre lui-même. L'un des plus fréquemment usités consiste en une trappe qui obture le conduit d'arrivée des se-

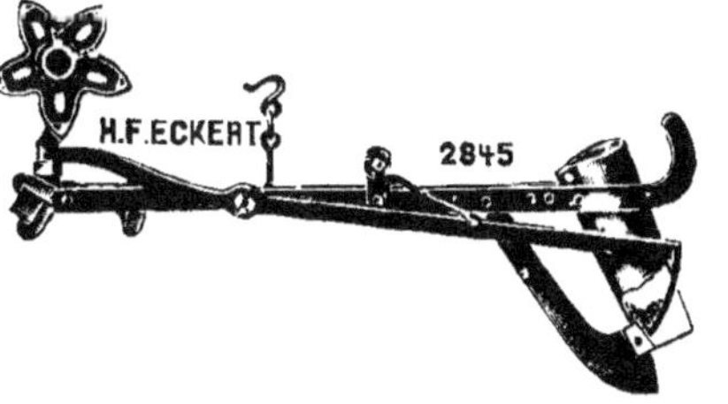

Fig. 227. — Dispositif à vanne pour transformer un semoir ordinaire en semoir à poquets (Eckert).

mences et qu'une came ou une roue à chevilles, agissant sur des leviers articulés, vient soulever périodiquement. Tel est celui représenté par la figure 227; la trappe est une lame de tôle légèrement recourbée et fixée à l'extrémité d'une tringle articulée sur le levier du coutre d'enterrage, et rappelée par un ressort. Le nombre de saillies de la roue à cames détermine l'espacement des poquets.

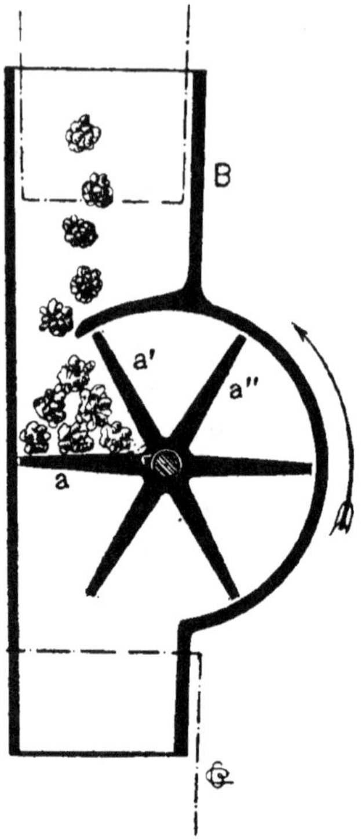

Un autre type est formé (fig. 228) d'une petite boîte B, qu'on peut interposer sur le tube de descente, et contenant une roue à palettes, a, a', a'', etc., qu'un plateau garni de broches fait tourner périodiquement de l'angle de deux palettes consécutives ; la semence qui s'est accumulée dans l'espace compris entre la boîte D et les palettes a, a', est ainsi libérée au moment voulu, et les palettes a', a'' viennent former une nouvelle capacité close qui se remplit de graines à son tour.

Le nombre de graines déposées dans chaque poquet dépend du débit du distributeur du semoir. L'écartement de ces mêmes graines dans le poquet varie évidemment avec la largeur de la raie ouverte par les organes d'enterrage, mais aussi avec la hauteur du distributeur supplémentaire au-dessus du sol ; plus cet organe est placé bas, plus le poquet est condensé.

Fig. 228. — Distributeur supplémentaire pour semoir en poquets (A. Bajac).

Les poquets dans lesquels les graines sont très serrées les unes contre les autres ne semblent pas devoir être préconisés pour les plantes, qui, comme la betterave, doivent subir l'opération du démariage ; les racines s'enchevêtrent, et il est difficile d'arracher certaines plantes sans détériorer celles qu'on laisse en place. C'est pourquoi l'on a cherché à semer ces plantes en lignes interrompues plutôt qu'en poquets proprement dits ; les graines étant placées sur la même ligne, presque côte à côte (fig. 229, *b*), on conserve sensiblement les avantages du poquet, en diminuant ou même en supprimant l'inconvénient signalé.

On pourrait se contenter de placer le distributeur supplémentaire suffisamment haut au-dessus du sol; mais, si l'on obtient ainsi un plus grand écartement des graines, c'est aux dépens de la régularité d'épandage. C'est pourquoi on a recours à des dispositifs spéciaux, tels que celui dont la figure 229 donne un croquis schématique. Un tambour T, entraîné par les roues porteuses R, est muni d'ouvertures périphériques *o*, dont la distance correspond à l'écartement à

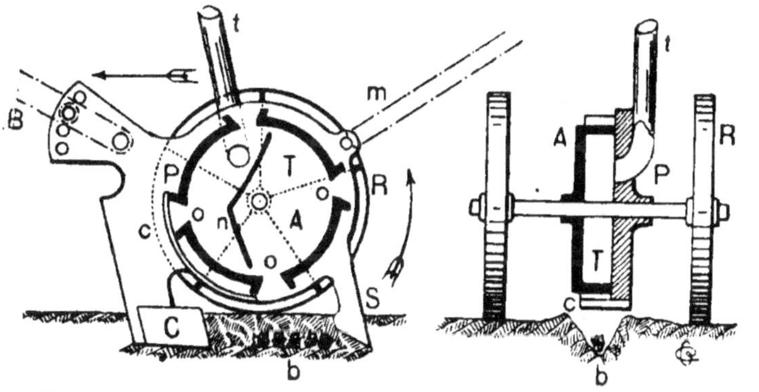

Fig. 229. — Distributeur supplémentaire pour distributeur en lignes discontinues (Frennet-Wautier).

laisser entre les plants; ces ouvertures *o* sont obturées, pendant un quart de la révolution, par une portion de cylindre *c*, faisant office de jante et ne laissant tomber les graines que lorsque l'orifice arrive au niveau du bord inférieur de *c*. Ce tambour T est constitué par une boîte creuse A, portant les ouvertures *o*, qui est calée sur l'essieu porteur, et par une contre-plaque fixe P, dans laquelle est pratiqué un orifice auquel aboutit le tube de decente *t*. Le semoir est complété par le brancard réglable B, le mancheron de direction *m*, le coutre d'enterrage C, et la petite lame de scarificateur S, qui ferme la tranchée ouverte par C une fois que les graines de betteraves, *b*, y ont été déposées; enfin le tube *t* conduit dans le tambour les graines débitées d'une façon continue par un distributeur ordinaire à cuillères, alimenté par les semences contenues dans un coffre (le coffre et le distributeur, qui ne présentent aucune particularité, n'ont pas été figurés sur le dessin). On peut remarquer que la contre-plaque P porte, vers l'intérieur du tambour, une nervure *n* qui empêche les grains de tomber directement par l'orifice démasqué.

SEMOIRS SPÉCIAUX.

Ces machines servent à effectuer des travaux d'ensemencement auxquels les semoirs précédemment décrits ne pourraient être appliqués. Tels sont, en particulier, les *semoirs-brouettes*, qui ne sont autre chose que des semoirs en lignes ou des semoirs en poquets, travaillant sur un seul rang. Ces machines, connues des Chinois depuis fort longtemps, et dont Mathieu de Dombasle avait construit un modèle, ont été créées pour la petite culture et pour la culture maraîchère, où, cependant, elles n'ont obtenu aucun succès ; on en fabrique actuellement de très légères, sur lesquelles il convient d'appeler l'attention des agriculteurs, car, indépendamment de leur destination spéciale, elles peuvent rendre de réels services, en grande culture, pour le remplacement des lignes manquées.

Les semoirs-brouettes sont actionnés à bras, par un seul homme ; ils sont pourvus tantôt d'une roue, tantôt de deux roues, et leur nom provient de l'analogie qu'ils présentent avec une brouette. Le coffre sert de réserve à graines, l'essieu porteur met en mouvement le distributeur, et les graines sont enterrées de la même façon que dans les semoirs en lignes précédemment décrits. Le travail est assez pénible pour l'ouvrier, qui doit non seulement pousser le semoir, mais le maintenir encore à une hauteur constante au-dessus du sol.

Dans les systèmes français, l'essieu est à deux roues, dont l'écartement est variable, de façon qu'on puisse le rendre égal à l'entre-lignes adopté et se servir des traces imprimées sur le sol par les roues pour guider l'instrument (fig. 230). Les principaux systèmes étrangers ne comportent, au contraire, qu'une roue ; mais, dans la plupart des cas, il faut leur adjoindre un *rayonneur*, pointe qu'on fixe à la distance voulue sur une tige articulée au semoir pour tracer la ligne à suivre au tour prochain.

Les maraîchers des États-Unis emploient de semblables

Fig. 230. — Semoir-brouette à vis d'Archimède, système de Lapparent (Japy).

semoirs, d'une construction très légère, et qui sont soutenus à l'arrière par une roulette à jante concave, servant, en même temps, à tasser le sol sur le semis. Certains d'entre eux diffèrent peu, comme le montre la figure 231, des semoirs-

Fig. 231. — Semoir-brouette, à distribution forcée (Planet-Pilter).

brouettes européens. Le distributeur, du type à distribution forcée, est formé de deux hélices à pas inversés, qui chassent la graine dans le tube de descente placé en arrière du coutre d'enterrage. Le mouvement lui est transmis par un arbre que

COUPAN. — Machines de culture. 19

commande la roue porteuse au moyen d'engrenages d'angle ; on modifie le débit en changeant les dimensions de l'orifice d'écoulement, à l'aide d'une contre-plaque mobile. Quand on veut semer en poquets, on adapte à l'arrière de l'arbre distributeur des cames en forme d'étoiles à nombre de branches variable, ainsi qu'une petite trappe qui ferme le conduit de descente ; les branches, en tournant, soulèvent périodiquement la trappe, qu'un ressort rappelle ensuite.

D'autres modèles sont à deux roues et se rapportent au type dit *à barillet*. Souvent, même, comme dans la machine représentée par la figure 232, les roues et le barillet sont venus de fonte d'un seul jet. Le barillet est une pièce creuse en forme de tonneau, munie, sur son cercle médian, d'ouvertures également espacées, dont on fait varier les dimensions à l'aide d'une contre-plaque qui coulisse autour du barillet. Les graines tombent, par leur propre poids, à travers les orifices inférieurs ; l'agitateur est constitué par le barillet lui-

Fig. 232. — Semoir-brouette à barillet
(Planet-Pitter).

même, qui tourne autour de son axe ; mais, pour que la distribution soit régulière, on a muni chacun des orifices du barillet, intérieurement, d'une languette courbe, fixée d'un côté sur la paroi, et ayant à peu près la forme d'une calotte sphérique coupée en deux par un plan axial. La graine débitée par le semoir, qui ne peut semer en poquets, est recueillie dans un large entonnoir et conduite en arrière du coutre d'enterrage. On peut remarquer que les machines figurées en 231 et 232 sont toutes deux pourvues de rayonneurs. On trouve, au contraire, en Angleterre et en Allemagne, des semoirs à la volée montés sur des châssis de brouette ordinaires ; on les emploie de préférence pour semer les graminées ou les graines de légumineuses. Parfois même on réunit sur le même châssis deux coffres distincts et deux distribu-

Fig. 233. — Semoir-brouette à la volée à double distribution (Gower and Sons).

teurs pour semer simultanément les graminées et les légumineuses (fig. 233).

Semoirs à bras. — On construit également des appareils dits *semoirs à bras*, qui sont une réduction des semoirs ordinaires ; ils sont cependant dépourvus d'avant-train, et la direction en est assurée par des mancherons. Le nombre de rangs varie ordinairement de un à cinq, et il faut, pour les actionner, un ou deux hommes ; dans ce dernier cas, l'un des hommes est

Fig. 234. — Semoir à bras à deux hommes (R. Sack-Faul).

en avant du semoir, qu'il tire à l'aide d'une bricole (fig. 234).

C'est encore aux semoirs spéciaux que nous rattacherons les *boîtes* ou *caisses à petites graines* qu'on adapte aux semoirs en lignes pour semer à la fois les céréales et les légumineuses destinées à former la sole suivante. Ce sont généralement des distributeurs à orifices, mus par une roue dentée qui est mise en prise avec l'un des engrenages du semoir ; ces machines sèment les petites graines à la volée.

On a projeté, il y a quelques années, de construire un semoir permettant de placer les graines de certaines plantes, cultivées à grand écartement, à la profondeur la plus favorable à leur bon développement. Cette profondeur, pour un sol donné, est évidemment variable d'année en année, mais varie entre deux limites extrêmes peu éloignées, 1 centimètre et 5 centimètres par exemple. Si l'on admet que les plantes doivent être écartées, sur les lignes, de 40 centimètres, il suffira que le coutre d'enterrage, au lieu de décrire une ligne sensiblement parallèle au niveau du sol, trace une série de lignes obliques, parallèles et égales entre elles, telles que tous les points situés à la même profondeur soient distants de 40 centimètres, et que les profondeurs minima et maxima atteintes soient 1 et 5 centimètres. Les graines placées à la profondeur optima donneront les plans les plus vigoureux, qu'on laissera seuls subsister et qui seront à l'écartement voulu. On n'a pas encore construit de machine conçue sur ce principe, qui n'est, en somme, que l'application de l'expérience bien connue de M. Risler ; on peut concevoir des mécanismes relativement simples pour réaliser ce programme. Malheureusement, comme nous l'avons déjà remarqué, les ouvriers chargés du démariage arrachent les plants vigoureux de préférence aux autres, parce qu'ils ont moins de difficultés pour les saisir, et il est à craindre qu'un semblable semoir, s'il est jamais fabriqué, ne donne pas tous les résultats qu'on en espère.

Nous nous bornerons à signaler les semoirs en poquets utilisés aux États-Unis pour la culture du maïs ; il n'y a pas lieu d'introduire ces machines dans notre pays.

Machines mixtes. — Ce sont des machines, connues depuis assez longtemps, qui ont pour but d'effectuer simultanément l'épandage en lignes des engrais et des semences.

Elles comportent deux coffres accolés, ou, quelquefois, deux séries de coffres de petites dimensions, placés sur le même bâti de semoir. Le distributeur d'engrais envoie cette matière dans des conduits de descente à large section, formés tantôt d'un tube unique, tantôt d'entonnoirs superposés, comme dans les anciens semoirs en lignes; ici les secousses imprimées aux entonnoirs doivent faciliter la chute de l'engrais. Le coutre d'enterrage ouvre une tranchée profonde, au fond de laquelle est déposée la matière fertilisante; puis des griffes ou des raclettes referment cette tranchée. L'appareil d'enterrage des graines ouvre une deuxième fois cette tranchée, mais à une moindre profondeur, de façon qu'il y ait une couche de terre pour séparer l'engrais de la graine. Les machines mixtes ont comme principal avantage d'économiser du temps; mais elles sont compliquées, volumineuses, exigent un effort de traction élevé et ne procurent pas une grande économie dans le prix d'achat du matériel.

RÉGLAGE ET ESSAI DES SEMOIRS.

Les constructeurs livrent, en même temps que les machines sortant de leurs ateliers, des tableaux indiquant la quantité de semences de telle nature distribuée avec tels engrenages, telle ouverture du distributeur. L'agriculteur ne doit pas se fier à ces tableaux d'une manière absolue, parce qu'ils sont établis, le plus souvent, dans des conditions trop éloignées du fonctionnement normal; on sait d'ailleurs que, pour une même sorte de graines, le volume occupé par un poids donné est assez variable. Il importe donc que l'agriculteur règle lui-même le semoir acquis par lui et qu'il procède à des essais lui permettant de se rendre compte de la valeur de la machine qu'on lui a livrée.

Il doit d'abord s'assurer que les différents distributeurs débitent tous des quantités de graines sensiblement égales; il procède, pour cela, à *l'essai aux petits sacs*. Il dispose le semoir comme pour l'emploi réel, mais il laisse relevés les appareils d'enterrage, s'il y en a, et attache en dessous des coutres ainsi soulevés (ou des distributeurs si l'appareil sème à la volée), de petits sacs en papier ou en toile. Il fait ensuite parcourir à l'appareil, sur route ou, de préférence, dans un champ, une distance quelconque, les distributeurs étant embrayés. Il pèse ensuite le contenu des différents sacs et compare le maximum et le minimum observés à la moyenne de tous les résultats; si l'écart ne dépasse pas 5 p. 100, en plus ou en moins, le semoir peut être considéré comme bon.

L'uniformité de répartition, qualité très importante, ne peut être vérifiée qu'à l'aide de panneaux, en bois ou en carton, quadrillés par décimètres et enduits d'une épaisse couche de colle destinée à fixer les graines dès qu'elles viennent en contact avec ce panneau. On dispose plusieurs panneaux semblables sur le trajet du semoir, et on règle les coutres, s'il y en a, de façon que leur pointe soit aussi rapprochée que possible des panneaux, sans cependant les toucher. On examine ensuite de quelle façon les grains sont répartis à la surface des panneaux.

Pour régler le semoir au débit voulu, correspondant à l'ensemencement d'une surface déterminée, telle qu'un hectare, on accroche une bâche en dessous des coutres ou des distributeurs, suivant le cas, et l'on fait parcourir dans un champ une distance de 100 mètres, par exemple. Si l'on veut semer 200 kilogrammes de blé par hectare, c'est-à-dire sur 10 000 mètres carrés, avec un semoir de $2^m,10$ de largeur, le déplacement de 100 mètres correspond à une surface de $2,10 \times 100 = 210$ mètres carrés, qui devra recevoir un poids P de blé donné par une règle de trois simple :

$$P = \frac{200 \times 210}{10\,000} = 4^{kg},200.$$

On devra donc changer les engrenages ou agir sur les appareils de réglage jusqu'à ce que le poids recueilli dans la bâche soit très sensiblement égal à $4^{kg},200$.

Dynamique des semoirs en lignes.

Comme les semoirs circulent sur une terre très ameublie, il y a intérêt à ce qu'ils soient aussi légers que possible, pour

Tableau n° 23. — *Dynamique des semoirs en lignes* (M. Ringelmann).

DÉSIGNATION DU SEMOIR.	JAMES SMYTH Peasenhall (Angleterre).	RUD. SACK Leipzig-Plagwitz (Allemagne).	MASSEY-HARRIS Toronto (Canada).	BICKFORD ET HUFFMANN Macedon (N.-Y.) (E.-U.).
Dates de l'essai	1890	1894	1896	1896
Poids du semoir en charge	540 kg.	544 kg.	310 kg. (deux roues)	410 kg. (deux roues)
Coefficient de roulement dans le champ	0,2	0,14	0,11	0,15
Traction dans le champ (coutres soulevés et semoir débrayé)	108 kg.	74 kg.	36 kg.	62 kg.
Nombre de rangs	»	11	10	12 —
En travail normal : efforts de traction. — Entrures des coutres, en centimètres, sans anneau de recouvrement — 1,5			84 kg.	»
2,5			107 —	»
4,0		93 kg.	»	»
5,0				97 kg.
5,5		»	140 kg.	»
7,0		123 kg.	»	»
8,0				130 kg.
Avec anneaux de recouvrement entrures en cm. — 5,0				115 —
8,0				141 —
Nombre de coutres en travail. — 10	200 kg.	»	»	»
5	160 —	»	»	»
3	136 —	»	»	»

diminuer l'effort de traction. Le tableau n° 23, qui résume plusieurs expériences de M. Ringelmann, montre l'influence du poids, du nombre de pièces d'enterrage, de l'entrure des coutres, des anneaux destinés à refermer les tranchées ouvertes par ces coutres, etc. Quant au travail dépensé par les distributeurs proprement dits, il est toujours très faible.

La superficie ensemencée en une journée dépend de la largeur du semoir, de l'état du sol et d'un grand nombre d'autres circonstances qui ne permettent pas de l'indiquer, même approximativement, d'une façon générale; on estime cependant à 4 ou 5 hectares, en conditions normales, l'étendue travaillée, en un jour, par un bon semoir à onze ou à douze rangs.

Entretien des semoirs. — Ces machines sont beaucoup plus faciles à entretenir que les distributeurs d'engrais. A la fin de chaque campagne, on vide le coffre et les trémies secondaires, s'il y en a, soit en faisant basculer la caisse, soit, quand la machine en comporte, en ouvrant les vannes ou les grilles de fond ; on enlève ensuite la poussière avec un plumeau ou une brosse emmanchée. On graisse convenablement les engrenages de la transmission; on met quelques gouttes d'huile dans les trous de graissage, et l'on remise la machine à l'abri des intempéries. A moment des semailles suivantes, on enlève la graisse qui a formé cambouis, et on lubrifie à nouveau le mécanisme.

Plantoirs.

Nous avons vu qu'on donne ce nom aux machines ayant pour but de mettre en place les semences de très grosses dimensions, et notamment les tubercules.

Les pommes de terre, en particulier, sont semées en lignes distantes de 50 à 60 centimètres, avec un écartement de 25 à 40 centimètres sur les lignes et une profondeur de 5 à 10 centimètres. Ces chiffres n'ont, bien entendu, aucune valeur absolue, et de nombreuses conditions peuvent les faire varier : développement et port des fanes, productivité de l'espèce, nature du sol, etc. La précaution la plus importante à observer est la régularité d'espacement.

Marqueurs. — Le mode de plantation courant, qui consiste à placer les tubercules à la main dans la raie ouverte par une charrue, ne peut donc donner aucune garantie à cet égard. Il vaut mieux avoir recours à des *marqueurs* qui déterminent l'emplacement exact des plants. Un dispositif simple consiste en couronnes amovibles A qu'on peut fixer sur la périphérie B d'un rouleau ordinaire ou cannelé, en les espaçant de la quantité voulue (fig. 235); on commence par bien niveler et rouler le sol, puis on fait passer le rouleau marqueur dans deux directions croisées; les ouvriers creusent de petits trous à

Fig. 235. — Rouleau marqueur à couronnes mobiles (A. Bajac).

l'intersection des lignes tracées par les couronnes du marqueur et y placent les tubercules.

Ce système n'assure une plantation rapide qu'en employant une main-d'œuvre assez abondante. Aussi a-t-on cherché, depuis longtemps, des dispositifs mécaniques fonctionnant de la même façon que les semoirs, c'est-à-dire dispensant l'ouvrier de toutes manœuvres autres que l'alimentation du réservoir à semences et la direction de l'attelage.

Les différences de formes et de dimensions présentées par les tubercules n'ont pas permis de trouver, jusqu'à présent, une solution parfaite du problème. Les organes de distribution, qui doivent agir sur des tubercules tantôt ronds, tantôt allongés, gros, moyens ou petits, ne peuvent fonctionner en toute sécurité; s'ils sont réglés pour les tubercules de dimen-

19.

sions moyennes, ils risquent de sectionner les gros et de
laisser échapper les petits. Aussi n'obtient-on des résultats à
peu près satisfaisants qu'à condition d'opérer une classification préalable des tubercules qu'on veut planter.

Les distributeurs sont de formes et de systèmes assez variés.
C'est ainsi qu'on rencontre des *distributeurs à tiroirs rotatifs*,
généralement formés par un disque D, épais, percé de cavités *o*
et tournant autour d'un axe *xx* qui passe par son centre et
perpendiculaire à son plan. Les tubercules contenus dans un
coffre C viennent, si leurs dimensions sont convenables, se
loger un à un dans les cavités *o*, sont entraînés dans le
mouvement de rotation du disque et maintenus dans ces
cavités par une contre-plaque jusqu'à ce qu'ils soient
conduits au-dessus du tube T, qui les dirige vers les organes d'enterrage (fig. 236).

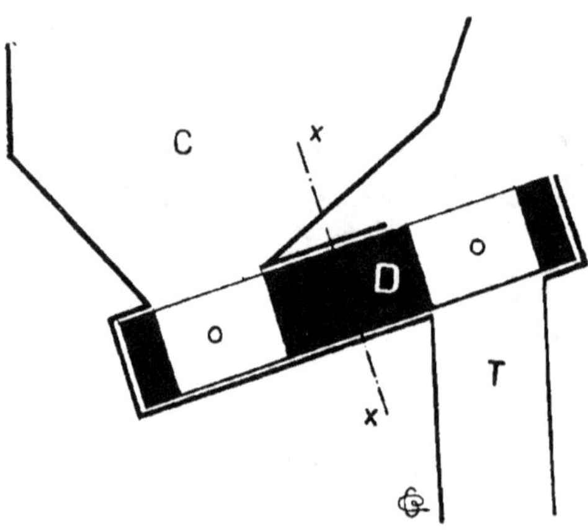

Fig. 236. — Schéma d'un plantoir à tiroir rotatif
(type Japy).

D'autres fois, l'organe de distribution est composé d'une
série de godets en fonte montés sur une chaîne sans fin, placée
à peu près verticalement et qui vient puiser les tubercules
dans un coffre ; les pommes de terre sont élevées au-dessus de
ce coffre, et, au moment où la chaîne passe sur son guide
supérieur, le basculement du godet les déverse dans le tube
de descente.

Certaines machines américaines, qui ont figuré dans plusieurs concours français, comportent un distributeur constitué
par plusieurs pinces, d'une forme spéciale, montées sur un
disque mobile autour d'un axe horizontal, et qui sont chargées
de saisir les tubercules, de les extraire du coffre et de les

déverser dans un tuyau de descente. Le coffre est percé d'une
fente étroite qui sert au passage du disque porte-pinces.
Chacune des pinces est composée (fig. 237) d'une partie A fixe
(ou, plus exactement, solidaire du disque), munie d'un crochet
pointu, C, et d'une pièce B, articulée en *o* sur la première. La
pièce B a un profil particulier, représenté sur la figure, et

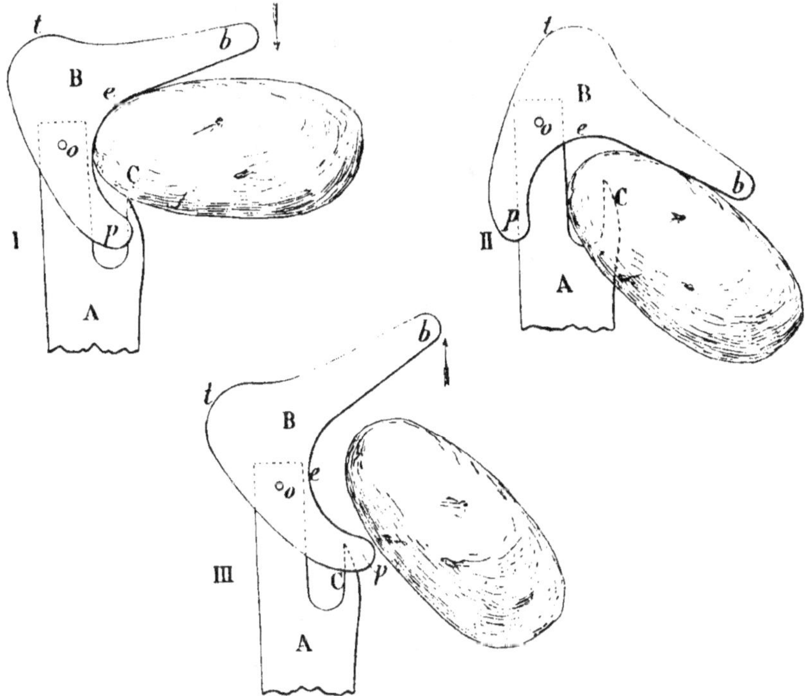

Fig. 237. — Schéma de l'organe distributeur d'un plantoir américain
à pointe (type Aspinwall).

comprend un bec *b*, un poussoir *p*, un évidement *e* et un
talon *t*. Des cames, convenablement espacées sur la trajectoire
suivie par les pinces, impriment à la pièce B un mouvement
de bascule autour de l'articulation *o*, mouvement dont les
phases extrêmes sont représentées en II et en III. La pince se
présente ouverte (I) dans le coffre : une pomme de terre peut
se loger, grâce à l'inclinaison des parois du coffre, entre la
pointe du crochet C et l'évidement *e* ; une came chasse alors

le bec *b* dans le sens de la flèche, et la pomme de terre, maintenue à la fois par le crochet et par la pièce B (II), 'est entraînée vers le haut du coffre. Dès qu'elle a dépassé le bord de ce dernier, une autre came, agissant, cette fois, sur le talon *t*, fait basculer B en sens inverse; le poussoir *p*, repoussant

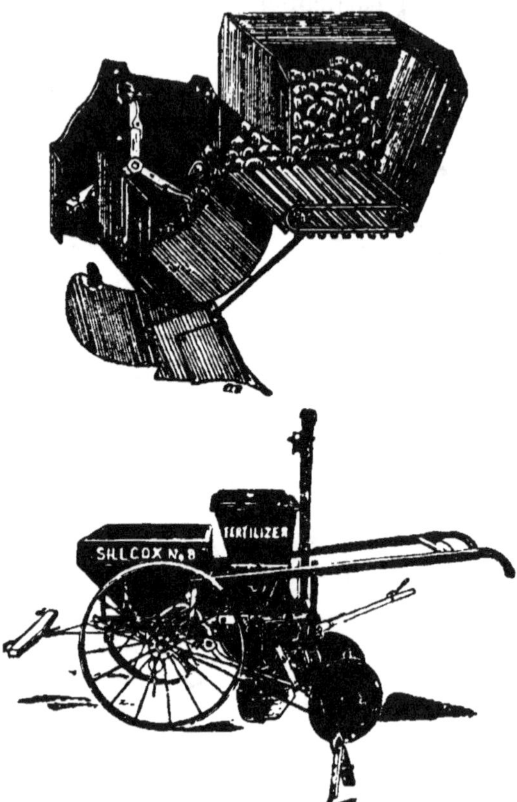

Fig. 238. — Élévation et coupe d'un plantoir à pointes (avec coffre à engrais) (Dawison-Sillcox-Bizet et Guérinat).

la pomme de terre, la dégage du crochet C, et elle tombe par son propre poids dans le tuyau de descente (1). Cette machine

(1) Pour faciliter la compréhension du mouvement de la pince, nous avons supposé, dans la figure, que la partie A est immobile; en réalité, la pince est entraînée dans un mouvement de rotation continu, et les positions I et III sont presque diamétralement opposées; il en résulte qu'en toute rigueur les deux schémas relatifs aux positions I et II devraient être presque complètement renversés.

n'agit, on le voit, qu'en blessant la pomme de terre ; cette blessure ne présente pas, en général, d'inconvénients, mais elle peut cependant provoquer la destruction d'un œil ou l'envahissement du tubercule par les agents de maladies ou de décomposition.

Dans certaines machines, dont le distributeur fonctionne d'une façon analogue, on place sur le châssis un coffre distinct pouvant contenir une provision importante de tuber-

Fig. 239. — Plantoir pour pommes de terre (A. Bajac).

cules ; ces derniers sont amenés au distributeur par un tablier sans fin (fig. 238).

Tous ces distributeurs présentent, comme principal défaut, l'insécurité de fonctionnement ou la mutilation du tubercule. Aussi a-t-on songé, en France, à substituer au distributeur purement mécanique et automatique, un ouvrier chargé uniquement de prendre les tubercules dans un coffre et de les déposer, un à un, dans un appareil capable de les conduire isolément, et sans les mutiler, jusqu'aux organes d'enterrage.

La figure 238 donne la vue d'ensemble de cette machine. Un apprenti ou un jeune ouvrier, placé sur un siège, prend alternativement avec la main droite et avec la main gauche un des tubercules qui sont contenus dans le coffre placé devant lui, bien à sa portée ; il le dépose dans un entonnoir, situé en dessous de lui, qui l'amène au distributeur. Celui-ci est identique, comme principe, aux distributeurs à barillet dont nous avons déjà parlé, mais il est de dimensions appropriées et pourvu d'alvéoles dont la capacité est suffisante pour que les tubercules y soient toujours amplement contenus. L'espacement des alvéoles et la vitesse de rotation du tambour dépendent de la distance qu'on veut ménager, sur les lignes, entre les plants.

Pour éviter que l'apprenti puisse mettre, par erreur, deux tubercules dans le même alvéole, un petit déclic à ressort le prévient, par son bruit, du moment où cet alvéole va se présenter devant l'entonnoir. Mais, comme on a plutôt à craindre que l'apprenti néglige de déposer dans l'entonnoir tous les tubercules nécessaires, il est bon de ne lui payer, au moment du travail, qu'une partie du salaire convenu, et de stipuler que tout manque dû à son inattention donnera lieu à une retenue déterminée; on vérifie, lorsque les plantes sortent de terre, que chaque manque est bien causé par l'absence et non par la pourriture du tubercule.

Tous ces plantoirs sont des machines à traction animale. Ils sont montés sur un essieu, généralement peu élevé au-dessus du sol ; le mouvement imprimé aux roues par le déplacement des animaux est communiqué à l'appareil de distribution, chaîne à godets, tiroir rotatif, disque à pinces, barillet, etc. L'attelage est réalisé soit à l'aide d'une flèche, soit par chaîne et avant-train. Les organes d'enterrage se composent ordinairement d'un petit corps de buttoir, qui ouvre, dans le sol, une raie où viennent tomber les tubercules délivrés par le distributeur ; les semences sont ensuite recouvertes par deux petits corps de charrue placés en arrière du conduit de descente et qui referment la raie ouverte par le buttoir.

Semoirs et plantoirs spéciaux.

Il existe un certain nombre de machines propres à confier mécaniquement au sol les graines ou les plantes dans des conditions très spéciales.

Tels sont, par exemple, les *semoirs à maïs* utilisés aux États-Unis, où cette plante, qui représente la seule culture nettoyante, est l'objet de soins particuliers. On exige, presque toujours, que les binages puissent être effectués dans deux directions perpendiculaires ; cela oblige à semer, non plus en lignes, mais en poquets, et à placer ces poquets aux intersections des lignes de deux réseaux de parallèles perpendiculaires l'un à l'autre.

Le semoir est généralement pourvu d'un distributeur à tiroir, qui est actionné périodiquement par un dispositif particulier. Au tiroir est reliée une fourchette articulée, qui, lorsqu'on l'incline, commande le mouvement du tiroir ; cette fourchette est engagée sur une chaîne ou sur une corde, qui est munie, de place en place et à l'écartement convenable, de broches, d'anneaux, de gros maillons, ou d'obstacles quelconques trop volumineux pour pouvoir passer entre les branches de la fourchette. La chaîne est tendue entre les deux bords du champ à semer ; lorsque le semoir se déplace, les obstacles forcent périodiquement la fourchette à s'incliner et, par suite, le distributeur à déverser un poquet de graines. Dans la plupart des systèmes, la machine, à chaque train, dispose automatiquement la chaîne pour le train suivant.

Il existe également des **machines à repiquer** ; elles sont formées, en principe, d'une sorte de roue pourvue de pinces pouvant s'ouvrir ou se fermer sous l'influence de tringles commandées par des cames. Les pinces se présentent ouvertes à la partie supérieure de la roue ; on y place le plant, la tige en bas ; lorsque la roue tourne, les pinces se referment en maintenant le plant, puis placent ce dernier dans une raie ou dans un trou ouvert par la machine et l'y abandonnent. Des rouleaux agissant latéralement tassent le sol autour du plant, et la machine peut même déverser automatiquement une certaine quantité d'eau à chaque pied, pour favoriser la reprise.

On a aussi proposé des **machines pour planter les boutures**, aussi bien à l'usage des pépinières qu'à celui des exploitations viticoles. Ces instruments ouvraient dans le sol, à l'aide d'un pied de scarificateur, une tranchée où un ouvrier, assis sur la machine, introduisait, au moyen d'un guide, les boutures à planter. Deux corps de charrue rejetaient la terre line de la surface sur les boutures ainsi mises en place, et un réservoir spécial permettait de les arroser (1).

Les semoirs à maïs et les machines à repiquer ne sont pas employés en France, où les conditions dans lesquelles s'effectuent la grande culture et la culture maraîchère diffèrent trop des conditions américaines. La machine à planter les boutures a été imaginée, probablement, trop tard ; elle a paru au moment où la reconstitution du vignoble était presque achevée et où, par conséquent, son emploi ne répondait plus à un réel besoin.

(1) *Revue de viticulture*, n° 266 du 21 janvier 1899.

III

ENTRETIEN DES CULTURES

Lorsque les graines confiées au sol ont donné des plante s l'agriculteur doit, dans bien des cas, procéder à un certain nombre de travaux spéciaux dont le but est de mettre les végétaux cultivés dans les conditions les plus favorables à une production élevée. Il peut avoir à agir sur le sol lui-même, qui, malgré tous les soins dont il a été l'objet, a perdu peu à peu, et surtout à la surface, l'état d'ameublissement auquel il avait été amené; ou bien il lui faut détruire la végétation adventice, qui consomme en pure perte une quantité plus ou moins grande des engrais incorporés au sol. Parfois encore il doit éliminer une portion des plantes qu'il a semées, afin de favoriser la végétation de celles qu'il conserve; ou bien il est obligé de supprimer sur tous les plants un certain nombre d'organes végétatifs, dans le but de ralentir une croissance trop hâtive, qui aurait pour conséquence une diminution du produit. Il a à défendre ses cultures contre les attaques des animaux et des végétaux parasites, et à les protéger contre les phénomènes météorologiques; d'autres fois, enfin, il est amené à répandre sur ses cultures des doses supplémentaires de substances fertilisantes, à favoriser la végétation au moyen d'abondants arrosages ou à évacuer, au contraire, les eaux surabondantes, qui, en séjournant sur ses champs, empêcheraient la vie végétale de s'y poursuivre normalement.

Le groupe des machines destinées à l'entretien des cultures renferme donc un nombre assez considérable de spécimens. Certaines de ces machines peuvent, sans qu'il soit nécessaire de les beaucoup modifier, servir à l'exécution de plusieurs de ces travaux. Telles sont les *houes*, qui sont employées à la fois pour ameublir le sol, pour détruire les mauvaises plantes, et dont on peut encore faire usage pour éclaircir certaines plantations en lignes; tels sont encore les *régénérateurs*, dont on fait usage pour améliorer les vieilles prairies naturelles ou artificielles. La destruction d'une partie de la culture ou de certains organes de végétation est confiée aux *démarieuses* ou *éclaircisseuses* et aux *écimeuses*. La lutte contre les parasites animaux ou végétaux est soutenue à l'aide d'*essanveuses*, de *poudreuses*, de *pulvérisateurs* et de quelques autres machines spéciales; les *canons* ou *fusées paragrêles*, les *nuages artificiels* dont on peut provoquer mécaniquement et automatiquement la formation, sont employés pour protéger les cultures contre les dégâts causés par la grêle et par les gelées. L'épandage des engrais en couverture n'exigera pas de machines autres que les distributeurs précédemment décrits; les machines servant à l'arrosage seront étudiées dans le chapitre consacré aux pompes. Quant aux eaux surabondantes, elles ne peuvent guère être évacuées, en cours de végétation, que par quelques rigoles ouvertes à l'aide d'une charrue ou d'un buttoir; encore est-ce exceptionnel. Nous renvoyons, pour les autres travaux de drainage ou d'irrigation, qui ne sont d'ailleurs pas des façons d'entretien, à l'ouvrage de MM. Risler et Wéry.

Examinons tout d'abord les machines employées pour ameublir le sol et détruire la végétation adventice, que nous avons désignées sous le nom de houes. Nous trouverons, sous cette dénomination, des instruments à bras et des instruments attelés; les premiers ne différant pas des houes que nous avons décrites à propos des labours à bras, les seconds nous retiendront seuls.

HOUES A TRACTION ANIMALE.

Ces machines doivent pouvoir se prêter à des travaux assez divers. Si la culture est propre, c'est-à-dire si elle n'est pas envahie par de mauvaises herbes, leur rôle se borne à ameublir superficiellement le sol en détruisant la croûte que les alternatives d'humidité et de sécheresse y ont formée. Cette croûte est, en effet, parsemée de fissures extrêmement fines, dans lesquelles les phénomènes de capillarité se manifestent avec énergie, en entraînant vers la surface l'eau qui se trouve dans la profondeur du sol et en favorisant, par suite, la dessiccation par évaporation. Il faut donc s'attacher à substituer à cette croûte une terre meuble dans laquelle l'intervalle entre les particules sera suffisamment grand pour que l'influence de la capillarité n'y soit plus très sensible. On y parvient en faisant passer dans le sol des pièces travaillantes verticales dont la largeur dépend de la consistance de la terre ; on complète même souvent l'action de ces pièces en retournant la portion tout à fait superficielle, comme le ferait une minuscule charrue : c'est l'opération du *binage*.

Lorsqu'il faut, en outre, faire périr les plantes qui ont envahi la culture, on fait passer dans le sol, à quelques centimètres de profondeur, des lames horizontales tranchantes, qui sectionnent les racines assez en dessous du collet pour que la reprise de la végétation ne puisse plus s'effectuer. Cette façon culturale porte encore le nom de binage ou, plus exactement, de *sarclage*.

Nous avons déjà étudié, dans la première partie du présent volume, un grand nombre de pièces capables d'effectuer ces différents travaux. En fait, il n'y a à mentionner, à propos des houes, aucune forme spéciale de pièces travaillantes : ce seront des coutres, des versoirs, des pièces de scarificateurs, cultivateurs ou extirpateurs, qu'on montera sur des bâtis spéciaux ; mais, comme la façon est superficielle, les dimensions de ces pièces seront réduites. Très souvent, la pièce d'extirpateur est simplement composée d'une tige d'acier qui sert, en même temps, de manche ; elle est aplatie et recourbée à angle droit, à son extrémité libre, de façon à passer horizontalement dans le sol. Nous trouverons encore, dans les houes, des pièces dont la partie active et le manche ne forment qu'un seul bloc et sont tirées à la forge du même lopin de métal, ainsi que des pièces simplement rapportées, à l'aide de boulons, sur des manches distincts. Nous ne pouvons que répéter, à leur sujet, ce que nous avons dit à propos des scarificateurs, c'est-à-dire qu'il faut préférer les pièces du dernier type, qui occasionnent de moindres frais de remplacement ; toutefois, comme ces organes ne sont pas aussi robustes que dans les scarificateurs, l'inconvénient est un peu atténué.

Les houes à traction animale ne peuvent, évidemment, être utilisées que dans les cultures semées ou plantées en lignes ; mais la forme du bâti qui supporte les pièces travaillantes dépend de l'écartement des lignes. Lorsqu'il s'agit de lignes séparées les unes des autres par un grand intervalle, la machine ne travaille que dans un seul interligne, et on la désigne sous le nom de *houe à un rang*; au contraire, pour les cultures en lignes rapprochées, la même machine peut travailler simultanément plusieurs interlignes : c'est une *houe multiple*.

Houes à un rang.

La largeur des interlignes n'étant pas toujours la même pour les diverses cultures, la houe doit pouvoir travailler elle-même sur une largeur variable. Aussi le bâti est-il à expansion ; nous distinguerons, sous ce rapport, les houes en deux types principaux : celles à *expansion angulaire* et celles à *expansion parallèle*.

Houes à expansion angulaire. — Dans les houes à expansion angulaire, le bâti comporte un âge rectiligne, à la partie antérieure duquel sont articulés deux longerons, rectilignes ou cintrés, qui supportent les pièces travaillantes ; on modifie la largeur utile de la machine en faisant varier l'angle que forment entre eux les deux longerons. Bien entendu, ces deux longerons doivent, quel que soit leur angle, rester symétriques l'un de l'autre par rapport à l'âge.

On règle l'angle d'expansion à l'aide de bielles articulées sur les longerons et réunies, par un boulon, sur une coulisse solidaire de l'âge ; un écrou à oreilles, ou tout autre dispositif analogue, permet de fixer les bielles au point convenable de la coulisse et de maintenir les longerons en position (fig. 240).

On peut aussi réunir les bielles à l'extrémité inférieure d'un
levier articulé sur l'âge et pourvu d'un verrou d'enclenche-

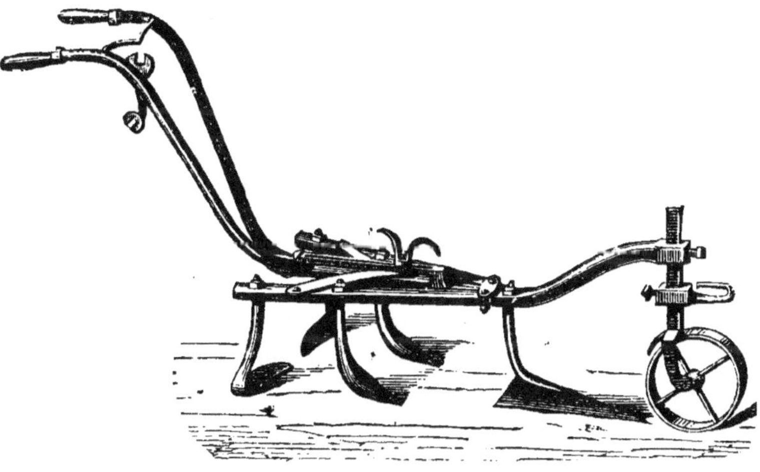

Fig. 240. — Houe à expansion angulaire ; fixation des bielles d'écartement
par un écrou à oreilles (Souchu-Pinet).

ment qui pénètre dans les crans d'un secteur denté (fig. 241).
Dans d'autres cas, la coulisse est remplacée par une tige

Fig. 241. — Houe à un rang, à expansion angulaire, manœuvrée à l'aide d'un
levier (Planet-Pilter).

articulée en son milieu sur l'âge et reliée par pivots aux
deux bielles ; en inclinant plus ou moins cette tige par
rapport à l'âge, à l'aide d'un levier de manœuvre pourvu

d'un verrou d'enclenchement, on écarte ou on rapproche les longerons, l'expansion maxima correspondant au moment où la tige est perpendiculaire à l'âge. La machine représentée par la figure 243 comporte, en K, A, F, F, un dispositif analogue, mais appliqué à l'expansion parallèle.

L'adoption du levier de manœuvre permet de modifier instantanément, en cours de travail, la largeur utile de la machine. Il ne faut cependant pas s'exagérer l'importance de cette disposition, qui, tout en étant commode, n'est pas indispensable ; les interlignes d'un même genre de culture, dans une exploitation donnée, sont toujours égaux, de sorte que la houe peut être réglée une fois pour toutes, et qu'il n'y a plus besoin de rien modifier pendant l'exécution du travail.

Houes à expansion parallèle. — Dans l'expansion parallèle, les pièces sont fixées à l'extrémité de supports transversaux, engagés eux-mêmes dans des mortaises pratiquées sur le bâti : ces supports peuvent coulisser dans les mortaises, en restant perpendiculaires à l'âge, et, suivant qu'on rapproche ou qu'on éloigne de ce dernier les extrémités auxquelles sont attachées les pièces travaillantes, on diminue ou on augmente la largeur utile de la houe. Dans la plupart des types, les supports transversaux sont maintenus en place à l'aide de vis de pression engagées dans un taraudage pratiqué sur l'une des parois de la mortaise ; celle-ci est ménagée elle-même dans l'âge, qui est ordinairement simple et rectiligne. Nous avons indiqué, à propos du mode de fixation des coutres de charrues, l'inconvénient de tous les systèmes basés sur le serrage d'une vis de pression ; nous n'y reviendrons donc pas, mais nous ferons remarquer en outre que ce procédé de montage, quoique très simple, exige de l'ouvrier une certaine attention au moment du réglage, puisqu'il y a lieu de disposer les pièces travaillantes, deux par deux, à la même distance de l'âge et de chaque côté de lui.

Il est donc préférable d'avoir recours à un dispositif mécanique assurant automatiquement le déplacement symétrique des pièces travaillantes (fig. 242 et 243) ; on y arrive au moyen d'une pièce A (fig. 243) articulée, en son milieu, sur l'âge B et, par ses extrémités, à des bielles F, reliées en H aux supports

Fig. 242. — Houe à expansion parallèle (E. Puzenat et fils).

transversaux E, qui soutiennent les étançons G des pièces L. La pièce A reçoit le levier de manœuvre K, que l'on fixe à la position convenable au moyen du secteur à crans P ; les bielles F sont pourvues d'un certain nombre de trous de réglage, et on les assemble avec A au moyen des chevilles C. On peut aussi alléger l'âge et les supports en constituant le bâti par trois longerons parallèles en fer plat, dans lesquels sont pratiquées les mortaises où coulissent les supports E.

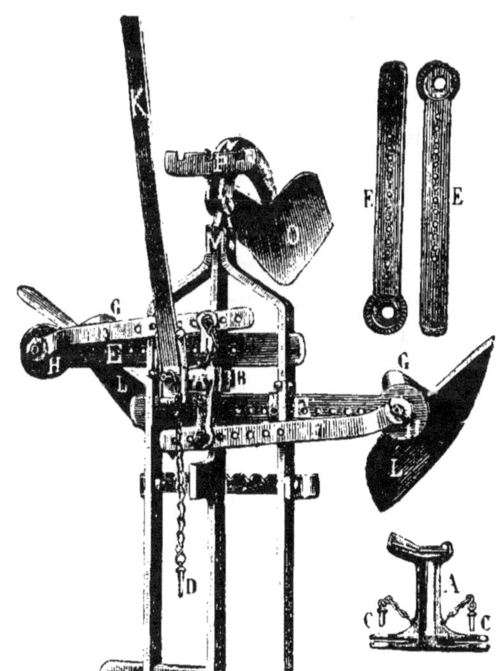

Fig. 243. — Détails d'une houe à expansion parallèle
(E. Puzenat et fils).

Considérations générales. — Ces deux types de houes à expansion offrent, chacun, des avantages et des inconvénients. Dans l'expansion angulaire, les pièces travaillantes ne peuvent pas conserver leur position normale par rapport à la ligne de traction; si elles sont réglées pour une largeur moyenne de travail, elles sont trop en dehors pour les faibles largeurs et trop en dedans pour les grandes largeurs. On a atténué cet inconvénient en montant les pièces sur des manches ou étançons cylindriques, de façon à pouvoir les redresser une fois qu'on a donné à la machine l'expansion nécessaire, ou encore en munissant ces étançons de petites manivelles reliées à des bielles qui, commandées elles-mêmes par le mécanisme d'expansion, disposent automatiquement les pièces, à très peu près, dans la position convenable. Ces deux dispositifs n'ont pas eu grand succès ; le dernier, en particulier, offre une trop grande complication, et les articulations dont il est muni sont trop nombreuses pour qu'on puisse compter sur un bon fonctionnement prolongé.

Dans l'expansion parallèle, l'avantage du maintien des pièces en position normale est contre-balancé par le porte-à-faux considérable du montage à l'extrémité de supports transversaux; les efforts de traction assez élevés auxquels ces supports doivent résister conduisent à augmenter leur épaisseur et leur largeur et, par suite, la section de l'âge, en alourdissant la machine. Cet inconvénient est très amoindri avec les bâtis tels que ceux de la houe représentée par la figure 242.

Il ne faut pas oublier, d'ailleurs, que les travaux exécutés avec les houes sont, en général, légers; si les pièces travaillantes sont placées un peu obliquement, l'effort de traction n'est pas augmenté dans des proportions bien considérables et, d'autre part, la disposition même du bâti permet de fixer ces pièces sur des étançons profilés, à la fois résistants et d'un faible poids. Il n'y a donc pas lieu, pour cette seule raison de la déviation de la ligne d'action des pièces, de renoncer aux avantages qu'offrent les houes angulaires, en particulier à la commodité et à la légèreté.

Quelle que soit sa forme, le bâti est muni, à l'avant, d'un support et, à l'arrière, de mancherons. Le support est généralement constitué par une roue de faible diamètre, dont on peut modifier la distance verticale au sol, soit en faisant coulisser dans une mortaise ou dans un étrier sa tige de soutien, soit en agissant sur un levier, articulé sur l'âge et qui supporte cette roue à son extrémité. Les mancherons sont utilisés, à la fois, pour diriger la houe et pour maintenir convenable l'entrure des pièces, opération toujours pénible pour le conducteur. Beaucoup de modèles récents sont munis d'un support d'arrière, formé, le plus souvent, d'un patin qui traîne sur le sol et empêche la houe de s'enfoncer ; ce patin (fig. 241) est articulé sur l'âge et relié au levier qui déplace la roulette-support, de façon qu'on règle en même temps, par une seule manœuvre, les deux organes dont dépend l'entrure des pièces. La présence de ce patin entraîne, bien entendu, une augmentation de l'effort de traction ; mais, comme l'ouvrier est moins fatigué et comme, n'ayant plus qu'à diriger la houe, il peut mieux surveiller le travail, on a tout avantage à l'adopter.

Les pièces travaillantes sont, nous l'avons vu, disposées symétriquement par rapport à l'âge ; ce dernier supporte toujours directement une pièce, soit à l'avant, soit à l'arrière, et les sillons tracés par les autres pièces doivent être symétriques par rapport à celui qu'elle ouvre. Avec les modèles les plus courants, on trace ainsi cinq sillons ; si la houe est à expansion angulaire, l'écartement de ces sillons entre eux et par rapport au sillon médian varie avec l'expansion, et le constructeur dispose les pièces de façon qu'il y ait toujours un sillon ouvert au milieu de l'intervalle entre le sillon médian et les sillons extrêmes. Avec les houes à expansion parallèle, au contraire, on laisse habituellement fixes les pièces qui tracent les sillons les plus voisins de celui du milieu, et le levier qui règle la largeur utile de la machine n'agit que sur les pièces destinées à ouvrir les sillons extrêmes ; l'uniformité du travail n'en est pas affectée d'une façon sensible, d'autant plus qu'en cas de très grande expansion on peut régler à la main les pièces intermédiaires.

On a voulu remédier au défaut présenté par les houes à expansion parallèle ordinaires, c'est-à-dire au poids exagéré qu'entraînent les fortes dimensions des pièces de soutien transversales, en supprimant le porte-à-faux ; on y est parvenu en employant un bâti, analogue à celui que nous avons indiqué à propos des scarificateurs, composé de traverses fixées elles-mêmes à un cadre qui les soutient à leurs deux extrémités. Le bâti affecte donc la forme d'un rectangle, ou encore celle d'un rectangle terminé, à l'avant, par un triangle ; les pièces travaillantes sont montées sur les traverses à l'aide d'étriers ou de fourches, que maintiennent des vis ou des clavettes ; on peut les déplacer latéralement pour donner à la bande travaillée la largeur convenable. Mais cette disposition, tout en allégeant quelque peu la machine, oblige à choisir, pour cette dernière, le type correspondant à l'écartement maximum adopté dans l'exploitation ; il en résulte que, pour toutes les plantes semées à un écartement moindre que le maximum, la houe ne peut plus être utilisée dès que les végétaux ont atteint la hauteur du bâti. Cette restriction est fort gênante ; aussi ces types sont-ils peu employés.

Houes multiples ou à plusieurs rangs.

Choix d'une houe multiple. — Ces machines sont combinées, comme leur nom l'indique, pour effectuer les binages et sarclages simultanément dans plusieurs interlignes. On peut les utiliser aussi bien pour des plantes cultivées à grand écartement, comme des betteraves, que pour les plantes semées, comme les céréales, en lignes rapprochées ; toutefois, dans le cas des larges interlignes, il ne faut pas chercher à travailler un trop grand nombre de rangs, sous peine d'imposer à la machine des dimensions transversales trop considérables. Lorsqu'il s'agit de biner des céréales, le semis a dû être fait à un écartement suffisant pour que les pièces de la houe puissent passer dans les interlignes sans détruire les plants. Si cet écartement n'est que de 10 à 12 centimètres, on peut s'attendre à ce que la machine, quelle que soit l'habileté du conducteur, arrache une très forte proportion de la plante cultivée ; il faut, en effet, laisser intacte une bande de 4 centimètres de chaque côté de la ligne pour être sûr de ne rien détériorer. Un intervalle de 18 à 20 centimètres entre les lignes est donc nécessaire pour qu'on puisse biner sans inconvénients ni difficultés ; si l'on estimait qu'un pareil écartement fût exagéré, il vaudrait mieux, plutôt que de le réduire, semer en bandes, d'après la méthode préconisée par M. Schribaux, en disposant les coutres d'enterrage par groupes de deux, à très faible distance l'un de l'autre, afin que les lignes tracées par les deux coutres voisins de deux groupes consécutifs soient écartées d'une vingtaine de centimètres (fig. 244) ; mais on ne peut travailler ainsi que la moitié des interlignes.

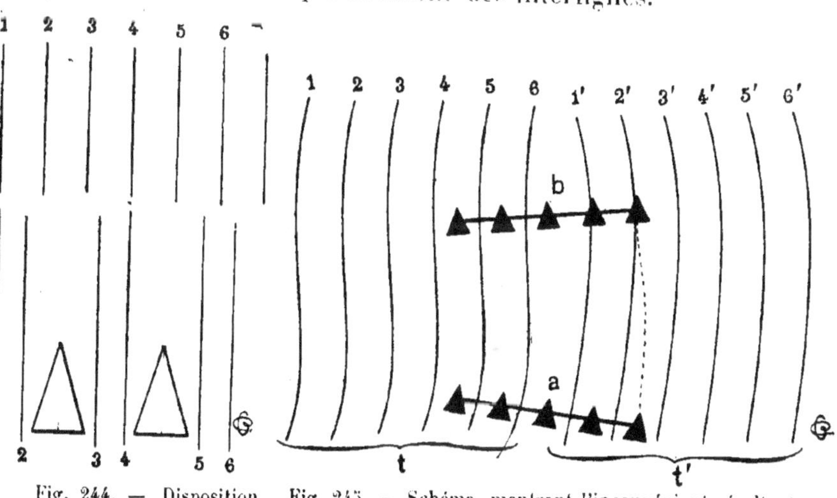

Fig. 244. — Disposition des lignes par bandes, pour faciliter l'emploi des houes multiples.

Fig. 245. — Schéma montrant l'inconvénient résultant d'une houe de largeur non appropriée à celle du semoir.

La détermination du nombre de rangs que doit travailler la houe dépend du nombre de rangs du semoir en lignes adopté ; le premier doit être égal au second, ou en être un sous-multiple exact (moitié, tiers, quart). Cette règle, dont l'observation est indispensable, tient à ce que, malgré tout le soin qu'on apporte à la direction du semoir, les trains successifs tracés par cette machine ne sont jamais rigoureusement parallèles ; les deux lignes voisines des deux trains consécutifs ne sont donc pas partout équidistantes. Si la houe chevauche, comme le montre schématiquement la figure 245, sur deux trains adjacents t et t', elle détruira des céréales dans les régions où les lignes sont rapprochées ou éloignées; ainsi il est certain qu'en passant de la position *a* à la position *b* la houe, si elle a été guidée d'après les lignes du train *t*, détruira les lignes *1'* et *2'* du train *t'*, et il est probable qu'elle détériorera, plus tard, les lignes *6* et *1'*. Il faut donc s'arranger de façon à travailler chacun des trains *t*, *t'*, etc., soit en une, soit en deux, trois ou quatre fois, sans jamais chevaucher sur deux trains. Du reste, en admettant même que le nombre de rangs de la houe soit déterminé convenablement, il n'en faut pas moins, en raison des considérations ci-dessus, exiger que les ouvriers commencent le travail à la houe exactement à l'origine d'un train de semoir; sans cette précaution, la houe chevaucherait encore sur deux trains, et l'inconvénient serait le même que précédemment.

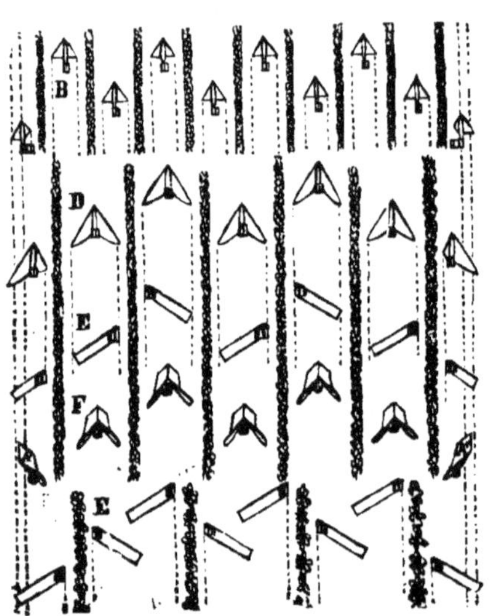

Fig. 246. — Principales formes des pièces travaillantes montées sur une houe multiple (R. Sack-Faul).

Pièces travaillantes. — Les pièces travaillantes employées avec les houes multiples sont analogues à celles qu'on monte ordinairement sur les houes à un rang : pièces de scarificateurs (B), de cultivateurs (D), d'extirpateurs (E), versoirs (A) et même doubles versoirs (F) fonctionnant à peu près comme des buttoirs (fig. 246). La nature des pièces, leurs formes, leurs dimensions, dépendent de l'écartement des lignes. Ainsi les buttoirs ne peuvent guère être utilisés pour des interlignes inférieurs à 35 centimètres; par contre, la largeur utile ne dépasse ordinairement pas 6 centimètres, pour les pièces de scarificateur et 10 centimètres pour celles de cultivateur. Les pièces d'extirpateur sont les plus employées ; elles ont tantôt la forme de fers de lance travaillant sur les deux faces, dont la largeur varie de 6 à 40 centimètres, tantôt celle de lames plates ne dépassant pas 20 centimètres, environ, de largeur utile. Quand on veut passer aussi près que possible des plants, sans risquer de les recouvrir de terre, on emploie des pièces portant des plaques de garde jouant le rôle de coutre et de contre-sep (fig. 245), ou des disques minces, articulés autour d'un axe horizontal et fonctionnant à la façon de coutres circulaires ; ces deux dispositifs ont pour but d'empêcher que la terre soulevée par les pièces travaillantes retombe sur les plantes binées.

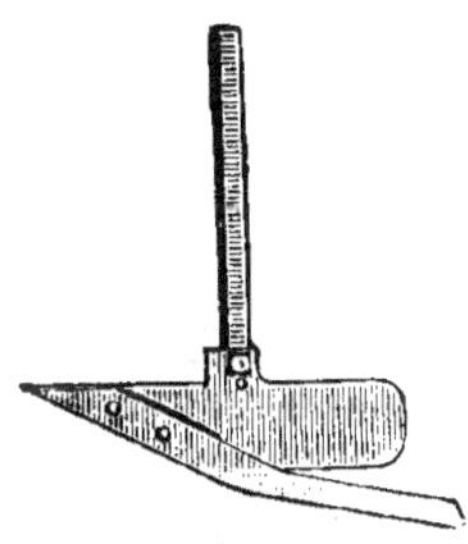

Fig. 247. — Lame de houe munie d'une plaque de garde verticale (la pièce travaillante est amovible (A. Bajac).

Ces pièces peuvent être forgées d'un seul morceau ou rapportées sur des manches-étançons ; il faut préférer, pour les motifs d'économie que nous avons tant de fois exposés, les pièces du second type, dans lesquelles la partie active est amovible et peut être remplacée. Il y a avantage à monter les formes du genre scarificateur ou culti-vateur sur des manches flexibles.

Bâtis. — Quel qu'en soit le type, les pièces travaillantes sont, à de rares exceptions près, montées tantôt à l'extrémité pos-térieure de leviers articulés, à l'avant, sur une traverse, tan-tôt sur des traverses perpendiculaires à la direction du dépla-cement, et reliées, au moyen de leviers articulés, à une traverse antérieure fixe. Il y a d'ailleurs lieu de distinguer, au point de vue du bâti, les houes de grande largeur des houes de faible largeur ; bien qu'il soit impossible de délimiter exactement ces deux catégories, on peut, en se rapportant aux modèles les plus couramment employés, réserver la qualification de houes multiples de faible largeur aux machines qui ne travaillent pas plus de quatre rangs de betteraves à la fois.

Houes multiples de faible largeur. — Ces machines com-portent généralement un essieu à deux roues, qui forme presque toujours la traverse antérieure, et auquel sont reliées, par des leviers, la ou les traverses supportant les pièces tra-

20.

vaillantes. L'essieu est muni, bien entendu, d'un dispositif d'attelage formé tantôt de deux brancards, tantôt d'une flèche, suivant l'usage auquel la houe est destinée. Le plus souvent, elle doit servir à biner des céréales ou des plantes-racines, et, comme les animaux ne peuvent suivre rigoureusement la direction des lignes, il faut pouvoir déplacer d'un seul coup toutes les pièces travaillantes vers la droite ou vers la gauche, quand on constate que la machine, en déviant sous l'influence de l'attelage ou pour toute autre cause, risque de détruire les lignes.

Fig. 248. — Houe multiple, réglable par le déplacement des mancherons (A. Bajac).

Le montage sur traverses permet de fixer les pièces à l'écartement convenable ; ces machines sont donc à expansion. On emploie, du reste, presque toujours, deux traverses sur chacune desquelles les pièces consécutives sont disposées alternativement, afin que la distance horizontale entre les pièces soit plus grande et que la machine soit moins exposée à bourrer. Lorsqu'il n'y a qu'une seule traverse, on place les pièces à tour de rôle sur sa face avant et sur sa face arrière, pour se rapprocher, autant que possible, du type précédent. On a construit des houes permettant de régler instantanément le degré d'expansion dans chaque rang ; trop compliqués, ces modèles ont été abandonnés.

Le déplacement latéral des pièces s'effectue, dans les modèles les plus simples, au moyen de mancherons fixés aux traverses et sur lesquels l'ouvrier agit au moment convenable (fig. 248). Ces traverses sont reliées à l'essieu par deux leviers articulés dans des chapes, montées sur un pivot perpendiculaire à l'essieu ; elles peuvent ainsi être soulevées verticalement, les leviers tournant dans les chapes, ou être déplacées latéralement, les chapes tournant autour de leur pivot. Avec les machines françaises de cette catégorie, et sauf quelques cas exceptionnels (fig. 249), la profondeur d'action des pièces est déterminée à l'aide des mancherons ; les machines étrangères et, notamment, celles de construction anglaise, sont presque toujours munies de roulettes ou de patins qui empêchent la houe de pénétrer trop profondément ; ces organes additionnels rendent, évidemment, un peu plus dur le déplacement latéral, mais diminuent, par contre, la fatigue imposée par le réglage en profondeur.

Comme on reproche à ces houes d'exiger, de la part de l'ouvrier, beaucoup d'attention et une réelle habileté pour que les déplacements latéraux soient faits à temps et sans trop de brutalité, on a construit des modèles, plus compliqués, mais dans lesquels des dispositifs spéciaux facilitent cette manœuvre. La machine comporte alors un cadre rigide, fixé sur l'essieu, et sur lequel s'appuient, en position de travail, les leviers qui relient les traverses à l'essieu ; ces dernières jouent, en même temps, le rôle de coulisses et servent à la fois de guide et de soutien à des barres sur lesquelles sont montées les pièces travaillantes. Ces barres peuvent se déplacer le long des traverses, en entraînant les pièces travaillantes ; on les commande à l'aide d'une petite tige, solidaire des barres mobiles, qui est engagée entre les deux branches d'une fourche verticale, articulée autour d'un axe horizontal, à l'extrémité postérieure duquel sont fixés les mancherons (fig. 249). Si l'on incline ces mancherons de gauche à droite ou de droite à gauche, la fourche tourne en sens inverse et chasse les barres vers la gauche ou vers la droite. Les leviers sont reliés à l'essieu par des chapes fixes qui ne permettent plus que le relèvement vertical des pièces travaillantes. On voit, en outre, que, dans la machine représentée par la figure 249, la profondeur du travail est limitée par l'obstacle que le cadre oppose à l'abaissement des leviers ; l'angle d'action des pièces avec le sol et, par suite, la tendance à l'entrure sont modifiés, dans une certaine mesure, en allongeant ou en raccourcissant la dossière.

On peut toujours, quel que soit le type adopté, soulever complètement la houe, en la faisant pivoter autour des axes d'articulation des leviers avec les chapes, et en la rabattant vers l'avant, où elle est maintenue par une traverse convenablement disposée ; c'est la position qu'on donne à la machine pour le transport sur route. Aux extrémités des champs, pour

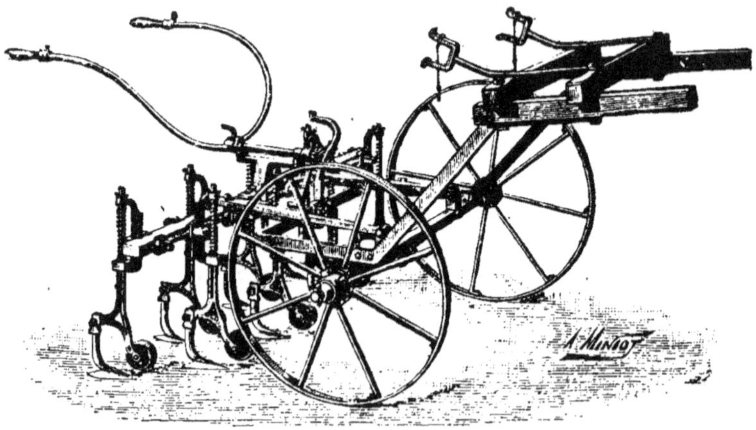

Fig. 249. — Houe à cheval à cadre mobile et gouvernail oscillant (H. Amiot).

passer d'un train à un autre, l'ouvrier soulève légèrement la houe et la maintient ainsi au-dessus du sol ; cette manœuvre n'est pas très pénible, car ces machines sont toujours légères. Il existe cependant des modèles pourvus d'un support spécial, sur lequel l'ouvrier peut, sans la rabattre en avant, faire reposer la houe au moment des tournées ; comme ces dispositifs sont toujours simples, il y a lieu d'en recommander l'emploi, car il y a toujours intérêt à faciliter la manœuvre de la machine et à diminuer la fatigue imposée à l'ouvrier.

Houes multiples de grande largeur. — Les houes de grande largeur atteignent ordinairement les mêmes dimensions transversales que les semoirs en lignes, soit, en moyenne, de 1^m,75 à 2 mètres ou, au plus, 2^m,50. Les pièces travaillantes ont les formes indiquées précédemment ; leur nombre et leur largeur utile dépendent des travaux à effectuer. On les monte quelquefois sur une simple traverse mobile, comme dans la machine représentée par la figure 249, en ayant soin de laisser aux pièces une certaine mobilité verticale ; les étriers de fixation sur la traverse permettent au manche de coulisser, et un ressort donne à l'ensemble l'élasticité nécessaire. Ce sont, en somme, des houes un peu plus grandes que les précédentes, ou, plutôt, des types intermédiaires entre les machines de faible et de grande largeur.

Pour ces dernières, on utilise presque toujours un dispositif de montage sur leviers tout à fait semblable à celui des semoirs en lignes. A l'avant du bâti et près de l'essieu, est une traverse sur laquelle on place, à l'écartement convenable, des leviers alternativement courts et longs ; les pièces n'étant pas sur une même ligne parallèle à l'essieu, le bourrage est évité. Dans le même but, et pour ne pas faire usage de leviers de longueurs différentes, certains constructeurs emploient deux traverses parallèles, sur lesquelles on monte alternativement des leviers de mêmes dimensions. Un mécanisme toujours simple permet d'élever ou d'abaisser le point d'attache de ces leviers et de régler l'entrure des lames ; il consiste le plus souvent en un treuil à levier, maintenu en position par un cliquet ou un verrou d'enclenchement, et relié, au moyen de chaînes ou de crémaillères, aux traverses soutenant les leviers porte-lames.

Il faut préférer, comme pour les semoirs, les leviers dont l'articulation est large ou qui sont munis d'un système de guidage évitant les oscillations latérales ; certaines machines sont, du reste, pourvues à la fois de larges articulations et de guidages.

La partie postérieure des leviers est disposée de façon à recevoir des masses de fonte qui favorisent la pénétration des pièces. Enfin une traverse passant en dessous des leviers et reliée, par chaînes, à un treuil, permet de relever simultanément toutes ces pièces et de disposer la houe pour le transport ou pour les tournées.

La principale difficulté, dans les machines de ce genre, est d'obtenir le déplacement latéral des pièces sans exiger de l'ouvrier un effort trop considérable ; la résistance opposée est, en effet, d'autant plus élevée que le nombre des lames est lui-même plus grand. On obtient ce déplacement au moyen d'un gouvernail qui entraîne les traverses d'assemblage des leviers ; la transmission du mouvement est assurée tantôt par pignon et crémaillère, tantôt par bielle et manivelle. Dans certains types, la crémaillère est fixée sur un manchon, qui coulisse lui-même sur une tige transversale ou sur un essieu ;

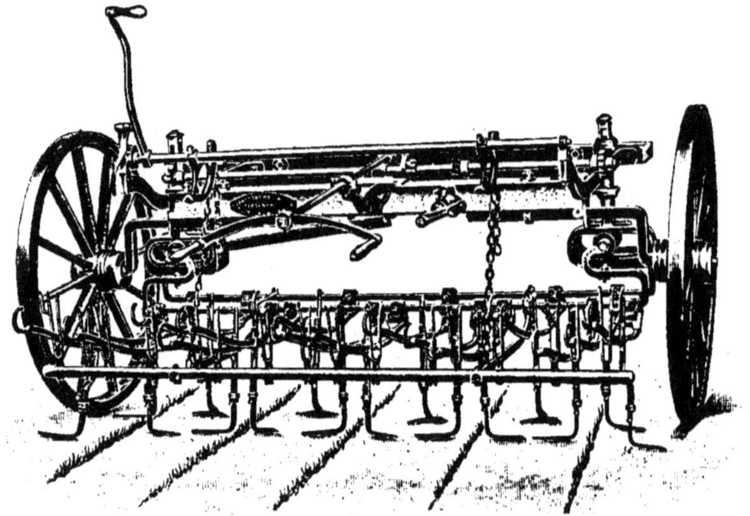

Fig. 250. — Houe multiple à direction par gouvernail et bâti roulant (J. Smyth et fils).

des supports reliant le manchon aux traverses communiquent le mouvement aux pièces de la houe. On réduit l'effort exigé par le basculement du gouvernail en suspendant les porte-leviers à des galets qui roulent sur un chemin métallique parallèle au sol et qui est supporté par le bâti de la machine. La figure 250 donne la vue d'ensemble d'une houe pourvue d'un semblable dispositif ; on y aperçoit les galets, auxquels sont suspendues, par l'intermédiaire de chapes, les traverses portant les leviers. On voit aussi, sur cette figure, les tiges verticales, pourvues de crémaillères, qui permettent d'élever ou d'abaisser les chemins de roulement pour modifier l'entrure des lames ; ces crémaillères sont actionnées par des pignons placés aux extrémités d'un arbre transversal et qui sont mis en mouvement par une manivelle, située dans la partie médiane du bâti, commandant l'arbre par pignon et vis sans fin.

La houe devant pouvoir être adaptée à plusieurs largeurs de trains, les constructeurs emploient généralement des essieux extensibles. Dans certains cas, les fusées sont supportées par de faux essieux engagés dans des étriers qui les relient à une pièce d'assemblage du bâti ; on les maintient à la position voulue par des boulons, disposition visible sur la figure 250. Parfois, même, les étriers sont pourvus de mortaises et de coins, de sorte qu'en plaçant les faux essieux au-dessus ou en dessous des coins, on modifie la hauteur du bâti par rapport au sol. D'autres fois, les fusées sont très longues, et l'on place des rondelles d'un côté ou de l'autre de la roue, disposition analogue à celle qui est généralement adoptée pour le réglage de l'essieu des charrues brabants. Quel que soit le système, on ne peut faire varier l'écartement des roues qu'entre des limites peu éloignées l'une de l'autre ; il n'y a nullement intérêt, du reste, à ce qu'il en soit autrement, puisqu'il s'agit uniquement d'éviter que les roues portent sur une ligne de plantes ; malgré cela, on doit, dans certaines machines, changer la traverse porte-leviers toutes les fois qu'on modifie l'écartement des roues.

Comme les roues tassent la terre à l'endroit où elles passent, on dispose souvent derrière elles une pièce de scarificateur, ou un petit râteau à trois ou quatre dents, qui ameublit de nouveau le sol.

Les houes multiples peuvent être attelées directement ou par l'intermédiaire d'un avant-train. Dans le premier cas, on fixe à la traverse principale du bâti, qui supporte l'essieu, une flèche ou, plus généralement, un brancard ; mais cette disposition, en raison de l'allure toujours sinueuse des animaux, rend difficile la conduite de la machine. Aussi faut-il préférer le montage à avant-train, qui est adopté, du reste, par un grand nombre de constructeurs. Le genre de fabrication de cet avant-train et son mode de direction ne diffèrent en rien de ceux que nous avons étudiés à propos des semoirs en lignes ; nous renvoyons donc le lecteur à cette partie de notre ouvrage, en insistant encore une fois sur la nécessité d'adopter un avant-train de même largeur que l'arrière-train et, par conséquent, réglable quand ce dernier l'est aussi.

On peut, du reste, utiliser comme avant-train celui du semoir en lignes, ce qui diminue les frais d'acquisition du matériel. En outre, certains types de semoirs en lignes sont

Fig. 251. — Partie arrière d'un bâti de semoir pourvu d'un appareil bineur : *a*, levier de réglage ; *b*, levier agissant sur l'angle d'action des lames ; *c*, mancherons, réglables à hauteur, du gouvernail ; *dd'*, butées d'arrêt pour immobiliser l'appareil bineur quand on effectue le démariage (R. Sack-Paul).

construits de façon que le même bâti à quatre roues puisse servir pour recevoir à volonté les organes du semoir ou ceux de la houe multiple. C'est évidemment la combinaison la plus économique ; elle évite en même temps toute méprise au sujet des dimensions transversales respectives de ces deux instruments. La figure 251 donne l'aspect d'un semoir en lignes transformé en houe multiple. Bien entendu, l'écartement des roues est fixe, puisque la largeur des trains reste elle-même invariable ; l'appareil qui servait, dans le semoir, à soulever les organes d'enterrage remplit, ici, le même rôle vis-à-vis des pièces de houe.

Dynamique des houes à cheval. — Le tableau n° 24 donne le résumé des essais faits par M. Ringelmann, au concours de Bourges, sur des houes vigneronnes à un rang. Ces machines fonctionnaient dans un sol en bon état de culture, contenant de nombreux cailloux calcaires :

Tableau n° 24. — ***Dynamique des houes vigneronnes***
(M. Ringelmann, 1897).

MACHINES.	POIDS par dent. (kilogr.).	LARGEUR d'une dent (1). (mètre).	TRACTION par décimètre de profondeur d'action. (kilogr.).
Candelier..............	11,6	0,065	32,0
Planet-Pilter.........	7,2	0,075	33,3
Souchu-Pinet........	6,6	0,072	43,0
E. Puzenat..........	7,4	0,070	43,6
Fraudet..............	7,0	0,070	45,3
Bajac (dents flexibles)...............	21,6	0,055	74,0
Société des usines d'Abilly............	7,2	0,080	79,0
Peynet-Robin........	5,1	0,055	90,0

(1) Prise dans un plan horizontal passant à 0m,05 au-dessus de la pointe.

Des expériences faites par le même auteur à Joinville-le-Pont en 1890 indiquent l'influence de la forme des pièces et leur profondeur d'action :

**Tableau n° 25. — *Traction exigée par les lames
de houes suivant leur forme et leur profondeur d'action***
(M. Ringelmann).

FORMES ET DIMENSIONS DES LAMES.	RÉSISTANCE EN KILOGRAMMES POUR DES PROFONDEURS DE :		
	1 centim.	2 centim.	3 centim.
Triangle isocèle de 0ᵐ,150 de base..	3ᵏᵍ,0	7ᵏᵍ,6	13ᵏᵍ,9
Triangle rectangle de 0ᵐ,101 d'aile.	6ᵏᵍ,3	7ᵏᵍ,6	9ᵏᵍ,5
—　　　—　　　0ᵐ,081　—	3ᵏᵍ,8	5ᵏᵍ,1	7ᵏᵍ,6
—　　　—　　　0ᵐ,071　—	2ᵏᵍ,5	3ᵏᵍ,8	6ᵏᵍ,3

Houes spéciales.

Nous avons considéré jusqu'à présent les houes multiples
comme destinées à effectuer les binages et les sarclages dans
les cultures de céréales, de betteraves, de navets, etc. On les
utilise cependant pour des cultures très différentes des précédentes, en particulier pour la plantation ou pour le buttage
des pommes de terre ou des choux ; c'est plus spécialement
aux houes de faible largeur qu'on recourt dans ce but, et on
substitue aux pièces de houes des corps de rayonneurs ou de
buttoirs, en nombre variable avec la dimension de la machine,
mais toujours faible. Les *buttoirs* eux-mêmes, que nous avons
étudiés dans le chapitre relatif à la préparation des terres,
peuvent être assimilés, au point de vue de ce travail particulier, à des machines d'entretien.

Des houes analogues, qu'il conviendrait, en toute logique,
de rapporter aux houes à un rang, sont employées pour
l'entretien des vignobles ; certaines *houes à vignes*, adaptées à
des écartements de 1ᵐ,50 à 2 mètres, sont pourvues d'un siège
pour le conducteur.

Les Nord-Américains font usage, pour leurs cultures de
maïs, de houes spéciales, qui permettent de donner des façons,

même quand le maïs a atteint une hauteur de 1 mètre. La machine, portée sur deux roues et attelée de deux chevaux placés de front, est munie d'un essieu fortement cintré, en forme de fourche, qui passe au-dessus des plantes ; les pièces travaillantes se trouvent de chaque côté du rang auquel on applique la façon d'entretien.

On trouve enfin plusieurs types de houes combinées avec d'autres machines, en particulier avec des distributeurs destinés à répandre des engrais en couverture.

Régénérateurs. — Ce sont des machines destinées aux

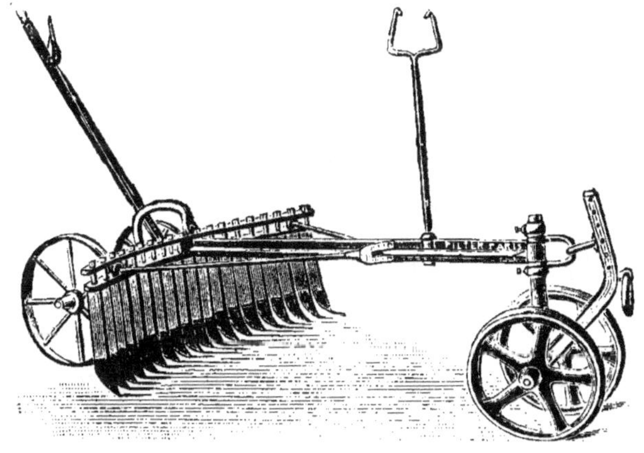

Fig. 252. — Régénérateur de prairies, à coutres montés sur une traverse (Pilter).

prairies. Leurs pièces travaillantes sont identiques à des coutres ; parfois flexibles, mais, le plus souvent, rigides, elles sont montées tantôt sur une traverse, tantôt sur un bâti de scarificateur. Dans le premier cas (fig. 252), la traverse, très légèrement cintrée, est fixée perpendiculairement à un longeron, et deux tirants métalliques latéraux la consolident. Les coutres sont placés à côté les uns des autres, à écartement constant. Quand la machine est montée en scarificateur (fig. 253), elle ne diffère de ce dernier genre d'instruments que par l'étroitesse de la pièce travaillante ; il n'y a, par conséquent, pas lieu d'insister davantage à son sujet.

Il existe enfin des *charrues régénérateurs* : ce sont des charrues dégazonneuses, dans lesquelles on a remplacé la pièce oblique, chargée de rejeter latéralement le gazon, par une lame cintrée qui, faisant suite au soc, soulève simplement le gazon et le laisse retomber en place derrière la machine. Des griffes scarifiantes, placées en dessous de la lame cintrée, travaillent le sol, de sorte que le gazon est déposé, après le passage de la charrue régénérateur, sur une terre ameublie. Ces machines sont peu employées.

Houes éclaircisseuses ou démarieuses. — Elles sont destinées à effectuer l'opération ordinairement désignée sous le nom de *démariage*, c'est-à-dire à supprimer les pieds en excédent, lorsque les plantes, qui doivent être cultivées à

Fig. 253. — Régénérateur de prairies, monté en scarificateur (Guichard).

un assez grand écartement, ont été semées mécaniquement en lignes continues ; tel est le cas pour les plantes-racines et, en particulier, pour les betteraves.

Cette façon spéciale est généralement exécutée à l'aide de *houes à bras*, manœuvrées par des hommes ou par des femmes payés à la tâche ou à forfait. Mais elle est très onéreuse pour le propriétaire, et comme, en outre, il est parfois difficile d'obtenir en temps voulu la main-d'œuvre nécessaire, on a cherché à effectuer mécaniquement le démariage. On y est arrivé au moyen de lames montées sur un disque auquel un mouvement de rotation plus ou moins rapide est transmis par les roues supportant l'ensemble de la machine; le disque est oblique par rapport à la direction de l'instrument. Lorsque

la houe se déplace sous l'effort de l'attelage, chacune des
lames détruit la végétation depuis le moment où elle entre

Fig. 254. — Houe éclaircisseuse (Kearsley and Cⁱᵉ).

en contact avec le sol jusqu'à ce qu'elle s'en éloigne ; si on
dispose les lames de façon que chacune d'elles n'agisse qu'un

peu après la précédente, il y a une région qui n'est pas travaillée par les deux lames consécutives et qui, par suite, reste garnie de plantes. Le nombre des lames et la vitesse de rotation du disque peuvent être réglés de façon qu'une plante unique échappe à chaque lame et que les pieds conservés soient espacés d'une quantité exactement déterminée. Mais cette machine travaille mal dans les terrains humides, à cause de la terre qui adhère aux lames; on a donc cherché à imiter les mouvements de l'homme qui procède au démariage. A cet effet, les lames ont été articulées et reliées à des bielles guidées par des coulisses, qui les redressent très rapidement dès qu'elles ont tranché le sol et sectionné les plants en excès. L'écartement des lames est réglé de façon qu'il n'y en ait jamais qu'une en travail. Ces deux types de houes peuvent d'ailleurs fonctionner sur plusieurs rangs simultanément.

Le système à lames articulées a été abandonné à cause de sa complication; il a été remplacé, en Angleterre, par un modèle beaucoup plus simple (fig. 254 et 255). C'est une machine montée sur deux roues. Le bâti C supporte, tout d'abord (fig. 254), deux pièces d'extirpateur fonctionnant entre les lignes, puis (fig. 255) une bêche à fer recourbé H, dont le manche e est fixé sur une crosse b guidée latéralement par des rouleaux r emboîtant les glissières g; cette crosse est entraînée par une bielle B et une manivelle m, solidaire d'un plateau A, fixé sur l'arbre a. Celui-ci est commandé par des engrenages qui reçoivent leur mouvement d'un pignon calé sur l'essieu. Les glissières g sont fixées à un sommier D, qui s'appuie sur les longerons C du châssis. La bêche, en tournant, décrit la trajectoire w, vient frapper périodiquement le sol et enlève tout ce qui se trouve au-dessous de l'horizontale xy; elle détruit les plants sur une largeur égale à celle de son tranchant, largeur qu'on peut modifier au moyen de pièces de rechange. Le nombre de plants enlevés est donc déterminé par la largeur de la bêche; l'espacement est réglé au moyen des engrenages, qu'on modifie suivant les besoins.

On reproche ordinairement aux houes éclaircisseuses de détruire trop souvent les plants les plus vigoureux et d'opérer avec une régularité telle que, en raison de la levée plus ou

moins capricieuse des graines, les places respectées par les
pièces travaillantes correspondent plus d'une fois à des

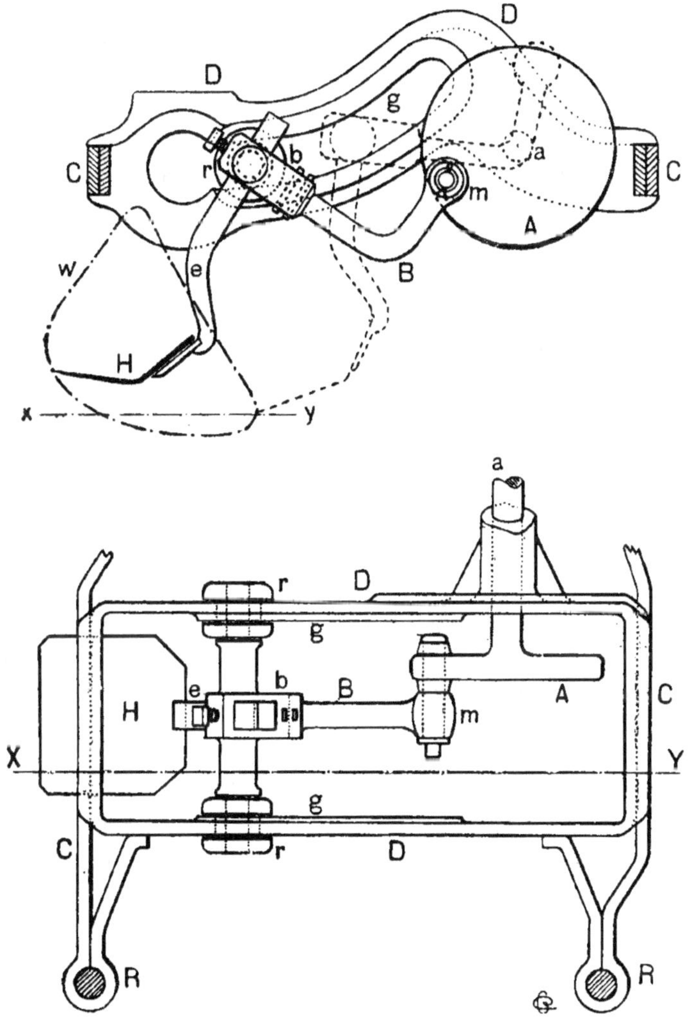

Fig. 255. — Détails du mécanisme de la houe éclaircisseuse Kearsley
(Plan et élévation-coupe suivant XY).

manques. Cette critique est absolument fondée, et il ne faut
pas espérer qu'aucun mécanisme puisse jamais remplacer
l'homme dans les circonstances où ce dernier doit faire preuve

d'intelligence et de discernement. Il n'en est pas moins vrai que le recrutement des ouvriers bineurs devient de plus en plus difficile. Chacun d'eux, devant s'occuper d'une superficie exagérée, n'apporte plus de grands soins à l'exécution de l'ouvrage; il accomplit sa besogne machinalement, espace les pieds avec une régularité presque aussi absolue que les démarieuses attelées, et profite même de la plus grande facilité avec laquelle il peut les saisir pour arracher les plants vigoureux, dont les feuilles sont plus développées que celles des autres. Dans certaines régions du nord de la France, les ouvriers n'acceptent même de se charger du travail que si le nombre total des personnes employées au démariage ne dépasse pas une certaine limite; pour peu que le propriétaire soit amené à prendre du personnel supplémentaire, ceux qui ont été engagés auparavant s'en vont. Cette mesure a évidemment pour but d'augmenter la surface attribuée à chaque ouvrier et, par suite, son gain individuel; mais il en résulte pour le propriétaire un réel préjudice en raison du retard apporté à l'accomplissement du démariage. Aussi se préoccupe-t-on, à l'heure actuelle, des machines qui seraient capables de remplacer l'homme pour cette opération, de façon qu'elle soit exécutée à temps, même au prix d'une moindre perfection de travail. Nous trouvons ici un exemple, véritablement d'actualité, de ce fait que le départ des ouvriers précède toujours l'introduction des machines.

Il est possible d'accomplir sinon le démariage proprement dit, du moins un éclaircissement préliminaire, à l'aide d'une houe multiple que l'on fait travailler dans une direction perpendiculaire à celle des lignes, ou, encore, obliquement par rapport à ces lignes (fig. 256). En réglant convenablement les lames de la houe, on conserve de petites touffes de 8 à 10 centimètres, que les ouvriers auront, seules, à éclaircir par une opération manuelle. Ce procédé, qu'on peut considérer comme mixte, permet de donner un premier binage dès que les lignes sont dessinées. Le binage opéré obliquement par rapport à ces dernières correspond à une plantation en quinconce, qui réserve trois directions pour les façons ultérieures; effectué perpendiculairement aux lignes, il ne laisse, comme toute plantation en carré, que deux directions de

Fig. 256. — Démariage des betteraves à l'aide d'une houe multiple (A. Bajac).

binage. Mais, quel que soit le sens adopté, on a la possibilité

21.

de faire ainsi, aussitôt qu'on le veut, une grosse partie du travail, et le remplacement des parties manquées ne s'en trouve nullement compliqué.

Il est bon d'employer, pour ce travail, des houes multiples à avant-train, ou des semoirs transformés, de façon que la direction de la machine soit aisément assurée ; on peut aussi, avec avantage, adapter à la houe des lames ou de petits râteaux destinés à faire disparaître les ornières creusées par les roues.

ÉCIMEUSES ET ESSANVEUSES.

La lutte contre l'envahissement des champs de céréales par les plantes parasites, et notamment par cette variété de moutarde communément appelée *sanve*, *séné*, *sénevé des champs*, *moutarde des champs*, etc. (1), a donné lieu à la création de machines spéciales, chargées d'en sectionner les organes aériens à 15 ou 20 centimètres au-dessus du sol, en profitant de ce que ces mauvaises plantes se développent plus rapidement que la céréale ; on les fait fonctionner dès le début de la floraison, de façon que les plants mutilés soient plus compromis et qu'en tout cas les graines n'aient pas le temps de mûrir. On a donné à ces machines le nom d'*essanveuses*.

Il existe des essanveuses *rotatives* et des essanveuses *à mouvements alternatifs* ou essanveuses *à scie*. Ces machines sont toujours très larges et pourvues d'un bâti léger, supporté par deux roues de grand diamètre qui communiquent le mouvement aux organes de coupe ; un seul animal, attelé entre brancards, suffit pour les remorquer. Le conducteur, placé sur un siège, a à sa portée des leviers pour le réglage de la hauteur de coupe, pour l'embrayage, etc.

Dans les *essanveuses rotatives* (fig. 257), l'organe de coupe est composé d'une sorte de moulinet, dont l'axe est parallèle au sol et perpendiculaire à la direction de traction. Ce moulinet est formé lui-même de deux tourteaux circulaires, calés aux extrémités de l'axe et réunis tantôt par des fils de fer

____

(1) *Sinapis arvensis* L.

ronds, tendus suivant les génératrices du cylindre qui aurait ces tourteaux pour bases, tantôt par des lames minces enroulées en hélices et dentelées sur un de leurs bords ; l'intervalle entre deux fils ou deux lames consécutifs est d'au moins 25 ou 30 centimètres. Les roues de l'essanveuse

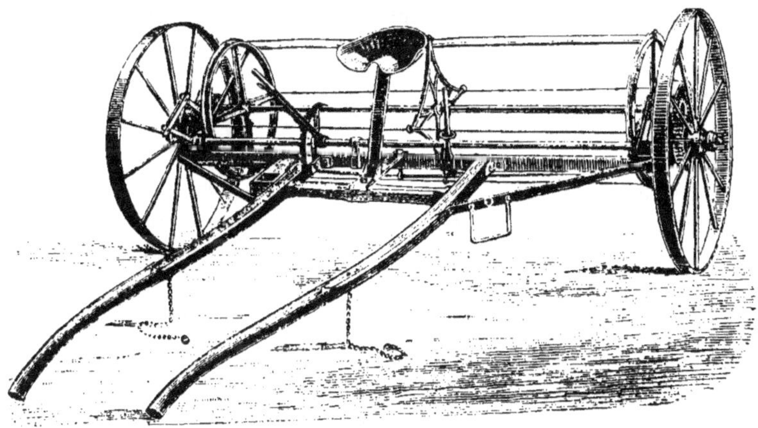

Fig. 257. — Essanveuse rotative (Guichard).

communiquent à ce moulinet un mouvement de rotation très rapide, et le choc produit sur les organes végétatifs des sanves suffit pour en provoquer le sectionnement.

Les *essanveuses à scie*, dont la figure 258 représente un type, sont, en somme, des faucheuses mécaniques à coupe très large, mais qui peuvent être en même temps très légères, puisque la scie est supportée à ses deux extrémités par le bâti et qu'elle n'a à subir aucun choc de la part des obstacles existant à la surface du sol. Ces machines sont d'ailleurs plutôt utilisées, maintenant, comme *écimeuses*, car l'emploi du sulfate de cuivre, pour détruire les sanves, les chardons et autres mauvaises plantes, a fait brusquement disparaître les essanveuses proprement dites.

L'écimage des céréales a pour but de conjurer la verse, et beaucoup d'agriculteurs proclament son efficacité. Cette opération sera donc intéressante aussi longtemps qu'on cultivera des céréales à longue paille, toujours plus exposées que les autres à la verse météorique et dont la récolte au moyen de moissonneuses mécaniques est extrêmement difficile lorsqu'elles sont couchées (et surtout couchées dans tous les sens). On écime ordinairement les blés quand ils ont atteint une hauteur de 30 à 35 centimètres, et l'on rogne environ la moitié des organes foliacés. Il en est de même pour l'avoine ; mais il faut avoir soin de procéder suffisamment tôt à l'opération, sans quoi, quand les circonstances atmosphériques sont favorables à la verse, la végétation est très rapide et les panicules apparaissent si rapidement qu'il est souvent trop tard pour écimer.

L'opération de l'écimage peut être effectuée à bras, en faisant passer dans les champs des ouvriers armés de faux ; néanmoins, ce procédé, pénible pour les faucheurs, est peu employé, car il ne permet pas de couper bien régulièrement les tiges. Nous ne citerons que pour mémoire l'écimage par les moutons, encore plus irrégulier. Les essanveuses ont été proposées pour ce travail particulier ; convenablement réglées comme vitesse et comme hauteur de coupe, les essanveuses rotatives sectionnent les tiges et les feuilles. Toutefois, comme on cherche à obtenir une section très nette, sans déchirure ni arrachement, on a plutôt recours aux essanveuses à mouvements alternatifs, qui sont, présentement, presque toujours désignées sous le nom d'écimeuses.

Fig. 258. — Écimeuse à scie (Edmond Garnier).

La figure 258 représente un type d'écimeuse à scie. On y distingue le bâti léger, supporté par deux grandes roues, les brancards, le siège pour le conducteur, et la scie, montée elle-même sur un cadre rectangulaire. Les engrenages et la chaine, qui servent à transmettre le mouvement des roues à l'organe de coupe; la manivelle et la bielle, qui transforment le mouvement circulaire continu en rectiligne alternatif, s'y distinguent également. Le cadre en avant duquel sont placés les organes de coupe est suspendu au bâti par deux tiges articulées, dont les longueurs sont égales, de façon que le cadre puisse être déplacé, en avant ou en arrière, tout en restant parallèle à lui-même. Comme les tiges de suspension sont de longueur invariable, ces déplacements provoquent une élévation ou un abaissement de l'organe de coupe; ils sont obtenus très simplement, à l'aide d'un levier placé à portée de la main du conducteur et qui agit en entraînant une tige intermédiaire, reliée à une bielle d'accouplement des tiges de suspension. Il n'y a pas d'intérêt à pouvoir abaisser la barre coupeuse à moins de 15 centimètres, mais il doit être possible de l'élever à 45 ou 50 centimètres, de façon à permettre d'écimer tardivement, si on en reconnaît l'utilité, et surtout à laisser la latitude d'employer la machine comme essanveuse, si les circonstances atmosphériques rendent impossibles les pulvérisations de liqueurs cupriques.

On peut faire usage de ces machines dès que la rosée est tombée; un cheval suffit pour les remorquer, et il est permis de compter sur une surface travaillée de 2 hectares par après-midi ou de 3 hectares par jour quand la rosée disparaît assez tôt.

POUDREUSES.

Ces machines ont pour rôle de répandre des substances solides, pulvérulentes par elles-mêmes ou très finement broyées, sur les organes végétatifs exposés à l'attaque de certaines maladies parasitaires. La plus fréquemment employée de ces substances est le soufre, d'où le nom de *soufreuses* sous lequel elles ont été et sont encore connues, bien qu'on puisse s'en servir pour toutes sortes d'autres poudres. Elles sont utilisées principalement pour les cultures arbustives.

Toutes ces poudreuses fonctionnent par entraînement de la matière pulvérulente à l'aide d'un courant d'air violent.

Soufflets.

Les plus simples consistent en soufflets, identiques à ceux dont on se sert couramment dans les ménages pour activer le feu, et à l'intérieur desquels on place la poudre ; en actionnant le soufflet, l'air expulsé entraîne la poudre dans une tuyère aplatie ou conique, à orifice allongé mais étroit, qui répartit la matière sous forme de nuage. Ces appareils ne sont utilisables que dans les jardins ou en toute petite culture, car on ne peut effectuer avec eux qu'une très faible quantité de travail. Ils offrent, en outre, l'inconvénient d'un débit très irrégulier, fonctionnant à peine à certains moments et débitant, à d'autres, des doses massives ; il est, en tout cas, impossible de régler leur débit. On

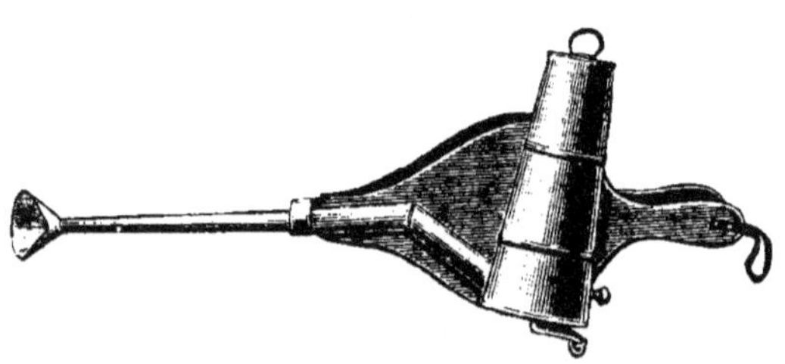

Fig. 259. — Soufflet muni d'un régulateur de débit (Vermorel).

les a améliorés en plaçant, contre l'une des faces du soufflet, un réservoir à soufre pourvu d'un diviseur pour retenir les grumeaux et d'un régulateur de débit (fig. 259) ; quoique un peu plus coûteux, ces soufflets sont néanmoins recommandables, dans les mêmes conditions d'emploi que les précédents.

On peut rapprocher des soufflets l'appareil représenté par la figure 260. Il est formé d'une boîte tronconique en fer-blanc terminée, du côté de la petite base, par un ajutage distributeur, et munie, vers sa grande base, d'un cylindre en cuir souple dont l'autre extrémité est montée sur un disque circulaire. Ce disque est pourvu de soupapes à air ; on peut l'animer d'un mouvement circulaire alternatif à l'aide d'un levier fixé sur le disque et articulé autour d'un axe porté par une tige solidaire de la boîte métallique. Ce mouvement de va-et-

vient, qui produit l'aspiration et le refoulement de l'air, est
obtenu, en réalité, en saisissant le levier et en imprimant à
la boîte un mouvement d'oscillation. L'appareil, dont le prix
diffère peu de celui des soufflets, permet à l'ouvrier de traiter
une surface un peu plus considérable, et surtout de faire un
meilleur travail, car, n'ayant qu'une seule main occupée par

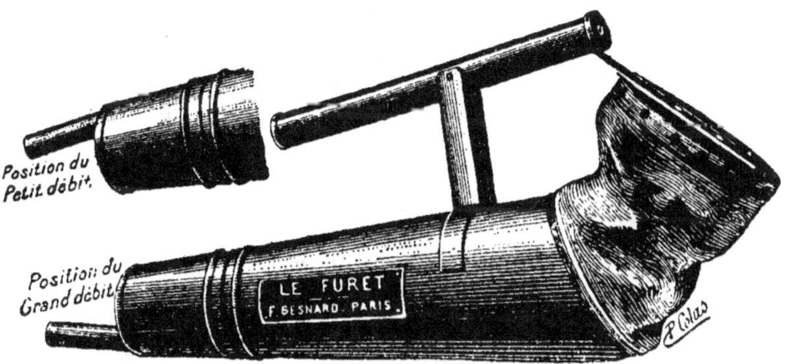

Fig. 260. — Poudreuse oscillante, à main (Besnard, Maris et Antoine).

la manœuvre de la poudreuse, il peut, avec l'autre main,
soulever ou écarter les feuilles pour faciliter la pénétration
de la substance. On règle le débit en tournant la tubulure de
sortie de la poudre, ce qui a pour effet de modifier la section
de l'orifice.

Pour faire plus de travail par unité de temps, on a recours,
suivant le cas, aux poudreuses *à dos d'homme*, *à bât* ou *à
traction*.

Poudreuses à dos d'homme.

Récipient. — Ces poudreuses sont, comme leur nom l'indique, destinées à être portées à dos par les ouvriers. Elles se
composent d'un récipient en fer-blanc, de forme variable,
mais présentant toujours une partie aplatie ou même un peu
concave pour faciliter son application sur le dos de l'homme ;
ce dernier le maintient en place à l'aide de bretelles de suspension, à la façon des sacs de soldat. Un levier extérieur
permet à l'ouvrier d'actionner, d'une main, les organes de

manœuvre, tandis qu'il dirige, de l'autre main, la lance d'où s'échappe la poudre projetée par la machine.

La poudre est placée à l'intérieur du récipient, où un large orifice, formant entonnoir, sert à l'introduire commodément. Comme l'appareil doit être étanche, cet orifice est hermétiquement bouché, en cours de travail, par un tampon obturateur (*m*, fig. 261); on munit même ce tampon d'une sorte de main analogue à celle qu'emploient les épiciers, pour qu'il puisse servir à remplir le réservoir. Le levier extérieur, que l'ouvrier actionne, le plus souvent, de la main gauche animée d'un mouvement alternatif vertical, commande à la fois le ventilateur et un organe distributeur.

Ventilateur et distributeur. — Le ventilateur est ordinairement un soufflet, placé tantôt au-dessus du récipient, tantôt latéralement et en arrière de ce récipient; il est généralement formé d'un cylindre en toile caoutchoutée ou, de préférence, en cuir, ligaturé, d'une part, sur un disque fixe solidaire du réservoir et, d'autre part, sur un disque mobile pourvu d'une soupape d'aspiration qui s'ouvre de l'extérieur à l'intérieur. Le disque mobile est relié, par des tringles, au levier de manœuvre qui lui imprime un mouvement rectiligne alternatif, dont la direction est verticale ou, plus rarement, horizontale. Dans la plupart des cas, le soufflet aspire l'air extérieur quand le disque mobile s'écarte du disque fixe et le refoule quand il s'en rapproche; mais on a construit également des soufflets à double effet, divisés en deux chambres superposées ou juxtaposées, munies l'une et l'autre d'une soupape d'aspiration et d'une soupape de refoulement, de sorte que chacune des chambres aspire pendant que l'autre refoule, et inversement. Il existe, enfin, des poudreuses dans lesquelles le ventilateur est formé d'un moulinet à ailettes auquel le levier communique un mouvement de rotation continu et très rapide; ce dispositif est cependant moins employé dans les appareils à dos d'homme, et il est plus spécialement réservé aux poudreuses à grand travail.

Quel que soit, d'ailleurs, le dispositif adopté, l'air refoulé est dirigé, par un conduit spécial, extérieur au réservoir à poudre ou le traversant, qui débouche dans une chambre où l'appareil distributeur débite la matière pulvérulente à répandre.

Les distributeurs sont de types assez nombreux pour qu'on puisse, dans une étude spéciale et détaillée de ces machines, adopter une classification analogue à celle que nous avons employée en étudiant les distributeurs d'engrais et les semoirs à graines. Beaucoup sont des distributeurs à orifices, composés d'une lame, plate ou cintrée, percée de trous ou de lumières permettant à la matière de s'écouler d'elle-même par son propre poids; des agitateurs, qui sont le plus souvent des brosses, régularisent le débit et assurent le dégorgement des orifices. On se sert enfin, pour modifier le débit, d'une contre-plaque juxtaposée à la lame distributrice et pourvue, elle aussi, de trous ou de lumières; son déplacement longitudinal ou transversal permet de faire varier la section des orifices, et elle est manœuvrée de l'extérieur au moyen d'un

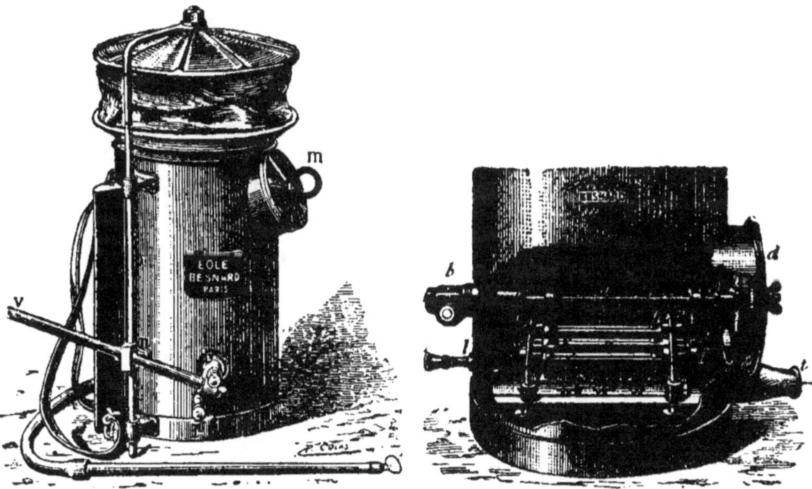

Fig. 261. — Vue d'ensemble et coupe du distributeur d'une poudreuse à dos d'homme (Besnard, Maris et Antoine).

bouton (p, fig. 261). Les brosses sont, parfois, remplacées par un agitateur à mouvement circulaire. Dans d'autres poudreuses, le distributeur est formé par un cylindre cannelé placé au fond du réservoir. Celui-ci joue le rôle de trémie grâce à deux lames métalliques tangentes au cylindre. Si l'on anime ce dernier d'un mouvement alternatif, la poudre que contiennent les cannelures tombe dans la chambre d'entraînement dès qu'elles ont dépassé l'arête inférieure des lames terminant le réservoir; on comprend qu'en changeant l'amplitude de ce mouvement alternatif on fasse varier le nombre des cannelures qui peuvent déverser leur contenu et, par suite, qu'on modifie le débit. On rencontre enfin des modèles dans lesquels le distributeur est une vis d'Archimède constituée par une arête hélicoïdale soudée sur la périphérie d'un cylindre métallique; cette vis tourne dans un berceau vers l'une des extrémités duquel elle chasse la poudre qui est conduite dans la chambre par un orifice spécial. On complète même l'action de la vis par un broyeur qui écrase les grumeaux avant que la poudre tombe dans la chambre. Le réglage du débit s'obtient en faisant varier la vitesse de rotation de la vis.

Lorsque le distributeur fonctionne par mouvements alternatifs, il n'y a besoin d'aucun organe spécial pour le commander, et il suffit de relier, par un collier b, l'arbre a du distributeur avec le levier extérieur V (fig. 261); une simple glissière D réunit à ce levier la tige O, qui commande le soufflet. On voit, sur la coupe, les manivelles f, qui communiquent le mouvement à la brosse g, et l'étrier h qui appuie les brosses sur les plaques à orifices ; l'usure des brosses est rattrapée à l'aide de cet étrier, dont les branches sont terminées par des parties filetées, sur lesquelles on peut visser plus ou moins les écrous i, placés en dessous du réservoir. Quant à la section des orifices, on la règle, de l'extérieur, à l'aide du poussoir p, qui déplace une contre-plaque.

Les distributeurs à mouvement non alternatif exigent une commande un peu plus compliquée, qui est réalisée, généralement, par une roue à rochet que conduit un cliquet articulé sur le levier; en rapprochant ou en éloignant le cliquet de l'axe autour duquel oscille le levier, on modifie le chemin parcouru par le cliquet à chaque oscillation et, par suite, l'avancement angulaire de la roue à rochet qui commande le distributeur.

La poudre qui est tombée dans la chambre située en dessous du distributeur est entraînée par le courant d'air et
s'échappe avec lui par une tuyère (*t*, fig. 261), à laquelle est
adapté un tuyau flexible terminé par une lance métallique;
l'orifice de cette lance est ordinairement muni d'une palette
oblique, qui favorise la dispersion de la poudre sous forme de
nuage.

Les dimensions à donner aux trous, lumières ou autres
orifices pratiqués dans les lames distributrices varient avec la
nature de la poudre à répandre; les poudres fines et bien
sèches, comme le talc, sont distribuées par des orifices très
petits; mais il n'en est pas de même du soufre, qui est particulièrement difficile a répandre; aussi fait-on généralement les
essais de poudreuses, dans les concours, avec du soufre
sublimé qu'on a, par surcroît, la précaution d'humidifier pour
le rendre encore moins maniable. Quoi qu'il en soit, les poudreuses sont exposées à certains engorgements, et il est bon
de pouvoir y remédier rapidement. C'est pourquoi tous les
bons modèles sont pourvus de dispositifs permettant d'ac-
céder facilement au mécanisme distributeur; ainsi, dans la
poudreuse représentée par la figure 261, il suffit d'enlever
le tampon obturateur *d*, dont la douille *c* sert de coussinet à
l'arbre *a*, pour pouvoir examiner tout le distributeur et, au
besoin, pour le nettoyer.

Jet. — Cet organe est toujours très simple; il est fixé à
l'extrémité d'une lance tenue en main par l'ouvrier. Il consiste parfois en une tuyère métallique un peu évasée à son
extrémité; le plus souvent, c'est une palette métallique,
fixée à l'extrémité de la lance et sur laquelle vient se briser
le courant d'air chargé de poudre, disposition analogue à celle
que nous avons rencontrée dans les tonneaux à purin.

Poudreuses à bât et à traction.

Les poudreuses à dos d'homme ne permettent pas, à moins
d'équipes considérables, de traiter les grands domaines avec
toute la rapidité nécessaire pour que les cultures soient protégées d'une façon efficace. Aussi a-t-on recours à des instru-

ments à traction animale, dits à grand travail, qui permettent
d'opérer rapidement et en réduisant beaucoup les frais de
traitement, mais qui ne peuvent rivaliser avec les précédents
au point de vue de la perfection du travail, puisque l'homme
qui accompagne l'appareil n'a plus à s'occuper que de diriger
les animaux, de renouveler en temps voulu la provision de
poudre et de vérifier si le mécanisme fonctionne ; il ne peut
plus, comme avec les poudreuses à dos d'homme, prendre les

Fig. 262. — Poudreuse à bât (Gomot).

précautions nécessaires pour que la matière soit répandue
uniformément sur toutes les parties des organes végétatifs,
quelque difficiles qu'ils soient à atteindre.

Cette catégorie de machines à grand travail comprend
des *poudreuses à bât* et des *poudreuses sur roues* ; c'est à ces
dernières qu'est ordinairement appliqué le nom de *poudreuses
à grand travail*.

Poudreuses à bât. — La figure 262 représente une poudreuse
à bât ; tous les organes produisant le courant d'air et assu-

rant la distribution de la poudre sont, en effet, placés sur le bât de l'animal ; les brancards entre lesquels ce dernier est attelé n'ont d'autre rôle que de supporter une roue dont le mouvement de rotation est utilisé pour actionner la poudreuse au moyen d'une transmission spéciale. L'appareil est double, c'est-à-dire que, pour répartir également la charge des deux côtés du bât, on y place deux appareils identiques. Les réservoirs à poudre, situés à l'arrière du bât, affectent une forme cylindrique, sauf à la partie inférieure, qui est conique et qui se termine par un orifice dont une vanne permet de modifier les dimensions ; la chute de poudre est régularisée par deux agitateurs superposés, l'un à mouvement circulaire continu, l'autre à mouvement circulaire alternatif. La poudre tombe dans une chambre en communication avec le débouché d'un ventilateur rotatif tournant à environ 3000 tours par minute ; celui-ci projette violemment le soufre dans une tuyère terminée par une lance dont on peut régler la hauteur et la direction suivant la nature des plantes à traiter (1). Cet appareil est destiné aux soufrages contre l'oïdium ; il permet de traiter deux demi-rangées simultanément. La transmission du mouvement de la roue au mécanisme est assurée par deux trains d'engrenages multiplicateurs reliés par une tringle ; pour donner plus de souplesse à cette transmission, la tringle est formée de plusieurs parties assemblées par des joints de Cardan. Un joint spécial permet en outre de dételer rapidement l'animal ; la direction est facilitée par deux mancherons fixés à l'arrière des brancards.

Poudreuses sur roues. — Les poudreuses sur roues sont des machines attelées ; elles se composent d'un châssis supporté par deux roues à jantes assez larges, pourvu d'un brancard et sur lequel sont fixés le réservoir à poudre et les organes propres à produire le courant d'air. Le principe de ces machines à grand travail diffère peu de celui des poudreuses ordinaires. Parfois, même, l'analogie est si grande que l'organe produisant le courant d'air est, comme dans ces dernières, un soufflet ou une pompe à membrane ; le mouvement

(1) Pour faciliter la compréhension de ce mécanisme, on peut se reporter à la figure 263, qui représente une machine basée sur le même principe.

lui est transmis par des excentriques à collier ou par des cames calés, dans tous les cas, sur l'axe des roues. Il semble, cependant, que les constructeurs aient tendance à substituer à ces souffleurs à mouvements alternatifs de véritables ventilateurs à rotation continue, qu'il est facile de commander, à l'aide d'une chaîne, par une roue dentée fixée sur l'essieu ou sur l'une des roues. La poudre, débitée par un distributeur quelconque, tombe dans une chambre que le courant d'air est obligé de traverser avant de s'échapper par les lances dont on peut, bien entendu, modifier à volonté la direction, pour approprier ces machines aux travaux qu'elles ont à accomplir.

Les poudreuses à grand travail sont, comme les précédentes, plus spécialement affectées au traitement anticryptogamique des vignes; l'écartement des lignes et les dimensions des ceps étant très variables de région à région, on a vu naître un assez grand nombre de types étudiés chacun de façon à pouvoir circuler aussi aisément que possible dans les vignobles auxquels ils sont destinés. Les conditions d'équilibre sont, en général, peu favorables. Lorsque la machine doit passer entre des lignes très rapprochées, on est obligé, pour ne pas blesser les ceps, de réduire la largeur de l'essieu à 0^m,80 et même 0^m,65 ; ou bien, si l'on veut augmenter la largeur de l'essieu en faisant passer les deux roues des deux côtés d'une même ligne, il faut courber l'essieu de façon qu'il dégage la partie supérieure des plants. C'est seulement pour les vignobles à grand écartement qu'on a pu établir des modèles pourvus d'une réelle stabilité ; quant aux autres, les constructeurs s'ingénient à trouver des dispositifs permettant d'abaisser le centre de gravité de l'appareil. Le problème n'est pas sans présenter quelques difficultés, et l'on n'en obtient une solution satisfaisante qu'en diminuant simultanément la hauteur et la largeur de l'essieu, pour les vignes hautes et peu écartées. Nous ne pouvons signaler toutes les combinaisons adoptées, ce qui n'offrirait pas, du reste, un grand intérêt; nous nous bornerons à représenter par les figures 263 et 264 deux types bien différents de poudreuses à grand travail. Celui de la figure 263 est un modèle à roues basses, qui traite simultanément deux demi-rangées de vignes hautes; celui de la figure 264, au contraire, est un modèle à grandes roues, qui peut poudrer trois

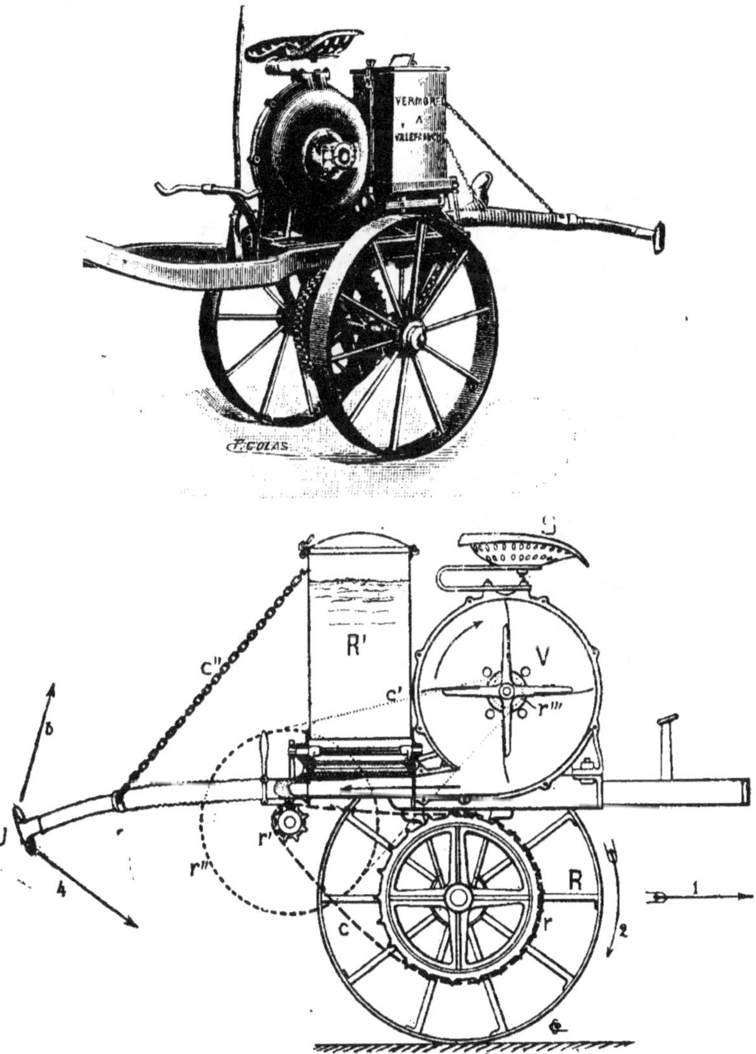

Fig. 263. — Vue d'ensemble et coupe d'une soufreuse à traction sur roues basses.

R, roue porteuse et motrice ; R', réservoir ; V, ventilateur ; J, lance ; r, r', r'', r''',
éléments du train d'engrenages multiplicateur ; c, c', chaînes de transmission ; c'',
chaîne de réglage de la lance ; S, siège ; 1, direction de traction ; 2, sens de rotation de la roue R ; 3 et 4, directions des jets d'air chargés de poudre (Vermorel).

rangées à la fois. Il existe d'ailleurs d'autres machines, por-

tées sur de grandes roues dont l'écartement peut atteindre
2 mètres, et au moyen desquelles on agit d'un seul coup sur
quatre et même sur cinq rangées complètes de vignes basses.
La capacité des réservoirs à poudre est, naturellement, assez
variable; ceux des modèles les plus courants contiennent

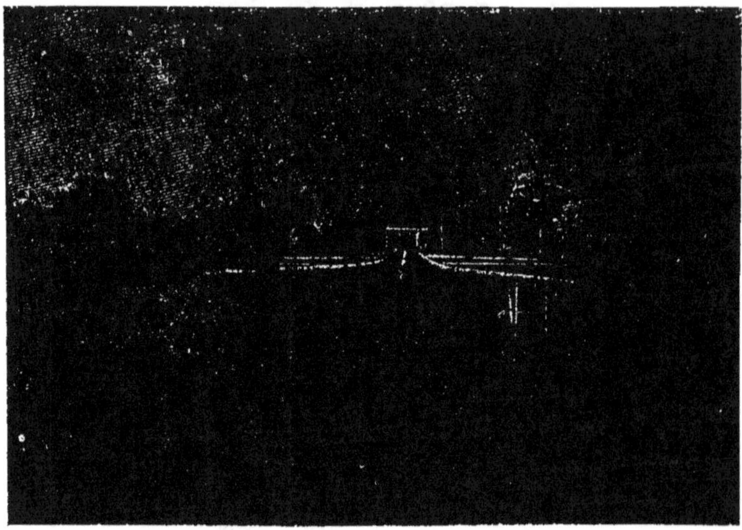

Fig. 264. — Vue d'arrière d'une soufreuse à traction sur roues hautes (Gomot).

environ 50 kilogrammes de soufre. La plupart des machines
étant maintenant pourvues de lances qu'on peut aisément disposer pour exécuter un travail efficace, quelle que soit la
hauteur des plants, afin de poudrer de haut en bas et de bas en
haut, etc., il nous paraît inutile d'insister désormais sur ce
point particulier, dont l'importance a frappé dès le début les
agriculteurs et les fabricants.

Les chiffres suivants, empruntés à la *Revue de viticulture* (1),
donnent des renseignements intéressants sur une poudreuse
à dos d'homme (2), dont les caractéristiques sont indiquées
page 386 :

(1) Numéro du 8 mai 1897.

(2) En appliquant les chiffres du tableau n° 26, on voit que la soufreuse nécessite
une dépense d'énergie de 4ᵏᵍ,26 par seconde, c'est-à-dire la moitié ou les deux tiers
de ce qu'un ouvrier est capable de fournir d'une façon courante.

Tableau nº 26. — *Essai d'une poudreuse à dos d'homme* (M. Ringelmann, 1896).

CONSTATATIONS.	PETIT DÉBIT.	MOYEN DÉBIT.	GRAND DÉBIT.
Nombre moyen de coups de levier par minute............	60,8	58,3	59,1
Poids moyen distribué par minute......................	0^{kg},076	0^{kg},119	0^{kg},142
Temps utile nécessaire au traitement ⟨ 15 kilogrammes.	3^h,17	2^h,14	1^h,45
de 1 hectare pour des débits corres- ⟩ 30 —	6^h,34	4^h,28	3^h,30
pondant à des doses par hectare de. ⟨ 40 —	8^h,46	5^h,35	4^h,40
Travail mécanique dépensé par kilogramme de fleur de soufre (en kilogrammètres)............................	3363 kgm.	2147 kgm.	1800 kgm.

Décomposition des efforts.		A VIDE.	EN CHARGE
Efforts appliqués sur la poignée ⟨ en élevant le levier.. ⟩	Moyens......	3^{kg},42	4^{kg},55
	Maxima......	4^{kg},48	5^{kg},24
du levier de manœuvre...... ⟨ en abaissant le levier. ⟩	Moyens......	1^{kg},50	5^{kg},59
	Maxima......	1^{kg},79	6^{kg},21
Travail mécanique moyen dépensé ⟨ En élevant le levier............		1^{kgm},436	1^{kgm},911
en kilogrammètres............ ⟩ En abaissant le levier............		0^{kgm},630	2^{kgm},347
⟨ Total pour une course du levier...		2^{kgm},066	4^{kgm},258

Réservoir cylindrique : diamètre, 0^m,19 et 0^m,24 ; hauteur, 0^m,42.

Tuyaux. { Caoutchouc : diamètre, 0^m,018 ; longueur, 0^m,500.
{ Fer-blanc (lance) : diamètre, 0^m,018 : longueur, 0^m,950.

Longueur de l'arc parcouru par la poignée du levier : 0^m,420.

Poids de l'appareil. { Vide.................. 4^{kg},710 }
{ Tuyaux.............. 0^{kg},425 } 5^{kg},135
{ Charge de soufre en fleur. 4^{kg},500

Poids total...... 9^{kg},635

PULVÉRISATEURS.

Les pulvérisateurs sont chargés de projeter, sur les organes végétatifs, des liquides contenant, soit en dissolution, soit simplement en suspension, les produits variés qui sont préconisés pour le traitement de certaines maladies ou pour la destruction des parasites dont les cultures sont envahies au détriment des plantes principales. On cherche, dans le double but d'obtenir une action plus uniforme et d'économiser les produits, à répandre ces liquides en une pluie aussi fine que possible, en employant des ajutages spéciaux, auxquels on donne ordinairement le nom de *jets* et qui, par leurs dispositions particulières, divisent en gouttelettes presque imperceptibles le liquide qui leur est envoyé, sous pression, d'un récipient de forme et de dimensions variables.

Jets. — Ces jets peuvent être ramenés maintenant à un nombre de types assez restreint. Le plus répandu est formé par une chambre cylindrique C (fig. 265) terminée par un bouchon à vis percé, en son centre, d'une ouverture tronconique o, dont la grande base est à la face externe du bouchon. Le liquide pénètre dans cette chambre par un conduit t qui vient déboucher tangentiellement à la paroi intérieure et contre

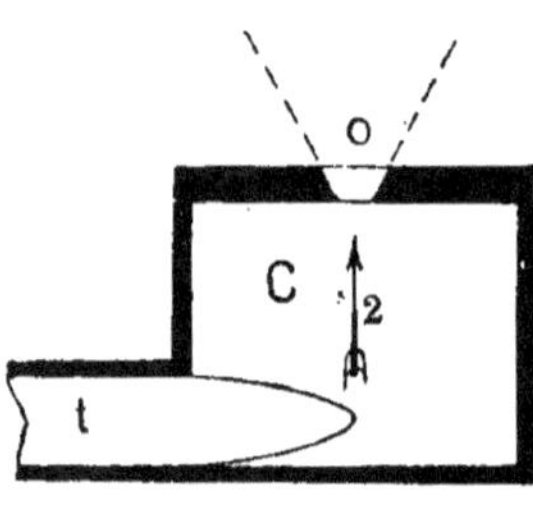
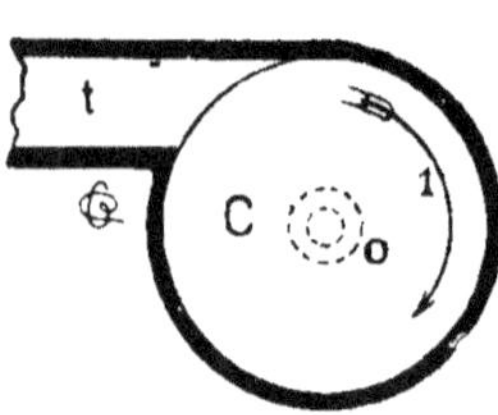

Fig. 265. — Principe du jet Riley.

le fond opposé au bouchon ; il est donc obligé de tourner autour de cette chambre, tout en se déplaçant du fond vers le bouchon. Il en résulte que les molécules liquides qui se trouvent au niveau de la petite base de l'orifice d'échappement sont animées d'un mouvement giratoire suivant la flèche *1*, en même temps que d'un mouvement de translation suivant la flèche *2* ; le liquide s'échappe suivant un cône avec une vitesse qui dépend des dimensions de l'orifice conique, mais qui est toujours suffisante, quand le liquide arrive sous la pression minima de $1^{kg},5$, pour le répartir en une sorte de brouillard.

On a également utilisé, dans le même but, le choc d'une veine liquide sur une surface oblique à la direction de la veine ; le bouchon est alors percé d'un ajutage cylindrique en face duquel on dispose soit une pointe conique dont l'axe coïncide avec celui de l'ajutage, soit une palette plane placée obliquement. La palette étale le liquide en forme d'éventail ; la zone dans laquelle le liquide est pulvérisé est plus étendue qu'avec les jets précédents, mais la palette doit être très soigneusement travaillée pour que l'épandage soit régulier.

On a enfin obtenu une pulvérisation analogue à celle que donnent les jets, quoique un peu moins parfaite, en employant des tubes cylindriques cannelés extérieurement et coiffés d'un morceau de tube en caoutchouc ; le liquide, passant par l'intérieur du tube, arrive dans les cannelures par un ou par deux orifices ; il ne peut s'échapper qu'en forçant le caoutchouc à s'évaser, et ce dernier est animé d'un mouvement vibratoire qui favorise la pulvérisation. Les cannelures sont parfois remplacées par une spirale métallique, qui joue un rôle analogue.

Les jets du premier type, qui sont les plus utilisés, affectent des formes assez variables, mais sont tous plus ou moins dérivés de celui que nous avons succinctement décrit et qui est connu sous le nom de *jet Riley*. Ils sont disposés de façon que l'axe du cône de pulvérisation soit tantôt dans le prolongement du conduit d'amenée, tantôt perpendiculaire ou oblique à ce conduit ; on les fait simples ou doubles. Enfin, dans les appareils à grand travail, ils sont généralement montés sur

des genouillères, qui permettent de les diriger dans tous les
sens, pour qu'on puisse approprier le pulvérisateur à toutes
sortes d'usages. L'avantage principal de ces jets à ajutage
conique est que, pour un débit déterminé, l'orifice doit être
plus large qu'avec les ajutages cylindriques, à cause du tourbillonnement du liquide au voisinage de l'orifice ; il sont donc
moins exposés à être encrassés par les matières en suspension. On peut, d'ailleurs, pour prévenir l'encrassement ou y
remédier, faire usage de toiles métalliques filtrantes, à mailles
de 1 millimètre, qui retiennent les particules solides, et de
dégorgeoirs formés d'une tige métallique traversant le fond de
la chambre, au moyen d'un presse-étoupes, et qui est terminée
par une pointe qu'on peut pousser dans l'orifice tronconique
quand il est engorgé. Les toiles sont placées tantôt dans le
jet lui-même, tantôt dans le conduit d'amenée. Il faut pouvoir
les visiter rapidement.

Les jets sont ordinairement en cuivre ; mais, pour l'épandage
des produits fortement acides (solutions d'acide sulfurique), on
les double à l'intérieur d'une couche de plomb, et l'on peut
avantageusement faire usage de bouchons en ébonite.

Les jets sont montés sur des lances dont la disposition et la
longueur varient selon le travail à effectuer. Dans les petits
appareils, utilisés pour les serres, la lance est un simple conduit métallique de quelques centimètres, fixé sur la paroi du
récipient et terminé par un jet. Les pulvérisateurs à dos
d'homme, si employés par la culture maraîchère et la viticulture, ont une lance longue d'environ 50 centimètres, raccordée au réservoir par un conduit flexible en caoutchouc ; on
dispose sur la lance un robinet qui permet de suspendre le
travail et de le reprendre à volonté. On a même construit,
sous le nom d'*obturateurs*, des appareils munis d'un piston H, à
ressort, sur lesquels il suffit de presser avec un doigt, tout en
tenant la lance, pour arrêter la pulvérisation qui recommence
d'elle-même dès qu'on cesse de presser ; une clé à oreilles, R,
qui entoure ce piston, permet de l'immobiliser, ce qui fait que
cet appareil joue également le rôle de robinet permanent
(fig. 266).

Lorsqu'il s'agit de traiter de grandes surfaces, on fait usage

de rampes sur lesquelles on monte, au moyen de genouillères,
plusieurs jets identiques entre eux. Les rampes sont reliées
au pulvérisateur par l'intermédiaire de tubes flexibles en
caoutchouc, qui permettent de les placer en toutes sortes de
positions ; les jets étant eux-mêmes mobiles, on donne aux
axes des cônes de pulvérisation toutes les directions désirables.

Enfin, quand on emploie les pulvérisateurs pour le traitement des maladies des arbres fruitiers, on a recours à des
lances en bambou de 2 à 5 mètres de longueur, creusées
intérieurement ; elles servent d'enveloppe à des tubes métal-

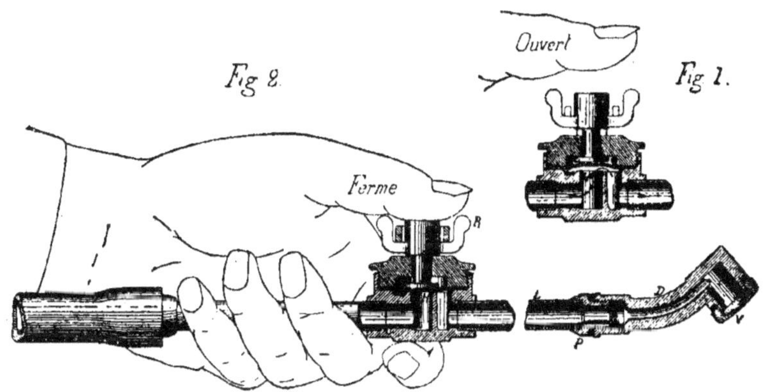

Fig. 266. — Coupe d'un obturateur monté sur une lance de pulvérisateur
(Besnard, Maris et Antoine).

liques à paroi mince, qui conduisent le liquide à un jet ordinaire, placé à l'extrémité de la lance.

Réservoir et pompe. — Les réservoirs des pulvérisateurs
sont construits en cuivre rouge ; on les revêt intérieurement
d'une couche de plomb lorsqu'ils doivent contenir des solutions étendues d'acide sulfurique. Leurs formes et leurs
dimensions sont très variables, suivant qu'ils doivent être
portés à main ou à dos d'homme, à dos d'animaux ou sur
roues. Ils sont toujours munis d'un ou de plusieurs ajutages
à robinet pour y adapter les caoutchoucs des lances.

Les pulvérisateurs actuels fonctionnent à peu près tous par
pression d'air ; aussi tous les orifices permettant d'introduire
le liquide ou de visiter certains organes doivent-ils être munis

de bouchons à fermeture hermétique. La pression peut être donnée au fur et à mesure de l'écoulement du liquide ou, au contraire, être déterminée dans le réservoir, avant le fonctionnement, avec une valeur suffisante pour assurer la vidange complète du récipient. On peut, enfin, l'obtenir soit avec des pompes à air, soit avec des pompes à liquide, qui refoulent ce dernier dans une cloche à air, où ce gaz entre en pression, soit encore à l'aide de pompes mixtes à air et à liquide. Nous examinerons ces organes particuliers, de même que les pompes à purin, dans le chapitre consacré aux machines élévatoires (1).

A quelque type qu'elle appartienne, la pompe est ordinairement fixée au réservoir dans les pulvérisateurs à main et à dos d'homme, tout au moins lorsqu'il s'agit des modèles les plus courants. On trouve, suivant les constructeurs, des pompes à air à piston, qui compriment le gaz au-dessus du liquide, ou des pompes à liquides, généralement à membrane, refoulant la bouillie dans une cloche régulatrice. Le mouvement alternatif qu'il faut imprimer au piston ou à la membrane est transmis par un levier inter-appui articulé sur une pièce solidaire du réservoir et dont une extrémité est reliée à la pompe ; l'autre extrémité est garnie d'une poignée en bois que l'ouvrier tient en main. On actionne ce levier en agitant l'avant-bras, le plus souvent de haut en bas et de bas en haut, mais parfois, aussi, horizontalement, de gauche à droite et de droite à gauche ; la manœuvre semble être, avec cette dernière disposition, un peu moins fatigante qu'avec la première. Il n'y a d'ailleurs pas besoin de pomper d'une manière continue, mais par périodes dont les intervalles bien que courts, procurent néanmoins un certain repos aux ouvriers.

La figure 267 montre la disposition d'un pulvérisateur à dos d'homme pourvu d'une pompe à air. On y voit, en V, le réservoir ; en T, la pompe avec son piston A muni d'un cuir e et d'une soupape S, sa tige p et son levier L. La pompe T est fixée sur le côté gauche du réservoir (ce dernier étant supposé

<hr>

(1) G. COUPAN, *Machines de récolte* (ENCYCLOPÉDIE AGRICOLE).

placé sur le dos de l'ouvrier); elle communique avec lui par le tube *t*, qui aboutit à la soupape de refoulement S'; l'air comprimé en T pénètre par *f* dans la chambre H, au-dessus du liquide. Quant au levier L, il est relié au réservoir par la patte E et la bielle D, l'articulation étant en *m*. Le bouchon à vis B permet de vérifier la soupape de refoulement S'. L'autre bouchon, O, muni d'oreilles, sert au remplissage du récipient ; il supporte, en outre, un agitateur P, accroché par la tige *a* à la face inférieure du bouchon, qui brasse le liquide

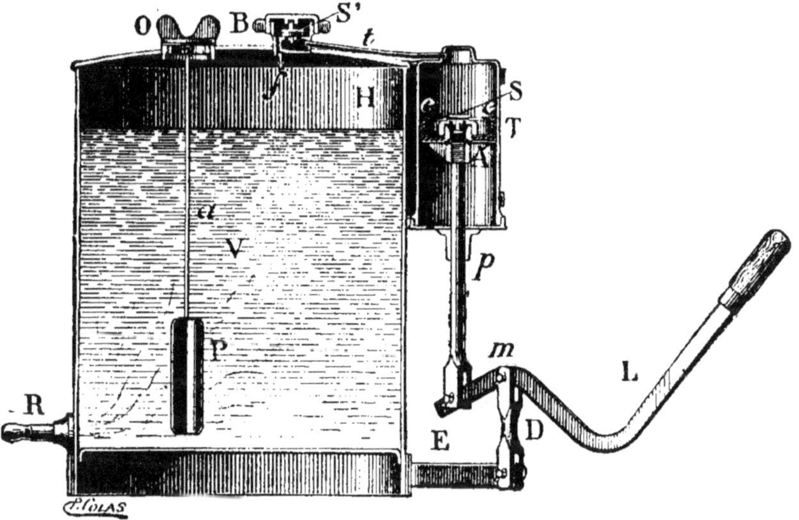

Fig. 267. — Coupe d'un pulvérisateur avec pompe à air (Besnard, Maris et Antoine).

grâce aux oscillations qui lui sont imprimées quand l'ouvrier se déplace dans le champ. R est le raccord de la lance, sur laquelle est placé le robinet obturateur représenté sur la figure 266.

On peut se faire une idée du principe des appareils pourvus d'une pompe à membrane en examinant la figure 267 ; mais la membrane est mise en mouvement par un levier et non pas par une came.

Pulvérisateurs à dos d'homme.

Les réservoirs de pulvérisateurs à dos d'homme affectent à

peu près la forme d'un demi-cylindre droit à base circulaire, ou plus généralement elliptique, coupé par un plan axial passant par le grand axe de l'ellipse ; la partie qui doit être appliquée sur le dos est munie d'une tôle ou d'appliques cintrées, que l'ouvrier peut rembourrer, s'il le juge à propos, et qui servent à isoler son corps du récipient. On soutient ces instruments à l'aide de bretelles de suspension passées sur les épaules. En travail, l'ouvrier manœuvre la pompe de la main gauche et, avec la droite, dirige la lance de façon à bien asperger toutes les plantes.

La contenance des réservoirs des modèles les plus courants est de 12 à 15 litres, en moyenne.

On a cherché à supprimer la fatigue imposée aux ouvriers par la manœuvre de la pompe à main ; on peut craindre, en effet, que, si la surveillance du chantier n'est pas très rigoureuse, les ouvriers, fatigués ou voulant éviter de se fatiguer, ne développent pas à l'intérieur de l'appareil la pression nécessaire pour que la pulvérisation soit bonne, c'est-à-dire au moins $1^{kg},25$. Plusieurs procédés ont été appliqués dans ce but.

Un tube de gaz carbonique liquéfié, mis en communication avec le réservoir par l'intermédiaire d'un détendeur chargé d'entretenir une pression d'environ 2 kilogrammes, a été substitué à la pompe de compression. Le tube, en acier et à parois épaisses, est facilement remplacé quand il est épuisé ; il peut d'ailleurs servir pour un assez grand nombre d'opérations.

On a songé également à profiter des deux produits de décomposition du carbure de calcium (acétylène et chaux) pour fabriquer la bouillie bordelaise à l'intérieur du pulvérisateur et obtenir en même temps la pression nécessaire : la chaux se combine en effet au sulfate de cuivre, et l'acétylène qui se dégage s'accumule sous pression à la partie supérieure du récipient.

La solution qui a prévalu, en raison de sa simplicité et, probablement, aussi, de l'économie qu'elle procure, consiste dans l'emploi de récipients portés à dos d'homme, complètement hermétiques, éprouvés à 5 kilogrammes et pourvus, à leur partie inférieure, d'un clapet de retenue placé sur un ajutage à *raccord rapide* (1). On refoule le liquide sous pression dans le réservoir, à l'aide d'une pompe indépendante, qui peut charger plusieurs appareils. Cette pompe doit pouvoir fonctionner alternativement avec de l'air et avec un liquide, car on commence par comprimer dans l'appareil de l'air à $1^{kg},5$, de façon à assurer la vidange complète à une pression suffisante ; puis on refoule du liquide jusqu'à ce que la pression atteigne 3 kilogrammes ou $3^{kg},500$. Un manomètre placé sur la pompe donne les indications nécessaires pour bien régler l'opération. En supposant que la pression initiale soit de $1^{kg},500$, on ne peut injecter dans le récipient, si l'on ne veut pas dépasser 3 kilogrammes, qu'une quantité de liquide correspondant à la moitié de la capacité totale du pulvérisateur. Pratiquement, bien que ces pulvérisateurs soient plus volumineux que les précédents, leur contenance utile est à peu près la même. Elle est limitée, du reste, par la résistance de l'homme, à qui l'on ne peut faire porter, d'une façon continue, une charge supérieure à 25 kilogrammes ; or, en ajoutant le poids de l'appareil à celui du liquide, on obtient un total qui oscille, suivant les constructeurs, entre 20 et 24 kilogrammes.

Comme la même pompe peut alimenter plusieurs pulvérisateurs, on a, avant tout, intérêt à éviter, dans l'organisation des chantiers, les parcours à vide ; on déterminera donc la charge des appareils, de façon que les hommes aient toujours à parcourir un nombre entier de lignes de plantes, et on déplacera le ou les postes de rechargement au fur et à mesure de l'avancement du travail.

Les réservoirs sont tantôt analogues à ceux des pulvérisateurs à pompe attenante, tantôt, comme dans la figure 268, à deux corps cylindriques placés côte à côte et communiquant par leur partie inférieure. On doit chercher, pour rendre la manœuvre de rechargement plus rapide, à empêcher l'air de s'échapper lorsque la provision de liquide est épuisée ; on est prévenu de ce moment par le sifflement particulier qui se

---

(1) On appelle ainsi des raccords dans lesquels la douille de serrage produit son effet par rotation d'un demi-tour ; elle est munie d'oreilles pour faciliter le serrage à la main, et les organes qu'elle assemble sont disposés de manière à être engagés rapidement.

produit dans le jet. Toutefois, comme les ouvriers ne sont
pas toujours consciencieux et que les pertes de temps se traduisent, pour eux, par le prolongement des périodes de repos,
on a construit des appareils dans lesquels l'écoulement est

Fig. 268. — Pulvérisateur à dos d'homme et à pompe indépendante,
en chargement (Besnard, Maris et Antoine).

suspendu automatiquement un peu avant que la vidange soit
complète. La figure 269 montre, en coupe, un semblable appareil; on y voit, au-dessus de l'orifice de décharge c, une cage à
claire-voie, qui renferme un flotteur en caoutchouc convenablement lesté ; ce flotteur, soulevé quand le récipient contient
du liquide, vient obturer l'orifice au moment nécessaire.

Il est possible de rapprocher des pulvérisateurs à dos
d'homme, du moins sous le rapport de la pompe, les pulvérisateurs à main, qu'on emploie surtout en horticulture. Le
réservoir, dont la forme rappelle beaucoup celle des bouteilles
à réchauffer les lits qu'on désigne sous le nom de moines, a
une contenance d'environ 2 litres. Il est muni (fig. 270) d'une
petite pompe à air placée tantôt suivant l'axe du cylindre, tantôt au milieu du corps, perpendiculairement à l'axe, et au

moyen de laquelle on comprime de l'air à l'intérieur du pulvérisateur. On peut opérer soit en refoulant dans le récipient,
aussitôt après avoir placé le liquide, toute la quantité d'air
nécessaire pour la vidange complète de l'appareil, soit en donnant de temps en temps quelques coups de pompe.

Les pulvérisateurs à dos d'homme ne permettent d'effectuer,
avec la rapidité nécessaire, le traitement des grandes surfaces

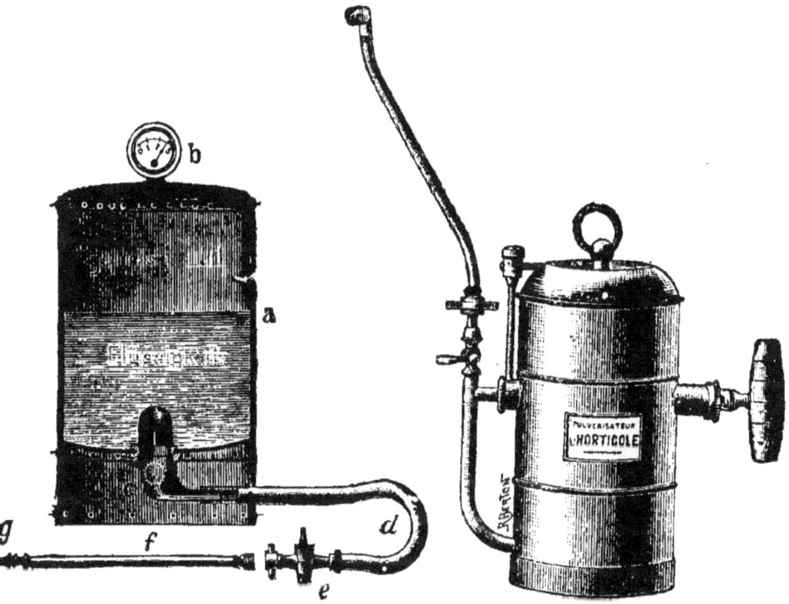

Fig. 269. — Coupe d'un pulvérisateur à
pompe indépendante, pourvu d'un obturateur automatique empêchant l'échappement
de l'air (Mayfarth).

Fig. 270. — Pulvérisateur à main
(Besnard, Maris et Antoine).

que si l'on dispose d'un personnel nombreux. Un ouvrier ne
peut guère traiter, en effet, plus de trois quarts d'hectare par
jour dans une vigne en gobelets ou dans une culture basse ;
la superficie travaillée tombe à un demi-hectare s'il s'agit de
vignes échalassées, qu'il faut pulvériser des deux côtés. En
outre, le travail est imparfaitement exécuté pour les vignes
hautes. Aussi a-t-on songé, dès que l'efficacité des traitements
par les liquides anticryptogamiques a été reconnue, à créer
des types permettant d'augmenter la quantité de travail pro-

duite, par machine et par unité de temps. On y est arrivé par l'emploi des pulvérisateurs dits à bât et à traction.

Pulvérisateurs à bât.

Les pulvérisateurs à bât sont destinés, comme leur nom l'indique, à être portés, à l'aide d'un bât, par un animal, âne, mulet ou cheval (fig. 271). Ils sont établis d'après le même principe que les appareils à dos d'homme à pompe indépendante, mais, pour assurer l'égale répartition de la charge

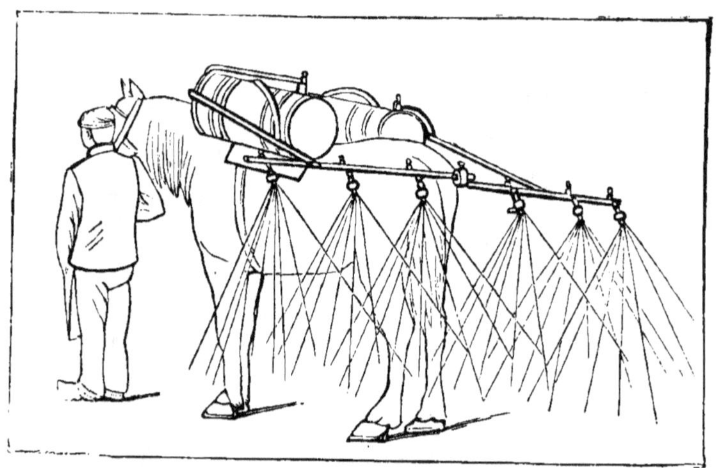

Fig. 271. — Pulvérisateur à bât (Cazaubon).

sur les deux flancs de l'animal, le réservoir est presque toujours divisé en deux corps de même capacité, placés de chaque côté du bât (1). Ces corps sont cylindriques ou affectent la forme de deux troncs de cône réunis par leur grande base ; ils sont réunis par une tubulure qui les fait communiquer. Le remplissage est effectué au moyen d'une pompe fonctionnant à volonté avec l'air ou avec les liquides, et qui est placée tantôt sur un banc indépendant assez élevé, tantôt sur la voiture

(1) Certains modèles à dos d'âne comportent quatre petits cylindres réunis deux par deux de chaque côté du bât ; pour les vignes échalassées et plantées en lignes distantes de 1 mètre à 1^m,20, on se borne à un seul cylindre placé sur le milieu du bât.

même qui transporte au champ le liquide anticryptogamique. On comprime de l'air à 1^{kg},500, puis on refoule le liquide, jusqu'à ce que la pression atteigne 3 kilogrammes ou 3^{kg},500, en se réglant sur les indications du manomètre. Les ajutages sont munis, comme précédemment, de raccords rapides, qui facilitent les opérations. L'un des réservoirs porte une tubulure qui envoie le liquide aux jets. Ceux-ci sont montés, le plus souvent au nombre de trois, sur deux rampes rattachées elles-mêmes à des *porte-jets* métalliques engagés dans des coulisses ou des genouillères solidaires du bât ; on peut ainsi donner aux rampes toutes les positions nécessaires pour que le traitement soit bien fait. Lorsque les récipients sont vides, ce dont on est encore prévenu par le sifflement, on ferme le plus vite possible le robinet de vidange, et on procède à un nouveau chargement. Il est toujours nécessaire de donner quelques coups de pompe à air pour remplacer le gaz qui s'est dissous ou échappé ; il faut avoir soin de les donner avant d'introduire le liquide, car, sans cela, l'air ne pénétrerait que dans l'un des corps et refoulerait du liquide dans l'autre, de sorte qu'en fin de chargement le poids des deux corps ne serait pas le même. Certains modèles sont d'ailleurs pourvus d'un tube qui met en communication les parties supérieures des corps et qui obvie à cet inconvénient.

Les dimensions et la capacité des corps varient avec la force de l'animal et avec la disposition des cultures ; le diamètre des corps est réduit quand il s'agit, par exemple, de faire passer l'appareil entre deux rangs de vignes échalassées hautes et peu écartées. On peut estimer cependant à 60 ou 75 litres la contenance ordinaire de chacun des corps ; cela permet d'introduire normalement, dans l'appareil complet, de 60 à 75 litres de liquide, charge qui correspond à un parcours d'environ 400 mètres, à l'allure ordinaire d'un cheval, et avec six jets Riley du modèle courant. Mais la charge peut être augmentée ou diminuée si on dépasse ou si on n'atteint pas la pression de 3 kilogrammes ou 3^{kg},500 ; il faut s'abstenir, en général, de dépasser 4 kilogrammes pour ne pas compromettre la solidité du réservoir, qui n'est éprouvé, le plus souvent, qu'à 5 kilogrammes.

Un seul ouvrier suffit pour toute la manœuvre. Cependant, si l'on emploie simultanément plusieurs appareils à bât, il vaut mieux confier la pompe à un ouvrier supplémentaire. La surface traitée en une journée par un appareil à bât de 75 litres, porté par un cheval, peut être estimée à 4 ou 5 hectares de vignes en gobelets ou de cultures basses et à 3 ou 3ʰᵃ.5 de vignes échalassées, bien que ces chiffres soient sujets à de grandes variations, notamment pour les vignes échalassées, dont les rangs sont écartés de quantités si diverses.

Pulvérisateurs à traction.

Ces appareils permettent d'employer des réservoirs de capacité beaucoup plus considérable. Nous les classerons en deux groupes, suivant qu'ils sont à traction *humaine* ou à traction *animale*.

Puvérisateurs à traction humaine. — Ils sont montés sur deux roues, tantôt en brouette, tantôt en charrette. La contenance du réservoir varie de 50 à 100 litres. Dans quelques modèles, on utilise le mouvement des roues pour actionner, au moyen de cames ou de vilebrequins, la pompe à air ou à liquide, qui donne la pression nécessaire pour la pulvérisation ; ces machines, qui contiennent ordinairement de 50 à 60 litres de liquide, sont appliquées surtout au traitement des vignobles à rangs serrés.

Le montage sur brouette est utilisé de préférence pour les vergers, les jardins fruitiers ; mais on peut évidemment l'employer pour bien d'autres usages. La commande de la pompe n'est plus automatique ; on se borne à transporter de place en place un réservoir qu'il n'y a pas besoin de recharger souvent, et, à l'aide d'une pompe à bras, on chasse sous pression le liquide anticryptogamique. La figure 272 montre un appareil de ce genre, qu'on peut placer sur une brouette ordinaire ou sur un cadre-brouette spécial, et qui est muni d'une pompe à air. L'ouvrier commence par donner quelques coups de pompe pour comprimer de l'air dans le réservoir ; il peut ensuite employer ses deux mains à diriger, par exemple, les longues lances nécessaires pour pulvériser les arbres à haute tige ; ou bien il tient le jet d'une main et actionne le levier de la pompe avec l'autre main. Tout dépend de la nature de l'ouvrage à exécuter.

Les pulvérisateurs montés sur brouette ou sur charrette

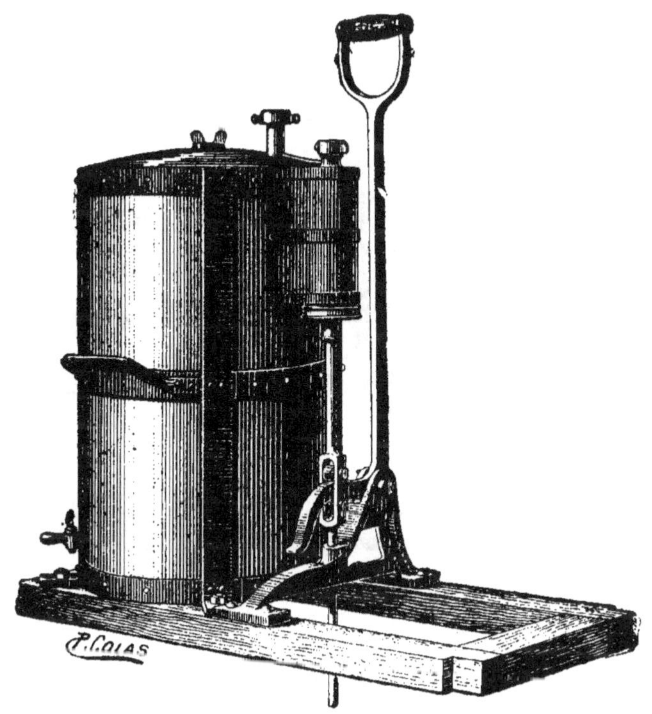

Fig. 272. — Pulvérisateur muni d'une pompe à air et destiné à être monté sur brouette (ou sur civière) (Besnard, Maris et Antoine).

peuvent être transformés en machines sur civières, portées par deux hommes ; cette transformation n'est d'ailleurs avantageuse que dans des cas très spéciaux et assez rares.

Pulvérisateurs à traction animale. — Ce sont des appareils permettant de traiter des surfaces considérables en peu de temps. Le principe sur lequel ils sont construits est le même que précédemment : réservoir de très grande capacité (de 100 jusqu'à 400 litres), pompe simple ou double, suivant le débit, longues rampes au moyen desquelles il est possible de traiter des largeurs horizontales atteignant 5 mètres.

Les plus simples de tous sont composés d'une pompe
à liquides, à levier, qu'on fixe sur un tonneau formant réservoir
et qui refoule la substance anticryptogamique dans les lances.
On peut ainsi utiliser comme véhicule une charrette ou tout
autre instrument de transport, sur lequel sont placés les
tonneaux remplis de liquide ; la manœuvre de la pompe est
assurée par un ouvrier grimpé sur le véhicule (fig. 273). Les

Fig. 273. — Pompe-pulvérisateur permettant d'utiliser un tonneau
et un véhicule de ferme (Vermorel).

lances sont montées à l'aide de genouillères à l'arrière de la
charrette.

Les types complets, qu'on désigne également sous le nom de
pulvérisateurs à grand travail, fonctionnent automatiquement ;
il suffit donc d'un seul ouvrier par machine. Le réservoir est
supporté par un essieu à deux roues qui conduit la ou les
pompes par l'intermédiaire d'une came, à moins qu'il affecte
lui-même la forme d'un vilebrequin, auquel sont reliées les
bielles de commande. Les pompes à air sont parfois
employées, mais on recourt de préférence à des pompes à
membranes (fig. 277) ou à piston plongeant, qui refoulent le
liquide dans une cloche à air placée tantôt à l'intérieur,
tantôt à l'extérieur du réservoir.

On est souvent obligé d'ajouter des agitateurs actionnés

directement par les roues ou par l'essieu, afin de maintenir
une homogénéité suffisante dans la masse de substance anticryptogamique.

Lorsqu'il s'agit de traiter des cultures basses, notamment
les céréales envahies par les sanves, le pulvérisateur a toute
l'apparence d'un tonneau à purin (fig. 274). Les dimensions
du réservoir ne sont limitées que par la puissance de l'animal

Fig. 274. — Pulvérisateur à traction pour la destruction des sanves (Vermorel).

tracteur. Mais, comme on ne peut exagérer la largeur des roues
et que le sol est toujours meuble, les conditions ne sont pas
favorables au roulement, et il est préférable de ne pas dépasser
400 litres comme capacité du réservoir ; il vaut même mieux,
dans la plupart des cas, se limiter à 300 ou 350 litres. Pour
les betteraves, les pommes de terre et autres cultures en lignes
à grand écartement, on emploie des appareils dont l'essieu,
au moyen d'encoches ou de dispositifs à coulisse, permet de
faire rouler les roues dans les interlignes.

Les constructeurs ont été obligés d'étudier, pour les
vignobles de grande étendue, des types de pulvérisateurs à
traction spécialement établis pour chacun des principaux
modes de culture de la vigne; ainsi s'explique le nombre consi-

dérable des modèles qui existent aujourd'hui. Il nous est impossible, étant donné le cadre de cet ouvrage, de les décrire tous, même en adoptant la méthode de groupement synthétique dont nous faisons un si constant usage. Nous nous bornerons donc à indiquer le principe essentiel des dispositions correspondant aux types les plus répandus.

Pour les vignes basses, conduites en gobelet, l'essieu est coudé de manière à surélever le réservoir, qui peut ainsi passer au-dessus d'une rangée de ceps; en outre, l'essieu est en deux pièces, qu'on peut faire coulisser de façon à proportionner la largeur de la machine à l'écartement des rangs (fig. 275). Le pulvérisateur est muni de brancards qui sont reportés entièrement d'un côté (généralement à droite) pour que l'animal moteur marche dans un interligne sans être gêné et sans abîmer les ceps ; ce dispositif ne permet pas de bien équilibrer la machine, même en déplaçant le réservoir du côté des brancards, et celle-ci tend toujours à tirer l'animal vers le rang de vignes au-dessus duquel elle passe. Les lances sont disposées horizontalement, et l'on groupe les jets par deux ou par trois au-dessus de chaque rangée de ceps. On peut signaler quelques autres dispositions de détail, telles que des articulations placées sur les lances et permettant de les replier, le long d'un mur, pour éviter un arbre, etc. En outre, le pulvérisateur est toujours pourvu d'un siège pour le conducteur, et ce dernier a, à portée de la main, des leviers de manœuvre pour l'embrayage de la pompe, l'ouverture du robinet de vidange, etc. Comme la bonde de remplissage du réservoir se trouve à une assez grande hauteur au-dessus du sol, il est avantageux d'effectuer le chargement de ces pulvérisateurs avec des pompes; certains modèles comportent une pompe de remplissage fixée sur le cadre qui supporte le réservoir. Ces grands appareils permettent de travailler 8 hectares, environ, par jour.

Les vignes échalassées ou palissées sur fils de fer ont, le plus souvent, une hauteur qui ne permettrait pas d'employer des pulvérisateurs du type précédent. On a donc dû créer toute une série de machines, portées sur des roues de faible diamètre, et destinées à circuler entre les rangs de ceps. Les constructeurs se sont, du reste, heurtés à beaucoup de difficultés, car les roues dites *basses* roulent mal, et, si l'on augmente leur diamètre, on diminue la stabilité que la faible largeur de voie rend déjà peu parfaite. Le problème est d'autant plus compliqué que les rangs sont plus rapprochés.

On construit quelques machines dans lesquelles le réservoir forme essieu et tourne en même temps que les roues ; il n'y a donc pas besoin d'agitateur, le liquide étant continuellement brassé. On fixe sur la périphérie du réservoir, qui est cylin-

Fig. 275. — Pulvérisateur sur roues hautes pour vignes basses (Vermorel).

drique, des cornières disposées suivant des arcs d'hélice à pas inversés et embrassant chacun la moitié de la périphérie ; on constitue ainsi une came qui peut commander les pompes. Cela conduit malheureusement à employer des joints délicats.

On se borne donc, en général, à réduire le plus possible la hauteur de l'essieu et à placer le réservoir horizontalement ou verticalement, suivant l'espacement des rangs ; ce réservoir est composé d'un seul ou de plusieurs cylindres à base circulaire ou elliptique. Le constructeur s'efforce, en somme, d'obtenir la stabilité maxima, tout en conservant une capacité suffisante pour justifier l'emploi d'un animal tracteur. Les cylindres horizontaux sont plus rationnels au point de vue de la stabilité, mais ils augmentent les dimensions longitudinales des appareils et rendent les tournants plus difficiles à prendre; les cylindres verticaux sont employés principalement pour obvier à cet inconvénient. Les figures 276 et 277 donnent, en

Fig. 276. — Vue d'ensemble d'un pulvérisateur à traction sur roues basses, pour vignes échalassées (Vermorel).

élévation et en coupe, la vue d'un pulvérisateur sur roues basses, à cylindre vertical, pourvu d'une pompe à membrane commandée par une came.

Les lances sont presque toujours placées verticalement, les jets étant répartis des deux côtés de façon à pulvériser simultanément deux demi-rangées. On emploie aussi des lances horizontales, passant au-dessus des ceps et munies de deux groupes de trois jets pour traiter deux rangées d'un seul coup; dans chaque groupe de jets, le jet central crache verticalement, les deux autres convergeant vers lui pour frapper obliquement la souche de chaque côté. On trouve également des lances en forme d'U renversé, réunies par deux sur le support du pulvérisateur; elles passent à cheval sur chaque rangée, et la machine sur laquelle elles sont montées peut traiter deux rangs à la fois; mais elles ne peuvent être appliquées qu'à des vignes très régulièrement plantées.

Il n'est pas possible d'indiquer d'une façon générale la superficie qu'on peut traiter par jour, car elle varie trop avec le type de l'appareil. Les plus grandes machines travaillent de 5 à 6 hectares par jour, en vignes échalassées.

Nous terminerons ce qui a trait aux pulvérisateurs en reproduisant, d'après la *Revue de viticulture*, les indications suivantes résultant des essais de M. Ringelmann sur un pulvérisateur à dos l'homme (1) :

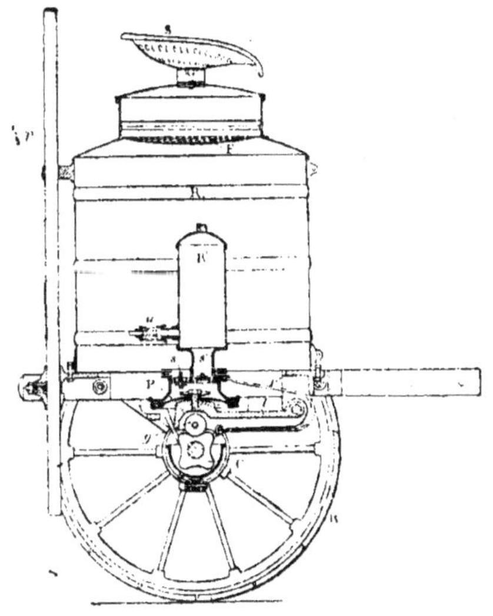

Fig. 277. — Coupe du même pulvérisateur.

R, roue porteuse et motrice ; R_1, réservoir à liquide ; F, filtre ; C, came ; g, galet ; P, membrane de la pompe ; s, soupape d'aspiration ; s', soupape de refoulement ; R', réservoir-régulateur à compression d'air ; a, ajutage de décharge ; l et r', levier et ressort de la pompe ; r, rampe pour soutenir les lances (d'après le *Génie civil*).

Réservoir elliptique : diamètre, 0ᵐ,350 et 0ᵐ,180 ; hauteur, 0ᵐ,40.
Pompe à diaphragme : diamètre, 0ᵐ,100 ; course, 0ᵐ,020.

Tuyaux. { Caoutchouc : diamètre, 0ᵐ,010 (intérieur) ; longueur, 0ᵐ,800, { Cuivre (lance) : longueur, 0ᵐ,570.

Longueur. { Du levier de manœuvre, 0ᵐ,400. { De l'arc parcouru par le levier de manœuvre, 0ᵐ,330.

Poids de l'appareil. { Vide...................... 6 kil. } 6ᵏᵍ,550 { Tuyau et lance............. 0ᵏᵍ,550 } { Charge normale (en eau).. 13ᵏᵍ,500 { Total............ 20ᵏᵍ,050

(1) Numéro du 19 juin 1897.

Tableau n° 27. — *Essai d'un pulvérisateur à dos d'homme et à pompe attenante*
(M. Ringelmann, 1890).

CONSTATATIONS.	JET à lance.	PULVÉRISATEUR n° 1.	PULVÉRISATEUR n° 2.			PULVÉRISATEUR n° 3.	
Diamètre de l'orifice des ajutages (millim.)	1.6	1.25	»	1,4	»	2,0	»
Pour un nombre moyen de coups de levier, par minute, de	26,5	25.7	»	29,9	»	25,6	»
et une pression moyenne dans le tuyau de sortie de	1kg,09	1kg,9	»	2kg,0	»	2kg,25	»
le débit, en litres, par minute, est de	1l,560	0l,920	»	1l,040	»	1l,038	»
Temps utile nécessaire au traitement de 1 hectare, pour des débits correspondant à des doses par hectare de — 300 litres	»	5h,26	»	4h,49	»	4h,49	»
400 —	»	7h,35	»	6h,25	»	6h,25	»
500 —	»	9h,03	»	8h,00	»	8h,02	»
Pressions	1kg,00	1kg,9	1kg,0	1kg,5	2kg,0	2kg,25	à vide.
Efforts appliqués sur la poignée du levier de manœuvre — en élevant le levier. Moyens	3kg,02	2kg,62	2kg,41	2kg,43	3kg,20	1kg,97	1kg,68
en élevant le levier. Maxima	3kg,26	3kg,20	2kg,64	3kg,20	4kg,59	2kg,58	2kg,31
en abaissant le levier. Moyens	5kg,99	6kg,56	4kg,58	6kg,34	10kg,33	7kg,79	2kg,81
en abaissant le levier. Maxima	8kg,73	8kg,84	6kg,77	8kg,76	13kg,56	9kg,54	2kg,45
Travail mécanique moyen dépensé (kilogrammètres) — en élevant le levier	0kgm,996	0kgm,864	0kgm,795	0kgm,801	1kgm,056	0kgm,650	0kgm,554
en abaissant le levier	1kgm,976	2kgm,164	1kgm,511	2kgm,092	3kgm,408	2kgm,570	0kgm,597
Total pour une course	2kgm,972	3kgm,028	2kgm,306	2kgm,893	4kgm,464	3kgm,220	1kgm,151
Travail mécanique dépensé par seconde, à raison de 27 coups de levier par minute (kilogrammètres) (1)	1kgm,34	1kgm,36	1kgm,04	1kgm,30	2kgm,00	1kgm,45	»
Volume de liquide fourni par minute, à raison de 27 coups de levier par minute (litres)	1l,587	0l,964	»	»	0l,937	1l,093	»
Pour des pressions de	1kg,00	1kg,9	»	2kg,0	»	2kg,25	»
le travail mécanique dépensé par litre de liquide manipulé est (en kilogrammètres)	50kgm,6	84kgm,6	»	128kgm,0	»	79kgm,5	»

(1) On voit que le pulvérisateur n'exige que le cinquième, au plus, de la quantité de travail mécanique qu'un ouvrier ordinaire peut fournir d'une façon courante.

Pulvérisation des émulsions.

On peut s'aranger de manière à n'effectuer l'émulsion qu'au moment même où on la pulvérise ; le tourbillonnement qui se produit dans les jets du type Riley, par exemple, assure le mélange homogène des liquides constituant l'émulsion, à la seule condition que ces constituants y parviennent dans des proportions bien déterminées et constantes. L'extrème finesse du brouillard qui sort des bons ajutages pulvérisateurs contribue à la stabilité de l'émulsion. La figure 277 montre un appareil spécialement établi pour pulvériser un mélange de pétrole et d'eau employé en traitement contre l'altise, la cochenille, etc. Il se compose d'un pulvérisateur ordinaire, pourvu d'une pompe

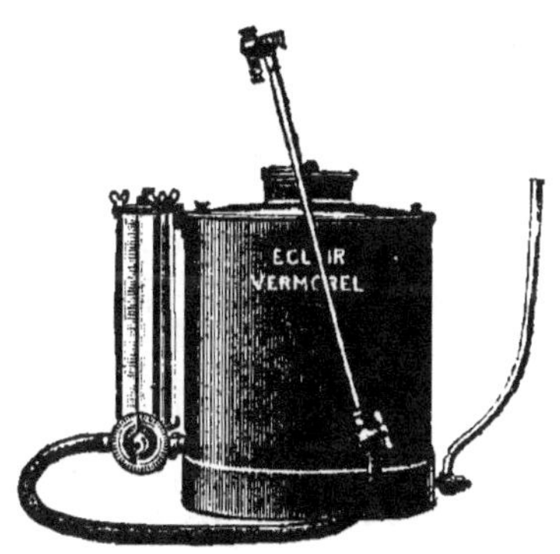

Fig. 278. — Pulvérisateur à dos d'homme pourvu d'un distributeur de pétrole (Vermorel).

à membrane, et d'un réservoir à pétrole fixé sur le raccord de vidange du pulvérisateur. Un robinet placé sur ce raccord permet de faire pénétrer dans le réservoir à pétrole une partie plus ou moins considérable de l'eau qui sort du pulvérisateur ; cette eau chasse un volume de pétrole égal au sien et l'envoie dans la lance. Il suffit de pomper à peu près régulièrement pour que le dosage soit constant.

Machines diverses.

C'est dans ce groupe que nous ferons rentrer un certain nombre de machines dont l'emploi est moins fréquent, ou dont l'efficacité n'est pas aussi bien démontrée que pour les précédentes.

Pinceaux continus. — Ils servent à badigeonner les branches ou les souches avec des solutions titrées (acide sulfurique, sulfate de fer, etc.). Ils se composent d'un réservoir en cuivre doublé de plomb et d'un manche terminé par une brosse engagée dans une monture en ébonite, où le liquide arrive par l'effet de la pression hydrostatique.

Chaudières à pyrale. — Ce sont des chaudières à vaporisation rapide, facilement transportables, et qui sont munies de raccords auxquels on adapte des tuyaux terminés par des lances spéciales. Ces chaudières sont souvent complétées, pour les vignes basses, par des cloches qui permettent de prolonger l'action de la vapeur et, surtout, de la régulariser.

Cloches pour insecticides gazeux. — On emploie, aux États-Unis, pour le traitement des arbres fruitiers, de vastes cloches en étoffe caoutchoutée, qu'on met en place à l'aide d'une grue légère portée sur un chariot à quatre roues ; un foyer à ventilateur permet d'envoyer des vapeurs ou des fumées insecticides à l'intérieur de la cloche. Des appareils analogues, mais d'un volume restreint, ont été proposés pour la destruction de la pyrale.

Phares. — Ils consistent en appareils d'éclairage à flamme libre, qu'il y a avantage à alimenter par l'acétylène en raison de la facilité des manipulations et de la grande puissance éclairante. On les place au milieu d'un bassin plat rempli d'eau savonneuse ou de pétrole ; d'autres fois, le phare est muni d'une collerette métallique formant bassin. On installe ces appareils, à la chute du jour, après les avoir allumés, dans les cultures à protéger (principalement les vergers). Les insectes ailés sont attirés, tournoient autour de la flamme et se brûlent ou tombent dans le pétrole.

Artillerie agricole. — Elle est mobilisée, en cas d'orage, pour préserver les récoltes de la grêle. Des constatations déjà anciennes semblent établir que des détonations violentes et répétées ont pour effet de provoquer des condensations atmosphériques qui se traduisent par des chutes de pluie : elles troubleraient, en particulier, le calme qui semble nécessaire pour la formation de la grêle et empêcheraient même, pour un motif identique, les gelées printanières. On produit ces détonations soit à l'aide de *fusées* puissantes, qui, lancées au moyen d'un mortier spécial, éclatent dans l'air à 400 ou

500 mètres de hauteur, soit à l'aide de *canons paragrêles* tirés verticalement au niveau du sol.

Ces canons sont composés d'une culasse en acier forgé, dont le système est assez variable, et d'une volée tronconique qui surmonte la culasse, en s'évasant à sa partie libre. On charge ces canons avec des douilles réamorçables, à la dose de 80 à 100 grammes de poudre par coup. On a beaucoup discuté sur le rôle de ces détonations et surtout sur celui du *torc d'air*, qui se produit pendant l'expulsion des gaz de la déflagration ; on lui a même attribué des propriétés balistiques un peu invraisemblables. Comme la vogue de ces appareils est intermittente, nous nous bornons à en donner, par la figure 279, l'aspect général. Il existe, du reste, plusieurs systèmes, dans lesquels l'explosif est constitué par un mélange d'acétylène

Fig. 279. — Canon paragrêle et sa cabane (Vermorel).

et d'air. On a vu figurer, au concours général de Paris, en 1905, une installation dans laquelle le canon, pourvu d'un gazogène, était commandé électriquement, à distance, pour le chargement et la mise à feu. Un seul homme peut donc manœuvrer toute la batterie de son district sans sortir de chez lui, ou, tout au moins, du poste d'observation.

Nuages artificiels. — Ils sont obtenus en faisant brûler des matières riches en carbone et produisant une fumée abondante. Il existe des *allumeurs automatiques*, qui doivent mettre le feu à un mélange facilement inflammable, dès que la température s'abaisse assez pour qu'on puisse craindre une gelée ; mais ils peuvent fonctionner d'une façon intempestive, ou risquer même, comme tous les appareils qui ne servent qu'exceptionnellement, de ne pas fonctionner au moment nécessaire. Il vaut donc mieux se contenter d'un simple thermomètre avertisseur ou, surtout, user soi-même de vigilance.

Machines à injecter dans le sol les insecticides liquides. — Citons aussi, pour mémoire, les *pals injecteurs* et les *charrues sulfureuses*, créés au début de la lutte contre le phylloxera et qu'on emploiera peut-être de nouveau pour lutter, à l'aide de substances toxiques analogues au sulfure de carbone, contre d'autres ennemis des plantes cultivées.

ERRATUM

Page 51. 11e ligne : au lieu de *guéret*, lire *labour*.

LISTE DES CONSTRUCTEURS

QUI ONT FOURNI DES GRAVURES POUR CET OUVRAGE

Allan (J.-D.) and Sons, à Murthley (Écosse).

Amiot (H.), à Bresles (Oise).

Bajac (A.), à Liancourt (Oise).

Baker (T.) and Sons, à Compton (Angleterre).

Bariat (Veuve J.), à Chaulnes (Somme).

Belbéoc'h, à Landerneau (Finistère).

Besnard Maris et Antoine, à Paris.

Bizet et Guérinat, à Paris.

Candelier, à Bucquoy (Pas-de-Calais).

Cauchepin, à Bernay (Eure).

Cazaubon, à Paris.

Chalifour et Cⁱᵉ, à Paris.

Champenois-Delacourt, à Chamouilley (Haute-Marne).

Cockshutt Plow Cᵒ, Brantford (Canada), et Pilter (Paris).

Cie Internationale des machines agricoles (anciennement Osborne), à Paris.

Cottis and Sons, à Epping (Angleterre).

Darley-Renault, à Nemours (Seine-et-Marne).

Daubresse le Docte, à Arras (Pas-de-Calais).

Deering Cᵒ, à Chicago (États-Unis).

Dumaine, à Massy-Cramayel (Seine-et-Marne).

Duncan (Jas.) et Cⁱᵉ à Paris.

Eckert (Aktien Gesellschaft H. F.), à Berlin et à Paris.

Faul (Ch.) et fils, à Paris.

Fowler, à Leeds (Angleterre), et Pilter (Paris).

Garnier (E.), à Mormant (Seine-et-Marne).

Garnier (J.), à Redon (Ille-et-Vilaine).

Gautier et Cⁱᵉ, à Quimperlé (Finistère).

Gomot, à Nîmes (Gard).

Gougis, à Auneau (Eure-et-Loir).

Gower and Sons, Market-Drayton (Angleterre).

Guichard, à Lieusaint (Seine-et-Marne).

Hofherr et Schrantz, Wien et Budapest (Autriche-Hongrie).

Howard, à Bedford (Angleterre) et Paris.

Japy frères, à Beaucourt (Haut-Rhin).

Kearsley and Cᵒ, à Ripon (Angleterre).

Lalis, à Rantigny (Oise).

Letroteur, à Viry-Chauny (Aisne).

Martin's Cultivateur Cᵒ, à Stamford (Angleterre).

Massey-Harris, à Toronto (Canada) et Paris.

Mayfarth et Cie, à Berlin et Paris.

Mélotte (E.), à Gembloux (Belgique), et Ch. Faul et Fils, à Paris.

Nodet, à Montereau (Seine-et-Marne).

Oudin (anciennement L'Hérondelle), à Fargniers-Tergnier (Aisne).

Pilter, à Paris.

Planet, voir Pilter.

Puzenat (E.) et fils, à Bourbon Lancy (Saône-et-Loire).

Ransomes, Sims and Jefferies, à Ipswich (Angleterre), et Wallut, Paris.

Rigault et Cⁱᵉ, à Creil (Oise).

Sack (R.), à Leipzig-Plagwitz (Allemagne), et Ch. Faul et fils, à Paris.

Senet (A.), à Nogent-le-Rotrou (Eure-et-Loir) et Paris.

Smyth (James) et fils, Peasenhall (Angleterre) et Paris.

Souchu-Pinet, à Langeais (Indre-et-Loire).

Southbend Chilled Plow Cᵒ, à Southbend (États-Unis), et Duncan (Paris).

Syracuse Chilled Plow Cᵒ, à Syracuse (États-Unis) et Duncan (Paris).

Vermorel, à Villefranche (Rhône).

Vernette, à Béziers (Hérault).

Wallace (J. et R.), à Castle Douglas (Angleterre).

Wallut (R.) et Cⁱᵉ, Paris.

Wilder (J.), à Reading (Angleterre).

Zimmermann à Halle-sur-Saale (Allemagne) et Cauchepin, à Bernay (Eure).

TABLE ALPHABÉTIQUE DES MATIÈRES

FIN DE LA TABLE ALPHABÉTIQUE DES MATIÈRES.

TABLE DES MATIÈRES.

TABLE DES MATIÈRES

FIN DE LA TABLE DES MATIÈRES

33-07. — Corbeil. Imprimerie Éd. Crété.